卫星可靠性工程

袁俊刚　李毅　编著

中国宇航出版社

·北京·

图书在版编目（CIP）数据

卫星可靠性工程 / 袁俊刚，李毅编著 . -- 北京：
中国宇航出版社，2022.2
ISBN 978 - 7 - 5159 - 2030 - 6

Ⅰ.①卫… Ⅱ.①袁… ②李… Ⅲ.①人造卫星—可
靠性工程 Ⅳ.①V474

中国版本图书馆 CIP 数据核字(2022)第 005717 号

责任编辑　彭晨光　　　封面设计　宇星文化

出　版		版　次	2022 年 2 月第 1 版
发　行	**中国宇航出版社**		2022 年 2 月第 1 次印刷
社　址	北京市阜成路 8 号　邮　编　100830	规　格	787×1092
	(010)60286808　　(010)68768548	开　本	1/16
网　址	www.caphbook.com	印　张	26.75
经　销	新华书店	字　数	642 千字
发行部	(010)60286888　　(010)68371900	书　号	ISBN 978 - 7 - 5159 - 2030 - 6
	(010)60286887　　(010)60286804(传真)	定　价	116.00 元
零售店	读者服务部　　　　(010)68371105		
承　印	天津画中画印刷有限公司		

本书如有印装质量问题，可与发行部联系调换

序

可靠性技术是卫星的核心技术之一,也是国际上航天器研制领域关注的重点和难点。当前,卫星在轨故障甚至整星失效的事故仍时有发生,影响了在轨服务能力,导致商业保险费率的波动;卫星在轨失效及解体产生碎片,还会严重影响其他卫星的安全运行。目前卫星的可靠性工作还存在薄弱环节,特别是面向更为复杂的新型卫星系统建设任务,卫星的可靠性工作还需要深化研究和持续完善。

本书编写人员均为卫星工程技术骨干,在卫星可靠性技术方面有深入研究及多年工程实践经验。主要作者袁俊刚博士现担任卫星副总师,长期承担卫星型号总体设计及系统研制工作,曾担任卫星总体研究室主任和卫星可靠性研究室主任,对卫星系统设计及可靠性工程有深入认识和较全面把握。

本书密切结合工程实际,对卫星可靠性设计、分析、试验、评估、在轨故障处置及可靠性管理的技术和方法进行了全面和深入的论述。相信本书的出版,对于改进和完善卫星可靠性工程方法、加深卫星可靠性工程实践,具有较好的推动作用。

2021 年 12 月

前言

我国自 1970 年成功发射"东方红"一号卫星以来,经过几代航天人的不懈努力,实现了航天器从实验到应用、从对地观测到深空探测、从无人到载人的巨大飞跃。目前,我国已形成通信、导航、遥感、空间科学、深空探测、载人等多领域多系列航天器,在我国科技进步、经济社会发展、国防建设等方面发挥了重要作用。

卫星具有系统复杂、新技术多、空间环境影响大、在轨维修困难、高风险、高投入等特点,必须进行充分的可靠性设计及验证,确保在轨高可靠、长期稳定运行。可靠性技术是卫星研制中的重要专业技术,包括可靠性设计、可靠性分析、可靠性试验及可靠性评估技术等。卫星可靠性工程是以保证和提高卫星可靠性为目标,在卫星全寿命周期过程中,最大程度地纠正与控制各种偶然故障并预防与消除各种必然故障的可靠性技术活动和可靠性管理活动。卫星可靠性工程涉及卫星从开始研制到寿命终止各阶段、从单机到整星各级产品的可靠性设计、分析、试验、评估、过程控制管理等多方面工作。

我国自 20 世纪 80 年代开始,在航天领域全面推行可靠性工程方法,发布了一系列可靠性技术标准及管理规定,使我国卫星可靠性工作逐渐迈入正轨。20 世纪 90 年代以后,我国航天领域以推行"三 F"(FMEA、FTA、FRACAS(故障报告、分析和纠正措施系统))为切入点,开始了全面的可靠性工程建设;2000 年以来,航天领域不断完善型号可靠性工作标准规范和规章制度,建成了较为完善的航天器可靠性工程方法和规范体系,有力保证了型号成功,同时在可靠性设计、分析及验证评估方面积累了重要理论研究和工程实践成果,促进了卫星可靠性技术发展。

目前,卫星新技术和新产品的应用升级加快,以及产品研制过程中存在的质量控制不到位等问题,使得卫星发射后依然发生各种各样的问题,甚至出现影响业务运行和整星失效等重大故障。同时,目前面向更为复杂的新型卫星系统建设任务,新技术越来越多,系统越来越复杂,对产品的可靠性要求进一步提高。

在此形势下,系统总结卫星可靠性技术和工程实践经验,深入研究可靠性新技术和新规律,进一步提高可靠性技术水平,提升型号可靠性保证能力,成为保证新系统和新型号成功研制、航天事业持续健康发展的必然要求。本书面向卫星在轨高可靠、长期稳定运行的要求,密切结合卫星工程实践,系统总结和阐述了卫星可靠性设计、分析、试验、评估、在轨故障处置及可靠性管理的技术、方法和程序。

全书共分为 14 章:第 1 章为绪论;第 2~7 章为卫星可靠性设计,包含了卫星可靠性建模、预计与分配,卫星冗余设计及裕度设计,卫星环境适应性设计,卫星供配电可靠性设计、卫星元器件可靠性设计与选用控制及卫星软件可靠性设计内容;第8章为卫星可靠性分析,介绍了常用的卫星故障模式及影响分析、故障树分析、最坏情况分析、潜在电路分析和概率风险评估、基于系统逻辑建模的可靠性分析、安全底线分析;第9章面向国内外迅猛发展的星座建设任务,介绍了星座可靠性设计与分析的方法;第10章、第11章为卫星可靠性试验,总结了卫星常用的研制与寿命试验和卫星环境适应性试验的方法和要求;第12章为卫星可靠性评估,论述了卫星单元可靠性评估方法和系统可靠性评估方法;第13章面向卫星在轨运行,介绍了卫星在轨故障模式、遥测遥控及安全模式设计、在轨故障的自主和地面检测与处置方法;第14章为卫星可靠性管理。

本书由袁俊刚、李毅等编著,袁俊刚组织进行了全书框架结构的设计、各章节内容的策划及具体内容的审校和修改定稿;李毅、黄李、林逢春、王宗仁等参与了相关策划及组稿工作。本书由中国空间技术研究院卫星工程骨干技术人员编写,具体编写分工为:第1章,袁俊刚;第2章,王学望;第3章3.1节,李毅、袁俊刚;3.2节,冯彦君、袁俊刚;第4章4.1节,尹家聪、袁俊刚;4.2节,刘百麟、寿秋爽、孟莉莉;4.3节,盛丽艳;4.4节,李冉;4.5节,袁俊刚、贾增祥;第5章,袁俊刚、程海峰;第6章,袁俊刚、谷瀚天、李毅;第7章,袁俊刚;第8章8.1节,李毅、吴继峰;8.2节,王学望;8.3节、8.4节,王畅、黄李;8.5节,王学望;8.6节,王红勋;8.7节,袁俊刚;第9章,赵海涛;第10章,王宗仁、袁俊刚;第11章11.1节、11.2节,李友遐、袁俊刚;11.3节,刘宇超、袁俊刚;11.4节、11.5节、11.6节,袁俊刚;11.7节,李冉;第12章,林逢春;第13章,袁俊刚;第14章,袁俊刚、黄李。

本书由中国空间技术研究院遇今研究员、王敏总师及北京航空航天大学马小兵教授担任全书主审,由中国空间技术研究院王晶燕研究员、白光明研究员、刘杰荣研究员、蔡震波研究员、徐珩衍研究员、李向阳研究员、赵启伟研究员、张华研究员、唐民研究员、陈朝晖研究员担任相应章节的审稿专家。他们对本书进行了认真审阅,提出了诸多宝贵意见。在本书编写过程中,得到了中国空间技术研究院通信与导航卫星总体部领导和专家的支持,在此一并向他们表示衷心的感谢!

本书在编写内容上突出了科学性、先进性、实用性,并遵循了可读性的撰写方式。本书在阐述相关可靠性理论的基础上,重点论述了可靠性工作的方法和程序,并附有卫星工程实例,体现了较强的工程指导性。希望本书的出版能为推动我国卫星可靠性技术的进一步研究发展和深入实践、提升卫星可靠性设计水平发挥作用。

本书的读者对象主要为卫星工程技术人员及管理人员,也可作为高校宇航专业和可靠性专业的本科生及研究生教材。

限于作者水平,书中难免有疏漏和不足之处,敬请广大读者和专家学者批评指正。

作者
2020 年 9 月

目录

第1章

绪 论

1.1 卫星工程简述

自世界上第一颗卫星于 1957 年 10 月 4 日成功发射以来,卫星经历了从实验验证到工程应用、从对地观测到深空探测的发展,为科学研究、经济社会发展、人类进步做出了不朽贡献。

卫星按运行轨道高度,可分为近地轨道、中高轨道和高轨道卫星;按轨道类型,可分为地球同步轨道、太阳同步轨道、极地轨道、赤道轨道和地球倾斜轨道卫星等;按用途可分为通信卫星、遥感卫星、导航卫星、深空探测卫星、科学卫星技术试验卫星等。

卫星工程属于复杂系统工程,是以卫星系统为核心,及其与运载器、发射场、测控系统和应用系统间相互接口协调匹配的大型卫星系统工程的总称,也是卫星设计、制造、测试、试验、发射、运行、管理和应用的卫星系统综合性工程技术。

1.1.1 卫星组成及特点

卫星由执行特定任务的有效载荷和提供保障服务的卫星平台组成。

有效载荷是指卫星上直接完成特定任务使命的仪器、设备或系统。有些情况下,卫星除主任务载荷外还会搭载其他载荷,实现任务扩展或附带进行科学和技术试验。不同用途的卫星装载不同的有效载荷,按照用途大致可分为科学探测和实验类、信息获取类、信息传输类及信息基准类。科学探测和实验类有效载荷是用于空间环境探测、天体观测和空间科学实验的各种仪器、设备、系统等。信息获取类有效载荷是用于对地面或空间目标进行遥感识别的各类仪器、设备或系统。信息传输类有效载荷是用于中继无线或激光通信的设备、部件或系统,主要包括各种通信转发器、通信天线、激光终端及处理器等。信息基准类有效载荷是用于提供空间基准信息和时间基准信息的各种设备、部件或系统。

卫星平台是由支持和保障有效载荷正常工作的所有服务系统构成的组合体。按服务功能不同,卫星平台可分为结构、热控、供配电、控制(GNC)、推进(含化学推进和电推进)、测控、综合电子等分系统。

（1）结构分系统。

结构分系统主要用于支撑、固定星上各种设备和部件，传递和承受载荷，并保持卫星完整性和完成各种规定动作。

卫星结构由主承力结构、结构壁板和连接支撑隔板等组成，主承力结构有承力筒、桁架结构和板架结构等。

（2）热控分系统。

热控分系统用于控制卫星内外热交换过程，使其平衡温度处于要求范围，保证卫星所有设备和部件工作在正常温度范围内。

热控分系统由硬件和软件组成，其中硬件又分被动和主动热控产品。被动热控产品主要包括热管、热控涂层、多层隔热组件、导热填料、隔热垫片、扩热板等；主动热控产品主要包括电加热器、制冷器、单相及两相流体回路等。在热控设计上，多以被动热控为主、主动热控为辅。

（3）供配电分系统。

供配电分系统主要用于产生、存储和调节控制电能，并实现整星电源分配、加热器供电、火工品供电、设备间电连接。

供配电分系统可分为一次电源子系统和总体电路子系统。一次电源子系统包括太阳翼、蓄电池组、蓄电池组接口管理单元、电源控制器等；总体电路包括多台配电器（或配电模块）、火工品管理器（或火工品管理模块）和低频电缆网等。

（4）控制分系统。

控制分系统主要在推进分系统发动机和推力器的配合下，实现卫星变轨控制、正常工作轨道维持控制、各模式下的姿态控制等任务。

控制分系统由敏感器、控制器和执行机构三部分组成。其中，敏感器包括惯性陀螺、红外地球敏感器、太阳敏感器、星敏感器等；控制器由姿态轨道控制计算机（AOCC）实现；执行机构主要包括偏置动量轮、反作用轮、控制力矩陀螺、推力器、变轨发动机和太阳帆板驱动机构等。

（5）推进分系统。

推进分系统主要用于存储推进剂，并通过发动机或推力器工作为卫星轨道和姿态控制提供推力和力矩。推进分系统分为化学推进分系统和电推进分系统，化学推进又分为双组元推进和单组元推进，目前常用电推进为离子电推进和霍尔电推进。

化学推进分系统主要由变轨发动机、推力器、推进剂贮箱、高压气瓶、电爆阀、自锁阀、压力传感器、过滤器、减压器、单向阀、加排阀、推进管路和推进驱动单元（或模块）等组成。电推进分系统主要由电推力器、推力器矢量调节机构、压力调节模块、流量控制模块、电源处理单元、电推进控制单元等组成。

（6）测控分系统。

测控分系统是遥测、遥控和跟踪测轨子系统的总称。遥测子系统用于采集星上设备的状态参数，并实时或延时发给地面测控站，实现对卫星工作状态的监视；遥控子系统用于接收地面遥控指令，直接或经综合电子分系统（或数据管理分系统）发送给设备执行，实现地面对卫星的控制；跟踪测控子系统用于协同地面测控站，测定卫星运行的轨道参数。测控分系统主要由测控应答机、测控固放、测控开关、滤波器、合成器、分路器、测控天线等组成。

（7）综合电子分系统。

目前,国内外新型卫星平台均将数据管理分系统、控制分系统的控制器、整星配电和火工品管理等计算处理和管理功能进行统一整合,形成综合电子分系统。综合电子分系统以中心管理单元为核心,以分级分布式网络体系为架构,提供标准的电气接口形式和总线网络通信模式,完成整星遥测遥控管理、数据管理、姿轨控计算处理、配电管理、自主健康管理等。

卫星作为复杂的航天系统工程,具有自身的特点。

（1）高成本、高风险:现代卫星规模不断扩大,同时技术和产品升级进程加快,新技术和新产品验证需求旺盛。因此,大中型卫星,尤其是具有特殊用途或大量采用新技术的卫星,通常研制成本高昂、研制周期长、风险高。此外,卫星发射入轨后,维修手段十分有限,主要手段是硬件备份切换和软件上注,一旦功能无法快速恢复或者功能丧失,可能导致业务中断甚至整星失效的灾难性后果,因此在轨运行维护风险也很高。

（2）长寿命、高可靠:为提升卫星综合效益,大中型卫星寿命一般在 8 年以上,通信卫星寿命一般要求 15 年以上。应用卫星直接面向用户提供全天候服务,如果性能不稳定或出现故障,会直接影响卫星的在轨服务能力,因此对可靠性要求极高。

（3）对发射和运行轨道多环境的适应性:卫星从发射到在轨正常运行,需经历复杂恶劣的静态过载、高低频振动载荷、火工品点火冲击载荷,以及复杂多变的空间环境影响,因此卫星设计必须能耐受各阶段的各种环境影响。

（4）卫星接口复杂、匹配性要求高:卫星与运载系统、地面测控系统、应用系统、发射场等大系统存在复杂的接口关系,卫星内部的各分系统、各产品之间的机电热接口多样且数量众多。各类接口必须严格匹配,并满足各类工作环境和各种工作模式下的适应性要求。

（5）大规模集成化和综合优化:现代卫星的有效载荷重量和功率逐步增大,为提高有效载荷承载能力,卫星大规模集成化和综合优化程度越来越高。

1.1.2　卫星研制流程

1. 卫星研制阶段

卫星系统工程过程就是从识别用户需求到系统研制、运行和处置的一系列相关技术的过程。根据卫星工程实践,卫星研制全寿命周期内的系统工程技术过程可分为如图 1-1 所示的 9 个子过程。

根据系统工程研制规律,卫星研制一般需要经历如表 1-1 所示的 7 个阶段。在实际的卫星研制中,常根据卫星方案的继承性及技术成熟度对系统工程研制阶段或其中的活动进行裁减或综合,如基于公用卫星平台研制且任务变化不大的卫星型号,一般在项目启动后直接进入正样研制阶段。

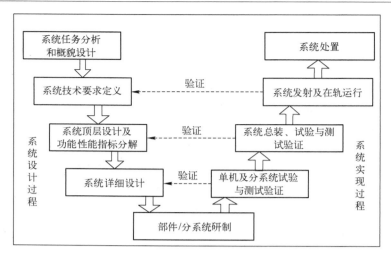

图 1-1 卫星系统工程过程图

表 1-1 我国卫星系统工程阶段划分

阶　　段	主　要　目　标
O 阶段 概念性研究阶段 （任务需求分析阶段）	拟订工程系统的初步任务目标、使用要求和技术要求；形成卫星的概念性设想方案
A 阶段 可行性论证阶段	确定工程系统的任务目标、使用要求和技术要求；确定卫星系统的技术要求；形成卫星的初步总体方案；提出对运载、发射场、测控等其他系统的初步技术要求；开展关键技术攻关
B 阶段 方案设计阶段	完成关键技术攻关，形成卫星方案；提出对运载、发射场和地面测控等系统的技术要求
C 阶段 初样研制阶段	完成卫星系统和分系统的详细设计；签署单机接口数据单，完成单机设计；完成初样星（电性星、结构星、热控星、辐射模型星）的研制和试验
D 阶段 正样研制阶段	完成卫星系统、分系统及单机的正样设计；完成正样结构和单机研制；完成卫星 AIT 工作
E 阶段 发射和在轨测试阶段	完成发射场总装、测试，发射与飞控，在轨测试，交付用户
F 阶段 在轨运行阶段	在轨运行管理，寿命终结后离轨或按要求返回地面

2. 卫星研制流程

根据表 1-1 卫星研制阶段，卫星基本的研制技术流程如图 1-2 所示。

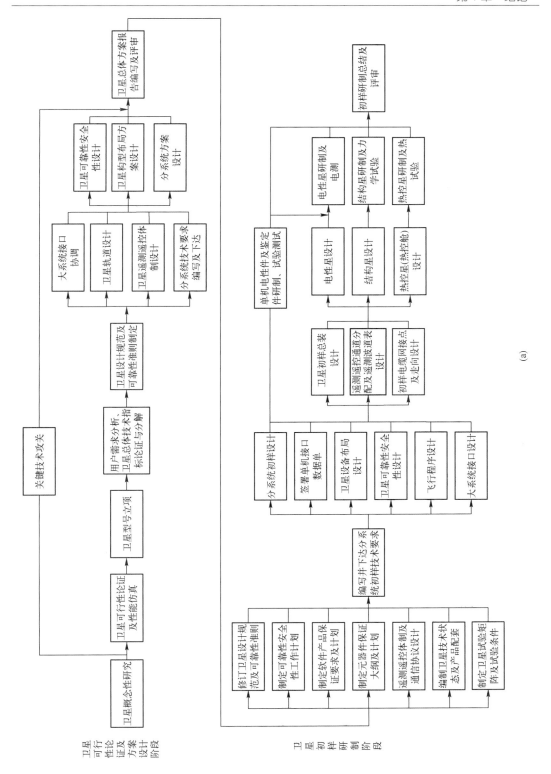

(a)

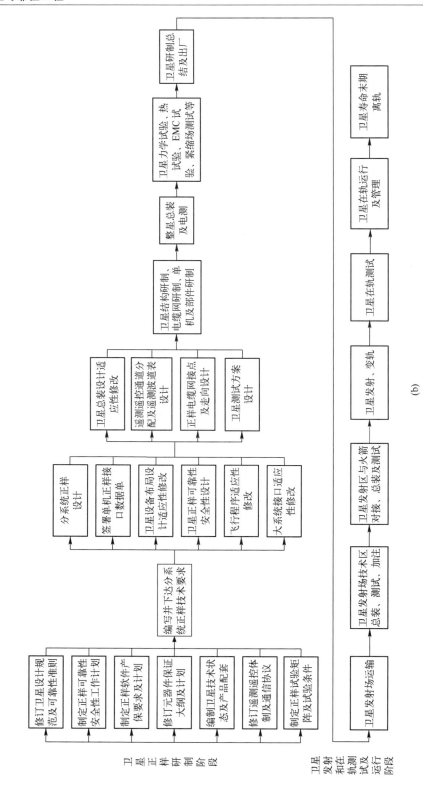

图1-2 卫星研制技术流程

(a) 卫星可行性论证、方案设计、初样研制阶段流程;(b) 卫星正样研制、发射、在轨测试及运行阶段流程。

6

1.2 卫星可靠性工程简述

可靠性体现了产品在规定条件和规定时间要求下完成规定功能的能力。可靠性是产品的固有属性,是通过设计确立、生产保证、试验验证、使用中体现的一种产品固有质量属性。

产品可靠性是设计出来的、生产出来的,也是管理出来的。卫星可靠性工程是以保证和提高卫星可靠性为目标,在卫星全寿命周期过程中,在给定资源条件约束下,最大程度纠正与控制各种偶然故障并预防与消除各种必然故障的可靠性技术活动和可靠性管理活动。可靠性工程涉及卫星从开始研制到寿命终止全寿命周期各阶段、各级产品的可靠性设计、分析、试验、评估、过程控制管理等多方面工作,在卫星工程研制中占据重要地位。

1.2.1 卫星可靠性基本概念

1. 可靠性

可靠性是卫星总体及各级产品研制的重要指标之一,是指产品在规定的条件下和规定的时间内完成规定功能的能力。可靠性是相对一定任务、一定条件和一定时间而言的,产品的规定任务、规定条件和规定时间不同,可靠性会随之不同。

可靠性是衡量产品发生故障难易程度的指标,是产品的一种固有属性。产品容易出故障,说明可靠性低;反之,说明可靠性高。产品可靠性与产品故障紧密相关,保证产品不出故障就是保证了产品可靠性。产品故障按照发生性质可分为必然性故障和偶然性故障(又称随机性故障)。必然性故障是由于设计错误、选材不合理、工艺不当、人为错误等确定原因导致的故障,此类故障发生是必然的,故障发生概率接近100%。偶然性故障是由许多随机性因素导致的故障,此类故障的发生具有偶然性,时而发生,时而不发生。偶然性故障可用发生概率来衡量其可靠性,偶然性故障发生越频繁,可靠性越低;反之,可靠性越高。因此,可靠性是一种概率尺度。

2. 通用质量特性

卫星设计提出了六项通用质量特性工作要求,包括可靠性、安全性、维修性、测试性、保障性和环境适应性,简称"六性"。"六性"通过设计赋予,并在生产中给予保证。可靠性是"六性"中的一项重要特性,与其他"五性"在卫星工程研制中相辅相成,互为补充。

1) 安全性

卫星安全性是指不导致人员伤亡、危害健康及环境,不造成设备破坏或财产损失的能力,表明产品不发生事故的能力。

在很多情况下,系统既是可靠的同时又是安全的,系统故障可能会导致系统不安全,例如推进剂贮箱结构可靠、密封可靠能够保证推进剂和贮箱本身安全,一旦结构破损或密封失效导致推进剂泄漏,会污染设备甚至造成整星失效或地面人员伤亡等事故。但是,可靠性和安全性不能完全等同视之。在某些情况下,系统不可靠但是安全的,例如某供电设备故障导致负载端设备不可用,但是负载端设备断电后不会引发系统安全事故;在某些情况下,系统可靠但未必安全、系统安全但未必可靠,例如星上早期采用的火工品虽然可靠性高但是对电流比较敏感,容易误起爆导致安全事故,为此改用钝感火工品以提高安全性,但降低了可靠性,需要通过点火头和发火电路冗余及发火电流的裕度设计等来保证发火可靠性。

2) 维修性

卫星维修性是指产品在规定条件和规定时间内,按规定的程序和方法进行维修时,保持或恢复到规定状态的能力,反映了对故障产品修复的难易程度。其中,"规定的条件"包括卫星发生故障时的星地运行状态,空间环境条件和故障处理所需人员、设备设施、技术资料等资源;"规定的时间"是对卫星产品故障修复时间的量化要求;"规定的程序和方法"是指卫星故障处理的流程、步骤和具体指令。可见,维修性是相对一定的维修条件、一定的维修时间要求而言。故障维修难度越高,维修越慢,维修性越低;反之亦然。

故障维修作业的难度除了与维修人员技能高低、维修手段完善程度有关外,最根本的是取决于产品本身是否易检测、易诊断、易修理、易维护,即产品本身的维修性、测试性设计是否完善。因此,要提高维修性,应从强化产品维修性、测试性设计入手,尽量降低故障维修作业的复杂程度。

卫星维修性包含在轨维修性和地面维修性。在轨维修性主要指故障处置过程,包括设备重新加电、冗余硬件切换、硬件重构组合、软件在轨上注重构等。地面维修性,主要指卫星在各级产品地面研制过程中,因为发生质量问题、相关问题举一反三、完善设计、提高可靠性等措施,对卫星各级产品开展的维修工作,包括拆除与更换设备、更换模块、重新加工/焊接/组装、软件更动等工作。

可靠性着眼于减少或消灭故障,而维修性则着眼于以最短的时间、最低限度的保障资源及最省的费用,使产品保持或迅速恢复到良好状态。维修性是可靠性的重要补充和延续,必须把保持和恢复产品可靠性摆在首要位置,某种意义上说,可靠性是维修性的基础,维修性受可靠性的制约和影响。

3) 测试性

卫星测试性是指产品能被及时、准确地确定其状态(可工作、不可工作或性能下降)并隔离其内部故障的一种设计特性。"及时、准确"体现了对实时监测和故障诊断策略的要求,"隔离其内部故障"体现了对故障定位能力的要求。

卫星测试性包括在轨测试性和地面测试性。在轨测试性即卫星在轨状态的可监视性,包括遥测参数监视和任务数据直接监视两种情况,是卫星状态在轨监视和故障检测的重要手段。为提高卫星的测试性,要求卫星各单机的重要状态均设置遥测参数。一般情况下,卫星在地面研制过程中,除遥测监视、任务性能监视外,还有相应的测试接口(如设备检测点、转发器测试耦合口等),因此卫星地面测试性优于在轨测试性,更利于检测定位故障。为提升卫星的测试性,需根据各级产品特点和地面测试要求设置相应的地面测试接口。

测试性是维修性和保障性的重要前提,通过测试进行故障监测和隔离,测试过程应当尽可能便于维修、易于测试。

4) 保障性

卫星保障性是指卫星的设计特性和计划的保障资源满足规定寿命期内在轨连续稳定运行要求的能力。其中,"设计特性"可分为与故障有关的维修保障特性和与使用有关的使用保障特性。维修保障特性一般体现为可靠性、维修性和测试性。可靠性高,维修性和测试性好,卫星就有更好保障。使用保障特性一般体现为在轨维持操作频度和对人力、物力等保障资源的需求程度。卫星"计划的保障资源"主要是指在轨使用和维修有关的技术资料,以及必要条件下的人力与设备资源。此外,卫星的保障性面向在轨使用和维修过程,强调在轨运行的连续和稳定。

卫星在轨保障可分为在轨使用保障和在轨维修保障。在轨使用保障性,即通过卫星任务分析、轨道设计、星上产品特性设计等降低卫星在轨维持操作的次数、时间和对维护资源的需求,并制定合理、高效的在轨使用策略。在轨维修保障性,即通过卫星可靠性、维修性、测试性设计,降低卫星在轨故障率、提高卫星任务持续时间、降低对维修资源的需求,并制定充分的在轨故障预案。

从使用需求来看,保障性是面向卫星在轨使用和维修的卫星保障设计特性和保障资源的集合,但卫星地面保障性对卫星研制进度和质量保证也很重要。卫星地面保障性工作的重点是通过保障性设计降低地面测试过程中的保障资源需求,并针对某些特殊产品进行保障资源规划。

5) 环境适应性

环境适应性是指产品在其寿命期预计可能遇到的各种环境作用下能实现其所有预定功能、性能和(或)不被破坏的能力。卫星地面研制和在轨运行全寿命周期内经历的环境主要包括地面环境、发射环境、空间环境和返回环境,通过环境适应性设计和环境适应性试验来保证。环境适应性是可靠性的前提和基础,没有较高的环境适应性,可靠性就失去了保证。

1.2.2　卫星常用可靠性指标

卫星常用可靠性指标主要有可靠度、失效率、寿命、健壮性、卫星服务连续性、可用性及完好性等。

1. 可靠度

可靠度是产品在规定条件下、规定时间内完成规定功能的概率,是可靠性的概率度量。它是时间的函数,记作 $R(t)$,为可靠度函数的简称,即可靠度。

设 T 为产品寿命的随机变量,则

$$R(t) = P(T>t) \tag{1-1}$$

式(1-1)表示产品的寿命 T 超过规定时间 t 的概率,即产品在规定时间 t 内完成规定功能的概率。

与可靠度相对应,产品在规定条件下、规定时间内发生故障(不能完成规定功能)的概率称为故障概率,又称累积失效概率,它也是时间的函数,记作 $F(t)$

$$F(t) = P(T \leq t) = 1 - P(T>t) = 1 - R(t) \tag{1-2}$$

可靠度是卫星重要的总体指标,同时也是分系统和单机产品的重要技术指标,它决定了各级产品满足上级产品要求的能力,最终决定了整星实现用户在轨任务要求的能力。

2. 失效率

失效率是指某一时刻未发生故障产品在其后单位时间内发生故障的概率,通常用 $\lambda(t)$ 表示。失效率的表示式为

$$\lambda(t) = \lim_{\Delta t \to 0} \frac{1}{\Delta t} [t<T \leq t+\Delta t \mid T>t] = \frac{f(t)}{R(t)} \tag{1-3}$$

式中: $f(t)$ 为失效概率密度函数,其是故障概率对时间的变化率,表示产品在单位时间内失效的概率,其表示式为

$$f(t) = \frac{\mathrm{d}F(t)}{\mathrm{d}t} \tag{1-4}$$

在工程中,常用到平均失效率。对于不可修复的产品(如元器件、模块、部组件等),平均失效率是指在规定时间内总失效产品数 $n_f(t)$ 与所有产品的累积工作时间 T 之比;对于可修复的产品,平均失效率是指在使用寿命期内的某个观测期间,所有产品的故障发生总数 $n_f(t)$ 与总累积工作时间 T 之比。不论产品是否可修复,平均失效率估计值的公式为

$$\overline{\lambda} = \frac{n_f(t)}{T} = \frac{n_f(t)}{\sum_{i=1}^{n_f} t_{fi} + n_s t} \tag{1-5}$$

式中: t_{fi} 为第 i 个产品失效前的工作时间; n_s 为整个试验期间未出现失效的产品数。

失效率常以 $10^{-9}/\mathrm{h}$ 为单位,称之为 Fit 数。$1\mathrm{Fit} = 10^{-9}/\mathrm{h}$,表示 1000 个产品工作 $10^6\mathrm{h}$ 后只有 1 个失效。

根据大量失效数据的统计结果,产品失效率随时间的变化通常可分为早期失效、偶然失效和耗损失效三个阶段,因形似浴盆称之为浴盆曲线(见图 1-3)。早期失效主要是设计和制造缺陷造成的,可以通过老炼筛选试验和加强质量管理等措施消除。高质量等级的电子元器件失效率曲线在其寿命期内基本上是一条平稳的直线,机械产品的失效率在其寿命期内一般随时间缓慢上升但维持在一个较低的水平。

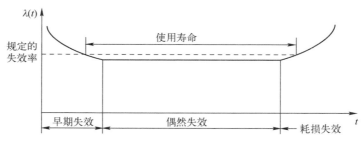

图 1-3　典型产品的失效率曲线

对于失效率恒定的情况,产品失效分布一般采用指数分布描述,这意味着根据失效率可以得到任意工作时间对应的可靠度,此类产品通常使用失效率作为其可靠性指标。对于失效率不恒定的情况,失效率的工程意义不大,很少采用失效率作为产品可靠性指标。

3. 寿命

寿命是指产品在规定条件下从规定时刻开始到不能继续使用(发生故障)所经历的时间。常用的寿命指标有平均寿命和可靠寿命。平均寿命是产品在规定的条件下工作时间的平均值(期望值),设产品寿命 t 的分布密度函数为 $f(t)$,则平均寿命表达式为

$$E(t) = \int_0^{+\infty} t f(t) \,\mathrm{d}t \tag{1-6}$$

可靠寿命是产品可靠度为定值 R 时的最长工作时间,记为 t_R,表达式为

$$t_R = R^{-1}(R) \tag{1-7}$$

4. 健壮性

日本的田口玄一博士在其创建的质量工程学中,将健壮设计的概念引入硬件产品设计,其核心思想为:对于新产品和新工艺,不完全通过消除外部干扰(噪声),而是通过制定合理设计方案和选择合适参数水平,提高系统的信噪比,从而使产品的基本功能对外部干扰(噪声)不敏感。

IEEE 也给出了健壮性的一般性定义:健壮性是描述一个系统或一个组件在无效数据输入或者在高强度输入环境下,其各项功能保持正确运行的程度。

随相关业务对卫星依赖性的增强,在轨运行健壮性已成为卫星的重要可靠性指标。卫星的健壮性是指,卫星在轨运行环境(如太阳、地磁爆等空间环境等)发生扰动、其他大系统接口(运载系统、地面测控系统及应用系统)发生微小变化或卫星自身出现局部故障情况下,不影响卫星任务执行及卫星平台安全的能力。

卫星健壮性设计是在进行功能性能设计的同时,考虑卫星运行环境和其他大系统的一定扰动下,或者卫星自身可能的故障模式,开展卫星环境适应性设计、大系统接口可靠性设计以及在轨故障容错设计。

5. 卫星服务连续性、可用性及完好性

卫星的在轨使命就是为用户提供相应的导航、通信、遥感和科学探测等服务,必须保证服务的持续性及完好性。

对全球导航卫星来说,要求能提供连续、稳定和可靠的导航服务能力,其任务可靠性指标有导航服务可用性、连续性和完好性。

对通信卫星来说,要求实现通信服务的连续性和完好性,不允许出现通信中断或通信质量下降等情况。按照中断级别,可分为整星通信中断、单路转发器通信中断;还可按照通信中断时间,分为轻微影响级、一般影响级和严重影响级。

卫星产品可靠性指标的一般确定原则如下所述。

(1) 对于卫星系统级、分系统级和单机级产品,其可靠度通常与时间有关,而这些层次的产品通常采用了功能模块、单机甚至更高层次上的冗余设计,或者包括非电产品,它们的失效率通常不是恒定的,可靠性指标一般只采用可靠度、寿命和健壮性,其中寿命指标沿用上级产品的寿命指标。

(2) 对于电子类功能模块级产品,虽然模块内部有时采用了元器件或电路级别的冗余设计,但是级别较低,在可靠性分析时通常视为串联模型做简化处理,这意味着功能模块的失效率可近似认为是恒定的,因此此类产品的可靠性指标一般采用失效率和寿命,其中寿命指标沿用上级产品的寿命指标,如 DC/DC 电源模块、控制计算机 OBC 模块等。但有时也采用可靠度作为可靠性指标。

(3) 对于非电类功能模块或组件,大部分为失效率不恒定的有限寿命产品(如机构类产品),可靠性指标一般采用可靠度和寿命。其中寿命指标沿用上级产品的寿命指标。对于机构类、发动机类产品,寿命指标可以用时间(年、小时等)和动作频数(次、转等)等形式表示。

(4) 对于某些可靠度与时间无关的产品,如太阳翼/天线展开机构、火工切割器、电爆阀等一次动作产品,可靠性指标一般采用可靠度。

(5) 对于底层的元器件或部件,元器件可靠性指标一般采用失效率,部件可靠性指

标一般采用可靠度和寿命。

1.2.3　卫星常用失效分布函数

产品的失效分布是指其失效概率密度函数或累积失效概率函数。如果已知产品的失效分布函数,则可求出可靠度函数、失效率函数和寿命特征量。即使不知道具体的分布函数,如果已知失效分布的类型,也可通过对分布的参数估计来求得可靠性特征量的估计值。

卫星常用的失效分布主要有指数分布、威布尔分布和正态分布。其中,指数分布是最基本、最常用的分布,适合于失效率为常数的情况,不但在元器件的偶然失效期普遍使用,在单机产品上也常用。

威布尔分布能全面描述浴盆失效率曲线的各个阶段。当威布尔分布中的参数不同时,可以蜕化为指数分布和正态分布。实践表明,凡是因某一局部故障或失效所引起的系统故障的元器件和设备等的寿命服从威布尔分布。

正态分布主要描述元器件和部组件损耗或性能退化引起的失效分布。例如,同一批晶体管放大倍数的波动或寿命波动都可看作或近似看作正态分布。

上述三种失效分布的失效密度函数、可靠度函数、失效率函数、可靠寿命和平均寿命函数如表 1-2 所列。

表 1-2　常用失效分布特性

分布类型	指数分布	威布尔分布	正态分布
	$f(t) = \dfrac{1}{\theta}\exp\left(-\dfrac{t}{\theta}\right)$	$f(t) = \dfrac{m}{\eta}\left(\dfrac{t}{\eta}\right)^{m-1}\exp\left[-\left(\dfrac{t}{\eta}\right)^{m}\right],$ $m,\eta>0$	$f(t) = \dfrac{1}{\sqrt{2\pi}\,\sigma}\exp\left[-\dfrac{1}{2}\left(\dfrac{t-\mu}{\sigma}\right)^{2}\right]$ $= \dfrac{1}{\sigma}\phi\left(\dfrac{t-\mu}{\sigma}\right)$
失效密度函数			
	$R(t) = \exp\left(-\dfrac{t}{\theta}\right),\quad t\geq 0$	$R(t) = \exp\left[-\left(\dfrac{t}{\eta}\right)^{m}\right]$	$R(t) = 1-\Phi\left(\dfrac{t-\mu}{\sigma}\right)$
可靠度函数			

（续）

分布类型	指数分布	威布尔分布	正态分布
失效率函数	$\lambda(t)=\dfrac{1}{\theta}=\lambda$	$\lambda(t)=\dfrac{m}{\eta}\left(\dfrac{t}{\eta}\right)^{m-1}$	$\lambda(t)=f(t)/R(t)$
	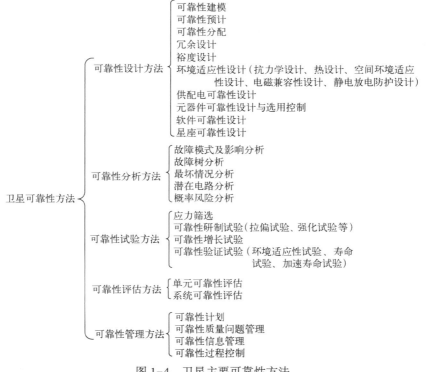		
可靠寿命	$t_R=\theta\ln\dfrac{1}{R}$	$t_R=\eta(-\ln R)^{1/m}$	$t_R=\mu-\sigma u_R$， 其中 $u_R=\varPhi^{-1}(R)$
平均寿命	$E(t)=\theta$	$E(t)=\eta\varGamma\left(1+\dfrac{1}{M}\right)$	$E(t)=\mu$

1.2.4　卫星主要可靠性方法

卫星可靠性工作贯穿于卫星从立项论证到方案设计、正样研制、卫星发射到在轨运行的全过程，与卫星设计、研制、试验、生产、管理工作密切融合。因此，卫星可靠性方法包含了可靠性设计、可靠性分析、可靠性试验、可靠性评估与可靠性管理的方法。具体的卫星可靠性方法如图 1-4 所示。

图 1-4　卫星主要可靠性方法

1.2.5 卫星可靠性工作内容及流程

1. 卫星可靠性工作基本流程

卫星可靠性设计、分析与验证的目的是通过相应可靠性方法及技术,认识故障发生规律,识别与确定产品的设计缺陷、薄弱环节和潜在隐患,通过预防设计及改进措施有效予以消除,防止故障发生和故障影响的扩散,从而提高产品的可靠性水平。卫星可靠性设计分析工作必须遵循"预防为主、早期投入"的方针,从研制初期即应切实开展,并贯彻整个研制过程。

卫星各级产品可靠性设计分析基本流程如图1-5所示,主要分为三个步骤。

(1)确定可靠性要求,包括系统可靠性要求和通过分配提出的各级产品可靠性要求,作为各级产品可靠性设计的依据。

(2)与各级产品的功能性能设计相融合,开展可靠性设计与分析,形成满足各功能性能指标要求、建造规范要求及可靠性要求的产品设计方案,作为产品研制的输入。

(3)对各级产品的可靠性设计进行验证,确定是否满足可靠性要求。

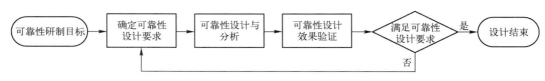

图1-5 可靠性设计分析基本流程

2. 卫星系统可靠性工作内容及流程

卫星系统可靠性工作内容及流程如图1-6所示。

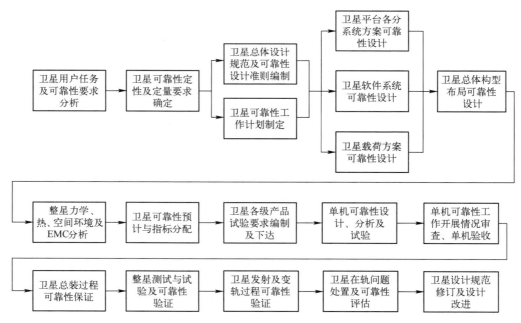

图1-6 卫星系统可靠性工作内容及流程

卫星系统的主要可靠性工作内容如下所述。

(1)卫星用户任务及可靠性要求分析。对用户的功能性能指标要求和可靠性要求进行分析,形成卫星的总体设计功能性能指标要求和可靠性指标要求,作为开展卫星总体方案设计的输入。

(2)卫星总体设计规范及可靠性设计准则编制。在同领域相关型号的卫星总体设计规范及可靠性设计准则基础上,识别本型号技术特点及要求,补充、修订形成本型号的卫星总体设计规范及可靠性设计准则,并进行初步的可靠性分配,提出各分系统的可靠性要求,编制型号可靠性工作计划。

(3)卫星平台各分系统方案、卫星载荷方案可靠性设计,主要包含以下工作内容:

功能性能设计和接口设计:以分系统技术要求为依据,遵循卫星设计建造规范,开展分系统功能性能设计、接口设计及相应仿真分析。

产品化选用及继承性设计:在满足技术要求的前提下,尽量选用型谱产品、有飞行经历的产品或经过地面充分鉴定的产品;尽量选用经过飞行验证的元器件和原材料。在继承性设计基础上,全面梳理新产品、新器件和新材料,逐一分析确定可靠性设计要求、可靠性设计分析内容和试验验证项目及条件。

冗余备份设计、指标裕度设计和健壮性设计:全面考虑总体可靠性要求、产品实际在轨飞行状态及可靠度,对关键产品和可靠度不满足要求的产品采用合理的冗余备份,进行一定的裕度设计;在分系统和整星层面,开展健壮性设计,全面满足各项可靠性设计要求。

(4)卫星软件系统可靠性设计:从软件需求、软件体系架构、遥测遥控体制和通信协议等方面,开展卫星软件系统的可靠性设计。

(5)卫星可靠性预计与指标分配:在各分系统方案及可靠性模型基础上,对卫星各分系统及总体的可靠性指标进行预计,确认是否符合总体可靠性指标要求;进行单机产品的可靠性指标分配,作为单机可靠性设计的依据。

(6)卫星各级产品试验要求编制及下达:根据各分系统及各类产品的类型及继承性状态,提出针对各单机产品的试验要求,对于新产品和特殊产品,需开展可靠性专项试验策划。

(7)整星测试与试验及可靠性验证:包括平台测试、载荷舱测试、整星测试、EMC测试、紧缩场测试、整星力学试验、整星热试验等,旨在对卫星各工作工况和工作模式下的功能性能和可靠性进行考核验证。

(8)卫星发射过程考核及在轨功能性能测试:卫星发射过程,是对卫星抗力学环境设计和低气压放电防护设计的验证过程;星箭分离后,卫星要经历变轨过程,是对卫星变轨控制能力和卫星平台功能性能指标的考核验证;卫星入轨后,要进行卫星平台和有效载荷的在轨测试,是对卫星功能性能的全面考核。

(9)在轨运行可靠性数据分析:卫星在轨长期运行期间,对出现的在轨异常问题进行定位分析和处置,同时根据卫星在轨遥测数据,对长期在轨运行数据进行分析,对卫星在轨的可靠性进行预测和评估。

3. 卫星单机产品可靠性工作内容及流程

卫星单机产品的可靠性工作内容及流程如图1-7所示。

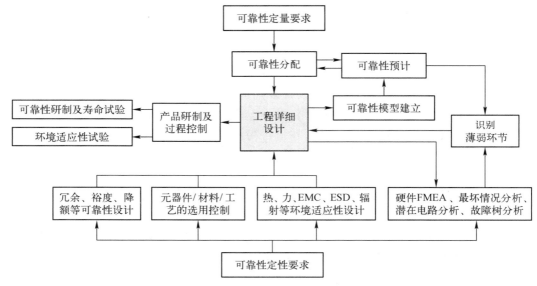

图 1-7　卫星单机产品可靠性工作内容及流程

卫星单机产品的主要可靠性工作内容如下所述。

（1）单机研制技术要求及可靠性要求分析：根据卫星总体及分系统提出的可靠性指标和寿命要求，确定单机可靠性指标及设计、分析和试验要求。

（2）单机设计继承性及新技术、新器件、新工艺和薄弱环节分析：根据单机功能性能要求及可靠性指标要求，进行单机继承性初步方案设计，确定单机可靠性设计、分析和验证的重点内容。

（3）单机可靠性设计：按照总体规范和可靠性要求，开展单机电路和结构的可靠性设计，包括冗余设计、裕度设计、降额设计、供配电可靠性设计、接口可靠性设计、抗力学设计、热设计、空间环境适应性设计、EMC 设计、静电放电防护设计等。

（4）单机可靠性分析：包括 FMEA、FTA、潜在电路分析、最坏情况分析等。

（5）单机研制过程质量控制：产品可靠性通过研制过程来保证，按工艺规程、检验要求和检查确认要求，对可靠性要素进行检查确认。

（6）单机试验及测试：包括环境试验、可靠性试验（应力筛选、拉偏试验、寿命试验、强化试验等）、各工况及各模式测试，对单机产品的性能指标及可靠性进行验证。

参 考 文 献

［1］　周志成，曲广吉．通信卫星总体设计及动力学分析［M］．北京：中国科学技术出版社，2012.
［2］　周志成．通信卫星工程［M］．北京：中国宇航出版社，2014.
［3］　么娆．航空器可靠性工程［M］．北京：国防工业出版社，2017.
［4］　周正伐．航天可靠性工程［M］．北京：中国宇航出版社，2007.
［5］　赵海涛，遇今，胡太彬，等．卫星维修性、测试性、保障性的概念解析［J］．航天器工程，2016（5）：119-124.

第 2 章 卫星可靠性建模、预计与分配

可靠性建模、预计与分配属于卫星可靠性设计的顶层工作,是定量确定和分解卫星可靠性指标要求、对卫星可靠性设计指标进行评价的过程。

可靠性建模是在卫星总体、分系统和单机各级产品的方案设计基础上,建立卫星各级产品的可靠性框图和可靠性数学模型,用于相应产品的可靠性预计、可靠性指标分配、可靠性评估和 FMEA。可靠性预计是在各级产品的可靠性建模基础上,预计产品的可靠性指标,分析产品设计是否能满足规定的可靠性定量要求,发现设计薄弱环节,为设计方案优化提供依据。可靠性分配主要是确定产品的可靠性定性、定量要求,将可靠性定量要求从卫星系统开始逐层分解,分配到规定的产品层次,作为产品可靠性设计与研制的依据。

可靠性建模、预计和分配之间相互联系、相互迭代。可靠性建模是可靠性预计和分配的基础;可靠性分配结果是可靠性预计的目标,可靠性预计的相对结果是可靠性分配与指标调整的基础,可靠性预计是自下而上的归纳综合过程,可靠性分配是自上而下的演绎分解过程。在卫星系统设计的各个阶段,可靠性建模、预计和分配均要相互交替、迭代进行多次。

2.1 卫星可靠性建模

卫星可靠性模型反映了相应产品可靠性与其组成单元可靠性之间的关系。这种关系用框图形式表示出来,称之为可靠性逻辑框图(又称为可靠性框图);用数学解析形式表示出来,称之为可靠性数学模型。可靠性模型包含可靠性框图及其数学模型。

根据建模目的的不同,可靠性模型分为基本可靠性模型和任务可靠性模型。基本可靠性模型是一个全串联模型,存在冗余或代替工作模式的单元都按串联处理,用以估计产品及其组成单元故障引起的维修及保障要求。任务可靠性模型是用以估计产品在执行任务过程中完成规定功能的程度,描述完成任务过程中产品各单元的预定作用。系统中的储备单元越多,系统的基本可靠性越低,但任务可靠性越高。通常所说的卫星可靠

性指的是任务可靠性。

卫星可靠性建模所需考虑的因素主要包含：卫星各组成单元之间的可靠性逻辑关系（即串联、并联、储备等关系）；各组成单元的同类性（即各单元是否相同）；各组成单元的可靠性特征量（如寿命、失效率等）分布类型；冗余系统内的基本功能单元（BFU）、交叉连接切换单元（CSSU）、隔离保护单元（IPU）、监测管理单元（MMU）对系统可靠性产生的影响。

卫星总体、分系统和单机设备都要建立可靠性模型，用于相应产品的可靠性预计、可靠性指标分配、可靠性评估和 FMEA 工作。可靠性建模工作应从方案阶段开始，并在后续研制过程中迭代修正。如果产品设计更改对可靠性逻辑关系造成影响，应及时更新可靠性模型。

可靠性建模工作的输入条件包括：功能分析结果，任务剖面分析结果（包括事件/工作任务、任务阶段（工作模式）、成功定义），产品组成，冗余设计，下级产品可靠性建模结果（此为非必要条件）。

2.1.1 卫星可靠性建模方法

1. 可靠性建模过程及方法

可靠性建模步骤包含产品的定义、建立可靠性框图及其数学模型。

1）产品的定义

在卫星可靠性建模初始，需明确如下主要内容：产品的目的、用途及任务；产品的性能、功能及外部接口要求；产品的成功含义（可根据不同的任务剖面分别给出）；所需建模的层次（如系统级可靠性模型至少应建至分系统，分系统级可靠性模型至少应建至设备或独立的功能单元，单机级可靠性模型一般应建至元器件、部组件级）。

2）建立可靠性框图

可靠性框图由代表产品或功能的方框、逻辑关系和连线、节点组成。系统的原理图、功能框图和功能流程图是建立系统可靠性模型的基础。根据产品功能绘制的可靠性框图，应表现出产品各个单元之间的可靠性关系（串联、并联、储备等）。可靠性框图可附加说明其绘制过程中的有关假设条件。

常用的系统可靠性框图表示方法如下。

（1）串联系统：系统的所有组成单元中任一单元故障都会导致整个系统故障。例如，为保证卫星平台在轨成功运行，需要其所有分系统（供配电分系统、数据管理分系统、测控分系统、结构分系统、热控分系统等）均正常工作，分系统之间构成了串联系统。n 个单元的串联系统可靠性框图如图 2-1 所示。

（2）并联系统：系统所有组成单元均工作，当所有单元都发生故障时才会导致整个系统故障，属于热储备系统。例如，测控单元等的主份和备份在轨均处于加电工作状态，主备份都发生故障时才会导致测控单元无法正常工作，主备份构成了两个单元的并联系统。n 个单元的并联系统可靠性框图如图 2-2 所示。

（3）旁联系统：组成系统的 n 个单元只要求一个单元正常工作。当工作单元故障时，通过转换装置转接到另一个单元继续工作，直到所有单元都发生故障时系统才会发生故障，属于冷储备系统。例如，控制计算机、太阳帆板驱动线路盒等的主份和备份在轨仅有一个处于加电工作状态,另一个处于关机储备状态,当班单机故障后断开故障机启用备份机继续工作,主备份构成了两个单元的旁联系统。n 个单元的旁联系统可靠性框图如图 2-3 所示。

图 2-1　串联系统可靠性框图　　　　图 2-2　并联系统可靠性框图

(4) 环备份系统:组成系统的 n 个单元至少须有 $k(1 \leq k \leq n)$ 个正常工作,$n-k$ 个单元储备,其中任一储备单元可以用来替换任一失效的工作单元。当某工作单元发生故障时,通过转换装置转接到另一个单元继续工作,直到正常工作单元数少于 k 个时系统才会发生故障,属于冷储备系统。$1/n(C)$ 环备份系统即为旁联系统。例如,通信卫星的行波管放大器采用的环备份网络即为环备份系统。$k/n(C)$ 环备份系统的可靠性框图如图 2-4 所示。

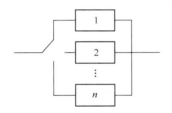　　　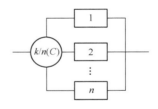

图 2-3　旁联系统可靠性框图　　　　图 2-4　环备份系统可靠性框图

(5) 表决系统:系统所有组成单元均工作,正常工作的单元数不小于 $k(1 \leq k \leq n)$ 时系统就不会发生故障,属于热储备系统。$1/n(H)$ 表决系统即为并联系统。例如,电源控制器中的母线电压误差放大模块(MEA)即采用 2/3 表决系统。$k/n(H)$ 表决系统的可靠性框图如图 2-5 所示。

(6) 网络系统:不能用上述典型可靠性模型描述的复杂网络系统,如桥式系统,其可靠性框图如图 2-6 所示。

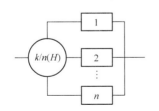　　　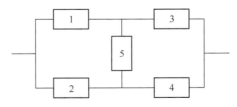

图 2-5　表决系统可靠性框图　　　　图 2-6　桥式系统可靠性框图

需要说明的是,储备冗余系统包括冷储备、热储备和温储备三种,卫星产品可靠性建模时一般进行简化处理,只考虑采用冷储备和热储备形式,将温储备保守按照热储备考虑。

可靠性模型应与系统实现的功能对应,同一系统如果实现不同的功能,可靠性框图可能不同。例如,对于图 2-7(a)所示的双开关系统,当系统的功能要求是电路导通条件下系统正常工作时,只需开关 K1 或 K2 闭合即可,其可靠性框图如图 2-7(b)所示(并联系统);当系统的功能要求是电路断开条件下系统正常工作时,则需要开关 K1 和 K2 同时断开,其可靠性框图如图 2-7(c)所示(串联系统)。

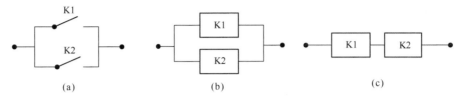

图 2-7　双开关系统原理图及可靠性框图

(a) 双开关系统原理图;(b) 系统功能为导通时的可靠性框图;(c) 系统功能为断开时的可靠性框图。

3) 建立可靠性数学模型

可靠性数学模型一般根据可靠性框图及其对应的概率关系建立。卫星常用的可靠性数学模型如下。

(1) 串联系统。系统可靠度 R_{sys} 为

$$R_{sys} = \prod_{i=1}^{n} R_i \tag{2-1}$$

对于指数单元(可靠度服从指数分布的单元),系统失效率 λ_{sys} 为

$$\lambda_{sys} = \sum_{i=1}^{n} \lambda_i \tag{2-2}$$

式中:R_i 为系统第 $i(i=1,2,\cdots,n)$ 个组成单元的可靠度;λ_i 为指数单元对应的失效率。

(2) 并联系统。系统可靠度为

$$R_{sys} = 1 - \prod_{i=1}^{n} (1 - R_i) \tag{2-3}$$

(3) 旁联系统。假设转换开关完全可靠,若系统组成单元均为指数单元且失效率相同均为 λ,则系统可靠度 R_{sys} 为

$$R_{sys}(t) = \sum_{i=0}^{n-1} \frac{(\lambda t)^i}{i!} \exp(-\lambda t) \tag{2-4}$$

(4) 环备份系统。假设转换开关完全可靠,若系统组成单元均为指数单元且失效率相同均为 λ,则系统可靠度 R_{sys} 为

$$R_{sys}(t) = \sum_{i=0}^{n-k} \frac{(k\lambda t)^i}{i!} \exp(-k\lambda t) \tag{2-5}$$

(5) 表决系统。假设组成单元的可靠度相同均为 R,则系统可靠度 R_{sys} 为

$$R_{sys} = R_n \sum_{i=k}^{n} C_n^i R^i (1 - R)^{n-i} \tag{2-6}$$

式中:R_n 为表决器的可靠度。

(6) 网络系统。可靠性数学模型可由状态枚举法、全概率分解法、最小路径法、网络拓扑法、蒙特卡罗法得到。例如,图 2-6 所示桥式系统的可靠度 R_{sys} 可采用全概率分解法

计算,得到系统可靠度为

$$R_{sys} = R_5 + (1-R_5)\left[1-(1-R_1R_3)(1-R_2R_4)\right] \tag{2-7}$$

2. 可靠性建模要求

卫星可靠性建模工作有如下要求。

(1)根据卫星产品的任务剖面分别建立任务可靠性模型。当产品要经历多个工作阶段时,任务可靠性模型应针对各个工作阶段建立单独的可靠性模型,然后再建系统模型。

(2)可靠性框图应与功能框图和技术状态一致。可靠性框图内使用的产品名称或代号应与功能框图、产品规范中所使用的名称或代号一致。

(3)应根据产品工作原理,考虑各功能单元的交叉冗余情况进行可靠性建模。

(4)可靠性模型应随可靠性试验数据的获得以及产品结构、使用要求和使用约束条件等方面的更改而进行适应性修改。

(5)对于具有多功能单元的系统,多功能单元在系统中重复出现,导致单元之间不独立。对于这类系统,首先按照各功能单元系统可靠性建模方法建模,然后根据 $R^n = R$ 简化可靠性模型。例如,对图2-8所示可靠性框图,首先按照单功能单元系统处理,得到系统可靠性模型为 $R_{sys} = (R_A + R_B - R_A R_B)(R_B + R_C - R_B R_C)$,然后简化得到 $R_{sys} = R_B + (1-R_B) \cdot R_A R_C$,模型简化中用到了 $R_B^2 = R_B$。

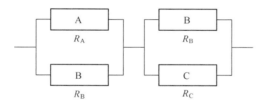

图2-8 多功能系统可靠性框图

2.1.2 卫星可靠性建模实例

1. 某卫星平台可靠性建模

某卫星平台由供配电、测控、数管、控制、推进、热控、结构等分系统组成,因此其可靠性框图如图2-9所示。其数管分系统和推进分系统的可靠性框图如图2-10和图2-11所示。

图2-9 某卫星平台可靠性框图

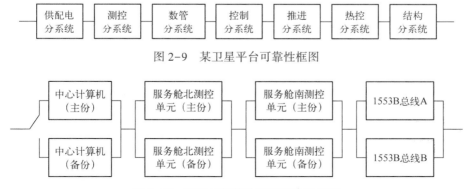

图2-10 某卫星数管分系统可靠性框图

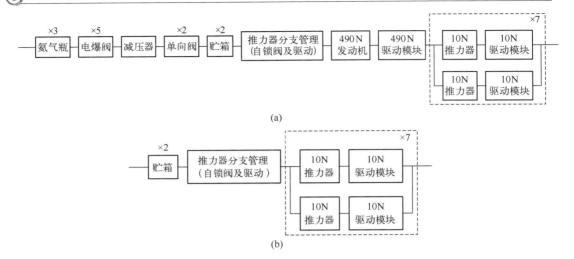

(a)

(b)

图 2-11　某卫星推进分系统可靠性框图

（a）发射及转移轨道阶段可靠性框图；（b）同步轨道阶段可靠性框图。

2. 某动量轮系统可靠性建模

以卫星常用的 V+L 动量轮构型、金字塔动量轮构型为例，进行可靠性建模。假设各个动量轮之间相互独立。

（1）V+L 动量轮构型：该构型由 2 个 50Nms 和 1 个 25Nms 动量轮构成，2 个 50Nms 动量轮 A 和 B 装在 YOZ 平面内，与 Y 轴夹角为 ±20°；1 个 25Nms 动量轮 C 沿着 $-Z$ 轴方向。该动量轮构型下，能够正常工作的组合方式有以下三种：A—B、A—C 和 B—C，为异构单元组成、表决器完全可靠的 2/3(H) 表决系统，其可靠性框图如图 2-12 所示，可靠性数学模型为

$$R_{\text{sys}} = R_A R_B R_C + R_A R_B (1-R_C) + R_A R_C (1-R_B) + R_B R_C (1-R_A)$$
$$= R_A R_B + R_A R_C + R_B R_C - 2 R_A R_B R_C \tag{2-8}$$

（2）金字塔动量轮构型：该构型由 4 个 50Nms 动量轮构成，动量轮 A 和 C 装在 XOY 平面内，动量轮 B 和 D 装在 YOZ 平面内，与 $-Y$ 轴夹角均为 ±45°。该构型下，能够正常工作的组合方式有以下四种：A—B—C、A—C—D、B—C—D 和 A—B—D，为 3/4(H) 表决系统，其可靠性框图如图 2-13 所示，可靠性数学模型为

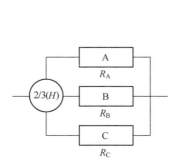

图 2-12　V+L 动量轮构型可靠性框图

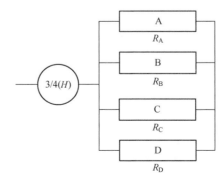

图 2-13　金字塔动量轮构型可靠性框图

$$R_{sys} = R_A R_B R_C R_D + R_A R_B R_C(1-R_D) + R_A R_C R_D(1-R_B) + R_B R_C R_D(1-R_A) + R_A R_B R_D(1-R_C)$$
$$= R_A R_B R_D + R_A R_B R_C + R_B R_C R_D + R_A R_C R_D - 3R_A R_B R_C R_D \qquad (2-9)$$

2.2　卫星可靠性预计

卫星可靠性预计是根据产品及其组成单元的历史可靠性数据、可靠性模型、产品工作环境等因素,对相应产品的可靠性进行定量估计的过程。卫星可靠性预计工作包括单机设备可靠性预计、分系统可靠性预计、卫星系统可靠性预计。可靠性预计是一个自下而上、从局部到整体、由小到大、逐级进行估算的系统综合过程。

可靠性预计的目的主要包含:评价设计方案是否能够达到要求的可靠性指标;在方案评价阶段,通过比较不同方案的可靠性水平,为最优方案的选择及方案优化提供依据;在设计中发现影响系统可靠性的主要因素,找出薄弱环节,采取设计措施,提高系统可靠性;为可靠性增长试验、验证等提供依据;为可靠性分配奠定基础;定量预计各级产品设计的可靠性水平,以判断设计是否能满足可靠性指标的要求;支持元器件优选及合理使用。

可靠性预计与分配都是可靠性设计分析的重要工作,两者相辅相成,相互支持。前者是自下而上的归纳综合过程,后者是自上而下的演绎分解过程。可靠性分配结果是可靠性预计的目标,可靠性预计的相对结果是可靠性分配与指标调整的基础。在系统设计的各个阶段均要相互交替、反复进行多次迭代。

卫星可靠性预计工作应从方案阶段开始。在方案、初样阶段,设备级的可靠性预计可采用元器件计数法进行初步预计,然后应用可靠性数学模型得到分系统和整星(系统级)的可靠性预计结果;在初样阶段后期、正样阶段,元器件使用情况已经基本确定,应采用应力分析法进行详细预计,进而得到分系统和整星(系统级)的详细可靠性预计结果。

2.2.1　卫星可靠性预计方法

1. 设备可靠性预计方法

可靠性预计方法主要包含元器件计数法、应力分析法和相似电路法。元器件计数法适用于设备初步设计阶段的可靠性预计,其需要的信息较少,通常只需要元器件的种类、数量、质量等级及设备的工作环境等。应力分析法是产品详细设计阶段的可靠性预计方法,一般在产品研制已完成,产品的结构、电路及其元器件的环境应力和工作应力都明确的条件下才能应用。元器件计数法可以快速评价产品的可靠性,并可用于确定优选元器件的采购级别,但其只能用于产品设计初期的可靠性预计。应力分析法可识别过应力的元器件及设计中的边缘应力情况,比元器件计数法可提供更高的置信度,但其只能用于产品详细设计完成后。相似电路法是通过相似电路的可靠性数值来确定可靠性数值的经验方法。

1)元器件计数法

元器件计数法假设元器件的寿命服从指数分布(即元器件失效率恒定)。对于可靠

性模型为串联结构的设备,元器件计数法所用的数学公式为

$$\lambda_{GS} = \sum_{i=1}^{n} N_i \lambda_{Gi} \pi_{Qi} \tag{2-10}$$

式中:λ_{GS} 为设备总失效率;λ_{Gi} 为第 i 种元器件的通用失效率;π_{Qi} 为第 i 种元器件的通用质量系数;N_i 为第 i 种元器件的数量;n 为设备所用元器件的种类数目。

2) 应力分析法

应力分析法是在考虑元器件类型、工作应力等级及每个器件降额特性的情况下,把设备失效率作为所有元器件失效率的可加函数来确定。它以元器件的基本失效率为基础,根据使用环境、生产制造工艺、质量等级、工作方式和工作应力的不同进行相应修正,来预计产品元器件的工作失效率(使用失效率),进而求出部件和产品的失效率。应力分析法的元器件失效率模型比元器件计数法更为细致。

应力分析法的步骤为:①确定每一元器件的基本失效率,它由元器件的类型、环境条件及工作应力水平所确定;②根据可靠性预计手册给出的元器件失效率模型,结合元器件的结构、封装、应用状况、工作应力、环境条件、质量等级和工艺成熟程度等因素,查手册求出元器件工作失效率;③利用 2.1 节建立设备的可靠性模型,根据所求出的各元器件失效率,逐级进行电路、功能模块、整机产品的可靠性预计。

对于电子产品,国产元器件可采用标准 GJB/Z 299C—2006《电子设备可靠性预计手册》,进口元器件可采用 MIL-HDBK-217F(*Reliability Prediction of Electronic Equipment*),来确定元器件的失效率模型。对专用电子元器件,可根据收集的信息进行失效率预计,也可选用标准中相当元器件的失效率模型。对非电产品,可根据其试验数据及可靠性评估数据、相似产品数据、国外非电产品数据等进行可靠性定量分析。

例如,分立半导体器件的工作失效率预计模型为

$$\lambda_P = \lambda_b \pi_E \pi_Q \pi_A \pi_{S2} \pi_r \pi_C$$

式中:π_E 为环境系数(又称环境因子),取决于器件的种类和除温度外的使用环境;π_Q 为质量系数(又称质量因子),不同质量等级的同类器件取值不同;π_A 为应用系数(又称电路因子),同一器件在不同的电路中使用时取值不同;π_{S2} 为电压应力系数(又称电压应力因子),器件外加不同电压时,取值不同;π_r 为额定功率或额定电流系数,不同额定功率或电流的器件有不同的取值;π_C 为种类系数或结构系数,相同类型的单管、双管、复合管取值不同;λ_b 为基本失效率,其模型中考虑了温度应力和电应力等因素的影响。

半导体单片数字集成电路和模拟集成电路的工作失效率模型为

$$\lambda_P = \pi_Q [C_1 \pi_T \pi_V + (C_2 + C_3) \pi_E] \pi_L$$

式中:C_1、C_2 为电路复杂度失效率,C_3 为封装复杂度失效率;π_T 为温度应力系数;π_V 为电压应力系数;π_E 为环境系数;π_L 为成熟系数。

3) 相似电路法

相似电路法就是选取可靠性已确定的相似电路,通过比较电路差异和可靠性特点,来确定新电路可靠性数值的方法,此方法的准确性取决于电路间的等效程度。利用相似电路法进行可靠性预计的主要步骤和要求如下。

(1) 确定与新设计电路最相似的已有电路:相似性比较要点包括电路的结构和功能性能、设计、制造、寿命剖面的工作条件和环境条件等。

（2）分析相似电路使用期间的所有可靠性数据,确定其可靠性水平,对可靠性已确定的系列电路可略去此步骤。

（3）确定新电路的可靠性预计值:比较电路的差异程度,对相似电路的可靠性水平进行适量修正。

（4）考虑电路互连可靠性因素,将单个新设计电路的可靠性估计值综合为新产品的可靠性预计值。

2. 系统可靠性预计方法

设备级的可靠性预计完成后,逐级进行分系统和整星的可靠性预计。图 2-14 给出了基于应力分析法的卫星可靠性预计流程。

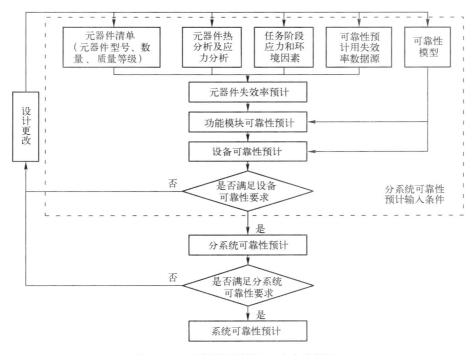

图 2-14 可靠性预计流程(应力分析法)

3. 可靠性预计要求

卫星可靠性预计工作有如下要求。

（1）对非电产品,可根据其试验信息及可靠性评估数据、相似产品信息、国外非电产品数据等进行可靠性定量分析。

（2）可靠性预计应从方案阶段开始,以确定分配到各功能级的可靠性指标的可行性。在产品的方案阶段,可采用元器件计数法、相似产品法等进行初步可靠性预计;在产品的初样阶段,应采用应力分析法等进行详细可靠性预计。设计更改后,需进行重新预计,以反映最终技术状态下的可靠性指标。

（3）可靠性预计依赖于可靠性模型和任务剖面,应根据产品的任务可靠性模型对系统、分系统、单机等各级产品在任务剖面内的任务可靠性进行预计。若无明确规定,可靠性预计应按最坏工作情况和环境条件进行。

（4）在使用寿命期间非工作时间占较大比重的产品（如定时开关机设备、应急线路、冷备份产品等）的可靠性预计应综合考虑工作状态和非工作状态的失效率。非工作状态的失效率可按相关标准中的方法进行计算。

（5）对于继承产品，应分析任务目标、工作时间、工作环境是否与被继承产品一致，不一致的应重新预计，一致的应利用最新数据进行可靠性预计复核。

（6）当设备中软件程序的成败严重影响设备工作时，应对预计结果加以修正，使之尽量接近工程实际。

2.2.2 卫星可靠性预计实例

以某 GEO 卫星平台为例，介绍卫星可靠性预计的方法和过程。

在失效率数据源上，进口元器件失效率数据引用 MIL-HDBK-217F（*Reliability Prediction of Electronic Equipment*）；国产元器件失效率数据引用相关标准 GJB/Z 299C—2006《电子设备可靠性预计手册》；结构部件采用安全裕度设计，可靠度取为 1；发动机、推力器、火工品、机构的可靠性预计值来自以往的可靠性评估结果；引进产品的可靠性预计由生产商提供。

首先，采用元器件应力法先后完成功能模块/部件级和设备级的可靠性预计；然后，考虑设备的不同备份形式（冷备份、热备份、环备份等），根据可靠性模型，计算得到卫星平台各分系统可靠度预计值；最后，在各分系统预计的基础上，采用数学模型分析法得到卫星平台的系统级可靠度预计结果。具体预计值如表 2-1 所列。

表 2-1　某 GEO 卫星平台可靠度预计结果

分系统	阶段Ⅰ	阶段Ⅱ
平台	0.975	0.844
数管	0.9994	0.9801
测控	0.9991	0.9817
热控	0.9997	0.9945
控制	0.9993	0.9340
推进	0.9800	0.9811
供配电	0.9980	0.9633
结构	≈1	≈1

2.3　卫星可靠性分配

卫星可靠性分配是指将卫星总体的可靠度指标合理分配到分系统和单机的方法，其目的在于将定量的可靠性目标值分配给不同组成部分，作为各级产品的可靠性设计要求，从而使卫星总体的可靠性指标得到保证。

卫星可靠性分配是自上而下（系统级—分系统—单机）的过程，卫星总体通过可靠性分配将整星的可靠性指标分配给各分系统，各分系统再将其可靠性指标分配给各单机设备。

在总体方案设计确定后，卫星总体应完成系统向分系统的可靠性分配工作；在初样设计初期,分系统应完成分系统向各设备的可靠性分配。在卫星研制过程中,由于技术状态变化等原因,必要时应对分配的指标做适当的调整。

2.3.1　卫星可靠性分配方法

常用的可靠性分配方法主要有比例组合法、评分分配法和按相对失效率比的分配方法。比例组合法适用于新、老产品的结构、材料、工艺、使用环境等相似,而且老产品及各组成单元的可靠性预计数据齐全的情况,也称相似产品法。评分分配法适用于可靠性数据缺乏的情况,根据专家经验来确定系统各组成单元之间的失效率相对比值,从而实现可靠性分配。按相对失效率比的分配方法与比例组合法类似,但它是基于产品自身而非相似产品的可靠性预计数据进行可靠性分配,主要用于可靠性初步预计完成后,对可靠性分配值进行调整的情况。

比例组合法和评分分配法一般用于方案阶段和初样设计阶段,按相对失效率比的分配方法一般用于初样设计和正样设计阶段。上述三种方法均针对串联系统,并假设系统及其组成单元为指数单元。对于存在局部备份的情况,先将系统可靠性指标分配到备份系统,再根据备份系统可靠性模型确定备份单元的可靠性分配值。可靠性分配应与可靠性建模及预计进行结合。

可靠性分配的一般原则是:复杂度高的产品,分配较低的可靠性指标;技术上成熟、继承性好的产品,分配较高的可靠性;处于较恶劣环境的产品,分配较低的可靠性;重要度高的产品,分配较高的可靠性;可靠性分配后,必须确保留有一定余量。

1. 比例组合法

如果一个新设计的系统与原系统相似,也就是组成系统的各分系统类型相同,只是根据新的情况对新系统提出了新的可靠性要求,则可以采用式(2-11),按新系统可靠性的要求,由原系统中各分系统的失效率,给出新系统中的各分系统的失效率

$$\lambda_i' = \lambda_i \frac{\lambda_s'}{\lambda_s} \tag{2-11}$$

式中:λ_i'为分配给新系统中第 i 个单元的失效率;λ_s'为新系统要求的失效率指标;λ_s为原系统的失效率;λ_i为原系统中第 i 个单元的失效率。

2. 评分分配法

评分分配法是根据专家、技术人员的经验,按照影响可靠性的几种主要因素进行评分,根据评分结果得出分配的失效率和可靠度。一般主要考虑五种因素:重要性、复杂性、成熟性、环境条件和任务时间,评分的一般标准如表 2-2 所列。

表 2-2　评分的一般标准

评分因子	分值范围	参考取值
重要性	1~10	关键件 1~4,重要件 4~7,一般件 7~10
复杂性	1~10	越复杂,分值越高
成熟性	1~10	成熟型 1~4,改进型 4~7,全新型 7~10
环境条件	1~10	越恶劣,分值越高
任务时间	1~10	时间越长,分值越低

设系统由 n 个单元串联组成,有 m 个评分因子,由 L 位专家(不应少于 6 人)对各分系统的评分因子进行评分(r_{ijk})。

第 i 个单元第 j 个评分因子的平均评分值为

$$r_{ij} = \frac{1}{L} \sum_{k=1}^{L} r_{ijk} \qquad (2-12)$$

第 i 个单元的综合评分值为

$$\omega_i = \sum_{j=1}^{m} r_{ij} \qquad (2-13)$$

整个系统的综合评分值为

$$\omega = \sum_{i=1}^{n} \omega_i \qquad (2-14)$$

第 i 个单元的综合因子为

$$C_i = \frac{\omega_i}{\omega} \qquad (2-15)$$

假设系统要求的失效率为 λ_S(由系统要求的可靠度 R_S 和任务时间 t 通过可靠度函数转化而来)。根据 C_i,λ_S,可得到第 i 个单元分配的失效率为

$$\lambda_i = C_i \lambda_S \qquad (2-16)$$

分配的可靠度为

$$R_i = e^{-\lambda_i t} \qquad (2-17)$$

最后可基于试验、预计等验证分配的正确性,来判断是否满足系统要求的可靠性,并留有余量。

3. 按相对失效率比的分配方法

按相对失效率比的分配方法就是参考可靠性预计结果来分配可靠性指标。对于串联系统,假设其各单元工作时间服从指数分布,则分配给每个单元的失效率为

$$\lambda_i^* = \lambda_S^* \left(\frac{\lambda_{iP}}{\lambda_{SP}} \right) \qquad i=1,2,\cdots,n \qquad (2-18)$$

式中:λ_S^* 为系统的失效率指标;λ_{SP} 为系统的失效率预计值;λ_{iP} 为单元的失效率预计值。

2.3.2 卫星可靠性分配实例

以某 GEO 卫星为例,介绍其可靠性分配过程。

某 GEO 卫星在轨任务分为两个阶段,阶段 Ⅰ 自卫星发射至在轨测试结束,阶段 Ⅱ 自阶段 Ⅰ 末期至服务寿命末期。根据用户要求,阶段 Ⅰ 末期可靠度大于 0.97,阶段 Ⅱ 末期可靠度大于 0.7。

卫星可靠性框图如图 2-15 所示,为各分系统组成的串联系统。该卫星充分继承相关型号设计,系统及各分系统组成及技术状态相似。因此,可应用比例组合法进行可靠性分配,分配结果如表 2-3 所列。

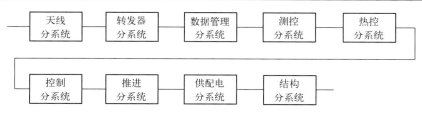

图 2-15　卫星可靠性框图

表 2-3　卫星可靠度指标分配结果

分系统	阶段 Ⅰ	阶段 Ⅱ
天线	0.999	0.96
转发器	0.999	0.847
数据管理	0.999	0.985
测控	0.998	0.93
热控	0.999	0.999
控制	0.999	0.99
推进	0.98	0.98
供配电	0.997	0.97
结构	≈1	≈1
整星指标要求	≥0.97	≥0.7

参 考 文 献

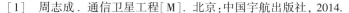

［1］　周志成．通信卫星工程［M］．北京：中国宇航出版社，2014.

［2］　曾声奎．可靠性设计与分析［M］．北京：国防工业出版社，2011.

［3］　GB/T 4882—2001．数据的统计处理和解释 正态性检验［S］．中国标准出版社，2001.

［4］　MIL-HDBK-217F．电子设备可靠性预计手册［S］．美国国防部，1991.

第 3 章
卫星冗余设计及裕度设计

冗余设计和裕度设计是卫星重要的可靠性设计方法,也是提高卫星可靠性的重要有效手段。卫星冗余设计包括元器件、电路、模块、单机及组件级的冗余,需根据系统要求、产品特点及其他约束条件,合理设计冗余方案。卫星裕度设计是指为适应产品工作环境、工作性能的不确定性因素,保证产品可靠性而相对于指标要求预留的设计余量。卫星裕度设计包括总体指标的裕度设计和分系统及单机指标的裕度设计,应根据各级、各类产品特点合理确定设计裕度,从而保证卫星在轨可靠性。

3.1 卫星冗余设计

冗余设计是指通过投入超过常规设计所需的外加资源(硬件、软件、信息和时间等),来抵消故障产生的后果,达到提高产品可靠性的目的。由于大部分航天器在轨不可维修,冗余设计也是保证航天器在轨正常运行的一项重要手段。多年的卫星研制和在轨运行经历表明,冗余设计对于提高卫星可靠性和在轨稳定运行发挥了重要作用,可以有效避免卫星的单点失效和任务降级。

3.1.1 卫星冗余设计方法

1. 冗余系统组成

完整的冗余系统包括基本功能单元(BFU)、交叉连接切换单元(CSSU)、隔离保护单元(IPU)、监测管理单元(MMU)。CSSU、IPU 和 MMU 称为冗余设计的"三要素"。冗余系统一般可用图 3-1 所示的通用逻辑模型描述。

(1)基本功能单元:冗余设计的对象,具有完整功能的最小单元,可以是单机或功能模块,简称为冗余单元或基本单元。例如,单机级冗余设计的测控放大器、陀螺,或者内部冗余设计的电源模块等。

(2)交叉连接切换单元:为冗余模块提供交叉连接和信号流切换的功能单元(简称为切换单元)。例如,继电器、微波开关、模拟开关、数字开关、总线控制器等。有的冗余系统(特别是数据冗余的系统)没有设计单独的 CSSU,在接收所有冗余通道的信号后,由监测管理单元进行信号的比较和选择。

（3）隔离保护单元：当一个备份发生故障时，用于确保该故障不会影响其他备份正常工作的功能单元。一般 CSSU 本身就具有隔离保护功能，此外在输出、输入的接口部分常采用一些专用的器件进行故障隔离，例如，二极管、电阻、电容、变压器、运算放大器、光耦、熔断器、霍尔器件等。

（4）监测管理单元：用于信号选择（表决），以及监测 BFU（或包括 IPU 和 CSSU）的健康状态，判断是否出现故障，并在确认故障后发出冗余管理命令的功能单元，如看门狗电路。

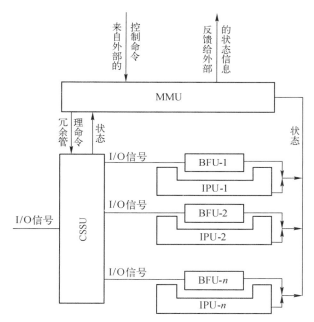

图 3-1　冗余设计的通用逻辑模型

2. 冗余设计准则

冗余设计应遵循以下准则。

（1）全局最优准则——从系统层次考虑冗余设计，追求总体最优，而不是个体最优，避免可靠性"木桶效应"或过于复杂的冗余方案给可靠度带来的负面影响。

（2）独立性准则——冗余模块间的功能独立，避免互相依赖、互相制约以及可能的互相影响，避免冗余设计中的共因故障。条件允许时，基本功能单元应原理不同，尤其是采用低成熟度技术或产品，以及不可修产品的冗余设计，应符合异构原则。

（3）低层次优先准则：构建候选方案时，应遵循低层次优先的准则，其中最低层次为元件/零部件级，之后依次是模块级、单机级、分系统级，直至最高的系统级。

（4）避免单点准则：冗余设计的核心是冗余设计的三要素（隔离保护单元、交叉连接切换单元、监测管理单元），冗余设计的三要素本身也可能成为单点，应严格控制，避免引入新的单点故障模式，不得不引入的单点应确保其可靠性指标满足要求。

（5）适度准则：冗余程度应适当，综合权衡可靠性指标、可测试性和系统资源（重量、体积、功耗、费用和设计时间成本)等。冗余程度增多会导致相应的检测、判定隔离和转换装置增多,这些环节的加入会使系统可靠性降低。

3. 冗余设计流程

冗余设计流程包括冗余设计输入分析、确定冗余设计对象、确定冗余方式与冗余度、冗余管理方案设计、冗余"三要素"设计、冗余分析与测试验证等环节,是一个迭代优化的过程,如图 3-2 所示。

1) 冗余设计输入分析

一般包含约束条件分析和初步的可靠性分析。

约束条件分析:冗余设计是系统设计的一部分。在采用冗余设计提高系统任务可靠性的同时,往往伴随着设计复杂性、能源、体积、重量和成本等方面的代价,且不可避免地降低了产品的基本可靠性。因此,在考虑采取冗余设计时,首先应明确设计任务要求、可靠性要求和重量、能耗费用等约束条件,作为设计的输入。

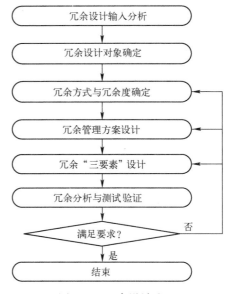

图 3-2　冗余设计流程

初步的可靠性分析:识别需要进行冗余设计的环节,为冗余设计对象的确定提供输入,应开展必要的可靠性分析,包括功能分析与功能 FMEA、FTA、初步的可靠性框图与可靠性预计等。

2) 冗余设计对象确定

一般通过定性判断和定量分析,来确定某功能或某硬件是否需要冗余,以及具体的冗余环节。

定性判断主要根据总体任务要求和初步的可靠性分析来定性判定哪些设计不必采用冗余、哪些设计应采用冗余。通常将符合下列原则的产品确定为冗余设计对象:①采用提高质量和基本可靠性的方法之后(如采用高等级的元器件、降额设计、简化设计、软件纠错等),仍不能满足任务可靠性要求的功能通道或组成单元;②由于采用新材料、新工艺或用于未知环境条件下,其任务可靠性难于准确估计、验证的功能通道或组成单元;③通过功能分析与功能 FMEA、FTA 等手段识别的影响任务成败的可靠性关键项目和薄弱环节;④通过功能分析与功能 FMEA、FTA 等手段识别的可能造成人员伤亡、财产损失、设施毁坏和环境破坏等严重后果的安全性关键项目和薄弱环节;⑤采用冗余单元的成本低于产品改进成本的功能通道或组成单元。

定量分析主要通过可靠性计算来发现设计中的薄弱环节,并选择最佳冗余方案,以最低的代价达到系统可靠性要求。定量分析的流程一般如下所述。

(1) 建立系统可靠性模型:先构建备选的冗余设计方案,明确串/并结构、冷/热结构和备份数量等。根据主备份的逻辑结构和故障分布建立可靠性框图和数学模型。

(2) 定量比较:主要通过可靠度定量计算,结合重量、体积、功耗、成本等定量因素进行比较;若条件允许,可通过仿真或测试原型系统等方法进行比较。

（3）循环迭代：定量方案设计是一个迭代优化的过程，需要多次循环。

例如，模块 A 和 B，在某一时期内可靠度分别为 0.95 和 0.5，简单串联的可靠度 $R =$ 0.95×0.5 ＝0.475。若模块 A 和 B 构成图 3-3 所示的结构，其可靠度分别为：

① 对于图 3-3（a）冗余结构，$R_a = (1-0.05^2)×(1-0.5^2) = 0.748125$；

② 对于图 3-3（b）冗余结构，$R_b = 0.95×(1-0.5^2) = 0.7125$；

③ 对于图 3-3（c）冗余结构，$R_c = 0.95×(1-0.5^3) = 0.83125$；

④ 对于图 3-3（d）冗余结构，$R_d = 1-(1-0.95×0.5)^2 = 0.724375$。

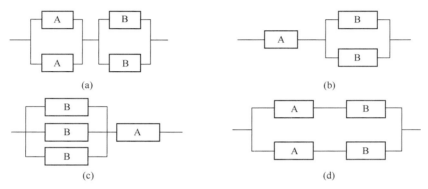

图 3-3　几种冗余结构

从上述结果可看出，模块 A 的并联冗余对整个电路可靠性的提高作用不明显，模块 B 是系统可靠度的瓶颈，对其采取三重并联冗余，能有效提高系统可靠度。

3）冗余方式与冗余度确定

（1）冗余方式选择。

在卫星的设计过程中，应根据产品特点和可靠性要求，在成本、重量、体积和资源消耗等方面进行权衡，最终确定应采用的冗余方式。冗余设计按照实现形式一般分为功能冗余和硬件冗余两大类。

功能冗余采用不同原理或不同实现方式，由多个不同的系统实现相同功能。功能冗余是系统的固有属性，使系统中不同部件在功能上有重叠，其中某些部件的部分或全部功能可由系统中其他部件的功能来代替，也可通过增加部件而形成。例如，某些卫星的电推进系统和化学推进系统均可完成位置保持功能；星敏感器、惯性陀螺、红外地球敏感器、太阳敏感器在姿态测量功能上有重合，形成功能上的冗余。

硬件冗余相对于功能冗余提出，一般是增加备用硬件，采用多套单机、模块，或者电路和元器件冗余的方式。硬件冗余的级别越低，故障屏蔽的效果越好，同时对故障检测和电路设计的要求越高，难度越大。

整星级冗余设计，多采用功能冗余，重点是避免共因失效导致功能的严重丧失。分系统及以下层级冗余设计，多采用硬件冗余，提高分系统的工作可靠性；特别是在系统需要持续工作、不允许中断时，采用硬件的工作冗余，避免引入切换环节和切换时间。

冗余系统根据工作方式和各个单元的工作状态，从逻辑结构上可分为工作冗余和非工作冗余（备用冗余），如图 3-4 所示。

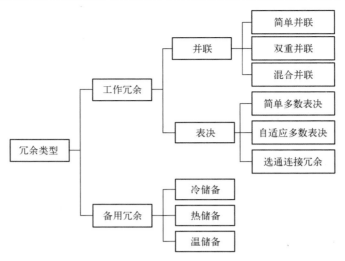

图 3-4　冗余结构类型图

表 3-1 和表 3-2 给出了常用冗余类型的特点及结构说明。

表 3-1　常用冗余类型的特点

冗余类型		单元工作状态	优　　点	缺　　点	适 用 对 象
工作冗余	并联	各冗余单元同时工作	无切换过程,对系统工作影响较小。与表决冗余相比,相同资源可以提供更多冗余度	各单元同时工作,冗余单元的寿命有所损失	设计相对简单,适用于提供一个功能通道的产品
	表决	各冗余单元同时工作	无切换过程,可有效提高功能的正确性,减少错误输出	各单元同时工作,冗余单元的寿命有所损失,表决过程可能影响系统工作速度,相同资源提供的冗余度较并联冗余少	设计相对复杂,有时需要增加比较、判断环节,适用于有准确度、精度等要求的功能以及需要提供多个功能通道的产品
备用冗余	冷储备	主份单元工作时,其余冗余单元不工作且处于关闭状态	可储备冗余单元寿命;有利于防止故障扩散	有切换过程,需要增加切换环节,切换过程可能对系统工作产生影响,切换环节可能构成薄弱环节	适用于允许输出间断或变化较大的功能
	热储备	主份单元工作时,其余冗余单元处于工作状态但不接入系统	切换过程相对冷储备冗余快捷	存在切换薄弱环节;冗余单元的能耗和应力较高	有利于消除间歇故障,适用于允许输出间断或变化较大的功能
	温储备	处于冷储备和热储备之间	切换过程相对冷储备冗余快捷;可储备冗余单元寿命	存在切换薄弱环节;冗余单元的能耗和应力介于冷储备和热储备之间	有利于消除间歇故障,适用于允许输出间断或变化较大的功能

表 3-2　多种冗余结构类型说明

序号	类型	结构框图	结构说明	特　点	适用对象
1	简单并联	A—冗余单元	由若干单元简单并联而成。只要任一单元工作正常，系统就能正常工作	优点：简单；比无冗余时的可靠性有很大提高。 缺点：必须考虑总负载分配；对单元上的电压分压敏感；难以防止故障扩散；可能出现电路设计问题	用于连续工作的设备，提高任务可靠性
2	双重并联	 A1、A2—冗余单元；S1、S2—信号开关；DL—逻辑诊断器；ED—误差检测器；AND—与门；OR—或门	双重冗余技术适用于并联工作的 A1 及 A2 的冗余逻辑单元。主要是在 A1 及 A2 可双重工作，或作为独立单元的计算机上使用。装有误差检测器的输出，执行诊断程序以确定故障单元并切断其工作	优点：一路故障时，另一路可支持网路的输出，原功能不降级；可提供开路、短路故障单元可以进行维修而不中断计算机工作。 缺点：可能要求诊断程序；由于需要诊断和转换，增加了复杂程度；由于有冗余数据要求，可能要增加存储器容量	用于数字式计算机电路，预防错误逻辑单元干扰其他电路
3	混合并联	 （a）并联/串联混合冗余 （b）串联/并联混合冗余　A—冗余单元	混合冗余可提供短路及开路冗余保护。冗余单元可预防由于单元短路而造成网络直接短路，冗余单元可用图（a）所示的并联网络预防网络开路。当元件主要故障模式为开路时可用图（a）所示的网络，当元件主要故障模式为短路时可用图（b）所示的网络	优点：在短的任务时间内，元器件级或电路级的这种冗余，可靠度有显著提高。 缺点：设计困难，只限于元器件级电路级上使用	用于需要对短路、开路进行保护的元器件作，如熔断器等

（续）

序号	类型	结构框图	结构说明	特　点	适用对象
4	简单多数表决	多数表决单元 A1、A2、A3、…、An—冗余单元	将信号输送到表决器，把每一个信号与其余信号进行比较，确定系统的行为。只有在故障单元数小于有效单元数时才有输出	优点：可用来显示有缺陷的单元；对于任务时间较短的设备（任务时的MTBF值），可靠度有明显提高。缺点：要求表决单元的可靠性远高于冗余单元的可靠度（任务时的MTBF值），对于任务时间大于设备规定时间较长的设备的MTBF值，可靠度会有所降低	用于连续工作或断续工作的逻辑电路
5	自适应多数表决逻辑	多数表决单元 A1、A2、A3、…、An—冗余单元	在简单多数表决冗余的基础上稍加改进而成，增加了一个比较器，可检测出多数电路信号不一致的故障电路并禁止其工作	同上	同上
6	选通连接表决	A1、A2、A3、…、An—冗余单元；G1、G2、G3、G4—门电路	冗余单元一般是二进制的数字电路，其输出加到类似开关的门电路上，由这些逻辑门完成表决功能	同上	用于逻辑电路，也可用于高冗余度的设备级。可构成n取k的环备份形式，如通信卫星的转发器系统

（续）

序号	类型	结构框图	结构说明	特 点	适用对象
7	冷储备	(a) 输出与电源同步转换 (b) 电源加电转换 A1、A2—冗余单元	冗余单元用开关进行转换，转换方式分为两种： 用开关来隔离有故障的工作单元，并接通备用单元（电源通道和工作通道同时切换）； 用开关切断有故障单元的电源，并接通备用单元的电源，使其投入运行	优点：冗余单元在备用状态下不通电不工作，降低了功耗和失效率。 缺点：转换过程较长；转换装置的失效模式使得冗余处的益处受到限制；故障模式使冗余处的益处受到限制	用于对工作状态连贯性要求不高的系统
8	热储备	A1、A2、A3、…、An—冗余单元； D1、D2、D3、…、Dn—冗余单元检测器；S1—转换开关	所有冗余单元同时工作。每个单元都有一个故障检测装置。当一个单元发生故障时，通过转换开关切换到另一个单元	优点：对间歇失效模式有效。 缺点：检测与转换装置有延迟；由于检测与转换装置的故障模式使冗余模式失效而使冗余处的益处受到限制；由于检测与转换开关而增加了设备的复杂度	用于对工作状态连贯性要求不高但需自主切换的系统
9	温储备	A1、A2—冗余单元	与冷储备较为类似，但冗余单元均处于半加电状态，备用单元待机不加载	优点：冗余单元在备用状态下降低了功耗和失效率，但比冷储备要高。由于电源切换机时无电源切换开关，电源输入端相比冷储备提高了可靠性。 缺点：同冷储备	用于待机功耗和电应力远小于工作状态的设备。如电源变换器等

（2）冗余度确定。

冗余度指冗余单元或冗余通道的数量，它决定了系统的容错能力，即允许系统或部件存在几次故障，仍能维持系统或部件工作、安全的能力。

冗余度应通过对容错能力、可靠性指标和系统资源的综合权衡来确定，一般原则如下。

① 冗余度的确定应满足系统的容错能力要求。系统的容错能力准则是以满足任务可靠性和安全性定量指标为目标，以最少的余度和复杂性为约束条件来确定的。例如，卫星一般要求尽量消除单点故障，即系统容错能力准则为：故障—工作（一次故障后仍能工作）；少量关键任务容错能力准则为：故障—工作/故障—安全（一次故障工作，二次故障安全）；特殊情况下要求容错能力为：故障—工作/故障—工作/故障—安全（一次故障工作，二次故障工作，三次故障安全）。

② 确定合适的冗余程度，适当增加冗余度以达到可靠性指标。但冗余度的增加将带来检测、判定隔离和切换装置的增多，这些环节的加入可能会使系统可靠性降低。

③ 冗余度的增加会占用更多的空间、重量、功耗、指令、遥测以及测试资源，在设计时应统筹考虑。

4）冗余管理方案设计

（1）切换单元/监测管理单元设置。

卫星平台的冗余设计由多层级多重冗余模块组成，存在着在哪一级或哪几级设置切换单元和监测管理单元的问题，一般设置原则如下。

① 满足系统可靠性指标要求。一般情况下，在低层级采用冗余，比在高层级采用冗余对提高产品的可靠性更为有效。切换单元/监测管理单元的设置正是将冗余系统分为若干级，使生存通道增多，可靠性提高。但受到检测和转换部件故障率的限制，特别是模拟类系统的冗余，将增加较多数量的硬件。

② 满足部件级（可更换故障单元级）"故障—工作"的容错能力要求。有的冗余系统，要求部件具有"故障—工作/故障—工作"的容错能力，并需要进行部件级间的信号选择（表决）和故障监控。

③ 满足信号的一致性要求。如果多路输入信号之间的差值很大，将会造成混乱，因此需要设置切换单元/监测管理单元，进行信号选择。

④ 满足多模态控制的要求。

⑤ 满足减少故障扩散和故障瞬态影响的要求。

（2）输入/输出（I/O）信号传递方式选择。

在冗余系统中，输入/输出信号的传递是靠部件间及通道间的信息交换与传输进行的，这与切换/检测单元的设置密切相关。输入/输出信号传递方式一般包括以下几种。

① 直接传递式：信号直接传递式设计上容易实现，结构相对简单，但在直接传递信号通道中如果有一个基本单元失效，则该通道即告失败，因此对可靠性不利。

② 交叉传递式：信号交叉传递是提高冗余系统可靠性的有效手段。交叉传输可通过线路连接实现，其可靠性较高但会增加系统的复杂性和重量。此外，卫星控制用计算机系统之间还采用交换信息的方式，即使某台计算机故障，有关信息也不会丢失，如图3-5所示。

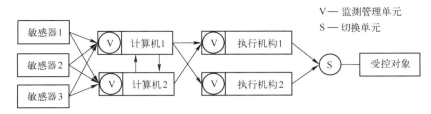

图 3-5   信号交叉传递方式示例

5）冗余"三要素"设计

（1）监测管理单元设计。

MMU 主要实现信号选择和故障监控的功能，进而实现对冗余通道的管理。

信号选择由表决器按规定的表决形式来完成，通常在数字类系统中用软件来完成，在模拟类系统中用硬件来完成。通过信号选择提高各通道信号的一致性，并与交叉传输配合使用提高系统可靠性。多数表决器多用于数字电路，模拟电路多采用平均值或中值选择器。

状态监控是通过系统中传感器监视各通道工作状况，从而检测并隔离故障。状态监控主要分为两种，即比较监控和自监控。目前在模拟、数字类系统中较多采用比较监控。比较监控直观、简单、覆盖率高，缺点是必须有两个以上相似通道才能进行比较。比较监控包括交叉通道、跨表决器和模型三种比较监控方式。

① 交叉通道比较监控（输入—输入比较）：如图 3-6 所示，把所有通道的输入都进行两两比较，取其差值输入到触发电路，当其差值超过规定的监控门限值时，即有信号送入与门电路并确定和隔离故障。

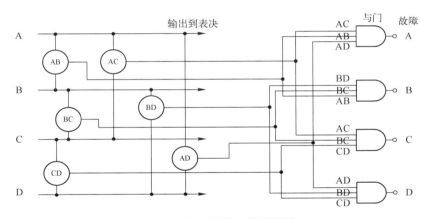

图 3-6   交叉通道比较原理图

② 跨表决器比较监控（输入—输出比较）：这类监控将所有输入信号表决器表决后选择一个正确的信号输出，然后将信号输入分别与所选的输出比较，若不一致，并达到或超过规定的门限值时，相应的触发线路就会给出该通道的故障隔离信号，并给出故障指示，如图 3-7 所示。

③ 模型比较监控将系统信息与预期模型信息进行比较，确定和隔离故障，如图 3-8 所示。模型比较监控常用于模拟类系统中，特别是在双通道系统中，为节省一个通道的硬件，而又尽量不降低冗余等级，并获得监控手段，通常采用模型监控。

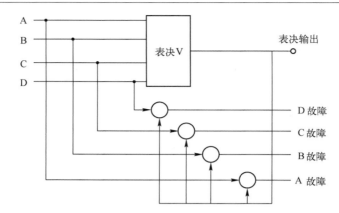

图 3-7　跨表决器比较监控

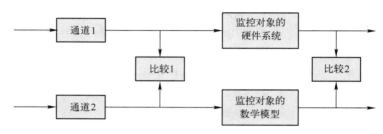

图 3-8　数字模型比较监控示例

相对比较监控,自监控较复杂,覆盖率较低。但自监控不需要以外部相似数据作基准,而是在被监控对象内建立基准,完全依靠自身的手段监控自身故障。被检测对象利用自身检测电路或设备,检测自身的故障并对检测到的故障进行处理,对自身的工作和(或)任务进行控制。自监控常用于在线监控。

此外,MMU 设计还应遵循以下准则。

① 确保当 MMU 发生故障时,不影响系统正常运行。例如,某火工装置检测电路由于 MMU 对地短路,导致检测电路中的 10Ω 电阻烧毁;在改进设计中,通过在检测线上增加一个 1kΩ 电阻,解决了此问题。

② 当被检测单元发生故障时,MMU 应及时报警并进行管理,避免因故障蔓延对其他单元产生致命影响,或故障自身恶化为不可恢复故障。例如,对于单粒子闩锁,及时检测并断电,确保闩锁断电前不影响母线供电,力争闩锁断电后故障可恢复。

③ 检测信息完备性准则——BFU、CSSU 和 IPU 应向 MMU 提供尽可能详细的故障信息,以便 MMU 根据故障详情,采取正确的冗余管理。

④ 直接检测准则——尽可能对被检测对象进行直接检测而不是间接检测。

⑤ 对 MMU 进行容差设计,合理设置故障检测阈值,确保在全寿命周期中各阶段和各种环境条件下 MMU 都能可靠工作,既不因过于敏感而误动作,也不因过于迟钝而不动作。

⑥ 当遥控管理和自主管理并存时,应确保遥控管理优先,自主管理时应慎重选择主备份循环切换的方式。一般情况下,自主管理信号为单脉冲输出。

（2）交叉连接切换单元设计。

CSSU 包括电源和信号的连接和切换。CSSU 设计时应遵循以下准则。

① 确保 CSSU 本身不存在单点故障。表 3-3 给出了根据信号类型设计 CSSU 的参考。若 CSSU 是单点，则应根据具体情况，采用串联、并联、并/串或串/并等冗余设计，如针对三极管 CE 极短路的故障模式，可采用串联冗余设计。

表 3-3　根据信号类型设计 CSSU 的参考

切换的信号	数字开关	模拟开关	继电器	晶体管/场效应管	232、422、1553、I^{2}C、CAN 等总线
电源	—	—	●	○	
低速模拟弱电	—	●	●	●	
高速模拟弱电	—	●	○	●	—
低速数字	●	●	●	●	●/○
高速数字	●	○	○	●	●/○

注：●可选；○具体分析；—不可选。

② BFU 之间的"疏远"准则。BFU 之间尽可能采用独立的 CSSU 和 IPU，以消除单点故障。

（3）隔离保护单元设计。

IPU 用于隔离故障，设计时应遵循以下准则。

① 对 IPU 进行完备的降额设计。核算正常状态和故障状态下 IPU 所受应力，进行充分降额，确保 IPU 在全寿命周期内不因过应力而失效，力争被保护对象在发生故障后可恢复。

② 根据 FMEA 分析结果设计合适的 IPU。注意避免 IPU 单元由于单次故障导致冗余通道发生输入/输出接口对地低阻、输出信号倒灌和主备通道之间的闩锁、"窜电"等问题。CSSU 一般同时具有隔离保护功能，此外还有一些专用的隔离保护器件可供选择，表 3-4 汇总了常见的 IPU 器件及其应用参考。

表 3-4　IPU 器件及其应用参考

被保护对象类型	IPU 器件							
	二极管	电阻	电容	变压器	运算放大器	光耦	熔断	霍尔器件
电源	●	○	—	○	—	—	●	—
模拟	●	○	○	○	●	○	—	●
电平信号	●	●	—	—	○	●		○
脉冲信号	○	●	●	○				

注：1. ●可用；○具体分析；—不可用。
2. 有些场合需要多种保护机制配合，才能提供完备的保护

（1）二极管：二极管的单向特点使二极管只能对被保护对象提供"常 0"故障保护或"常 1"故障保护，实际应用中根据被保护对象的 FMEA 结果，采取具体的保护方式：①保护输出端的"常 0"故障：在多个输出端并联输出时，可保证某一输出端的"常 0"故障不影响其他输出端的正常输出；②保护输入端的"常 1"故障：在多个输入端并联接收数据时，可保证某一输入端的"常 1"故障不影响其他输入端的正常接收。

（2）电阻：串接在冗余的 CMOS 数字输入端，可避免单个输入故障影响其他冗余的输入端。

（3）电容和变压器：①可保护多对一输出电路的输出端，确保某一输出的故障不影响其他输出端正常输出信号；②可保护一对多输出电路的输入端，确保某一输入的故障不影响其他输入端正常接收信号；③变压器可保护交流电源，也可保护某些模拟信号（如 1553B 的耦合变压器），使用时具体分析。

（4）运算放大器（简称运放）：分为隔离模拟运放、普通模拟运放、差分运放等类型，以隔离模拟运放的隔离保护效果最好，具体应用方法可参考相关器件手册和 NASA-HDBK-4001。

（5）霍尔器件和光耦：用来保护冗余的输入端，其应用简单

③ 冗余电源之间应有完备的隔离保护设计。尽可能给各备份 BFU 独立供电,若不能独立供电,则各备份 BFU 之间应具有电源隔离保护,避免单个 BFU 成为单点故障。常用的电源隔离保护电路可选用二极管、熔断器、限流电阻或过流保护电路,适用范围和优缺点如表 3-5 所列。需要特别强调以下几点:①优选过流保护电路;②选用熔断器时,应避免熔断器熔断后出现重大功能降级;③慎用限流电阻,必须使用时应满足最坏情况降额,且应确保负载短路时,限流电阻的阻值不变小。

表 3-5 电源隔离保护电路的适用范围及其优缺点

电源隔离保护电路	适 用 范 围	优 点	缺 点
二极管	只能保护冗余电源自身短路故障	简单	有管压降
熔断器	适用于熔断后不会导致整星失效的冗余设计	简单	不可恢复
限流电阻	适于小规模的冗余设计	简单	有得有失、权宜之计
过流保护电路	用于所有规模的电路保护	保护的故障类型多,且可恢复	电路较复杂或需引入新型元器件

(4)其他注意事项。

① 尽量简化冗余的结构和电路等,多余逻辑可能带来不可预料的故障。具体到每个功能,应考虑实现该功能的电路是否最简单;具体到每个器件,应考虑该器件能否取消或与其他器件合并。

② 尽量避免共因故障:冗余单元之间尽可能独立,减少互相依赖的电气接口和彼此制约的操作环节;冗余对外接口尽可能独立,消除因共用接口器件造成的单点故障。若不能独立,则应采取一定的隔离保护措施;条件允许时,冗余单元采取异构设计;冗余单元尽可能配置在不同区域,防止某区域遭到破坏时所有冗余备份都发生故障;冗余电源电缆应独立成束、禁止混扎,且备份线束之间应留有足够的安全距离;电源电缆和电连接器应进行足够的耐压、绝缘和电流降额,电连接器上的电源及其回路接点应有足够的安全距离。

③ 可测试性设计:通过改进设计方案、增加测试点、提供间接和直接遥测等手段来提高冗余功能和电路的可测性。对于关键动作和关键冗余管理模块,应采用直接遥测。对于冗余设计中的不可测试项目,应采用过程控制等手段来保证其可靠性。例如,对于并联冗余熔断器,可在其中一个备份通道上设置测试跳线器,初始时跳线器开路,从而确保在焊接完成后每个熔断器可测。在测试完成后,再将跳线器短接,从而将不可测项目改进为可测项目。

6)冗余分析与测试验证

冗余设计完成后首先应通过分析手段进行验证,确认冗余设计的有效性、正确性和可靠性指标符合性。常采用的分析方法包括可靠性预计、硬件 FMEA、FTA 方法、潜在通路分析、冗余切换分析、信号接口分析、共用环节分析、共因故障分析、独立性准则检查等。

由于分析验证的局限性,在条件具备时还应通过测试进一步验证冗余设计。冗余测试时,首先进行常规的功能测试,主要检测基本功能单元的工作状态,可以通过指令分别对主份和备份进行测试,确认原理设计的正确性;然后测量 BFU、MMU、CSSU 和 IPU 的详细性能,调整参数,获得鲁棒性好的冗余系统。除上述常规测试外,还应进行故障注入测试,根据冗余设计 FMEA,对应其中的故障模式进行故障模拟并注入,重点关注电源、信号接口等模块是否存在共因环节。

此外,卫星系统级的冗余设计往往在子系统级、功能级实现,主要是功能冗余、信息冗余。功能切换主要体现在控制系统接受激励转换工作模式上,功能间的切换触发激励比设备级要复杂很多,需要全面分析测试激励。通过系统级测试可以进一步验证设备的冗余设计。

冗余设计的分析和验证工作在方案、初样和正样阶段均可开展。方案阶段,以分析验证为主;初样阶段,在分析验证的基础上开展进一步测试验证;正样阶段,通过分析和测试进一步对冗余设计结果进行复核、确认。

3.1.2 卫星各分系统冗余设计

下面介绍卫星测控分系统、综合电子分系统、姿轨控分系统、推进分系统及有效载荷的冗余设计,热控分系统的冗余设计见 4.2.2 节,供配电分系统的冗余设计在第 5 章进行论述。

1. 测控分系统冗余设计

测控分系统提供卫星与地面站之间的无线传输通道,一般包括跟踪、遥测、遥控功能。测控分系统是重要的卫星分系统,不允许存在单点故障,需要采取充分的冗余设计,可分为测控链路的冗余设计和遥测遥控的冗余设计。

1)测控链路的冗余设计

(1)测控频段备份:常用测控频率有 C、S、Ku、Ka,可以选择其中两个测控频段,其中一个为 C 或 S 频段,另一个为 Ku 或 Ka 频段,多为共有的载荷链路设备;对于不可见弧段有重要操作的卫星,还可考虑增加中继测控,在部分时段通过中继卫星进行测控。

(2)测控体制备份:对复杂卫星系统,根据信道安全和多站测控的要求,可采用测控体制备份,例如采用扩频测控体制+统一载波测控体制的组合。

(3)测控通道备份:可采用多测控通道备份,例如 3 个统一载波测控通道,或 3 个多扩频测控通道,其中 1 路通道冷备份。

(4)设备备份:对于关键的放大器可考虑进行冷备份,接收机和发射机内的重要模块均需靠近进行热备份,接收机、发射机之间的测控信号可以交叉组合连接。

2)遥测遥控的冗余设计

遥测遥控功能一般由遥测单元、遥控单元组成。为保证上行指令的可靠性,遥控单元的所有功能模块均采用热备份方式;遥测单元的各功能模块可采用热备份或冷备份的冗余方式。

2. 综合电子分系统冗余设计

综合电子分系统由中心管理单元 CMU 和数台综合业务单元 ISU 组成,SMU 与各 ISU 间通过 1533B 等总线进行通信,如图 3-9 所示。SMU 实现星务自主管理、遥控遥测、

FDIR、在轨维护等功能,ISU 实现遥测参数采集、指令驱动、设备配电、加热器开关控制、火工品管理等功能。

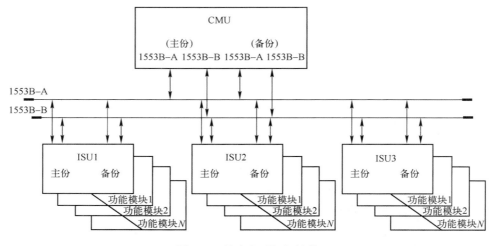

图 3-9　综合电子框架结构

综合电子分系统的冗余设计包括工作模式冗余、数据总线冗余、单机模块冗余等。

（1）工作模式冗余。

综合电子分系统包括正常工作模式和应急工作模式。应急工作模式在 SMU 中的主备份计算机均故障或数据总线故障时启用,保证 CPU 最小系统正常工作,从而保证星地正常测控,提供地面程序上注功能,实现对 CPU 程序的修复。

（2）数据总线冗余。

综合电子分系统通过数据总线网络,实现分布式的数据采集及指令输出、集中式运算与控制。综合电子分系统设计一级、二级数据总线网络,实现对相关设备的管理;综合业务单元内部还设计内总线用于内部模块间的数据通信。

一级总线（1553B 总线等）冗余设计:一级总线采用热备份的 A、B 两条总线,SMU 能够通过 A、B 总线中任意一条总线与综合业务单元等进行通信,在 A 总线通信不成功时可自动切换到 B 总线工作,同时通信协议设计有应答、多次重试、数据校验等多种故障检测与处理措施。

二级总线（RS422 总线、CSB 总线等）冗余设计:二级总线实现业务单元与载荷单机等的数据交换,每条二级总线设计有 A、B 通道,工作于热备份状态,由指令选择当班通道。

内总线冗余设计:综合业务单元一般采用通用异步串行总线（UART）作为内总线网络,总线接口管理模块作为 UART 内总线的 BC,各功能模块作为 RT。ISU 的内总线设计为主、备两条,每个"总线接口管理模块"都可以控制主、备内总线。各功能模块设计为主、备两套电路,每套电路各自拥有内总线接口芯片,每个内总线接口芯片同时与主、备两条内总线相连,由总线接口管理模块控制使用哪条总线与其通信。

（3）单机模块冗余。

各单机的内部模块一般采取如表 3-6 所列的冗余设计。

表 3-6　综合电子分系统冗余设计

单机设备	冗余设计
中心管理单元	电源模块冷备份； CPU 模块冷备份； 故障监测模块冷备份
综合业务单元	总线接口管理模块冷备份； RS422 接口管理模块冷备份； 遥测采集模块冷备份； 指令输出模块冷备份； 配电模块冷备份； 加热器模块冷备份； 火工品管理模块热备份

3. 姿轨控分系统冗余设计

姿轨控分系统由姿态测量部件、控制计算机和执行部件组成，其功能分别为姿态轨道测量、姿态轨道计算、姿态轨道控制执行。

1）姿态轨道测量功能冗余设计

长寿命卫星的姿态测量敏感器一般选用两个或两个以上工作原理不同、相互独立的测量敏感器，如星敏感器、红外地球敏感器、太阳敏感器等，以减少共模失效。

配置冗余的惯性测量敏感器用于卫星角速度测量，同时作为姿态角测量的备份手段，一般采用两个不同原理的惯性测量组件进行姿态测量，如二浮陀螺+光纤陀螺或二浮陀螺+半球谐振陀螺等；如果采用同一工作原理的惯性测量组件，一般采用测量通道冗余方式，例如 3+1S 冗余（3 个通道分别测量卫星 3 个正交轴的角速度；另一个通道斜装，用于其他 3 个通道任意 1 个故障时的自主替换），或者 4S（4 个测量通道均斜装，实现 4 取 3），或者 5S（5 个测量通道均斜装，实现 5 取 3）等。

2）姿态轨道计算和控制功能冗余设计

进行姿态轨道控制时，对多敏感器信息进行融合利用，并设计多种冗余工作方式，例如姿态控制可采用地敏+陀螺，或双星敏，或星敏+陀螺等。

控制器进行多机冷备份或热备份设计，设置容错处理功能，设计故障监测电路，实现对故障控制器的切换。

3）姿态轨道执行功能冗余设计

姿态轨道执行功能应保证每个方向的执行机构均具有备份手段，尽量避免执行机构主备份简单分组，防止出现一台执行机构故障影响一组执行机构的使用。

卫星正常情况下的姿态控制主要通过动量轮/反作用轮来实现。主要的动量轮/反作用轮安装方式有：三轴正交安装的三个反作用轮或三轴正交安装和第四个等倾角斜装的飞轮构成的零动量系统；固定安装或 V 型斜装的偏置动量系统以及金字塔型偏置动量系统等。

以下给出了某 GEO 卫星的姿轨控系统冗余设计方案。

（1）敏感器。

2 台地球敏感器，互为冷备份，用于测量卫星滚动和俯仰姿态。

4 个数字式太阳敏感器,2 个用于测量卫星偏航角,另外 2 个用于测量卫星滚动角和俯仰角;2 个太阳敏感器线路盒互为冷备份,用于处理太阳敏感器的测量信息。

3 个星敏感器,用于测量卫星三轴姿态和自主导航。

1 套 3+1S 二浮陀螺,用于姿态角速度测量及姿态测量。

（2）控制器。

由冷备份控制计算机作为主控制器,完成控制计算功能;同时设置应急计算机模块,用于主控制器双机发生故障时的应急控制,实现基本的姿态控制及主要的控制分系统遥测遥控功能。

（3）执行机构。

采用 4 套偏置动量轮组件,组成塔型动量轮构型,实现 4 取 3 热备份,用于卫星正常工作模式下的三轴姿态控制。4 个动量轮的标称角动量方向与 $-Y$ 轴的夹角均取 45° 且均匀分布,其中 W1 和 W3 位于 XOY 平面内,W2 和 W4 位于 YOZ 平面内,如图 3-10 所示。

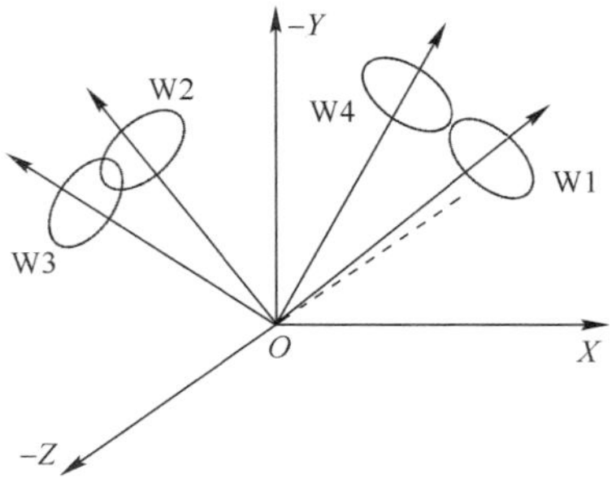

图 3-10　金字塔型动量轮构型

4. 推进分系统冗余设计

推进系统的功能主要是提供姿态控制力矩和轨道控制推力。高轨和深空探测卫星一般采用双组元化学推进系统或电推进系统,低轨卫星一般采用单组元推进系统。双组元化学推进系统由气路部分和液路部分组成。气路部分包括氦气增压系统和管路输送系统;液路部分主要由贮箱、各种阀门部件、液滤、压力传感器、轨控发动机、推力器和管路连接件等组成。单组元推进系统一般采用落压工作方式,主要由液路部分组成。

1）姿控功能冗余设计

姿控功能采用姿控推力器作为执行机构,主要有两种冗余方式:一是将所有推力器分为 A、B 分支,实现分支间备份,如果 A 分支有产品出现故障,则整体切到 B 分支工作;二是每个推力器之前都设置自锁阀,实现推力器间备份,此冗余方式可以实现单个故障推力器切换,备份效果好,但系统相对复杂。

图 3-11 给出了某 GEO 卫星的推进分系统组成框图。

2）轨控功能冗余设计

轨道控制包括轨道转移和轨道维持任务,轨道转移一般配置推力较大的发动机,如490N 发动机等;轨道维持一般与姿态控制共用推力器,或者采用电推力器。

在轨道转移过程中,490N 发动机作为轨道控制的主份,当其故障时,由多个化学推力器或电推力器替代完成变轨任务;卫星定点后,轨道维持功能选用相应化学推力器或电推力器执行。

3）部组件的功能与硬件冗余设计

为防止减压阀内漏导致的推进剂贮箱压力爬升,在其上游串联了高压自锁阀,而为了防止高压自锁阀打不开,又将一个常闭电爆阀与高压自锁阀并联。

重要位置的常闭电爆阀采用并联备份,或使用自锁阀并联设计。

对于无活动部件(加排阀、气体试验接口)和对密封可靠性有严格要求的单向阀、电磁阀及电爆阀应采用双密封冗余设计。

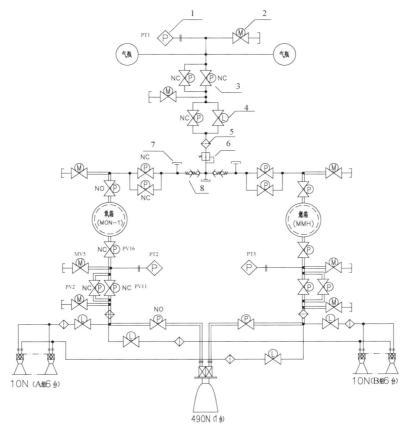

图 3-11　典型双组元卫星推进系统原理图

1—压力传感器;2—加排阀;3—电爆阀(NO:常开,NC:常闭);4—自锁阀;

5—过滤器;6—减压器;7—气体试验接口;8—单向阀。

驱动电路采用备份设计,包括供电母线、驱动线路,压力传感器的供电线路,遥测采集、遥控指令解码电路等。内部继电器触点全部设计为并联或串并联方式。

5. 有效载荷冗余设计

对于遥感类卫星,相机、雷达等主载荷由于受到规模和成本的限制,一般不采用整机冗余设计,而是通过结构、机构的裕度设计和选材来保证可靠性。星上的接收机、功率放大器、发射机等设备需要进行冗余设计。

对于通信、导航类卫星,天线一般不进行冗余设计,而其接收机、变频器、行波管放大器、信号处理器等设备均采用冗余设计。对于接收机、变频器、处理设备,一般采用 3:2 或 2:1 备份。对于行波管放大器,一般采用 6:4、8:6、10:8 等环备份,为了避免在轨行波管放大器切换带来的影响,一般要求每个主份行波管放大器必须有第一备份,即任意行波管放大器切换备份时,都不影响其他行波管放大器的正常工作。图 3-12 给出了某卫星转发器子系统的备份图,它包含 4 路转发器,接收机采取了 3:2 的备份方式,行波管放大器采取了 6:4 的备份方式。

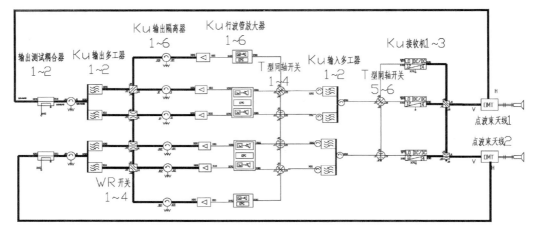

图 3-12　某转发器的接收机和行波管放大器备份图

3.2　卫星裕度设计

裕度(Margin)是指为适应卫星环境、任务和设计的不确定性因素,在设计上相对于指标要求预留的设计余量。

设计裕度越大,可靠性越高。但是裕度并不是无限制的,总是存在其他条件的限制(质量、体积、费用、进度),裕度设计的任务就是在各种限制条件下确定合理的裕度。裕度设计广泛适用于机械、电子、光电、材料、抗辐射等众多学科领域。

卫星产品的裕度常有以下三种表达形式。

(1) 安全系数(安全裕度):通过安全系数或安全裕度表示产品某特征量的设计裕度,其强调许用应力(或机构驱动力矩等)应大于工作应力(或机构阻力矩等),多用于结构强度设计、机构驱动力矩设计和电磁兼容设计中,如结构的强度安全系数或安全裕度,机构驱动力矩、抗电磁干扰的安全裕度等。

(2) 设计余量:在卫星各级产品的特征量设计中,都会考虑在上级系统提出的指标要求基础上留有一定余量,目的主要是避免产品设计状态对不确定工作环境、工作条件和产品特性不确定因素对设计指标的影响,常用于卫星总体指标设计。

(3) 概率设计裕度:概率设计裕度考虑了可靠性指标,将可靠性指标与裕度系数及特征量的设计值间建立了定量关系,其反映了产品的可靠性指标,具有较好的指标符合性和经济性。概率设计裕度方法需要通过大量试验获取特征量临界值的分布规律及分布参数,因此较适用于卫星元器件、零部件等产品。

概率裕度设计与传统的安全系数法及设计余量法不同。安全系数法及设计余量法与概率裕度设计相比,不足处表现在:没有建立与可靠性定量指标间的联系,主观随意性大,不能给出设计效果的精确度量;忽略了应力、强度及设计参数(如几何尺寸及其他物理量)的随机波动,因而实际上有时达不到设计的安全裕度,有时又过分保守而引起尺寸和质量等的增加,造成资源的浪费。

3.2.1　卫星裕度设计方法

1. 裕度设计的理论基础

裕度设计的理论基础是应力强度模型,如图 3-13 所示,当某设计对象的固有强度远大于导致对象故障的应力时,此对象发生故障的概率几乎为零;随着强度和应力干涉,故障发生的概率也在增加。需要说明的是,此处的应力是指导致产品失效的所有因素的总和,不仅包括传统上的机械应力,还包括电应力、温度应力、辐射、误差等。此处的强度是指凡是阻止产品失效的因素都可视为强度,不仅包括传统上的承载能力,还包括耐电强度、耐热强度、抗辐射能力等各种阻止失效的特征量。

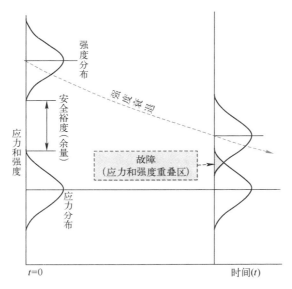

图 3-13　裕度设计的理论基础——应力强度模型

综上所述,裕度设计的两个核心是提高强度和降低应力。

2. 裕度指标分类

裕度指标可针对单一指标提出,也可针对复合类指标提出。

(1)单指标的裕度:如辐射总剂量裕度(Radiation Design Margin, RDM)、结构强度等。针对单个指标的裕度设计较为简单,在工程上应用广泛。降额设计是这一类裕度设计的典型代表,它通过降低元器件实际承受的应力,以延缓参数退化、降低元器件工作失效率,提高可靠性。

(2)复合指标的裕度:如卫星功率裕度、卫星姿控精度、卫星寿命等的裕度。其多属于卫星总体指标,是若干单指标的综合指标,进行合理取值较为困难,通过优化系统初始参数或合理约束各种应力来解决。

3. 裕度与研制阶段关系

一般而言,在产品研制初期,或对技术成熟度低的产品,设计裕度一般取值偏大。随着研制阶段的推进以及产品技术成熟度的提高,裕度指标应逐渐减小到一个合理数值。例如 GSFC/NASA 在标准 GSFC-STD-1000F(*Rules for the Design, Development, Verification, and Operation of Flight Systems*)中规定,在各阶段(概念阶段、原理样机阶段、⋯、正样阶段)单机重量的裕度指标分别为≥30%,≥25%,⋯,0%。

4. 概率裕度设计方法

概率裕度设计方法以概率统计为理论基础,根据要求的故障概率,结合强度和应力分布模型,推导出裕度。概率裕度设计的一般步骤如图 3-14 所示,包含 5 个过程,针对不同的产品,其涉及的内容也有所不同。

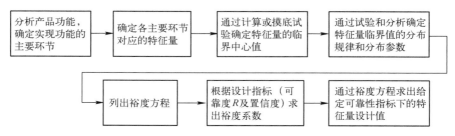

图 3-14　可靠性特征量的概率裕度设计流程

1)分解复杂产品、确定影响产品可靠性的关键部组件

根据产品功能要求,将产品分解为若干环节和部组件,通过 FMEA 找出关键的故障模式及薄弱环节,确定影响产品可靠性的关键环节或部组件。

2)确定各关键部组件对应的可靠性特征量

建立关键环节或部组件的指标体系,通过灵敏度分析,确定关键部组件的关键可靠性特征量。

3)通过试验获得可靠性特征量的临界中心值

临界中心值是指设计指标在该值附近过渡时,将会导致故障模式的发生。

4)通过试验确定特征量临界值的分布规律及分布参数

临界中心值是随机变量,产品的生产批次不同,甚至同批次产品不同个体的临界中心值也不尽相同,该值一般服从某种概率分布,因此必须通过试验获得临界中心值的概率分布规律,并确定分布参数(均值和方差)。

5)列出裕度设计方程、确定特征量裕度设计值

设某设计指标的裕度指标为 x_0,投入分布规律试验的样本数为 n,获得的临界中心值为 $\bar{x}$,试验样本标准差为 S,则该设计指标的裕度设计方程为

$$x_0 = \bar{x} \pm KS \tag{3-1}$$

式中:当设计裕度越大越好时用"+"号,反之用"-"号;K 为可靠性裕度系数,与该环节的可靠性指标 R、试验样本数 n 以及置信度 γ 相关,可通过查找 GB/T 4882—2001 中数表获得。

5. 安全系数及余量设计方法

概率裕度设计作为一种具有先进性和经济性的产品裕度设计方法,需要基于大量试验数据来确定设计值,对卫星总体指标及单机产品的部分指标难以适用。工程中常采用安全系数法(安全裕度法)和余量法进行产品裕度设计。

安全系数和安全裕度计算公式为

$$K = \frac{R}{S} \tag{3-2}$$

$$M = K - 1 \tag{3-3}$$

对结构强度来说,式中 R 为破坏应力或失稳临界应力,S 为工作应力,单位为 MPa;对机构驱动力矩来说,式中 R 为驱动力矩,S 为阻力矩,单位为 N·m。K 表示安全系数,M 表示安全裕度。

设计余量一般采用相对值来表示

$$x = x_0 \pm k \tag{3-4}$$

式中:x 为考虑余量之后的实际取值;x_0 为设计值;k 为设计余量。

由上述公式可见,安全系数(安全裕度)和余量设计方法的重点是确定安全系数值、安全裕度值及余量值。常用方法有试验法、相似产品类比法等。

(1)试验法:开展一定量的结构破坏强度试验或机构驱动试验,取得导致结构破坏或失稳的应力统计值、各工况下的驱动力矩值,由此来求得安全系数或安全裕度。试验法得到的数据可较好体现工艺、材料、环境不确定性因素等带来的强度、驱动力矩散差,但是试验成本较高,主要适用于全新的产品。

(2)相似产品类比法:对于工作条件、工作状态、产品结构及材料相似的产品,可以参考以往产品的安全系数及裕度数值进行取值。例如,结构的强度安全裕度、太阳阵驱动力矩等,均形成了规范性安全系数;例如卫星的发射重量、功率、推进剂装填量等都可参考以往型号取值及当前型号特点,来确定设计余量。

6. 裕度设计内容

参考 NASA 相关裕度设计准则,并结合我国卫星设计实际,表 3-7、表 3-8 给出了卫星总体指标裕度和典型单机产品主要指标裕度的设计要求。

表 3-7　卫星总体指标设计裕度项目表

裕度设计项目	裕度量化要求
卫星载荷任务覆盖区(如对地通信覆盖区、对地遥感覆盖区等)	考虑天线在轨的不确定可靠性因素影响,在用户要求的覆盖区基础上外扩一定面积
通信或数传链路(EIRP 指标、G/T 指标)	在最恶劣工况设计值基础上,EIRP 和 G/T 一般应预留 1dB 余量
在轨寿命	对于 10 年以上寿命的卫星,一般应有 1 年以上的在轨寿命余量;对于 5~10 年寿命的卫星,一般应有 0.5 年以上的在轨寿命余量
轨道维持能力(如 GEO 卫星位保、星座构型维持能力等)	从推力器寿命、推进剂携带量上留有一定余量,对设计寿命大于 10 年的 GEO 卫星,推进剂余量一般应满足 0.5 年的位保需求 考虑轨道维持控制的相关不确定性因素,在轨道维持控制精度上留有一定余量
姿态控制精度及姿控稳定性裕度	考虑各种敏感器和执行机构组合情况下,姿态控制精度留有 30% 余量; 控制稳定度相位裕度一般大于 15°,幅值裕度大于 6dB
姿态稳定度	在满足有效载荷任务要求下,姿态稳定度留有 30% 余量
遥测遥控硬件通道数目	在概念阶段、原理样机阶段、…、正样阶段,通道裕度分别为 ≥25%、≥20%、…、2%
测控覆盖能力	在满足各正常姿态下的对地覆盖基础上留有一定裕度
测控链路余量(EIRP 指标、G/T 指标)	在最恶劣工况分析基础上,EIRP 和 G/T 预留 1dB 余量

（续）

裕度设计项目	裕度量化要求
功率输出能力	寿命末期的功率裕度一般应不小于卫星最大功率需求的 5%
热控能力	采用被动热控的设备/部件在经过热平衡试验验证后,热不确定余量一般为 11℃,技术成熟或经过试验验证的产品热不确定余量应不小于 5℃。 采用主动热控的设备/部件,加热器功率应有 25% 的余量
卫星主结构强度	卫星主结构强度设计载荷＝运载火箭提出的极限载荷×安全系数(一般要求≥1.25) 卫星主结构承载能力安全系数一般取 0.1
卫星主结构刚度	在运载火箭对卫星提出的基频要求基础上,一般留 2Hz 的余量
卫星质量	一般在方案阶段留 5% 的余量,在初样阶段留 3% 的余量,正样阶段留 1% 余量
卫星包络尺寸	在运载火箭整流罩给定的包络尺寸基础上,一般留 50mm 的安全余量
星箭分离姿态控制能力	卫星姿态控制能力应在火箭给出的星箭分离姿态角及角速度基础上留有一定裕度
整星 EMC	相对运载火箭要求,辐射发射和敏感度应留 3dB 余量; 星上一般设备的电磁干扰安全裕度不小于 6dB,关键设备的电磁干扰安全裕度不小于 12dB; 卫星杂散大于 50dBC

表 3-8　单机产品裕度设计项目表

单机类别	裕度设计项目	裕度量化要求
结构产品	结构强度	金属材料屈服极限裕度一般应大于 0,强度极限裕度一般应大于 0.15;复合材料强度极限裕度一般应大于 0.25
	结构稳定性	金属材料结构稳定性裕度一般应大于 0.25;复合材料结构稳定性裕度一般应大于 0.3
	结构刚度	在技术要求基础上一般至少预留 10% 的余量
机构产品	机构强度	金属材料屈服极限裕度应大于 0.25,强度极限裕度一般应大于 0.40;复合材料强度极限裕度一般应大于 0.50
	机构静力矩	在最恶劣环境条件下的静力矩裕度应大于 1
	机构动力矩	在展开及动作过程中任一位置上的动力矩裕度应大于 0.25
机电设备	输出力矩	额定输出力矩裕度应大于 1
	寿命	在轨工作循环数为 1~10 次的产品裕度一般应不小于 9;11~1000 次的产品裕度应不小于 3;1001~100000 次的产品应一般不小于 1;大于 100001 次的产品裕度一般应不小于 0.25
	轴承负荷	轴承负荷安全裕度一般不小于 0.5
	轴承转动寿命	轴承转动寿命裕度一般不小于 1
微波设备	输出功率裕度	输出功率裕度一般要求下行链路余量大于 3~6dB
	接收灵敏度裕度	接收灵敏度裕度一般要求上行链路余量大于 3~6dB
	工作带宽裕度	接收系统的频带带宽不得超过最大接收有用信号带宽的 2 倍
	抗电磁干扰能力	电爆装置等安全性关键设备的 EMI 安全裕度应不小于 20dB;Ⅰ类设备 EMI 安全裕度应不小于 9dB;Ⅱ类设备 EMI 安全裕度应不小于 6dB;Ⅲ类设备 EMI 安全裕度应不小于 0dB
	抗真空微放电能力	鉴定级裕度一般大于 6dB,验收级裕度一般大于 3dB

（续）

单机类别	裕度设计项目	裕度量化要求
计算机和信号处理设备	FPGA 资源裕度	FPGA 在最坏情况下最大时钟速度降额 80%，逻辑资源余量一般大于 20%
	CPU 处理能力	方案和原理样机阶段余量 50%，正样阶段 30%
	PROM	方案和原理样机阶段余量 30%，正样阶段 0%
	EEPROM、RAM	方案和原理样机阶段余量 50%，正样阶段 30%
	1553B 总线带宽	方案和原理样机阶段余量 25%，正样阶段 10%
	Spacewire 总线带宽	方案和原理样机阶段余量 25%，正样阶段 10%
光学设备	调制传递函数	在奈奎斯特空间频率处 MTF 在要求值上应预留 2% 的余量
	辐射定标精度	相对定标精度一般应优于 2%，绝对定标精度一般应优于 10%
	拼接精度	沿 CCD 线阵阵列方向重叠精度一般优于 0.2 单元，谱段间不平行度一般不大于 0.3 单元
	调焦能力	调焦范围一般应优于 1mm，最小调焦量一般应不大于 1/5 焦深
	偏振度	偏振度一般应不大于 4%
	辐射测量特性	最大信号 SNR 一般应不小于 40dB，噪声等效反射率差应优于 0.5%
蓄电池	容量裕度	单体电池初始容量一般设计 10% 裕度
	放电深度	GEO 卫星一般为 80%，低轨卫星一般为 25%
	过流能力	针对在轨实际最大输出电流，电池的过流能力应留有 20% 余量
	循环寿命	通过按最大放电深度进行的全加速循环寿命试验
太阳电池阵	功率裕度	寿命末期在考虑一定串数（如 2 串）失效情况下，一般应有 5% 的功率裕度
高压气瓶、推进剂贮箱、管路等	结构强度安全系数	复合材料高压气瓶结构强度安全系数 ≥2；推进剂贮箱结构强度安全系数 ≥1.5；高压气体管路及阀体等部件结构强度安全系数 ≥2；液体管路及阀体等部件结构强度安全系数 ≥4
变轨发动机、推力器	喷管喉部温度	在发动机/推力器最大入口压力情况下，喷管喉部温度不能超出某一温度范围
电源控制器、配电器	电压纹波抑制能力	供电输出电压纹波一般应不大于 600mV（峰−峰值）
	电压阶跃抑制能力	电压阶跃一般抑制在 ±2V 之间
太阳帆板驱动机构（SADA）	导电环过流能力	SADA 单个导电环的功率传输能力一般比太阳阵分阵的最大输出功率大 20%
	抗锁定冲击能力	SADA 对太阳翼展开锁定冲击载荷的安全裕度一般不小于 1
电子设备抗空间环境能力裕度	抗单粒子翻转能力	抗 SEU 的 LET 阈值应大于 15MeV·cm^2/mg；抗 SEU 的 LET 阈值小于 15MeV·cm^2/mg 的器件需进行单粒子抗翻转防护设计，并进行效果评估
	抗单粒子锁定能力	抗 SEL 的 LET 阈值应大于 75MeV·cm^2/mg；抗 SEL 的 LET 阈值 37~75MeV·cm^2/mg 的器件需进行单粒子抗锁定防护设计，并进行效果评估；抗 SEL 的 LET 阈值小于 37MeV·cm^2/mg 的器件，原则上不得选用
	辐射总剂量能力	RDM 不小于 2（RDM＝元器件或材料自身的辐射失效剂量/实际使用位置处的剂量）
	表面充放电能力	在空间等离子体充电电流密度为 10nA/cm^2 时，卫星表面任意部位与结构地之间的电位差不大于 300V
	内带电防护能力	通过屏蔽设计确保空间高能电子注入星上器件或材料的电流密度小于 0.1pA/cm^2

53

（续）

单机类别	裕度设计项目	裕度量化要求
设备供电接口适应性裕度	电平范围适应能力	适应供电输入电平范围：额定电压±10%
	电压纹波适应能力	适应供电输入电压纹波：600mV（峰-峰值）
	启动浪涌电流抑制能力	启动电流一般不大于其最大常值电流的4倍，最大浪涌电流上升斜率一般不超过 $1 \times 10^6 A/s$
	开关机指令长度适应能力	适应开关机指令长度：额定长度±10ms

3.2.2　卫星裕度设计实例

1. 火工连接解锁装置裕度设计

以某型号分离螺母为例，说明火工连接解锁装置的概率裕度设计方法。

（1）分离螺母的火工品起爆前，分离螺母呈连接状态；当发火管发火并激发火雷管后，传爆药将主装药引爆实现切断解锁，从而实现分离功能。由此可见，影响分离螺母可靠性的主要环节是发火环节、传爆环节和切断环节，其可靠性框图如图3-15所示。发火环节的可靠性主要取决于外购发火元件的可靠性，而传爆环节和切断环节是设计的重点。

图3-15　分离螺母的可靠性框图

（2）传爆环节的可靠性特征量是传爆间隙，切断环节的可靠性特征量是主装药的药量。

（3）当分离螺母处于连接状态时，为了承受发射段载荷，分离螺母的厚度必须保证其具有足够的连接强度。根据连接强度要求确定出分离螺母的厚度以后，可以利用式（3-5）对切断解锁所需的临界主装药药量进行估算；获得临界主装药药量估算值 w 后，区间 $[w-\Delta w, w+\Delta w]$ 就是临界主装药量中心值的范围。Δw 是一个较小的药量，由设计者决定。

$$w = \frac{(P_L - P_I)V_0}{(1-\varepsilon)RT} \tag{3-5}$$

式中：P_L 为解锁（切断）所需要的药室最小燃气压力，$P_L = F/A$，F 为解锁（切断）的总阻力（包括摩擦力），A 为药室燃气所驱动的活塞横截面面积；P_I 为在不装主装药的情况下，起爆器或点火器点火后在药室 V_0 中产生的燃气压力；V_0 为主装药药室的容积；RT 为主装药的火药力，其中 R 为火药气体常数，T 为火药的燃烧温度；ε 为火药燃烧后产生的固体产物的质量相对于燃烧前质量的百分比。

式（3-5）是基于定容积情况下的气体状态方程推导而来的。如果在设定容积情况下，火药燃烧后产生的燃气没有做功，忽略热损失，这时燃气温度即为火药的燃烧温度。则理想气体的状态方程为

$$P_L V_0 = m_{燃气} RT \tag{3-6}$$

式中：$m_{燃气}$ 为火药燃气质量。

$$m_{燃气} = \Omega(1-\varepsilon) \tag{3-7}$$

式中：Ω 为包含主装药和起爆器（或点火器）中起爆药在内的总药量。由式（3-6）和式（3-7）得到

$$\Omega = \frac{P_L V_0}{(1-\varepsilon) RT} \tag{3-8}$$

在药室不装主装药情况下，如果仅引爆起爆器（或点火器），在药室 V_0 中也能产生燃气压力 P_I，所以临界主装药药量估算值 w 由式（3-5）求得。即

$$w = \Omega - \frac{P_I V_0}{(1-\varepsilon) RT} = \frac{(P_L - P_I) V_0}{(1-\varepsilon) RT} \tag{3-9}$$

（4）由于不同批次火药的临界装药量不尽相同，因此须寻找临界装药量（随机变量）的分布规律及其分布参数。在临界装药量中心值附近规定一个适当的范围（17±2）g，按此范围分成 9 组——15g、15.5g、16g、16.5g、17g、17.5g、18g、18.5g、19g。每组投入 4 个样件进行引爆切断试验。试验结果显示 15g、15.5g 的两组样件均未切断，而 18.5g、19g 的两组样件全部切断。这 4 组数据未能反映临界状态，予以剔除。对剩余的 5 组临界装药量进行正态性检验，结果符合正态分布。依据样本均值和标准差的计算公式，计算出临界装药量的样本均值 $\overline{x} = 17\text{g}$ 和样本标准差 $S = 0.791\text{g}$。

（5）根据可靠性指标 $R = 0.9955（\gamma = 0.95）$ 和 $n = 5$，查 GB/T 4885—2009《正态分布完全样本可靠度置信下限》得到 $K = 6.3965$。然后，利用式（3-4），可求出装药量的设计值 $X_0 = 17 + 6.3965 \times 0.791 \approx 22.06$。按装药量 $X_0 = 22.06$ 进行装药，就能保证切断可靠性 $R = 0.9955（\gamma = 0.95）$。

（6）同理，传爆环节的传爆间隙设计也可确定临界间隙的中心值，然后根据概率裕度设计方法求出传爆间隙的设计值，以保证所需的传爆可靠性。

2. 太阳翼展开驱动力矩裕度设计

太阳翼展开驱动力矩值一般应保证太阳翼展开时的静力矩裕度不小于 1.0，计算公式为

$$\eta = \frac{T_s}{T_r} - 1 \geqslant 1.0 \tag{3-10}$$

式中：T_s 为太阳翼展开终了位置上的总驱动力矩；T_r 为太阳翼展开终了位置上的总阻力矩。

例如，某卫星采用 3 块基板构成的太阳翼，由连接架、内板、中板和外板以及与 SADA 之间的根部铰链、各基板间的板间铰链及闭索环联动装置组成。经测试，得到各部组件的驱动力矩和阻力矩，如表 3-9 所示，经计算得到在最恶劣工况下，整个太阳翼的静力矩裕度为 2.06N·m，满足不小于 1 的要求。

表 3-9 太阳翼静力矩裕度计算数据

转 动 轴	力 矩 类 型	最小静力矩裕度/(N·m)
SADA/连接架	总阻力矩（含铰链摩擦阻力矩、闭索环张力引起的摩擦阻力矩、电缆阻力矩）	1.57
	展开状态总驱动力矩	5.64
连接架/内板	总阻力矩	0.99
	展开状态总驱动力矩	2.34

（续）

转　动　轴	力　矩　类　型	最小静力矩裕度/(N·m)
内板/中板	总阻力矩	0.85
	展开状态总驱动力矩	2.29
中板/外板	总阻力矩	0.55
	展开状态总驱动力矩	2.27
太阳翼	总阻力矩	6.35
	展开状态总驱动力矩	19.44
	静力矩裕度	2.06

参 考 文 献

[1] GSFC/NASA. GSFC-STD-1000G. Rules for the Design, Development, Verification, and Operation of Flight Systems, 2016.

[2] GSFC/NASA. GPR 8700. 2. Design Development, 2005.

[3] JPL/NASA. D-17868. Design, Verification/Validation and Operations Principles for Flight Systems, Rev. 1, 2002.

[4] GB/T 4882—2001. 数据的统计处理和解释 正态性检验[S]. 中国标准出版社, 2001.

[5] 周倜, 金柏冬, 李孝鹏, 等. 复杂系统的可靠性广义裕度设计方法[J]. 质量与可靠性工程技术, 2012(增刊): 401-406.

[6] 刘志全. 卫星机械可靠性特征量裕度的概率设计方法[J]. 中国科学技术, 2007(4): 34-43.

[7] 周正伐. 航天可靠性工程[M]. 北京: 中国宇航出版社, 2007.

[8] 周志成. 通信卫星工程[M]. 北京: 中国宇航出版社, 2014.

[9] 曾声奎. 可靠性设计与分析[M]. 北京: 国防工业出版社, 2011.

第 4 章 卫星环境适应性设计

卫星从地面研制到发射和在轨运行全过程,需要经历相应的地面环境、发射环境、轨道空间环境等,具体包括力学环境、热环境、空间辐射等各类环境和电磁环境等。上述环境是卫星设计的重要约束,也是卫星总体及单机可靠性设计的重要条件。

因此,卫星设计时需要针对卫星从地面研制到在轨运行全过程经历的环境,开展相应环境适应性设计,包括抗力学环境设计、热设计、空间环境适应性设计、电磁兼容性设计、静电放电防护设计等。如果环境适应性设计不正确、不合理,将直接影响卫星的可靠性,甚至造成卫星故障。

4.1 卫星抗力学环境设计

抗力学环境设计是卫星总体设计中的重要一环,美国戈达德航天飞行中心(Goddard Space Flight Center, GSFC)曾对早期发射的 57 颗卫星做过统计,在卫星发射的第一天星上发生的事故中,有 30%~60% 是由发射飞行过程中的振动环境所引起的。因此,必须对卫星全寿命周期的力学环境进行充分的辨识、分析和评估,并从中提取出用于卫星抗力学环境设计的载荷条件,按设计流程对卫星主结构和星上产品进行抗力学设计与分析。

4.1.1 卫星力学环境

卫星在制造总装、地面运输、发射入轨、在轨运行以及主动返回等阶段要分别经历复杂的地面总装环境、地面试验环境、地面运输环境、发射环境、空间环境和返回环境,这些环境统称为卫星环境。卫星力学环境是卫星环境的重要组成部分,它是指卫星产品所经受的振动、冲击、噪声、加速度和微重力等环境。按卫星全寿命周期的阶段划分,卫星力学环境包括地面力学环境、发射段力学环境、在轨力学环境、返回/进入及着陆力学环境等。

1. 地面力学环境

卫星地面力学环境主要包括了地面总装力学环境、地面试验力学环境、地面运输力学环境三部分内容。

1)地面总装力学环境

在地面制造总装过程中,卫星通常以分舱段或舱段组合体的形式安装在一个或多个卫星支架(或卫星保持架、两轴转台)上;各舱段为安装仪器设备需要,通常不安装全部的卫星舱板,部分舱板用便于工人操作、带有操作孔的工艺舱板代替;不同舱段或垂直放置,或水平放置。此时,卫星所经受的力学环境主要是地面放置时的重力静载和起吊时准静态过载。抗力学设计的重点主要是依据地面总装过程中的恶劣工况建立相应的有限元模型进行静力分析和强度校核,确保卫星长时间放置时的舱板变形在许用范围之内,并保证起吊过程中吊耳附近的卫星结构强度具有足够的安全裕度。

2)地面试验力学环境

在发射前,卫星需通过整星级力学环境试验以证明卫星结构和星上设备可以承受卫星发射段复杂的力学环境。对在轨微振动环境敏感的遥感卫星、激光通信卫星等,则开展专门的整星级地面微振动试验。需着陆或返回的卫星,地面试验还应兼顾着陆和返回段的力学环境。然而,由于卫星地面试验状态和发射、在轨飞行、着陆或返回真实状态的差异,地面试验力学环境通常是真实力学环境的某种等效,并具有一定的余量。

3)地面运输力学环境

卫星总装过程中和出厂后,会经历公路运输、航空运输甚至海路运输的方式运抵卫星发射场。与发射段力学环境相比,地面运输力学环境主要表现为量级低、持续时间长的 2000Hz 以下中低频率随机振动力学环境。

2. 发射段力学环境

在发射段,卫星将经历以下几类力学环境。

1)静态载荷

在火箭发动机推力作用下稳定地推动整个运载火箭和卫星组合体做加速飞行,期间卫星承受静态载荷作用。飞行中,火箭发动机推力是基本不变的,但因火箭推进剂的不断消耗,运载火箭和卫星组合体的质量在逐渐减少,组合体的加速度会逐渐增大。根据运载火箭的型号不同,静态载荷通常为几个重力加速度的量级。例如,我国 CZ-3B 火箭纵向静态加速度在助推器分离前达到最大,为 $5.3g$;而对于 Ariane 5 火箭,此数值为 $4.55g$。

2)低频振动载荷

火箭在起飞和飞行过程中将经历起飞、助推器分离、级间分离等事件,在该类事件中火箭发动机将伴随着点火、熄火等动作,由于火箭推进剂的燃烧不稳定可能造成较大的瞬态低频振动载荷,另外在级间分离时火箭结构弹性势能的释放也可能引起瞬态低频振动载荷。低频振动载荷的量级通常不超过 $1g$,作用频率一般小于 50Hz。此外,对于液体火箭,火箭结构纵向模态引起的结构振动与发动机的推力振荡相互耦合还会产生一种全箭有动力系统参加的自激振动现象,称为 POGO(即纵向耦合振动或跷振振动)。POGO通常发生在火箭一级发动机工作时,火箭结构的第一阶纵向频率(5~20Hz)附近。

3)噪声载荷

噪声载荷是激起星上次级结构、部件高频振动的主要载荷,对于太阳翼、天线等面积/质量比较大的薄壁结构产品将会产生较大的声振响应。卫星在发射过程中噪声载荷主要来源于以下两个方面:①火箭起飞过程中发动机的排气噪声——当火箭发动机启动时,在短时间内排气速度有巨大变化,在发射台的排气槽和周围空气中的压力迅速增加,对运载产生不对称的瞬态空气压力脉动,引起运载火箭和卫星严重的噪声环境,该载荷的主要作用频率范围为 20~2000Hz。②最大气动载荷——当运载火箭飞行速度接近和超过声速(即跨声速期间)时,因运载火箭周围的空气被压缩形成冲击波,火箭外表面气流扰动产生压力脉动,造成严重的噪声环境,该载荷的作用频率范围为 20~10000Hz。噪声环境通常用声压级谱描述。我国 CZ-3B 火箭在 31.5~8000Hz 中心频率范围内噪声环境的总声压级不超过 141dB,对于 Ariane 5 火箭,总声压级为 139.5dB(中心频率范围为 31.5~2000Hz)。

4)冲击载荷

卫星在发射过程中所经历的整流罩分离、星箭分离等均采用火工装置分离,该分离方式将对卫星产生较大的高频冲击环境,频谱范围可达 10000Hz。在工程应用中,冲击环境一般用冲击响应谱描述。我国 CZ-3B 火箭星箭分离的最大冲击环境一般不超过 4000g;对于 Ariane 5 火箭,上面级分离/整流罩分离的冲击环境不超过 2000g、卫星与卫星适配器包带解锁的冲击环境不超过 1000g。

3. 在轨力学环境

1)变轨引起的准静态力学环境

星箭分离之后,通常经过多次变轨发动机点火,变轨后进入预定轨道,此时卫星主要受到变轨发动机点火引起的准静态的力学环境,这一准静态载荷可能使卫星已展开的太阳翼或大型柔性天线弯曲破坏。

2)动量轮转动等引起的微振动力学环境

微振动是指卫星在轨运行期间,由于星上设备(如动量轮等高速转动部件、太阳翼驱动机构等步进部件、红外相机摆镜等摆动部件)的正常工作或空间环境的微小激励(如卫星进出地影产生的热致微振动)造成的卫星整体和(或)局部幅度较小的往复运动。与发射段力学环境造成的振动相比,微振动导致的应变至少小 1 个量级,一般在 0.01~0.0001 之间,很少造成结构破坏。由于微振动幅值小(一般量级小于 1g,作用频段可达数千赫兹),对大部分卫星不会产生明显影响,通常予以忽略。但对高精度航天器将严重影响有效载荷指向精度、稳定度及分辨率等重要性能指标。

3)卫星火工品起爆、交会对接、空间碎片等引起的冲击环境

星箭分离之后,卫星在轨通常还会经历多种冲击环境。这些冲击环境主要来自三个方面:一是由卫星太阳翼、可展开式天线等带有火工品的解锁机构在火工品起爆时产生;二是航天器交会对接时相互碰撞产生;三是来自宇宙空间中的空间碎片、微流星等与卫星星体超高速撞击产生。

4. 返回/进入及着陆力学环境

对于返回式卫星或进入行星大气并在表面着陆的探测器,还需要考虑返回/进入及着陆力学环境。在返回/进入过程中主要承受气动减速引起的准静态加速度过载和气动噪声引起的随机载荷。

4.1.2　卫星抗力学环境设计流程

典型的卫星抗力学设计流程如图 4-1 和表 4-1 所示。其中,包括以下几个关键工作项目。

(1)确定卫星抗力学设计载荷与指标:这是卫星抗力学设计正确与否的前提;当火箭发射段的力学环境为卫星全寿命周期内最为恶劣的力学环境时,运载给出的卫星抗力

学设计载荷和指标通常起决定性作用。

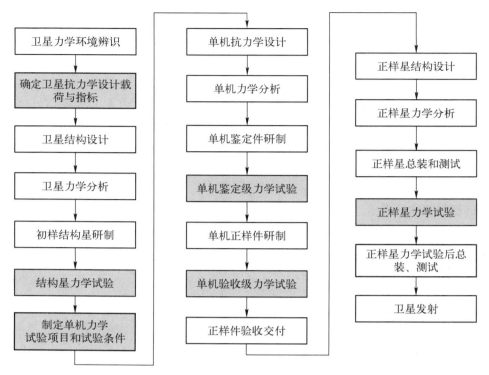

图 4-1 卫星抗力学设计工作流程

（2）结构星力学试验：其一般为整星级鉴定级力学试验，鉴定试验条件通常由运载给出。这是证明卫星主结构能够承受卫星复杂力学环境使用要求的验证试验，同时也是制定卫星组件力学试验条件的重要依据。

（3）制定单机力学试验项目和试验条件：这是卫星单机抗力学设计正确与否的前提；单机力学试验条件制定过高，会造成单机"过设计"、重量增加；单机力学试验条件制定偏低，会造成单机抗力学设计不能满足整星的力学环境使用要求。

（4）单机鉴定级力学试验：这是验证单机的性能和抗力学设计是否满足整星抗力学环境设计要求并有规定的设计余量的试验。

（5）单机验收级力学试验：这是在正样阶段检验星上正样单机是否满足飞行要求，并通过力学环境应力筛选手段检测出产品潜在质量缺陷的试验。

（6）正样星力学试验：其一般为整星级准鉴定级力学试验或验收级力学试验。准鉴定试验测量是在没有鉴定试验件情况下使飞行件既经过鉴定又用于飞行的策略。准鉴定级试验量级低于鉴定级而高于验收级，试验时间与验收试验相同。对于卫星型号的首发星，一般采取准鉴定试验量级，如果该型号的后续产品技术状态没有变化，则只需进行验收试验。如果该型号的后续产品技术状态有变化，也宜考虑使用准鉴定试验。无论是准鉴定级还是验收级试验，试验条件通常也由运载火箭方给出，顺利通过正样星力学试验标志着正样星满足飞行力学环境要求。

表 4-1　卫星抗力学设计主要工作内容

阶段	工作项目	工作内容及目标
整星抗力学设计（初样阶段）	卫星力学环境辨识	分析确定卫星全寿命周期内经历的力学环境,并给出量化指标
	确定卫星抗力学设计载荷与指标	根据卫星全寿命周期力学环境的辨识结果,确定卫星的抗力学设计载荷(如准静态载荷)和技术指标(如卫星横向基频、纵向基频指标等)
	卫星结构设计	根据卫星的有效载荷方案,进行卫星平台选型,并进行结构修改或设计新的卫星结构,以满足卫星及其有效载荷在卫星全寿命周期的力学环境使用要求
	卫星力学分析	一般采用有限元方法,建立整星有限元模型,分析内容应包括以下几点。 ① 静力分析:根据卫星准静态设计载荷校核卫星主结构的应力分布和安全裕度,确定卫星结构设计具有足够的强度。 ② 模态分析:分析卫星主要固有频率和模态振型,确定卫星的刚度设计是否满足运载给出的指标要求,且卫星外大部件(如太阳翼、天线反射面等)与卫星主要固有频率不产生耦合。 ③ 频响分析:根据卫星鉴定级正弦振动条件,分析卫星各舱板的加速度响应和卫星主要模态处的应力分布,进一步校核卫星结构强度,并为单机力学试验条件制定提供依据。 ④ 星箭载荷耦合分析:利用模态综合法,将卫星有限元模型缩聚后提供运载,与火箭模型组合计算发射段各工况下星箭界面的动态响应,为卫星正弦振动试验提供裁剪依据。 ⑤ 此外,根据不同卫星力学环境需求,还可开展噪声分析、微振动分析、太阳翼展开冲击分析等专项分析工作
	初样结构星研制	根据卫星主结构设计,研制主结构与正样星一致的结构星,以完成结构星力学试验。星上有效载荷可在不影响结构星试验任务的前提下使用结构模拟件或配重件
	结构星力学试验	验证卫星主结构能够承受卫星复杂力学环境使用要求。一般包括结构星静力试验、正弦振动试验、结构星噪声试验、结构星太阳翼/天线展开试验、星箭对接分离冲击试验等试验项目;对微振动敏感的卫星还应开展微振动试验;有返回/着陆任务的卫星也应开展相应试验
	制定单机力学试验项目和试验条件	根据结构星力学试验结果和初样力学分析结果,合理制定星上各单机的力学试验项目和试验条件,一般包括加速度、正弦振动、随机振动或噪声,以及冲击试验
组件抗力学设计	单机抗力学设计	根据组件力学试验项目和试验条件,结合组件功能、性能特点,有针对性地设计组件的主结构构型、几何尺寸,选择合适的材料,合理布局元器件位置等,使得组件抗力学设计可以满足组件设计指标要求和组件力学试验条件
	单机力学分析	建立组件的力学分析模型(通常为有限元模型),通过静力分析、频响分析、随机振动分析等手段校核组件的刚度、强度均能满足组件的设计指标要求和组件力学试验条件
	单机鉴定件研制	根据组件初样设计结果,研制组件鉴定件产品,用于完成包括力学环境试验在内的各项鉴定级环境试验项目。为保证产品鉴定件可顺利通过鉴定级力学试验,可先期开展力学环境摸底试验等研制试验项目
	单机鉴定级力学试验	利用组件鉴定件产品,完成包括力学环境试验在内的各项鉴定级环境试验项目;验证组件的性能和抗力学设计满足整星抗力学环境设计要求并有规定的设计余量。组件鉴定级各项环境试验完成后应开展鉴定件研制总结
	单机正样件研制	生产用于飞行的组件正样件产品,正样件产品的设计状态应与组件鉴定件完全一致。若产品设计状态或产品的使用环境(包括力学环境)发生改变,应根据更改情况开展补充鉴定试验或准鉴定级试验

（续）

阶段	工作项目	工作内容及目标
组件抗力学设计	单机验收级力学试验	检验卫星组件正样产品是否满足飞行要求,并通过力学环境应力筛选手段检测出产品潜在的质量缺陷
	正样件验收交付	提交组件正样件产品数据包,审查通过后将正样件产品交付卫星总体
整星抗力学设计（正样阶段）	正样星结构设计	根据卫星有效载荷特别是天线反射面等星外大部件的更新方案,对卫星的主结构进行适应性修改,以保证卫星天线等星外大部件的连接强度,并避免大部件与整星主要频率耦合共振
	正样星力学分析	根据星外大部件如天线反射面研制单位提供的有限元模型,建立正样星的有限元模型完成正样星力学分析,分析内容、方法与初样阶段的力学分析工作近似,分析目的主要包括以下几个。 ① 再次校核卫星主结构的强度、刚度满足要求。 ② 校核卫星天线等星外大部件和卫星舱板的连接强度;并避免大部件与整星主要频率耦合共振。 ③ 校核卫星组件力学试验条件的正确性,校核天线等星外大部件在组件试验过程中的最大响应可以覆盖星上响应。 ④ 校核星箭载荷耦合分析结果与初样状态有无改变。 对微振动敏感的卫星还应专门开展整星微振动仿真分析,以改善及评估主要受扰单机安装处的微振动环境和对单机的影响
	正样星总装和测试	包括卫星结构部装、单机安装、舱段测试及对接,卫星测试、卫星电磁兼容性试验等内容
	正样星力学试验	包括正样星正弦振动试验、随机振动或噪声试验、星箭分离冲击试验、太阳翼/天线等大部件展开试验等;对微振动敏感的卫星还应开展微振动试验,以验证微振动抑制措施的有效性
	正样星力学试验后总装、测试	包括卫星热试验、卫星总装及出厂测试等内容
	卫星发射	开展卫星发射场测试、转运等工作,完成卫星发射

4.1.3 整星抗力学环境设计与分析

1. 卫星抗力学环境设计载荷和指标确定

对于无返回/着陆任务的大部分卫星而言,火箭发射段的准静态载荷、振动载荷、气动噪声载荷和冲击载荷是卫星在全寿命周期内经历的最恶劣的力学环境。此时,卫星的抗力学设计载荷和指标主要由运载火箭确定。

以我国的长征三号乙(CZ-3B)运载火箭为例,《长征三号甲系列火箭用户手册》明确规定了其用户卫星的抗力学设计载荷和力学环境。

1) 频率要求

为了避免卫星和火箭的动态耦合,在星/箭分离面刚性支撑状态下,卫星整体结构的频率应满足以下要求:横向一阶频率大于10Hz,纵向一阶频率大于30Hz。

2) 卫星设计的载荷条件

卫星设计载荷=极限载荷×安全系数(一般要求≥1.25)。

其中,以卫星质心过载形式给出的卫星设计的极限载荷条件如表4-2所列。

表 4-2　CZ-3B 火箭提供的卫星设计载荷条件

		跨声速和最大动压状态	助推器分离前状态	一、二级分离后状态
纵向过载	静态	+2.2g	+5.3g	+1.0g
	动态	+0.8g -0.8g	+0.8g -3.6g	+2.7g -3.6g
	组合	+3.0g	+6.1g	+3.7g -2.6g
横向过载		1.5g	1.0g	1.0g

卫星主要结构的承载能力必须经过静态载荷鉴定试验检验,静态载荷鉴定试验的量级不低于表 4-2 所示的卫星设计载荷。

3) 静态加速度环境

CZ-3B 火箭的静态加速度环境如表 4-3 所列。

表 4-3　CZ-3B 火箭的静态加速度环境

	助推飞行段	一级飞行段	二级飞行段	三级一次工作段	三级二次工作段
最大纵向静态过载	+5.3g	+3.6g	+2.8g	+1.2g	+2.5g

4) 振动环境和振动试验条件

CZ-3B 火箭的正弦振动和随机振动环境如表 4-4、表 4-5 所列。

表 4-4　CZ-3B 火箭与卫星界面处的正弦振动环境

	频率范围/Hz	振幅或加速度
纵向	5~8	3.11mm
	8~100	0.8g
横向	5~8	2.33mm
	8~100	0.6g

表 4-5　CZ-3B 火箭与卫星界面处的随机振动环境

频率范围/Hz	功率谱密度	总均方根值
20~200	+6dB/oct	
200~800	$0.04g^2/Hz$	7.48g
800~2000	+3dB/oct	

5) 噪声环境

飞行过程中的噪声主要有发动机噪声和气动噪声,卫星受到的最大噪声发生在起飞段和跨音速段,卫星整流罩内的验收级噪声环境如表 4-6 所列。

表 4-6　CZ-3B 火箭整流罩内的噪声环境

倍频程带宽中心频率/Hz	声压级/dB
31.5	124
63	129

（续）

倍频程带宽中心频率/Hz	声压级/dB
125	134
250	138
500	133
1000	129
2000	128
4000	127
8000	122
总声压级	141.5
注：0dB 对应 2×10^{-5} Pa	

6）冲击环境

卫星受到的最大冲击载荷发生在星/箭分离时，星/箭分离面处的加速度冲击响应谱如表 4-7 所列。

表 4-7　CZ-3B 火箭与卫星分离面处的冲击环境

频率范围/Hz	加速度冲击响应谱（$Q=10$）
100～1500	+9dB/oct
1500～4000	4000g

2. 整星抗力学环境设计

卫星从发射入轨到在轨正常工作，需经历发射过程中的准静态载荷、低频振动载荷、噪声载荷、星箭分离冲击载荷，以及入轨后星上火工品解锁冲击载荷、微振动载荷等。卫星结构设计、设备布局和安装设计需充分考虑上述各类载荷的作用。

卫星结构一方面应能承受发射过程中火箭施加的各类载荷，另一方面需为星上的仪器设备提供良好的安装载荷环境，确保不超出组件力学试验条件。进行布局设计时，应对卫星结构进行充分的力学分析，全面把握卫星结构的力学特性（静力学特性、模态及振动响应特性、噪声响应特性），并充分考虑仪器设备的力学特性和工作特性（对冲击载荷或微振动载荷是否敏感等），保证在满足布局空间要求的同时，使得安装部位的各类力学响应不超出仪器设备的力学试验条件，必要时进行相应的局部结构加强和刚度提高措施。

1）主承力结构设计

为避免卫星与火箭的动态耦合，卫星的整体频率需满足火箭提出的纵向、横向和扭转频率要求。卫星的主承力结构是承受火箭载荷的主要构件，它的频率决定了卫星的主频率。

卫星主承力结构形式的选择需考虑卫星入轨方式（直接入轨或自身入轨）、卫星运行轨道（太阳同步或地球静止轨道等）、卫星规模及承载能力等因素。按照主承力方式的不同，一般可分为中心承力筒式结构、板架式结构、桁架式结构和混合式结构。

承力筒式结构主要适于中轨或高轨自身入轨的大中型卫星，承力筒承力条件好且能提供贮箱的安装空间,如我国的 DHF-4 平台和 Spacebus 4000 平台、LS-3000 平台等,图 4-2 给出了某 GEO 卫星的中心承力筒式构型组成图。板架式结构为形成力学条件好的主承力结构,一般需要设计较多的隔板,图 4-3 给出了洛克希德·马丁公司 A2100 平台的构型组成图。桁架式平台的优势就是结构简单,可提供更多的设备布局空间,较适用于直接入轨中小型卫星或多贮箱和气瓶的大型卫星平台,如我国的 DFH-5 平台、法国的"海神"平台、"伽利略"的组网导航卫星等。此外,还有主承力结构为承力筒(推进舱)+板架结构(载荷舱)的混合构型,多用于遥感卫星。

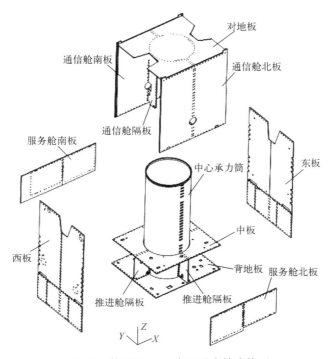

图 4-2 某 GEO 卫星中心承力筒式构型

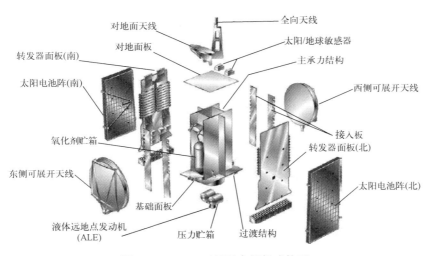

图 4-3 A2100 卫星平台板架式构型

图 4-4 为某 GEO 卫星的中心承力筒结构,其与
各结构板或其他结构部件相连接,形成卫星的本体
结构,同时提供与火箭、地面支持设备及星上某些重
要设备(如推进剂贮箱、远地点发动机、天线馈源等)
的安装接口和安装空间。中心承力筒由复合材料蜂
窝夹层壳体和 4 个铝合金框等组成,铝合金框采用
胶接的方法与复合材料壳体结构相连,提供与星箭
对接框、卫星背地板、中板和对地板的连接接口。

中心承力筒结构设计时需要充分考虑蜂窝夹
层壳体结构的特点,重点关注以下几方面。

(1)在满足筒体稳定性要求的条件下,夹层厚
度尽可能薄,以利于筒体与对接框之间的载荷传
递,同时增加承力筒内的有效空间。

(2)为便于制造,整个筒体的芯子宜采用同一
高度,但在筒体的不同部位可选用不同规格的芯子
以满足不同的承载需求,同时减轻重量。

(3)蜂窝夹层结构的内、外面板应采取均衡铺
层方式,同一角度的复合材料不宜过多地连续铺
设,一般不超过 4 层,以避免拉剪耦合效应,造成设计和制造上的困难。

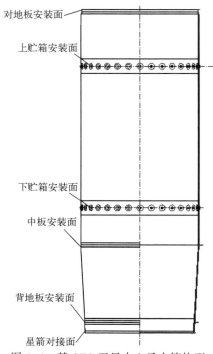

图 4-4　某 GEO 卫星中心承力筒构型

对地板安装面
上贮箱安装面
下贮箱安装面
中板安装面
背地板安装面
星箭对接面

(4)可根据载荷的分布情况,沿轴向把筒体分成几段,面板的厚度自下而上逐段递
减,以减轻筒体重量。

2)次级结构设计

主承力结构与结构板等次级结构共同组成卫星的本体结构,次级结构用于星上各类
设备的安装,设备安装后的次级结构主模态应与卫星主模态去耦合。

卫星结构板目前广泛采用蜂窝夹层板,其具有优良的比刚度和比强度,以及良好的
抗疲劳、阻尼减振、隔声、吸声和隔热等性能,且具有结构简单、生产周期短、生产成本低
等优点。蜂窝夹层板为三层复合板,由上、下面板和中间的芯子组成(见图 4-5),用胶黏
剂把面板与芯子胶接在一起。面板为强度和刚度较大的薄板材料,芯子为由薄材料形成
的蜂窝状轻质材料,目前多采用铝合金蜂窝芯子。

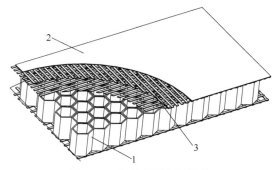

图 4-5　典型蜂窝夹层结构

1—蜂窝芯子;2—面板;3—胶黏剂。

卫星结构板的设计参数包括:蜂窝结构面板的选材、铝面板厚度、碳纤维面板铺层方案;蜂窝芯子规格及高度。对于作为散热面和有明确导热需求的结构板采用铝面板,其他的多采用碳纤维面板。碳纤维铺层及铝面板厚度和蜂窝芯厚度参数的设计,需要综合考虑结构板的刚度和强度等承载要求进行确定。表 4-8 给出了某卫星相关结构板的设计参数。

表 4-8 某卫星相关蜂窝夹层结构板的设计参数

结构板名称	主要设计参数
载荷舱南、北板 服务舱南、北板	面板参数:材料为铝合金 2A12T4,面板厚度为 0.3mm 蜂窝芯参数:规格为 LF2-YH0.03×5,芯子厚度为 25mm
对地板	面板参数:材料为碳纤维 M55J/环氧树脂,面板铺层为 0°/+45°/-45°/90°,单层厚度为 0.125mm 蜂窝芯参数:规格为 LF2-YH0.03×4,局部为 0.05×3,芯子厚度为 25mm
中板、背地板、东西板 推进舱东、西隔板	面板参数:材料为碳纤维 M55J/环氧树脂,面板铺层为 0°/+45°/-45°/90°,单层厚度为 0.1mm 蜂窝芯参数:规格为 LF2-YH0.03×5,局部为 0.05×3,芯子厚度为 20.2mm
推进舱南、北隔板	面板参数:材料为铝合金 2A12T4,面板厚度为 0.5mm 蜂窝芯参数:规格为 LF2-YH0.03×5,芯子厚度为 25mm

卫星结构间一般通过埋件实现连接。根据在蜂窝夹层板内安装工艺方式的不同,埋件可分为预埋件和后埋件两类。预埋件是在蜂窝夹层板制造完成之前埋入夹层板内的埋件。在蜂窝夹层板固化成型前,用泡沫胶把预埋件与芯子胶接,并与面板直接胶接、共同固化,它的位置精度通常在蜂窝夹层板胶接固化时由模板保证。后埋件是在蜂窝夹层板(或壳)制造完成之后埋入夹层结构内的埋件。在夹层板固化成型后,由机加工(如数控机床加工)方法在蜂窝夹层板上加工出安放后埋件的孔位,把后埋件埋入孔中,然后灌注胶黏剂和常温固化。预埋件和后埋件在通信卫星蜂窝夹层结构中均有大量应有,在设计时可针对预埋件和后埋件的不同特点按设计的需要灵活选用。设计埋件时,需根据具体安装部位的载荷响应情况及安装设备的重量,校核埋件的承载能力。

如要传递较大集中载荷,应设计特殊埋件,尽可能地将集中载荷进行扩散;同时,对于集中力较大的部位,为避免蜂窝夹层板的局部破坏,在埋件周围可采取局部增强措施,如加密芯子、充填硬质泡沫塑料或局部面板增强等。

蜂窝夹层板与其他结构件间通常采用两种连接方式:直接连接方式和通过连接角片(或角条)的间接连接方式。典型的蜂窝夹层结构间直接连接方式如图 4-6 所示,通过连接角片(或角条)间接连接方式如图 4-7 所示。

3. 整星抗力学环境分析

卫星抗力学分析的主要任务是通过结构动力学分析方法,建立整星的力学分析模型,并通过静力分析、模态分析、频响分析等分析项目,校核卫星主结构及星上大部件结构的强度、刚度等满足卫星抗力学设计载荷和指标要求,并具有一定的安全裕度。

目前,有限元方法仍然是卫星抗力学分析的主要工具。除有限元方法以外,根据分析对象和分析目的的不同,还常引入其他分析方法与软件来弥补有限元方法的不足。例如,对于噪声引起的结构响应问题,工程上已开始采用有限元方法、边界元方法、统计能量方法耦合分析;对于太阳翼展开锁定冲击、空间大型网面天线展开过程分析,采用多体动力学分析方法进行分析;对于充液航天器贮箱液体晃动等问题,采用流体动力学分析方法进行分析;对于卫星抗微振动分析,采用结构动力学—多体动力学—控制—光学等多学科耦合分析方法进行分析。

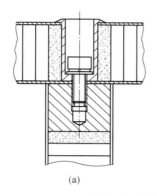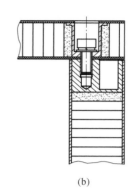

　　　　　(a)　　　　　　　　　　　　　　　　　　(b)

图 4-6　典型的蜂窝夹层结构间直接连接方式
(a) 隔板直接连接方式;(b) 侧板直接连接方式。

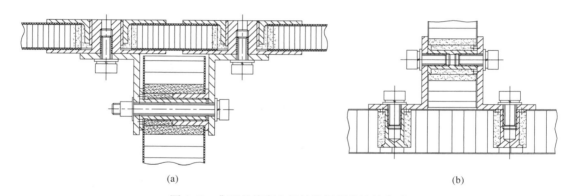

　　　　　(a)　　　　　　　　　　　　　　　　　　(b)

图 4-7　典型的蜂窝夹层结构间间接连接方式
(a) 隔板与承力筒间接连接方式;(b) 蜂窝夹层板间间接连接方式。

　　由于篇幅所限,本节仅简要介绍采用有限元方法的静力分析、模态分析、频响分析以及星箭耦合载荷分析的基本过程,并概述微振动分析的方法。

　　1) 有限元建模

　　目前,卫星常用的有限元建模和分析软件有 Patran/Nastran 等。在建立整星有限元模型过程中,使用的单元类型应根据具体的结构形状、受力情况及分析软件确定。主要应用的单元类型包括质点单元、弹簧元、杆单元、梁单元、板壳单元等。卫星有限元建模的主要模化方法有以下几种。

　　(1) 桁架结构采用杆单元,构架结构采用梁单元,板和壳结构采用板壳单元。

　　(2) 当连接结构刚度很大而无必要细化时,采用刚性单元模拟。

　　(3) 接头和特殊连接处用弹簧元或多点约束模拟。

　　(4) 包带连接解锁机构用弹簧元模拟。

　　(5) 胶接、铆接和焊接一般理想化为刚性连接;螺接形式要视具体情况而定,有时理想化为刚性连接(限制 6 个自由度),有时理想化为限制 5 个自由度的连接或限制 3 个平移自由度的铰接。

（6）较大的设备用质点单元模拟,并用多点约束或刚性单元连接到结构板的安装位置上,有较多固定点的设备作为均布的非结构质量定义于适当区域的结构板单元上。

（7）某些设备参与结构承力时应适当模拟其结构刚度。

（8）推进剂质量可用等效质量模拟。

（9）单元之间的位移应当协调,包括平动和转动。

（10）对于不易进行简化或者进行了简化但难以确定参数的局部结构,可进行局部试验,根据试验数据进行建模。

在单元划分时,要根据分析目的和分析频率确定网格划分的疏密。例如,应力分布集中区域网格应适当加密。一般根据初步计算结果可以明确网格细化区,进行网格加密,再次计算直到应力变化对于单元的增加不再敏感。在模态分析和频响分析过程中,应确定最高频率对应的波长至少涵盖 4 个网格,分析结果才较为可信。

进行卫星有限元建模需要的输入条件主要有:卫星构型设计;卫星质量特性(包括卫星总质量和质心位置、转动惯量、质量分配等);卫星结构设计(包括材料选择、材料力学参数、结构几何参数等);卫星仪器、设备布局;大部件(如太阳翼、大型天线、大相机等)有限元模型(方案阶段可只提供初步的构型和相应的质量特性、刚度特性;初样和正样阶段需要提供经过修正后的详细有限元模型)。

2）静力分析

在建立卫星有限元模型后,静力分析的主要目的是求解以下线性方程组:

$$Ku = p \tag{4-1}$$

式中:K 为卫星的刚度矩阵;p 为静力分析全部工况的载荷矩阵;u 为待计算的节点位移矩阵。由于静力分析的外载荷常用加速度过载工况矩阵 a 表示,故 $p = Ma$,M 为卫星的质量矩阵。求出位移矩阵 u 后,再利用各单元的应力应变关系导出卫星的应力分布,以校核卫星主结构是否满足抗力学设计载荷,并具有足够的安全裕度。

卫星静力分析的工况主要是运载提供的发射过程准静态载荷工况。对于表 4-3 给出的准静态载荷,当安全系数为 1.5 时,卫星静力分析的工况如表 4-9 所列。

表 4-9   卫星静力分析工况

载荷方向	工况 1	工况 2	工况 3	工况 4	工况 5	工况 6
X	2.25		1.5		1.5	
Y		2.25		1.5		1.5
Z	-4.5	-4.5	-9.15	-9.15	+3.9	+3.9

对应于不同的工况,在得到变形和应力分析结果后,需根据强度准则或结构变形要求对结构进行评价,给出所有关键结构的安全裕度。

安全裕度的定义为

$$M.S. = Sa/Se - 1 \tag{4-2}$$

式中:M.S. 为安全裕度;Sa 为许用载荷或其对应的许用应力;Se 为鉴定载荷或其相应的应力。结构设计的最小安全裕度要求如表 4-10 所列。

表 4-10　结构设计的最小安全裕度

金属材料	安全裕度	层合复合材料	安全裕度
屈服强度（塑性材料）	0	首层失效 FPF	0.25
破坏强度（脆性材料）	0.2	承载强度	0.25
稳定性	0.25	稳定性	0.3

　　一般来说,应用 Von Mises 准则来判断金属结构是否发生屈服;应用最大应力准则、Hoffman 准则或 Chai-Hill 准则等按首层失效的理论来判断结构是否发生破坏;有时也需要参照以往类似结构的试验结果来进行结构的评价。基于这些准则,可以得到结构的安全裕度。另外,根据应力对结构进行评价时,需要考虑材料性能退化的影响和疲劳影响。具体的分析内容包括:①计算蜂窝结构的铝面板和芯子的安全裕度;②计算蜂窝结构的碳纤维面板和芯子的安全裕度;③计算碳纤维材料层压板的单层应力和安全裕度;④根据弹簧力来校核埋件的强度,计算安全裕度;⑤根据弹簧力来校核螺栓连接强度,计算安全裕度;⑥对所有静力工况的分析结果进行比较,给出最大、最小应力以及位移。

　　作为示例,图 4-8 给出了某卫星在工况 1 下承力筒的安全裕度分布,表 4-11 给出了某卫星铝蒙皮蜂窝结构板的最大 Von Mises 应力和安全裕度;表 4-12 给出了某卫星承力筒的碳纤维蒙皮蜂窝结构板经过 Hoffman 准则计算出的最小安全裕度。

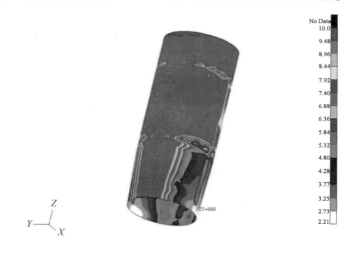

图 4-8　某卫星在工况 1 下承力筒安全裕度分布

表 4-11　某卫星在准静态过载条件下铝面板最大 Von Mises 应力值

	铝面板最大 Von Mises 应力/MPa						安全裕度
	横向最大		轴向压缩最大		轴向拉伸最大		
	工况 1	工况 2	工况 3	工况 4	工况 5	工况 6	
载荷舱南板	35.1	40.8	57.4	61.5	23.0	23.8	3.2
服务舱南板	31.4	45.6	58.9	69.5	25.8	17.0	2.7
载荷舱北板	31.6	29.7	58.3	57.3	25.0	40.6	3.5
服务舱北板	43.8	19.4	87.3	70.2	38.0	54.8	2.0

表 4-12　某卫星在准静态过载条件下碳面板最小安全裕度(Hoffman 准则)

	最小安全裕度					
	横向最大		轴向压缩最大		轴向拉伸最大	
	工况 1	工况 2	工况 3	工况 4	工况 5	工况 6
承力筒上段	11.7	10.7	10.4	10.2	13.1	11.6
承力筒中段	5.1	4.7	3.8	2.1	7.6	6.7
承力筒下段	2.4	2.5	3.0	2.9	4.9	4.5

3）模态分析

卫星模态分析的主要目的:为卫星方案选择提供依据;验证卫星刚度设计;分配设备支架刚度和设备频率;预估卫星上设备的力学环境;用于结构故障诊断。

卫星模态分析基于结构线弹性、不计结构阻尼的假设。

模态分析的内容主要是求解广义特征值问题:

$$\boldsymbol{K}\boldsymbol{\varphi} = \lambda \boldsymbol{M}\boldsymbol{\varphi} \tag{4-3}$$

计算卫星前 m 个模态的固有频率 $f_j = \sqrt{\lambda_j}/2\pi$ 和振型向量 $\boldsymbol{\varphi}_j (j = 1,2,\cdots,m)$。$m$ 一般为 100Hz 之内的所有模态阶数。如果每个方向上模态有效质量的总和大于 80%,可以认为主要模态均已算出,否则,需要追加模态计算阶数。计算对应于每个模态的模态有效质量比。其计算结果可用于定性判断一个模态的运动特征。如果某阶模态在某方向上的有效质量比大于 10%,则可定性认为此阶模态是主要模态。

表 4-13 和图 4-9 给出了某 GEO 卫星主要模态的固有频率和振型。

表 4-13　某 GEO 卫星的主要模态

模态	频率/Hz	振型描述	模态有效质量
1	14.0	整星 Y 向一阶	$T_y = 73.1\%$
2	14.4	整星 X 向一阶	$T_x = 75.6\%$
37	35.4	整星扭转一阶	$R_z = 18.7\%$
64	48.5	整星纵向一阶	$T_z = 48.2\%$

4）频响分析

卫星的频响分析一般分为两种类型:正弦振动响应分析与传递函数分析,求解的振动方程形式上均可写为

$$\boldsymbol{M}\ddot{\boldsymbol{u}} + \boldsymbol{C}\dot{\boldsymbol{u}} + \boldsymbol{K}\boldsymbol{u} = \boldsymbol{F}(\omega)\mathrm{e}^{\mathrm{i}\omega t} \tag{4-4}$$

式中:$\boldsymbol{K}$、$\boldsymbol{M}$、$\boldsymbol{C}$ 分别为卫星的刚度、质量和阻尼矩阵;$\boldsymbol{F}(\omega)\mathrm{e}^{\mathrm{i}\omega t}$ 为简谐激励的外力函数;$\boldsymbol{u}$ 为卫星各节点的位移响应,利用 $\boldsymbol{u}$ 可进一步求出节点加速度响应和单元应力响应等。

卫星正弦振动响应分析是在基础正弦激励条件下的响应分析,其主要目的:预示卫星在正弦振动试验中的动态响应特性,进一步校核卫星结构和部组件的强度,为结构设计或局部改进提供依据;根据卫星动态响应特性确定内部单机的力学环境条件。

传递函数分析即卫星在单位正弦激振力下的强迫振动响应分析。此单位正弦激振力既可以是卫星界面的基础激励,也可以是作用在卫星特定部位的集中力;响应类型既可以是位移、加速度,也可以是应力。传递函数分析的目的:为整星级的功率谱密度

（PSD）随机振动分析提供输入；获得卫星整星或局部的动态响应特性，以便评估结构局部设计或修改的效果，并便于和试验结果进行比较。

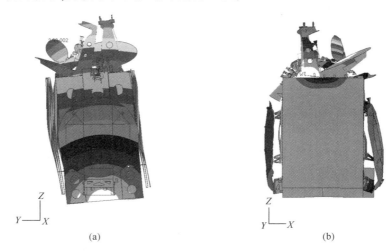

图 4-9　某 GEO 卫星横向、纵向一阶振型

（a）横向一阶（14.0Hz）；（b）纵向一阶（48.5Hz）。

在通用有限元软件中，频响分析的常用方法有两种：直接法和模态法。前者直接对振动方程进行求解，耗时较长；而后者则采用正则模态方法，求解规模远小于直接频响分析，计算时间大大缩短，因此得到广泛采用。在 Nastran 软件中，还提供了第三种求解方法，即"自动部件模态综合法"（ACMS）。该方法是固定界面模态综合法的一种推广，已在汽车行业内得到广泛应用。工程实践表明，ACMS 不仅与传统的模态法具有同等的分析精度，而且能将求解时间和内外存储空间需求降低 1/2 以上。

在模态法和 ACMS 法频响分析中，特别需要注意以下事项。

（1）模态临界阻尼比的选取：根据工程经验，模态阻尼比的大小与外部施加的载荷量级成正比；在卫星的大量级正弦振动试验预示中，复合材料一般选取 0.03~0.05；金属材料一般选取 0.02~0.03；而对于在轨飞行状态的频响分析，由于外部载荷一般来源于动量轮等星上设备产生的微振动扰动，载荷量级很低，因此模态阻尼比一般选择 0.01 甚至更小。

（2）模态截止频率的确定：一般应确保在模态截止频率下全部固有频率对应的模态有效质量百分比之和大于 90%。

（3）分析与试验结果的对比及模型修正：当有条件进行部组件或结构星正弦振动试验时，应充分利用试验数据对有限元模型进行修正，提高正样星正弦振动预示分析结果的准确性。

卫星频响分析的主要结果包括以下几个。

（1）卫星结构（包含主结构和次结构）和各部组件的位移或加速度频响曲线。

（2）卫星关键部位（如天线、相机等有效载荷与结构的连接界面、结构件间的连接等）在正弦振动动力环境下所受的载荷。

5）星箭耦合载荷分析

星箭耦合载荷分析（Launcher/Spacecraft Coupled Loads Analysis，CLA）是将卫星和火

箭有限元模型装配在一起,求解火箭发射过程中各典型载荷工况下,星箭界面及卫星、火箭内部典型节点的加速度、位移、力和力矩响应的分析过程。

对卫星抗力学设计而言,通过星箭耦合载荷分析,可以检验卫星主结构及星外大部件等次级结构是否满足火箭发射力学环境要求;并利用计算出的星箭界面加速度时域响应曲线,处理得到星箭界面等效正弦试验条件,以作为制定卫星整星正弦振动试验条件下限的重要依据。

星箭载荷耦合分析由卫星总体和火箭总体共同完成。为节省分析计算量,通常采用模态综合法进行星箭耦合载荷分析。其中,提供给运载方用于星箭耦合分析的卫星模型,是卫星自由状态下的刚度矩阵 K_{free} 和质量矩阵 M_{free} 在星箭界面约束模态空间下缩聚的刚度矩阵 $\widetilde{K}$ 和质量矩阵 $\widetilde{M}$。

卫星有限元模型缩聚的基本理论如下所述。

设卫星在星箭固定界面下的刚度、质量矩阵分别为 K_{fix} 和 M_{fix},那么有

$$K_{\mathrm{free}} = \begin{bmatrix} K_{\mathrm{p}} & K_{\mathrm{p,fix}} \\ K_{\mathrm{p,fix}}^{\mathrm{T}} & K_{\mathrm{fix}} \end{bmatrix}, \quad M_{\mathrm{free}} = \begin{bmatrix} M_{\mathrm{p}} & M_{\mathrm{p,fix}} \\ M_{\mathrm{p,fix}}^{\mathrm{T}} & M_{\mathrm{fix}} \end{bmatrix} \tag{4-5}$$

其中,下标 p 为星箭界面对应的自由度集合。模型缩聚的第一步是将自由状态下的刚度矩阵 K_{free} 和质量矩阵 M_{free} 合同变换为

$$\overline{K}_{\mathrm{free}} = U^{\mathrm{T}} K_{\mathrm{free}} U = \begin{bmatrix} \overline{K}_{\mathrm{p}} & \\ & K_{\mathrm{fix}} \end{bmatrix}, \quad \overline{M}_{\mathrm{free}} = U^{\mathrm{T}} M_{\mathrm{free}} U = \begin{bmatrix} \overline{M}_{\mathrm{p}} & \overline{M}_{\mathrm{p,fix}} \\ \overline{M}_{\mathrm{p,fix}}^{\mathrm{T}} & M_{\mathrm{fix}} \end{bmatrix} \tag{4-6}$$

然后,选择一组正交基

$$R = \begin{bmatrix} I_{\mathrm{p}} & \\ & \Phi_{\mathrm{fix}} \end{bmatrix} \tag{4-7}$$

其中,I_{p} 为 6×6 的单位矩阵,Φ_{fix} 为卫星约束状态下在指定截止频率(如 200Hz)下求得的特征向量组成的矩阵,利用 R 矩阵进一步将合同变换后的矩阵 $\overline{K}_{\mathrm{free}}$ 和 $\overline{M}_{\mathrm{free}}$ 缩聚为

$$\widetilde{K} = R^{\mathrm{T}} \overline{K}_{\mathrm{free}} R = \begin{bmatrix} \overline{K}_{\mathrm{p}} & \\ & \widetilde{K}_{\mathrm{fix}} \end{bmatrix}, \quad \widetilde{M} = R^{\mathrm{T}} \overline{M}_{\mathrm{free}} R = \begin{bmatrix} \overline{M}_{\mathrm{p}} & \widetilde{M}_{\mathrm{p,fix}} \\ \widetilde{M}_{\mathrm{p,fix}}^{\mathrm{T}} & \widetilde{M}_{\mathrm{fix}} \end{bmatrix} \tag{4-8}$$

其中,

$$\widetilde{K}_{\mathrm{fix}} = \Phi_{\mathrm{fix}}^{\mathrm{T}} K_{\mathrm{fix}} \Phi_{\mathrm{fix}} = \begin{bmatrix} \lambda_{\mathrm{fix},1} & & & \\ & \lambda_{\mathrm{fix},2} & & \\ & & \ddots & \\ & & & \lambda_{\mathrm{fix},m} \end{bmatrix} \tag{4-9}$$

为整星固定边界条件下在指定截止频率(如 200Hz)下求得的特征值所组成的对角矩阵;$\widetilde{M}_{\mathrm{fix}} = I$ 为单位矩阵。

缩聚后的刚度矩阵 $\widetilde{K}$ 和质量矩阵 $\widetilde{M}$ 只是代表卫星力学特性的数学矩阵,不再像缩聚前的卫星有限元模型一样包含卫星的几何尺寸和材料属性等设计信息。

星箭耦合载荷分析流程如图 4-10 所示,对于 CZ-3B 火箭,耦合载荷分析通常包括以下 5 个工况。工况 1:最大动压状态(横向静载荷、动载荷最大状态);工况 2:助推器分离前状态(纵向静载荷最大状态);工况 3:助推器分离后状态(对级间冷分离状态);工况 4:一级、二级分离前状态;工况 5:一级、二级分离后状态(对级间热分离状态)。

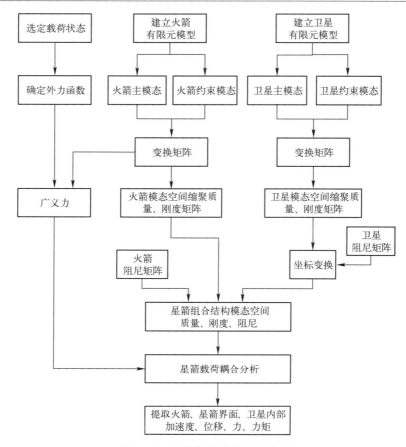

图 4-10　星箭耦合载荷分析流程

6）微振动分析

作为卫星抗力学分析的内容之一，卫星抗微振动分析主要针对遥感卫星、空间望远镜、激光通信卫星等具有较高指向精度或稳定度的卫星进行。对于遥感卫星和空间望远镜，卫星平台微振动主要会引起成像相机图像的扭曲（低频微振动影响）和模糊（高频微振动影响），严重影响图像的成像质量。而对于激光通信卫星，由于其星地、星间通信距离长达 4 万~8 万 km 且激光光束的束散角极小，因此卫星微小的抖动所造成的光束指向误差均可能造成通信失败，必须对卫星的微振动环境进行分析评估和有效抑制。

卫星抗微振动设计与分析的基本流程如图 4-11 所示。

（1）微振动扰动源辨识。根据卫星有效载荷种类、星上设备类型、卫星飞行轨道等综合判断对卫星有效载荷产生影响的微振动扰动源。常见的微振动扰动源包括：动量轮/反作用轮、控制力矩陀螺、太阳翼驱动机构、化学或电推力器、可动点波束天线、制冷机，以及频繁进出地影的卫星受到的热致微振动。

（2）微振动引起的有效载荷关键指标误差分配。把有效载荷关键指标所允许的最大误差按微振动环境的来源进行误差分配，以便分别进行微振动分析和抑制。例如，在 ESA 激光通信试验卫星 Artemis 的研制过程中，激光终端角位移的误差分配情况为：反作

74

用轮30%,天线指向机构20%,太阳翼驱动机构15%,电推力器矢量调节机构10%,次级结构10%,热致微振动5%,其他扰动源5%,余量5%。

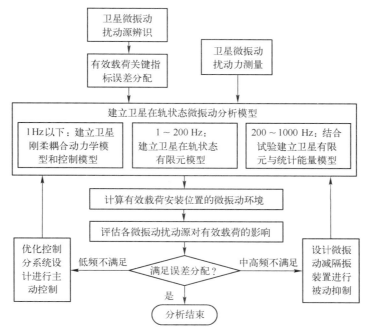

图4-11 卫星微振动设计与分析流程

(3)微振动扰动源扰动力测量。对于动量轮等星上设备正常工作产生的微振动,可将其设备安装在高精度刚性测力平台上,实测其工作时产生的6个方向的扰动力/力矩,并将其作为微振动分析的输入载荷。测量时应注意:①使用隔振平台隔离外界振动环境对测量结果的干扰;②采用重力卸载装置抵消重力影响;③对于太阳翼驱动机构,应带太阳翼模拟负载模拟太阳翼的质量、转动惯量等特性;④对测量结果应研究刚性界面和星上真实安装位置柔性边界的差异。对于热致微振动,应根据卫星飞行轨道真实的外热流环境建立卫星热载荷条件。

(4)建立卫星微振动模型,分析各微振动扰动源在有效载荷处产生的微振动环境。分析和建模应根据微振动扰动力频率范围进行。①对1Hz以下的低频微振动成分,控制分系统可以主动控制,此时应建立卫星的刚柔耦合动力学模型和控制模型进行仿真分析;②对1~200Hz的中低频微振动成分,由于已超出控制分系统工作频带,可采用有限元方法,建立卫星在轨飞行状态的有限元模型,然后采用有限元时域分析法或频域功率谱密度(PSD)分析方法进行仿真分析;③对200Hz以上的中高频微振动成分,可采用试验与统计能量法(SEA)相结合的方法进行分析。

(5)评估各微振动扰动源对有效载荷的影响。建立有效载荷的模型(对于空间望远镜通常为结构—光学模型),根据分析模型的仿真结果,分频段评估各扰动源在有效载荷安装处产生的微振动环境对有效载荷的影响是否超过误差分配的指标。对于空间望远镜,国外甚至开发了专用的集成建模软件和综合评估软件进行一体化的分析和评估。

（6）微振动抑制设计。对于超出误差分配的微振动扰动源,应分频段进行微振动抑制设计。对 1Hz 以下的低频微振动成分,应优化控制分系统模型进行主动控制;对 1Hz 以上的微振动成分,工程上多用减隔振装置进行被动抑制,或采用主被动一体化隔振控制。减隔振装置既可以安装在扰动源处,又可以安装在有效载荷安装处。图 4-12 和图 4-13 分别给出了 Honeywell 公司研制的控制力矩陀螺群组一体化隔振装置,以及主被动一体化的"小型振动隔离系统"(MVIS-Ⅱ)。

（7）建立减隔振装置模型,重新进行微振动分析与评估,直至满足要求。

图 4-12 控制力矩陀螺群组隔振装置

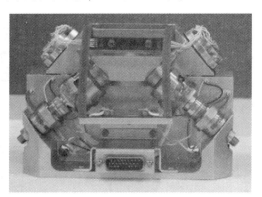

图 4-13 小型振动隔离系统 MVIS-Ⅱ

4.1.4 单机抗力学环境设计与分析

1. 单机抗力学环境设计要求

卫星地面研制、发射和在轨经受的各力学载荷会通过卫星结构传递到星上各单机设备,因此要求星上单机必须能承受卫星经受的各类力学载荷环境。对星上单机的抗力学要求,一般以力学试验项目及试验条件的方式提出,要求各类单机经受各类力学载荷条件能正常工作。

各类单机在初样和正样研制过程中需要开展的力学试验项目及试验条件,一般由卫星总体通过文件的形式确定并下达。单机力学试验项目一般包括静力试验、加速度试验、正弦振动试验、随机振动试验、噪声试验、冲击试验等。各力学试验项目的试验条件制定方法及一般试验条件见 11.1 节。

2. 单机抗力学环境设计

由于单机类型多样,如电子设备、天线类等机电设备、蓄电池、贮箱和气瓶等,因此在此只给出单机抗力学设计的基本评估准则和基本要求。

1）单机抗力学环境设计评估准则

（1）强度。

设备结构在经受准静态载荷、正弦振动、随机振动和冲击中不应发生破坏,其安全裕度至少大于 0,如式（4-10）所示。

$$M. S. = \frac{\sigma_f}{f_s \cdot \sigma_{SGE}} - 1 > 0 \qquad (4-10)$$

式中:M. S. 为安全裕度;f_s 为安全系数,视不同的材料选取合理的量值,一般取 1.5;σ_f 为许用破坏应力(MPa);σ_{SGE}为等效使用应力(MPa)。

设备固定在卫星结构上所用连接件(螺钉和埋件)的安全裕度大于 0,如式(4-11)所示。

$$M.S. = \frac{F_f}{f_s \cdot F} - 1 > 0 \qquad (4-11)$$

式中:f_s为连接件安全系数,连接件强度的安全系数至少为 2;F_f为连接件许用载荷,N;F为连接件内力。

(2)刚度。

以卫星结构基频的分配指标为依据进行组件的刚度设计。通常在星上设备安装部位的局部一阶频率 f_0 不大于 100Hz,为避免振动响应的耦合效应引起设备振动响应的叠加放大,通常要求设备基频高于安装结构局部的一阶频率,以倍频率错开,一般应大于 $2f_0$,并应与元器件的关键谐振频率错开,工程上一般取 140Hz。

2)单机抗力学环境设计原则

(1)元器件布局。

一般元器件应均匀布置,元器件的取向应有利于元器件的受力。

抗振性能较差、较重或发热量较大的元器件应布置于 PCB(印制电路板)上靠近机箱壁的边缘处,有利于抗振和导热。必要时应将过大、过重或过热的元器件独立安放于机箱侧壁或箱底部位。

在两块 PCB 对装时,应协调地布置元器件,尽可能减小 PCB 的层间距,以缩小机箱的空间。

(2)器件安装与固定。

较大的元器件一般采用胶封形式固定,较重的元器件还可采用螺钉、捆扎等形式固定。

尺寸和热耗较大的芯片在安装固定时除应考虑 PCB 变形对器件的受力影响外,还应考虑器件的散热问题,以保证 PCB 不产生过大的热变形而造成器件的损坏。

变压器和电感一般采用卡簧压紧固定或灌封的形式,以减轻对铁芯中心柱的压力,并能适应温度变形。

大、重或发热量大的元器件在保证绝缘的前提下可安装于机箱底板或侧壁上,既可降低热阻,又可降低整机的质心,使其获得较理想的散热和抗力学环境能力。

继电器安装位置应靠近 PCB 振动响应小的部位(如有约束的边缘),且安装方向应使触点运动方向上的加速度载荷尽量小,以减小振动振幅对继电器动作机构的影响。

对振动环境敏感的器件(如晶振等),应特别关注器件的敏感频率,应将器件布置在敏感频率下 PCB 振动响应尽可能小的部位;还可在其下方垫聚氨酯等材料的软泡沫塑料。

(3)设备结构设计及机箱安装连接设计。

设备各结构件应有足够的强度、刚度,并符合相关的标准和准则,结构件之间的连接要有足够的连接刚度和强度。

结构件之间有良好的导热路径,并满足防辐射与电磁兼容性的设计要求,具有轻的质量和良好工艺性。

机箱应有足够的连接强度、刚度。

3. 单机抗力学环境分析

抗力学环境设计作为设计的一部分,应与电性能及功能设计、热设计、电磁兼容性设计、空间环境适应性设计等并行开展,主要开展以下设计工作:①元器件布局;②器件安装与固定;③印制电路板的抗力学环境设计;④结构设计;⑤固封;⑥抗力学环境设计分析。

其中,抗力学环境分析仍主要借助有限元方法和软件实现。分析内容主要包括建立分析模型、模态分析,并利用总体提供的组件力学试验条件进行静力分析、正弦振动分析、随机振动分析。当分析结果不满足设计要求时需进行设计迭代,调整结构参数、修正模型、重复分析直至满足要求。对于组件基频小于140Hz的贮箱、气瓶、天线、太阳翼等大部件,还应将有限元模型提供卫星总体,进行整星状态下的刚度匹配和力学响应校核。

1)有限元分析模型建立

组件的有限元建模内容包括单元类型的选定、网格的划分、结构材料与单元特性的确定、结构与承载质量的模拟等内容。在完成有限元建模后,须对模型中的单位制、坐标系、几何尺寸、自由边和重单元、材料属性、单元属性、多点约束、边界条件和质量特性进行检查,判断其是否满足产品实际状态,并进行模型设计信息检查和模型数学有效性检验,以检查有限元模型能否反映产品真实状态以及模型在数学上的合理性和准确性。图4-14为某电子设备的三维几何模型和有限元模型。

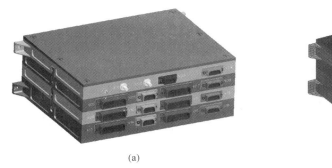 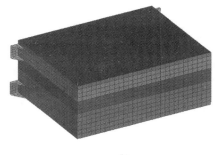

(a)   (b)

图4-14　某电子设备三维几何模型及简化的有限元模型

(a)设备三维几何模型;(b)设备有限元模型。

单机建模过程中,应借鉴相似产品的试验数据对模型进行修正,以提高模型的计算准确性。单机力学试验后,再根据试验结果对有限元模型进行修正,修正后模型的各向一阶基频与试验值的偏差应不大于10%。

2)模态分析

在模态分析中,应输出以下结果:①各阶主模态频率;②各阶主模态有效质量;③关键元器件、PCB等模态振型和频率;④组件的主要模态振型(包括组件整机模态和PCB局部模态);⑤抗力学分析报告中至少输出组件模态有效质量大于10%的各阶模态及其振型。其中,为避免单机基频与卫星舱板耦合,一般要求单机基频(组件基频以PCB基频和组件整机基频的较小值为准)大于卫星舱板基频的$\sqrt{2}$倍。此外,为避免单机PCB与整机模态耦合,一般应保证 PCB 基频与整机基频相差 $\sqrt{2}$ 倍以上。

3) 静力分析

根据总体提供的组件力学试验条件确定组件的准静态设计载荷并进行静力分析。确定方法主要有 Miles 公式法和谱密度总均方根值法。

(1) Miles 公式法。这种方法假定系统具有单一的主模态,随机振动的峰值加速度的计算公式为

$$\ddot{x}_{\text{peak}} = 3\sqrt{\frac{\pi Q f_{n2} \text{PSD}_2}{2}} \qquad (4-12)$$

式中:$\ddot{x}_{\text{peak}}$ 为组件的峰值加速度;Q 为结构的动态放大因子,通常取 $10 \sim 20$,对应结构模态阻尼比为 $0.025 \sim 0.05$;f_{n2} 为单机结构的主频率;PSD_2 为卫星安装结构板主频处单机的输入加速度功率谱密度。该方法假设单机的载荷主要是由安装结构主频率处的能量决定,用于估计单一主模态多自由度(如设备整机)的载荷。但是据此得到的极限载荷往往偏保守。

(2) 谱密度总均方根值法。用随机振动试验谱密度总均方根 G_{rms} 乘以 3,作为随机振动的峰值加速度,即

$$\ddot{x}_{\text{peak}} = 3G_{\text{rms}} \qquad (4-13)$$

例如,某电子设备的鉴定级随机振动试验条件如表 4-14 所列,其平行安装面 Z 向一阶基频 283Hz(模态有效质量约为 60%),假设 $Q=10$,那么采用 Miles 公式法可得 Z 向准静态载荷为 72.1g;而采用谱密度总均方根值法,Z 向准静态载荷为 43.5g。显然,谱密度总均方根值法未考虑到设备本身结构特性对输入随机振动的放大作用,得到的准静态载荷小,分析结果偏乐观。但谱密度总均方根值法易于确定,可以在单机设计之初就对结构需承受的准静态载荷进行估算,便于结构优化设计。

表 4-14　某电子设备鉴定级随机振动试验条件

垂直安装面方向		平行安装面方向	
频率/Hz	量级(o-p)	频率/Hz	量级(o-p)
10~200	+6dB/oct	10~200	+6dB/oct
200~1500	0.2g^2/Hz	200~1500	0.13g^2/Hz
1500~2000	−12dB/oct	1500~2000	−12dB/oct
总均方根加速度	18.3g	总均方根加速度	14.5g

确定出准静态设计载荷后,开展静力分析并校核单机各材料强度、PCB 变形量和连接螺钉强度是否满足设计要求。

(1) 材料强度校核。材料强度的校核应覆盖单机的所有材料,校核方法按式(4-10)进行,分析结果以安全裕度形式给出,至少大于 0,安全系数一般取 1.5。

(2) PCB 的弯曲变形。PCB 的过分弯曲变形会造成元器件及其引脚的损伤与破坏,应规定一个通过试验结果统计得到的无量纲弯曲变形许用极限值。弯曲变形的量度以板的最大挠度除以板的宽度,正则化为单位长度的变形来描述。设计分析时通过与许用极限的比较来判断 PCB 的变形是否过大,Alcatel ETCA 规定的弯曲变形极限为 0.006。

例如,某电子设备,其在 Z 向准静态载荷 72.1g 下的最大弯曲变形量为 0.596mm,PCB 最大宽度为 295mm,则其弯曲变形极限为 0.596mm/295mm = 0.002,小于 0.006,满足设计要求。

（3）连接螺钉的强度校核。连接螺钉的许用载荷主要由卫星铝蜂窝结构板预埋件的许用载荷决定。强度校核结果以安全裕度形式给出,至少大于 0,安全系数一般取 2。当强度校核不满足设计要求时,一般通过增加螺钉的数目降低各个螺钉的受力。安装点数量通常规定如下（m 为设备的质量）:m≤3kg 时,设置 4 个安装点;3kg<m≤6kg 时,设置 6 个安装点;6kg<m≤10kg 时,设置 8~10 个安装点;两个相邻安装点的最小距离为 25mm,最大距离一般不超过 150mm。

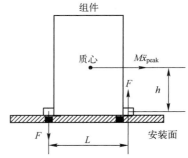

图 4-15　力矩法校核螺钉拉拔力

准静态载荷下的连接螺钉强度校核一般采用力矩法。例如,某电子设备重 M = 8kg,三个方向的准静态载荷均为 $\ddot{x}_{\text{peak}} = 69g$,采用 16 个 M4 螺钉与卫星结构板相连（每侧 8 个）,其安装舱板的预埋件许用载荷为 1000N,设备质心高度 h = 92.5mm,螺钉间距 L = 169mm,如图 4-15 所示,则平行安装面方向静载下,每侧 8 个螺钉拉拔力的合力为

$$F = \frac{M\ddot{x}_{\text{peak}}h}{L} = 2960.9(\text{N}) \qquad (4-14)$$

每个螺钉的最大拉拔力为 F/8 = 370.1N,安全裕度为 1000N/(370.1N×2) - 1 = 0.35。而垂直安装面方向静载下螺钉最大拉拔力为 $F = M\ddot{x}_{\text{peak}}/16 = 338.1$N,安全裕度为 0.48,满足要求。

4）振动分析

根据总体提供的组件正弦振动试验条件和随机振动试验条件分别对三个正交方向进行振动分析。正弦振动分析一般选用模态频响分析方法,随机振动分析一般选用基于模态频率响应的随机谱密度分析方法。在模态截止频率以下计算出的模态有效质量百分比之和应达到 80% 以上。电子设备结构一般为铝合金材料,分析中模态阻尼比一般取为 2%~3%;太阳翼、天线等部件多采用碳纤维蒙皮蜂窝结构,分析中模态阻尼比可取 3%~5%。

在振动分析中,各个分析工况中应输出以下结果。

（1）关键元器件（如继电器、晶振等）加速度响应、位移和应力或者应变。

（2）关键部位的加速度、位移和应力/应变响应。

（3）电子组件各 PCB 的应力、位移和加速度云图。

（4）整体结构的应力、位移和加速度云图。

（5）整体结构、PCB 的最大加速度、位移、应力参数。

（6）组件的最大支反力。

在随机谱密度分析下得到的上述随机振动响应以均方根响应量值表示。分析完毕后校核组件各材料强度、PCB 变形量和连接件强度是否满足设计要求。

单机力学分析完成后,应填写分析情况符合表,如表 4-15 所列。

表 4-15　某电子设备力学分析结果符合表

分析项目	分析内容	分析结果	设计要求	分析类型	符合情况
刚度要求	整机基频	170.7Hz	>140Hz	模态分析	符合
强度校核	整机结构最小安全裕度	1.3	>0	随机振动	符合
	PCB 最小安全裕度	7.2	>0	随机振动	符合
	连接件最小安全裕度	0.3	>0	随机振动	符合
PCB 变形	弯曲极限	0.0031	<0.006	随机振动	符合
关键元器件响应	最大加速度响应	31g	<35g	随机振动	符合

4. 卫星产品的热变形匹配性设计

卫星在轨工作过程中,星上产品特别是星外安装的部件及产品会随着光照条件的不同,其温度出现较大范围的变化,由此会产生热变形,对产品功能性能造成一定影响。因此,对温度变化范围大或对温度敏感的星上产品必须开展专门的热变形设计、热变形分析及相应高低温热变形试验。

1）星外有指向精度要求的产品的热变形匹配性设计

对于星外有指向精度要求的产品,如天线反射面结构、天线伸展臂、姿态敏感器支架等,在一个轨道周期内,产品温度会发生周期性变化,图 4-16、图 4-17 分别为某卫星天线反射面和星敏感器支架的温度变化情况,分别达到 150℃和 45℃。

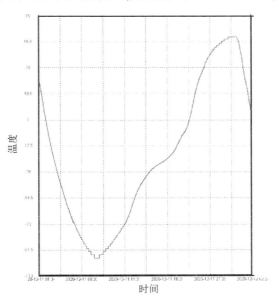

图 4-16　某天线反射面温度在一个轨道周期内的变化

天线反射面温度的变化会引起天线形面的变化,影响天线形面精度,进而影响天线覆盖区的方向图,严重时会导致天线覆盖区指向的周期性变化。对于星敏感器和红外地球敏感器等姿态敏感器,其支撑结构的周期性温度变化会引起敏感器指向的周期性变化,进而影响姿态测量精度,图 4-18 为某卫星星敏感器由于支架周期性热变形引起的在轨滚动姿态测量值的周期变化情况,达到 0.1°,对姿态测量精度带来影响。

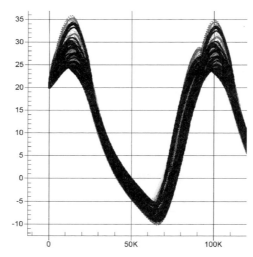

图 4-17　某星敏感器支架温度在一个轨道周期内的变化

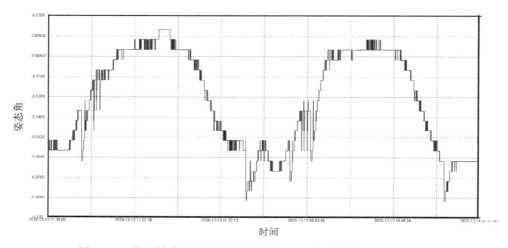

图 4-18　某星敏感器的姿态角测量值在一个轨道周期内的变化曲线

姿态敏感器支架、天线伸展臂等的热变形设计主要采取以下措施：

（1）首先考虑进行良好的热控设计，可采取自控温设计，尽量减小温度变化，并将产品的温度变化控制在一定范围内；

（2）其次，考虑采用热膨胀系数小的材料，例如钛合金、殷钢、碳纤维等。

天线反射面的热变形设计主要采取以下措施：

（1）首先考虑进行良好的热控设计，主要采取良好的热控包覆措施，例如在反射面的正面包覆镀锗聚酰亚胺膜及透波热控多层，可有效减少反射面的温度变化范围。

（2）天线反射面及其极化改进面板尽量采用各向同性（各向热膨胀系数相同或相近）的材料，通过结构连接的合理设计以解除相关辅助结构对主反射面的热变形影响，从而避免反射面结构在高低温变化时发生形面变化。

对于星外有指向精度要求的产品的热变形设计，一般应安排进行高低温试验，对产品在高低温度下的热变形进行测量，如果试验条件无法覆盖在轨工作温度，需要开展试验结果外推分析及热变形仿真分析,确保在轨热变形不影响产品在轨工作功能和性能。

2) 星外可展开大型部件的热变形匹配性设计

对于星外可展开的大型部件,一般都是通过多个火工锁紧装置固定在卫星结构上,如果展开部件与卫星结构的热变形量差别大,可能会导致在某个温度点展开时,由于锁紧释放机构卡死而无法展开。

星外可展开大部件一般选用碳纤维材料,卫星结构一般选用铝蒙皮或碳纤维蒙皮的蜂窝夹层结构,热膨胀系数差别大,导致热变形差大。因此,需要开展星外部件与卫星结构的热变形匹配性设计和分析,分别计算分析星外部件与所安装的卫星结构板在各温度工况下的热变形量,并在展开机构的锁紧固定设计上充分考虑热变形差。

3) 星上密封性产品的热变形匹配性设计

星上密封性产品包括焊接密封类产品和点胶密封类产品,前者包括推进系统的气瓶、贮箱、推进管阀件、推力器、发动机以及姿轨控动量轮、液浮和气浮陀螺等;后者包括敏感器探头密封、集成器件引脚绝缘子密封等。特别是对于敏感器探头、集成器件等非焊接密封产品,其涉及密封环及引脚绝缘子等的点胶密封过程。接缝相关组件的热膨胀系数如果不一致,则在温度交变情况下可能会形成漏气通道,影响产品性能。

对非焊接密封性产品,需开展高低温热循环试验,并对密封设计进行验证。

4.2 卫星热设计

卫星热控系统的功能是控制卫星设备和结构的温度在要求的范围内,保证星上电子设备和机械部件在一定的工作温度范围内稳定可靠工作,同时保证卫星温度场的均匀性和稳定性,以满足相关有效载荷的结构稳定性要求。

4.2.1 卫星热设计环境

卫星热设计的任务是通过控制卫星内外环境的热交换,保证卫星自发射主动段、转移轨道段、工作轨道段、离轨轨道段等全寿命周期内卫星设备和结构的温度都在要求的范围内。卫星在各任务阶段所经受的真空、低温、太阳和行星的热辐射、空间粒子辐射、微重力以及羽流和污染等环境均会对卫星温度产生影响,以下讨论与卫星热控制有关的主要空间环境。

(1) 深冷空间

宇宙中除了各种星体以热辐射的形式发射能量,其余为无限广阔的宇宙空间,宇宙空间的辐射能量极小,仅约 10^{-5}W/m^2,相当于 4K 的黑体。因此,卫星向外辐射的能量将被无限大宇宙空间全部吸收,而无任何的反射,宇宙空间就成为卫星的热沉。卫星处于这样一个空间冷背景中,其散发出的热量最终向 4K 的深冷空间排放。与外热源相结合,深冷空间背景要求卫星及其设备能够承受低温以及剧烈的冷热交变引起的应力。

(2) 太阳辐射

太阳辐射是地球轨道上运行的卫星受到的最大热辐射,也是地球轨道卫星的主要能源。太阳光谱的范围如图 4-19 所示,热物理学涉及的光谱范围为 $0.1 \sim 1000\mu\text{m}$(主要集中在 $0.2 \sim 2.5\mu\text{m}$ 光谱范围内),它占总辐射能的 99.99%,相当于 5760K 的黑体。

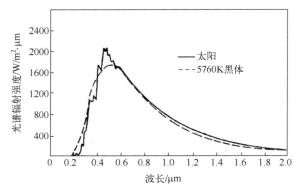

图 4-19　太阳光谱辐射强度曲线

　　按地球离太阳平均距离为 1 个天文单位(1AU)计的大气层外太阳辐射强度,称为太阳常数。现行以"WRR"为标尺,取地球大气外太阳辐照度的平均值为 1367W/m²,夏至太阳辐照度(远日点)为 1322W/m²,冬至太阳辐照度(近日点)为 1414W/m²。虽然太阳光线不是真正平行的,由于在地球附近其发散角约为 0.5°,在热设计中可认为是平行光束。

　　(3) 地球反照

　　地球对太阳光的反射形成了地球反照,太阳辐射进入地球—大气系统后,部分被吸收,部分被反射,其中被反射部分的能量百分比称为地球反照。反射光按太阳光谱漫反射,遵循朗伯余弦定律。

　　地球反照率是卫星热平衡计算中的一个重要参数,取全球平均反射率进行计算,一般取 $a = 0.30 \sim 0.35$。但是,对于不同倾角的轨道应选用不同值,NASA 给出了在不同轨道倾角下的平均值,如图 4-20 所示。

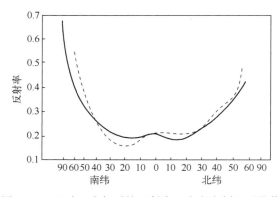

图 4-20　地球—大气系统反射率经度方向剖面平均值

　　(4) 地球红外辐射

　　太阳辐射进入地球—大气系统后,被吸收的能量转化成热能后,又以红外波通过热辐射的方式向空间辐射,这部分的能量称为地球红外辐射。通常把地球及其周围的大气作为一个整体考虑其红外辐射,工程上一般把地球当作 250K 左右的黑体进行简化计算,地球红外辐射是从整个地球截面上均匀发散出来的,平均值为 237W/m²。投射在卫星上

的地球红外辐射 J_p 根据与距离平方成反比的定律计算求得

$$J_p = 237 \left(\frac{R_{\mathrm{rad}}}{R_{\mathrm{orbit}}} \right)^2 \qquad (4-15)$$

式中：J_p 为投射至卫星上的地球红外辐射（W/m²）；R_{rad} 为卫星到地球外大气层的距离（km）；R_{orbit} 为卫星轨道高度（km）。

（5）空间粒子辐射

空间带电粒子尤其是高能带电粒子辐射会使星上材料和元器件性能下降。粒子辐射的来源有地球辐射带、太阳宇宙线和银河宇宙线，对热控材料有影响的空间粒子有质子、电子和原子氧，射线主要是紫外线，其中原子氧主要是在低地球轨道上对卫星表面材料的侵蚀很明显，在 100km 处密度为最大值。在太阳紫外辐射、空间质子和电子辐射等的长期作用下，卫星表面热控涂层的太阳吸收比变大，吸收来自太阳的能量增加。因此，随着卫星在轨运行时间的延长，星内电子设备的温度有逐渐升高的趋向。

（6）羽流和污染等环境

在卫星的诸多诱导环境中，羽流和污染对热控设计存在严重的影响。卫星变轨、轨道控制、姿态控制等需要发动机和推力器提供动力，发动机、推力器工作期间产生的羽流对卫星热控系统具有一定影响，主要体现在：羽流产生的热效应可能导致卫星热过载而使热控材料受损，甚至影响热控系统的正常工作；羽流沉积于卫星表面造成表面污染，改变热控表面涂层的发射率和太阳吸收比。

另外，卫星运行在真空、高温、低温条件下，卫星材料、构件或密封件解吸、分离、分解或泄漏的气体物质（可凝挥发物）凝结在热控材料、涂层等低温表面上，可造成污染，使得热控材料、涂层或产品性能下降，卫星热设计时应充分考虑污染带来的影响。

4.2.2　卫星热控系统设计

卫星热控设计一般应遵循以下准则。

（1）优先采用被动热控技术：热控涂层、隔热组件、扩热板、导热填料、相变贮热装置、热管等被动热控产品，仅依靠本身物理特性完成特定功能，具有结构简单、无运动部件、无电子元器件等特点，可靠性高，应优先采用。

（2）对卫星产品全寿命周期中经历的环境条件和应力进行全面分析，留有一定设计余量。可按以下原则确定温度和加热器功率的热不确定余量。

① 采用被动热控方式的卫星产品，在卫星热分析模型经热平衡试验相关性验证后，热不确定余量一般为 11℃，技术成熟的卫星产品的热不确定余量应不小于 5℃。

② 采用被动热控方式的卫星产品，在卫星热分析模型未经热平衡试验相关性验证时，热不确定余量一般为 17℃。如果 17℃ 的热不确定余量使卫星的重量和功率显著增加，可以将 17℃ 减小到 11℃。

③ 在 -70℃ 以下工作的被动控温的卫星产品，热不确定余量可以按表 4-16 中的数值选取。

表 4-16 被动热控产品的热不确定余量

计算温度/℃	热不确定余量/℃	
	验证前	验证后
>-70	17	11
-70~-87	16	10
-88~-105	15	9
-106~-123	14	8
-124~-141	13	7
-142~-159	11	6
-160~-177	9	5
-178~-195	8	4
-196~-213	6	3
-214~-232	4	2
<-232	2	1

④ 对于电加热控制的恒温设计,加热器功率应有 25% 的热不确定余量。例如,使用额定功率为 100W 比例式或比例-积分-微分(PID)控制的加热器,其实际平均功耗应不大于 80W;若使用开关式控制的加热器,其占空比应不超过 80%。

⑤ 在-70℃以下工作的主动控温的卫星产品,其热负荷的不确定余量在方案阶段应不小于 50%,初样研制阶段应不小于 45%,正样研制阶段应不小于 35%。

卫星设计涉及的温度范围有以下几类:计算温度范围、预示温度范围、工作温度范围、验收温度范围和鉴定温度范围。它们之间的关系如图 4-21 所示。

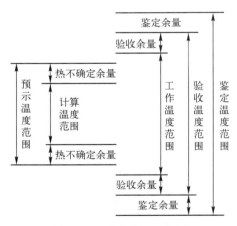

图 4-21 温度范围示意图

1. 卫星热控系统设计流程

卫星热控系统的主要设计、研制及试验工作项目及流程如图 4-22 和表 4-17 所示。

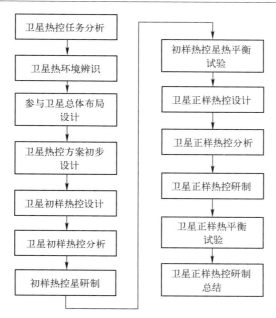

图 4-22 卫星热控系统设计工作流程

表 4-17 卫星热控系统设计主要工作内容

阶 段	工作项目	工作内容及目标
卫星热控设计（初样阶段）	卫星热控任务分析	分析卫星任务剖面和轨道空间外热流,确定卫星热控任务及热控设计接口要求
	卫星经历环境辨识	确定卫星全寿命周期内经历的热环境,包括地面试验时环境温度、湿度和重力环境,发射阶段的力(加速度、振动、冲击、声)和热(气动加热、辐射热)环境,轨道运行阶段的微重力、热(辐射热、深冷空间)和粒子辐射(紫外线、电子、质子、原子氧)环境
	参与卫星总体布局设计	综合卫星经历的轨道空间热环境及星内热源状态,提出对卫星构型和设备布局的要求,如散热面选择、大热耗设备布局、羽流及视场防护等
	卫星热控方案初步设计	主要工作内容包括热控继承性产品选用,确定新材料、新部件、新工艺、新技术,开展故障模式及影响分析等,通过多方案比较确定符合设计要求的优化热控方案
	卫星初样热控设计	在热控初步方案基础上,根据总体提出的热控技术要求,开展热控详细设计,主要包括热收集和热传输设计、等温化设计、热补偿设计、散热设计、隔热设计等
	卫星初样热控分析	针对卫星初样热控详细设计方案,采用成熟商业软件建立热分析数学模型,进行卫星详细热分析。验证设备温度、加热器功率等的设计余量
	初样热控星研制	当热控新状态和新技术较多时,根据卫星初样热控方案,研制热控星或热模拟舱,实现对热控新技术、新产品、新工艺等的设计验证
	初样热控星热平衡试验	编制热平衡试验大纲和实施方案,采用热控星或热模拟舱,利用热环境模拟设备开展热平衡试验,验证卫星初样热控设计的正确性和合理性,同时为卫星热控分析模型修正提供数据

（续）

阶　　段	工 作 项 目	工 作 内 容 及 目 标
卫星热控设计（正样阶段）	卫星正样热控设计	根据总体要求,在初样热控设计及热控星研制试验基础上,确定卫星正样热控设计状态,重点关注正样对初样设计状态的更改
	卫星正样热控分析	在正样热控设计基础上,开展热分析建模和热分析,验证卫星设备及部组件温度和加热器功率等的设计余量
	卫星正样热控研制	基于卫星正样热控设计状态建立技术基线,开展正样热控产品生产、测试、试验和验收,以及卫星热控部装、总装、测试与试验等工作
	卫星正样热平衡试验	通过热平衡试验验证卫星正样热设计余量及热控产品性能、工艺实施等,为正样星热控分析模型修正提供试验数据
	卫星正样热控研制总结	总结卫星正样热设计技术状态更改、测试与试验验证情况、发生的质量问题、产品保证等

2. 热控系统主要可靠性设计工作

1) 提出卫星设备布局设计要求

由于热控系统遍布整个卫星,与所有系统均有热接口关系,因此与卫星总体构型及设备布局密切相关。卫星热控设计需与总体构型布局设计协同开展:根据卫星的轨道、姿态、外热流、内热源等因素,提出对构型的要求,保证热控方案可靠;根据卫星的轨道、姿态、构型,进行详细的外热流分析,合理选择散热面位置,对高发热设备进行合理布局;结合内热源,特别是大热耗设备布局,确定散热面位置及面积。

2) 卫星散热区域设计

选择卫星在轨运行期间不受照或受照角度小(对太阳辐热射吸收少)的侧面作为卫星的散热面。对于 GEO 卫星来说,其运行轨道和姿态控制方式决定了 ±Y 表面阳光照射少,因此常选卫星 ±Y 表面作为散热面。

卫星散热面确定后,根据卫星设备的布局、热耗和工作温度范围等因素,进行散热区域设计及设备布局的优化调整。对于热耗较大或工作温度要求严格的区域(如行波管、电源控制器等安装区域)可以适当增大散热面积;对于温度较低的区域,可适当缩小散热面积。当散热面积不能满足散热需求时,在运载火箭整流罩允许的尺寸范围内,卫星结构板可适当外扩以增大散热面积,例如 GEO 卫星的 ±Y 板可沿 ±X 向外扩,扩展板两面均可粘贴 OSR 片。图 4-23 给出了某 GEO 卫星的散热区域设计结果。

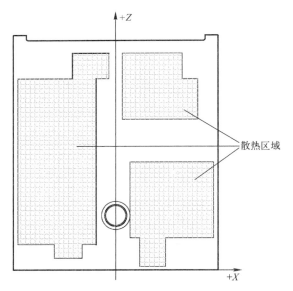

图 4-23　某 GEO 卫星散热区域示意图

3) 卫星热管网络设计

热管一般平行布置(例如 GEO 卫

星,热管在卫星±Y 板内平行于 X 方向),但实际上各平行热管上的热负荷可能有较大差别,引起它们之间的温度不均匀。为此多采用正交热管网络,即在蜂窝板内,沿两个垂直方向布置热管,用来拉平平行热管之间的温度,提高整体温度均匀性。所增加的垂直方向热管可预埋或外贴安装,预埋方式有利于设备布局,外贴方式工艺简单。图 4-24 给出了某 GEO 卫星的正交热管网络设计结果。

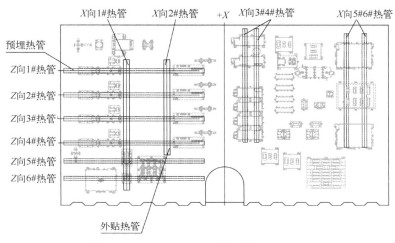

图 4-24　某 GEO 卫星正交热管网络示意图

为充分利用南北面散热面积,减少冬、夏至南北面辐射器及星内设备的温差,GEO 卫星发展了南北热耦合技术,即增加垂直于南北面的横向热管将南北两个散热面耦合起来,以提升散热能力。缺点是热管传热过程对重力场十分敏感,地面热试验存在困难。该技术已在国外先进通信卫星平台上得到大量应用,如 Eurostar 3000 平台、A2100 平台等。

4) 热控环境防护设计

抗空间环境设计的主要措施有以下几种。

(1) 对卫星表面涂层,应根据设计寿命选择相应的耐辐射涂层。

(2) 对卫星外表面低温多层隔热组件的最外层膜应选用耐辐射的热控材料,对高轨道卫星一般选用单面镀铝聚酰亚胺膜或黑色聚酰亚胺膜,对低轨道寿命较长卫星一般选用耐原子氧的膜。

对于中高轨道卫星,为防止卫星表面充电引起静电放电,可采取如下措施。

(1) 在玻璃型二次表面镜、薄膜型二次表面镜等外表面热控涂层上镀一层透明导电层,并采用导电胶等使表面导电层与卫星地电导通,表面上任意一点对卫星地的电阻应不大于 $1 \times 10^6 \Omega$。

(2) 在多层隔热组件外表面膜上镀透明导电层,使表面电阻不大于 $1 \times 10^6 \Omega/\square$,并将表面膜导电层及隔热组件内部的每层反射屏与卫星地电导通。

(3) 在聚酰亚胺膜上镀金属锗时,应使表面电阻率不大于 $1 \times 10^9 \Omega/\square$,并采用电搭接方法使镀锗层与卫星地电导通。

(4) 在卫星外的导电部件(如天线)上喷涂体电阻率不大于 $1 \times 10^8 \Omega \cdot m$ 的防静电白漆。

防污染和防羽流的主要设计措施有以下几种。

（1）卫星用热控涂层、胶黏剂、导热填料、胶带的真空放气性能一般要求总质损（TML）不大于1%，收集的可凝挥发物不大于0.1%；对于带有光学表面、光学敏感器的卫星，真空放气性能应符合特定要求。

（2）在卫星光学敏感器视场范围内及光学照相机内应防止光污染（消杂光），应采用反射太阳光尽可能少的热控材料，如黑色聚酰亚胺膜、高太阳吸收比的漫反射黑漆等。

（3）受推力器羽流热影响的部件，需在羽流热分析基础上采取相应的热防护，如安装高温热控多层等。

5）热控降额设计

为保证热控可靠性，选用的热控材料和热控部件需进行降额设计，相关的降额因子可参考表4-18。

表4-18　主要热控材料和部件的降额因子

热控材料和部件	降额参数	降额因子
热控涂层	最高工作温度 T_m/℃	T_m-30
	最低工作温度 T_L/℃	T_L+30
隔热组件、导热填料	最高工作温度 T_m/℃	T_m-30
聚酰亚胺薄膜型或铠装型电加热器	最高工作温度 T_m/℃	T_m-30
	最高工作电压 /V	0.7
铝及铝合金轴向槽道热管	最高工作温度 T_m/℃	T_m-30
	最低工作温度 T_L/℃	T_L+20
	最大传热能力/W·m	0.7

6）热控冗余设计

为保证热控可靠性，需对电加热器、控温元件及其控制电路采取一定的冗余设计措施。

电加热器、控温元件及其控制电路宜采用高可靠度的交叉连接贮备系统。

由多个加热元件组成的电加热器尽量不采用加热元件全部串联的回路，应采用加热元件并联或串并联混合的回路，防止某一元件失效导致整个电加热器失效。重要电加热器的引线应采用双线；频繁通断的电加热器应选用电子开关。

为防止电加热器开关发生常断故障，可采用开关并联方法；为防止电加热器开关发生长通故障，可采用开关串联方法，通常情况下，在加热器开关之前增加安全开关，可同时控制多数加热器回路。

热管一般采用热备份工作方式，如蜂窝板内预埋热管采用双芯热管；热管辐射器可采用减少热管间距的表决系统备份方式。

7）热控部件抗力学环境设计

热控部件抗力学环境设计的主要措施有：电加热器的长引线应紧贴卫星结构或设备表面安装，并间隔一定距离用卡箍或硅橡胶固定在壁面上；外贴热管、流体管路尽可能沿壁面安装，并间隔一定距离用螺钉、卡箍等固定，若需架空，应设置适当支架固定；多层隔热组件的安装应防止在振动与冲击载荷下脱落；循环泵、阀、风机、展开式热辐射器设计时,应防止活动部件在振动与冲击载荷下因变形、位移而卡死;太阳屏的安装和固定应防止在振动与声载荷下脱落或破损。

4.2.3　卫星电子设备热设计

1. 一般电子设备热设计

电子设备热设计工作一般包括以下内容:进行元器件、印制电路板、机箱的散热设计;建立热设计数学模型进行热分析,验证热控设计;必要时进行电子设备的热平衡试验,以验证热设计及热分析模型的正确性。

1) 元器件散热设计

大功率晶体管、整流二极管等大热耗元器件(热耗大于 0.3W)的主要失效模式之一,便是由于器件的布局安装散热设计不合理导致器件因温度过高而失效。因此散热设计是大热耗器件主要的应用设计内容。

为保证元器件的热控性能,应按以下原则选用元器件。

(1) 选用温度稳定性好和耐温范围宽的元器件。

(2) 选用低功耗集成电路和功率晶体管。

(3) 选用大热耗元器件时,底面积尽量大,以利于通过底面接触传热,表面要经过发黑处理,以利于辐射散热。

元器件布局及安装的散热设计措施主要有以下几种。

(1) 元器件布局应力求热耗分布均衡,避免因局部热功耗集中而使元器件温度过高。

(2) 对温度变化敏感的元器件应远离热耗大、温度变化大的元器件,必要时可用抛光的金属箔进行辐射热屏蔽。

(3) 将器件直接安装在设备机壳上,或者将器件加陶瓷垫后直接安装在机壳上,陶瓷垫两面涂硅橡胶。

(4) 将器件焊装在陶瓷板上,再将陶瓷板安装在机壳上,陶瓷板与机壳间填充导热脂或硅橡胶。

(5) 设置良好的导热通道,使器件与机箱壳体间具有良好的导热路径,例如通过金属导热板或散热片与机箱壳体热连接,并在各接触界面处填充导热脂或硅橡胶。

(6) 将器件安装在大面积敷铜的印制电路板上,并尽可能靠近印制电路板边缘,缩短导热路径长度。

(7) 大热耗元器件安装时,尽量增大元器件的接触面积,增大接触压力;并在元器件壳体与安装板之间填充导热填料(导热脂或硅橡胶),并适当加压,既不影响元器件焊接,又可减小接触热阻;如果元器件壳体需要绝缘,可在元器件壳体与安装板之间加一层绝缘材料(如聚酰亚胺膜或导热硅橡胶垫)。

2) 机箱热设计

机箱热设计应有利于电子设备向热环境进行导热与热辐射,同时也应有利于电子设备内部元器件的散热。机箱热设计主要原则有以下几个。

(1) 电子设备特别是对大热耗电子设备的机箱,应采用高热导率的材料制造。

(2) 减小机箱各部分温差,在机箱各结构板之间增大接触面积,并填充导热填料,尽量减小到达安装底板的热阻。印制电路板与机箱壳体之间应有良好的热连接。

（3）为强化接触传热,对于大热耗电子设备,机箱应有足够大的安装接触面积,减重槽尽量挖在安装板内表面,并保证设备安装表面的粗糙度和平面度满足要求。

（4）为了强化热辐射,机箱表面(安装表面除外)应有较高的发射率,如采用黑色阳极氧化处理或喷涂黑漆,使表面发射率不小于 0.85。

3）导热填料选择

电子设备上应用的导热填料要求具有以下特点:导热性能高;总质量损失与可凝挥发物低;电绝缘性好,体电阻率不小于 $1 \times 10^{13} \Omega \cdot m$。

常用的导热填料有室温硫化硅橡胶、导热脂(硅脂加氧化锌粉末)、导热硅橡胶垫。其中,硅橡胶用于装配后基本上不会拆卸的零部件;导热脂用于装配后可能要拆卸的零部件,使用时在接触表面处涂 0.1~0.2mm 厚的薄层并适当加压;导热硅橡胶垫用于既要求电绝缘又要求导热良好的情况。

2. 复杂光机电设备热设计

对于复杂机电、光机电设备,往往部分或全部安装在舱外,外热流变化大而设备内部传热路径复杂,对温控范围和温度稳定性通常有较高要求,需要进行机、电、热一体化设计。光机电设备的热控设计工作内容主要包括:明确外热流的控制方法,确定散热面位置;确定热耗从热源向外排散的路径与方法;确定对温度有特殊要求的部组件的温度控制方法;确定热控措施的硬件和软件组成。

1）散热设计

复杂机电、光机电设备多安装在星外,其主要通过热辐射器直接向空间散热。根据任务剖面分析结果,确定热辐射器的类型、安装位置、指向、表面热控涂层、面积和温度水平。可选用热辐射器有:设备结构板作为基板的体装式热辐射器;作为独立结构件安装在卫星或设备外表面上的独立热辐射器;可展开式热辐射器等。

应根据不同的卫星设备工作要求设计热辐射器。对热功耗大的设备,其热辐射器应安装在外热流较小的方位上;对热稳定性要求高的设备,采用独立热辐射器并安装在外热流周期变化较小的方位上。

热辐射器表面吸收的外热流应少且稳定,其面向冷空间的视场尽量不被遮挡。常采用低太阳吸收比、高发射率的热控涂层(如 OSR 或白漆)来降低热辐射器对环境外热流的吸收。根据热辐射器吸收的外热流、卫星设备的热功耗和工作温度范围要求确定热辐射器的散热表面积和温度水平。

热辐射器排散的热量可以通过百叶窗、热开关、可变热导热管、环路热管等进行调节。为提高热辐射器的散热效率,可在辐射板内或辐射板上安装热管。

2）制冷设计

对于有深低温要求的卫星设备,如红外相机等,对低温部件热排散的设计方法一般有以下几种。

（1）采用辐射制冷器进行制冷,辐射制冷器尽可能面向冷空间,避免阳光照射和卫星周围部件的红外辐射,当工作温度较低时可选用多级辐射制冷器。

（2）采用液态或固态制冷剂进行制冷,如贮存在杜瓦瓶中的液氦或固态甲烷等,利用其蒸发或升华潜热进行制冷,制冷剂根据工作温度进行选择。

（3）采用机械制冷机进行制冷,如斯特林制冷机、脉管制冷机等,制冷机进行制冷的同时会产生大量废热,这些废热应通过热辐射器排向冷空间。

（4）利用热电制冷器进行制冷,制冷的同时在其热端会产生大量废热,这些废热应通过热辐射器排向冷空间,当工作温度较低时可选用多级热电制冷器。

3）隔热设计

卫星设备常用的隔热方法有导热隔离、辐射传热隔离、选择性辐射隔热等。

导热隔离:使用低热导率材料制成的隔热垫,减少接触传热面积,增大导热热阻。常用的中、低温隔热垫材料有玻璃钢和聚酰亚胺,高温隔热垫材料有钛合金、不锈钢等。这种隔热方法常用于特殊控温设备及星外设备的隔热安装,如天线、太阳翼、光学相机、发动机等。

辐射传热隔离:在真空条件下,使用多层隔热组件或低发射率表面减小辐射传热。根据使用温度范围要求,可选择低温、中温和高温隔热组件或隔热屏。星外设备除散热面外,其余外表面用多层隔热组件覆盖;星内设备的外表面也可用多层隔热组件覆盖或镀金,减小设备与卫星之间的辐射传热,这种隔热方法也常用于减小发动机/推力器高温热辐射和羽流对卫星外设备(如天线)的热影响。

选择性辐射隔热:利用特殊材料的光谱透过特性,使期望的波段能量透过,而将其他波段能量挡住。如高频反射面天线、相控阵天线辐射阵外的太阳屏,用于减小太阳热辐射的热影响,其由可透过微波但不能透过可见光的镀锗聚酰亚胺膜组成。如红外敏感器的锗窗可以透过红外辐射而将可见光挡住。

导热隔离、辐射传热隔离方法不耗电、无运动部件、易实现、可靠性高,应根据不同的传热机理和使用温度范围选择适用的隔热方法和隔热组件产品。

在设备内部,可采用导热隔离和辐射传热隔热的方法将温度范围、温度梯度或温度稳定性要求不同的区域进行隔离。如在光学相机内部,在光学组件与电子组件之间,由于控温范围及控温精度要求不同,应采用隔热设计。

4）热收集和热传输设计

卫星设备常用的热收集和热传输方法主要有导热传输(热管收集和传输、环路热管或两相流体回路收集和传输)、辐射传输等。

导热传输方法:设备内部安装在底板上的热源产生的热量,通过接触传热直接传给安装板;设备内部非安装在底板上的热源,则通过高热导率部件传至设备安装板或设备外专设辐射器。为减小传热热阻,可在接触界面填充导热填料,并可使用导热式热开关等对传热热阻进行调节。

热管收集和传输方法:设备内部热源与设备安装板或设备外专设辐射器之间,通过热管收集和传输热量,热阻主要取决于热管与热源、热管与设备安装板或热辐射器之间的接触热阻。

环路热管或两相流体回路收集和传输方法:利用环路热管或两相流体回路的蒸发器收集设备内部热源的热量,并通过气管和冷凝器传输到设备外专设辐射器。利用环路热管的传热特性也可对传热热阻进行调节。

辐射传输方法:设备内部热源的热量通过热辐射传给设备壳体或安装面;星外设备通过设备表面散热面将热量直接辐射出去;星内设备通过热传导或热辐射将热量传到卫

星的热辐射器,将热量辐射出去。

导热传输、辐射传输、热管等热量收集和传输方法不耗电、无运动部件、可靠性高,应优先选用。此外,可采用多种部件组合方式进行热量传递,如在窄小空间内先用高导热材料部件将热量引出,然后用热管将各处热量集中传到环路热管蒸发段或单相流体回路冷板,再传到热辐射器。

5)热补偿设计

卫星设备常用的热补偿方法有电加热补偿和太阳热能补偿。

电加热补偿:它是星上设备常用的补充热量的方法,由控制器和电加热器组成,可采用地面遥控、星上自控等控制方式。

太阳热能补偿:利用太阳能吸热装置吸收太阳热能,再用热二极管热管、环路热管等设备将吸收的太阳能传输到需要热能的部位。

优先选用成本低、布置灵活、易于控制的电加热补偿方法。

6)等温化设计

当需要控制卫星设备的温度梯度、温度差或温度均匀度时,需要进行等温化设计。常用的等温化控制方法有导热等温化、辐射等温化、热管等温化和电加热控制等温化等。

导热等温化:用高热导率材料制造部件,减少部件内的温度梯度;用高热导率材料连接不同的部件,减小相邻部件间的温差。

辐射等温化:在设备内部各部件表面进行高发射率表面处理,强化各部件间辐射热交换,从而减小各部件间的温差。

热管等温化:用热管连接不同的部件,减小部件间的温差。

电加热控制等温化:在需要控制温度梯度的区域内设置多路加热器,根据热源位置、外热流及相应控制部位的几何尺寸设计各路的加热器功率,采用星上自主控制,将各路加热器设置同一温度控制阈,从而使各部位控制在同一温度范围内。有时也采用跟踪控温方法,即以其中一路加热控制对象的温度作为控制目标,其余各路加热器跟踪这个温度进行控制。

当等温化要求不高时,优先选用导热和辐射等温化方法;当等温化要求较高时,再采用热管等温化和电加热控制等温化。如可见光与红外相机的光学组件对温度均匀度有很高要求,在满足光学性能前提下优选热导率高的材料,再在镜筒和遮光罩内表面、各支架表面进行发黑处理,然后设计多路加热器进行等温化控制。

7)恒温控制设计

当需要控制卫星设备的温度范围、温度稳定度时,需要进行恒温控制设计。常用的恒温控制方法主要有电加热恒温控制、热管恒温控制。

电加热恒温控制:它是星上设备常用的恒温控制方法,由控制器和电加热器组成,一般采用星上自动控制方式。采用的控制逻辑有开关控制、比例-积分-微分(PID)控制、模糊控制等。

热管恒温控制:通过环路热管、可变热导热管等调节星上设备与热辐射器之间的热阻而使设备温度控制在要求的范围内。

此外,还可采用热开关、相变材料装置等对卫星设备进行恒温控制。

对星上设备优先选用控温精度高、易于实现的电加热恒温控制。而对于铷钟等恒温要求很高的设备,可以采用多级电加热恒温控制方法,温度控制精度逐级提高,温度最高一级的控制精度最高,且各级温差不易过小。对于多台具有相同恒温要求的设备或大功率设备,优先选用热管恒温控制。

8) 热贮存和利用设计

热贮存和利用的方法有:利用材料的热容贮存和释放热能;利用贮热材料的相变潜热贮存和释放热能。

对如下设备,可考虑热能的贮存和利用:由于外热流的周期性变化,或者设备间歇性工作,可能导致温度波动大的设备;由于安装位置等因素的限制,散热困难且短期使用的大功率设备。

9) 光机电设备热控设计实例

下面以激光通信终端这一典型光机电设备的热控设计为例,简要介绍光机电设备热设计方法。激光通信终端由二维转台伺服机构、光学天线与光学元件(CCD 等)组成,具体热设计方法描述如下。

二维转台伺服机构的机、电、热一体化结构设计:结构设计选材上,选择线膨胀系数与电机轴承钢接近的钛合金,消除材料不匹配带来的应力,增强系统结构热稳定性;对线膨胀要求低且有传热要求的辅件基材,选择高导热率、低比重的铝合金,如电机、码盘的端盖。

发热部件散热设计:电机、码盘作为发热部件,在其朝向冷黑空间的端盖外表面粘贴OSR 片作为散热窗口;在 CCD 发热表面安装导热铜索或热管,将其工作废热传输至散热辐射器向冷黑空间排散。

热辐射设计:高发热部件的外表面喷涂高红外发射率的黑漆(或黑色阳极化),强化辐射散热;光学部件(光学镜除外)表面喷涂高红外发射率的黑漆,强化系统内部的热辐射,实现系统内部件之间的等温化。

主动控温设计:二维转台伺服机构分区设计多路加热器进行主动加热控温,保证区域控温的均热性;对有均热要求的非连接部件,采取跟踪控温设计,由软件逻辑来控制非连接部件间的均热,如电机与码盘之间温度跟踪控制;光学部件采用自控加热器进行主动控温,维持边界温度稳定。

隔热设计:与卫星结构安装接触面之间垫厚度为 5~10mm 的玻璃钢垫,将终端与卫星本体之间的热耦合效应降到最小;除散热窗口之外的其他所有部位外表面均包覆 15单元多层隔热组件,隔绝空间辐射引起终端的热影响。

4.2.4　卫星热分析

热分析工作贯穿于整个热设计始终,在进行热设计方案选择时,需要通过热分析计算来确定合理的设计方案;在热设计完成后,通过热分析验证热设计的正确性;此外,还需要通过热分析计算进行飞行温度预计,以确定星上设备温度是否满足温度指标要求。

1. 热分析输入条件

卫星热分析的输入条件包括:卫星构型及设备布局;卫星飞行的姿态及轨道参数;星上设备对热控的要求及设备的热特性;总体(含总装、结构)对热控分系统的约束条件;卫星热控技术状态(热设计措施);约束条件;卫星工作模式,计算工况(全寿命期间高温、低温工况）。

2. 热分析数学模型

卫星的热网络模型可简单描述为

$$c_i M_i \frac{\mathrm{d}T_i}{\mathrm{d}t} = \sum_j E_{ij}(T_j^4 - T_i^4) + \sum_j D_{ij}(T_j - T_i) + q_{in} + q_{orbit} \qquad (4-16)$$

式中：T_i、T_j 分别为节点 i、j 的温度；t 为时间；c_i 为节点 i 的比热容；M_i 为节点 i 的质量；E_{ij} 为节点 i、j 间的热辐射网络传热系数；D_{ij} 为节点 i、j 间的热传导网络系数；q_{in} 为节点 i 内热源；q_{orbit} 为节点 i 空间外热流。

为了建造热网络，并用数值方法对它求解，需要把热控系统细分成许多称为节点的有限微小体积。认为每个节点的热性质集中在每个微体积的中心点上，每个节点由温度和热容这两个热网络参数表达。节点的温度 T 代表微小体积的平均温度。节点热容 c 在节点温度下由微小体积材料热物性计算得到，并且假设集中在微小体积中心点。节点通常分为扩散节点（有限热质量）、算术节点（零热质量）和边界节点（无限大热质量）三种。

热分析数学模型大体可分为两类：稳态热分析模型和瞬态热分析模型。稳态热分析模型可描述如下：

$$\sum_j E_{ij}(T_j^4 - T_i^4) + \sum_j D_{ij}(T_j - T_i) + q_{in} + q_{orbit} = 0$$

3. 热分析建模方法

在建立热分析模型时，应对复杂的物理模型进行合理简化，简化必须要有充分的依据且合理可行，严格控制模型简化带来的温度和热流误差。通常根据卫星的技术状态和换热特点进行简化，主要包含如下简化内容。

1）几何模型的简化

卫星结构件和设备外形是极其复杂的，目前成熟的热分析软件只能解决几十种规则几何形面的角系数计算，因此需对几何模型进行适当的简化处理。主要的简化处理方法有：星内电连接器、电缆、设备安装螺钉和接插件，以及推进系统管路在几何模型中可忽略；卫星各舱段的全部表面应构成封闭体，结构安装孔和角条等忽略；复杂的曲线简化为折线（折线与曲线的长度偏差应小于 5%），复杂的曲面简化为面积等效的多个平面组合（偏差应小于 5%），不规则的几何体简化为表面积等效规则的几何形体。

2）空间外热流的简化

空间外热流的简化主要是针对地球反照计算的简化，即用地球红外辐射角系数和相角的余弦来计算。对于高轨道（一般轨道高度大于 10000km）的卫星可以忽略地球反照和红外辐射热流，除对小热流非常敏感的星外设备外，一般不考虑地球反照随地球经、纬的变化。

3）边界条件的简化

对于整星热分析，按照空间热环境建立热平衡方程式，利用软件进行数值求解，一般不作简化。对于星上单个设备或者局部舱段，在分析计算时，可以简化边界条件，但应慎重处理。边界条件的简化类型有绝热边界条件、给定边界热流条件、给定边界环境温度条件。

4) 节点热特性的简化

节点热特性的简化主要指节点的热容量和热功耗的确定。通常卫星设备的材料组成极为复杂,导致其热容量很难准确计算或测量,需要采用适当的简化处理。通常处理方法是:星上设备的比热容可按铝材的计算;蓄电池热容取实验值;复合材料取其主要成分计算,忽略小组分材料的影响;星外多层隔热组件,因其温度梯度大,热容小,故忽略其外表面节点的热容,即按算术节点考虑。

设备热功耗的取值可按如下原则处理:在稳态热分析中,轨道周期性变化的热功耗,可取轨道周期积分平均值;瞬时(持续时间短)偶然出现的热功耗可忽略;热功耗随温度函数关系变化的,分析计算中其热功耗可近似按温度线性变化处理。

5) 热控措施的简化

卫星采用的热控手段多种多样,以下介绍常用的热控部件简化原则。

对于多层隔热组件,多数采用等效辐射模型来简化。

对于埋在蜂窝夹层板内的热管,在垂直于蜂窝板面板方向上,可视热管为金属杆,将热管的导热和蜂窝板导热视为并联导热模型;同样,在平行于蜂窝板表面且垂直于热管方向上,将热管的导热和蜂窝板导热视为串联导热模型。也可以将热管作为一个等温节点处理,或者细分蜂窝板为多个网络,用于详细热计算。

对于设备与安装面之间、结构件之间的接触传热,因其影响因素太多,受装配工艺影响较大,难以准确确定传热系数。因此,在热分析计算中,根据实际装配接触情况,往往选定一个适当的数值。对于接触界面填充导热硅脂的情况,接触传热系数一般取 $1000 \sim 2000\mathrm{W/m^2}$,对于无任何填充材料的干接触,接触传热系数一般取 $30 \sim 200\mathrm{W/m^2}$,或者取具体连接对象的实验测定值。

对于电加热主动控温,在稳态热分析时,可按电加热器的平均加热功率或按控制器设定的控制温度计算。在瞬态热分析时,按控温模式模拟或按要求的控制温度进行模拟。

经过物理模型简化后,进行节点划分与节点特性设置。热网络数学模型中节点位置的选取、节点的数量直接关系到计算结果正确性和计算耗时。

节点划分的基本原则为:在能反映卫星主要热特性和满足工程设计要求的前提下,尽可能地减少节点数量,并能准确地描述节点的特性,如节点号、节点名称和代号、节点材料、节点尺寸、节点质量、节点表面发射率和太阳吸收比、节点热功耗、节点控温状态、节点安装技术状态等。

节点划分的具体原则包括:一般设备视为一个等温体,作为一个节点,节点温度代表了等温控制体的平均温度;节点所代表的控制体实际温度和两节点间的实际热流密度尽可能均匀;对于关键的散热部位或漏热部位,应适当细分节点;对于高热流密度设备安装板或星内和星外连接件,需要考虑温度梯度影响,并合理确定传热系数,合理划分节点。

4. 电子设备热分析建模

在电子设备完成热设计后,需要建立印制电路板和电子设备整机的热分析模型,计算印制电路板及元器件的温度,以验证电子设备热设计是否合理,确定高温工况时元器件的结温(或壳温、热点温度)是否低于降额温度,低温工况时元器件温度是否高于稳定工作温度下限。

电子设备的热分析需要以下输入条件:机箱详细结构图;印制电路板详细结构图,包括各敷铜层的厚度和分布等;印制电路板及装在机箱壳体上的独立元器件安装图;元器件布局图;元器件型号、规格、热功耗表;热功耗大于 100mW 元器件外形、封装、安装图、结壳热阻;电子设备工作模式;接口数据单规定的电子设备工作温度高限与低限;接口数据单规定的电子设备温度参考点位置;舱外电子设备的外热流条件,可见的卫星本体及外露部件(如太阳翼、天线等)温度。

电子设备热分析节点划分的基本原则:每个计算节点视为 1 个等温体;印制电路板热功耗大、温度梯度大的地方,节点划分应细一些;对热功耗小、温度梯度小的地方,节点划分应粗一些;热功耗小于 10mW 的元器件不单独划分节点,其热功耗加到对应的印制电路板节点上;热功耗大于 100mW 的元器件应单独划分节点;体积大、结构复杂的元器件,如电源模块、厚膜电路、变压器等,可按其内部结构划分更细的节点;强化传热的措施应在热模型中予以体现;电子设备温度参考点作为定温边界处理。

5. 热分析工况

热分析工况应覆盖在轨的极端温度情况,即极端高温工况和极端低温工况。应针对具体分析对象,确定相应极端工况。

6. 热分析模型修正

卫星热分析模型建模时进行了简化,并且不确定的参数为经验值,这些都会引入计算偏差,因此有必要根据工程实测值(如仪器及结构板的质量、热容、单机热耗、材料的热物性)和热平衡试验结果,对工程参数(如接触传热系数等)进行修正,完善模型,以获得一个更逼近卫星真实热物理模型的热分析模型。

例如,通过支架安装的仪器,它们的导热路径比较曲折,实际上包含了两个接触传热和一个导热,即仪器与支架、支架与舱板之间的接触传热,还有一个支架自身的导热。这时仪器的接触传热系数不能简单地按干接触或有导热填料来选取。实际上这个接触传热系数已经不是一个真正意义的接触传热系数,而是一个折算值,往往需要根据热平衡试验结果对其进行修正。

7. 设备内部元器件温度计算

1)元器件壳温

忽略辐射换热的情况下,元器件的壳温按以下公式计算:

$$T_c = T_b + Q \times R_{c-b} \tag{4-17}$$

式中:T_c 为壳温(℃);T_b 为安装元器件的印制电路板或机箱板温度(℃);Q 为热功耗(W);R_{c-b} 为元器件管壳与印制电路板或机箱板间的导热热阻(℃/W)。T_b 通过安装该元器件的电子设备热分析计算或热平衡试验实测获得。Q 由电路分析计算求得,也可通过实测获得。元器件壳—板间的导热热阻 R_{c-b} 取决于元器件的安装方式。对不单独划分计算节点的小热耗元器件 T_c 约等于 T_b。

2)集成电路、晶体管、二极管结温

集成电路、晶体管、二极管结温按以下公式计算:

$$T_j = T_c + Q \times R_{j-c}$$

式中:T_j 表示结温(℃);R_{j-c} 表示结与管壳间的热阻(℃/W)。R_{j-c} 可按元器件手册或元器件制造商提供的数据进行确定。在结温计算中,可用近似算法计算小热耗元器件的结温。如对于热耗不大于 10mW 的元器件,T_j 约等于 T_c,T_c 约等于 T_b。

3) 电阻、电容、变压器、电感线圈热点温度

热分析中计算的元器件温度仅为元器件的平均温度或壳温。对电阻、电容、变压器、电感线圈等发热量大的元器件,还需根据元器件内部的具体结构和热源分布,计算其热点温度。

8. 热分析软件工具

卫星及复杂机电、光机电设备的热分析常用软件包括 SINDA 软件、NEVADA 软件、TMG 软件、THERMAL DESKTOP 软件、NASTRAN 软件。采用 I-DEAS TMG 软件和 NAS-TRAN/THERMAL 软件完成热分析后,就可以接着进行应力、应变分析。

(1) SINDA 软件:它为有限差分软件,卫星热分析主要使用 SINDA/G。

(2) NEVADA 软件:它为利用射线追踪法计算辐射传热的软件,包括 SPARKS、RENO、VEGAS 和 GRID 四个部分。SPARKS 可完成三维图形显示;RENO 可计算辐射角系数和辐射换热系数;VEGAS 可计算到达卫星表面上的太阳辐射、反照和行星辐射;GRID 可将 RENO 运算后得到的角系数或辐射换热系数进行归一化检验,然后转化成 SINDA 可以接受的格式。一般采用 NEVADA+SINDA 软件来进行星本体热分析计算。

(3) TMG 软件:它由建模、辐射、解决器、材料数据系统等模块组成,集成在 I-DEAS 系统中,具有良好的有限元几何建模、热辐射分析和热网络求解等一体化功能。有限元几何模型能自动产生有限差分热模型。一般采用 TMG 软件进行星外部件的热分析计算。

(4) THERMAL DESKTOP 软件:它利用抽象网络、有限差分和有限元模拟方法,能够快速建模,且能分析和后处理复杂热/流体模型。THERMAL DESKTOP 是一个软件工具包,可利用 CAD 模型和 CAD 建模工具快速生成热模型。一般采用 THERMAL DESKTOP 软件进行星本体的热分析计算。

卫星电子设备热分析工具软件包括 Flo Therm 软件、I-DEAS/TMG 软件、THERMAL DESKTOP 软件、Mentor Graphics 软件、NASTRAN/THERMAL 软件、Icepak 软件等。

(1) Flo Therm 软件:它可用来求解电子设备内外的传导、对流和辐射,在进行星上电子设备热分析时,可将 FLOTHERM 软件中默认的流体热导率设为 $1 \times 10^{-10} \sim 1 \times 10^{-15}$ W/m/K,从而消除对流的影响。Flo Therm 软件提供如下数据、模型库:基本形体的建模模型;散热器、PCB、芯片、机箱、风扇、换热器等模型的参数化建模;热源和阻尼的简化模型。

(2) Icepak 软件:它能够完成灵活的网格划分,采用 FLUENT 计算流体力学(CFD)求解器,利用非结构化网格求解复杂几何问题。多点离散求解算法能够加速求解时间。Icepak 软件由 Icepak(建模,网格和后处理工具)和 FLUENT(求解器)组成。可在 Icepak 上直接建立模型,也可从 CAD 和 CAE 软件包输入模型,然后在 Icepak 上划分网格。

某电子设备利用 THERMAL DESKTOP 软件建立的热分析模型如图 4-25 所示,温度计算结果如图 4-26 所示。

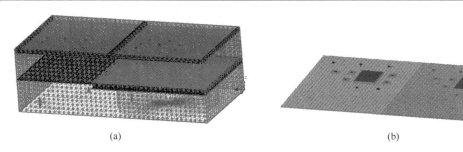

图 4-25　电子设备热分析模型

（a）整机热分析建模；（b）单板热分析建模。

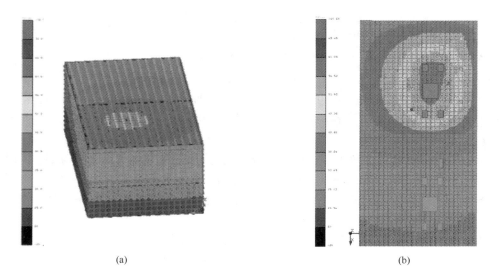

图 4-26　电子设备热分析结果

（a）整机热分析温度云图；（b）单板热分析温度云图。

4.2.5　卫星热平衡试验

1. 整星热平衡试验

为了验证卫星热设计措施在空间环境各工况下的功能性能满足情况，保证卫星在轨可靠运行，结合卫星在轨全寿命期间的典型高、低温极限工况，必须在地面进行充分的空间热环境模拟试验，即卫星热平衡试验，验证卫星热设计的有效性和能力。

1）试验目的

卫星热平衡试验的主要目的包括：验证整星热设计的正确性，考核热控分系统的能力；验证整星热控实施与工艺的正确性，以及热控产品性能；获取整星温度数据，为修正热分析数学模型提供数据；依据高、低温极限工况的试验温度数据，提供整星级热真空试验温度拉偏边界温度。

2）外热流模拟方法

卫星热平衡试验外热流模拟方法分为入射热流法和吸收热流法，主要有太阳热流模拟（太阳模拟器）、红外热流模拟（红外灯阵、红外笼）、电加热热流模拟（薄膜型电加热器）等方式，其中太阳模拟器属于入射热流法，其他则为吸收热流法。太阳模拟器具有模拟精度高、无遮挡、动态特性好的优点,但其制造技术复杂、造价高、运行费用昂贵。对于有热管的卫星,由于卫星有水平度要求,而太阳模拟器光轴方向是不可能改变的,因此需多维运动转台配合实现卫星太阳光照角度模拟,模拟系统结构组成复杂,因此在整星级大型热试验中很少使用太阳模拟器模拟外热流,该方法较多地应用于光学设备(遥感相机、光通信天线等)的单机级的热试验外热流模拟。红外加热笼的优点是结构简单、造价低,是国内大量使用的一种外热流模拟方法。但其缺点是对卫星的遮挡比较严重,会造成较高的背景热流,因此无法用于低热流的热平衡试验工况。相比而言,红外灯阵遮挡系数很小,仅约 10%,使得红外灯关闭时,卫星表面的吸收热流小于 $20W/m^2$。

对于 GEO 通信卫星,其特点是:寿命初期两至点时,南、北板(受太阳光照)OSR 散热面吸收热流较低,不超过 $100W/m^2$;二分点时南、北板(不受太阳光照)OSR 散热面吸收热流会降到 $20W/m^2$ 以下,在这种小热流情况下,使用红外加热笼造成的背景热流就会超过这个量级,根本无法使用。而红外灯阵能使不受阳光照射侧到达 OSR 散热面的背景热流降至最小,由此引起背景热流低,能够满足通信卫星不受照表面的吸收热流(背景热流)小于 $20W/m^2$ 的要求,因此在通信卫星热试验中散热面的吸收热流用红外灯阵来模拟。

3) 卫星试验技术状态

卫星热平衡试验是在空间环境模拟室内进行的,卫星采用支架支撑方式或者吊装方式置于空间环境模拟室内,为了保证试验结果有效,要求试验卫星的结构件、总体布局、总装支架、结构材料、构件连接形式、仪器设备外形和表面状态、设备发热特性,以及整星各种热控措施(包括涂层、隔热材料、传热路径、主动和被动热控方法、产品等)都应符合卫星初样或正样设计状态。卫星试验模型分为初样热控星和正样星,在初样研制阶段,为了节省研制成本,热控星一般和初样结构星相结合,在完成结构星力学试验后,将结构星改造为热控星,热控星上的设备一般为结构模拟件(无电性能),设备的热耗可以用电阻加热器来模拟。

卫星热平衡试验主要模拟空间热环境背景下的星内设备温度场分布,由于星外部件外热流变化复杂,试验中难以实现这些星外部件的外热流模拟,并且星外部件与卫星本体之间通常采取隔热设计,参加与否对星内设备温度影响可忽略,因此星外部件则选择性地参加整星热试验。具体原则是,对于不影响卫星系统功能实现的大型星外部件不参加热试验,如天线(含天线支撑塔)、太阳翼等;参与卫星系统功能实现或有安装精度要求(拆装影响精度)的星外部件一般参加试验,但不作为试验温度验证(由设备单机级热平衡试验验证)考核,如地球敏感器、太阳敏感器、发动机、推力器等。卫星热平衡试验一般为稳态试验,从安全性考虑,热试验中推进剂贮箱、气瓶均充 0.2MPa 高纯氦气,推进系统漏率<0.1Pa·L/s;星上不安装火工品。

根据温度场测试需要,除了星上热敏电阻测温外,通常粘贴地面试验用热电偶补充热敏电阻测温数量的不足。

4) 试验设备技术状态

卫星热平衡试验设备主要包括空间环境模拟室、卫星试验支架、卫星红外灯阵、液氮冷板、外热流加热器、热流计、温度采集系统、水平调节机构、微波负载及水冷系统等,下面以通信卫星为例,简要介绍热平衡试验设备。

（1）空间环境模拟室。

空间环境模拟室用于模拟卫星在轨飞行时深冷空间的真空、低温和黑背景环境。

卫星轨道处于极高的真空环境之中，地面模拟这样的高真空环境是非常困难的，从传热学的观点，如果气压低于 1×10^{-2} Pa，则气体对流和传导传热比起辐射传热的份额可忽略不计，因此在空间环境模拟室内只要保持 6.65×10^{-3} Pa 以下的气压就可以满足热试验的真空度要求。

在空间环境模拟室贴近筒壁的圆柱铜体上加铜盘管，组成热沉，内通低温液体来实现低温背景的模拟。从制冷的低温液体工质选择来看，液氦的沸点为 4K，最接近空间背景温度 4K，但由于液氦的经济成本太昂贵，在工程应用上，通常选择低廉的液氮作为热沉的低温制冷液体工质。液氮的沸点 77K 左右，相当于黑体辐射流约为 2 W/m^2，它只有太阳常数的 0.14%，或相当于地球表面平均红外辐射密度的 1%。从卫星热平衡温度水平看，当热沉温度低于 100K 时所产生的背景热流相对于外热流来讲其影响可以忽略，因此一般用液氮系统代替 4K 的宇宙低温，只要空间环境模拟室热沉温度保持 100K 以下，带来的误差是可接受的。

通过在真空罐热沉上喷涂高发射率黑漆来模拟空间黑背景，黑漆的半球发射率不小于 0.9。从防止卫星污染的角度，要求空间环境模拟室内的可凝挥发物沉积量不大于 1×10^{-7} g/cm^2（24h 空载），并配有真空摄像设备。

（2）卫星试验支架。

卫星试验支架用于保持卫星试验时的姿态与方位，保证地面试验中卫星热控系统正常运行与安全工作。以通信卫星热试验为例加以说明，由于通信卫星的南、北面板上有正交热管网络，为使热管网络在重力场中能正常运行，热平衡试验时卫星的南、北面应保持水平，因此要求试验支架具有足够的承载能力（强度和刚度），一般为不锈钢材质的长方体框架结构；具有在试验前和试验中调节卫星南、北面水平度的功能；侧面的安装法兰，通过对接框与卫星对接法兰连接，对接框为不锈钢桁架结构，与卫星用螺钉连接；与星体连接的对接框法兰上安装跟踪加热器及相应跟踪测温元件，试验时自动跟踪卫星相应部分温度，减少星体通过辅助支架的漏热。图 4-27 所示为装入卫星后的试验支架示意图，试验时卫星北面（-Y）朝上。

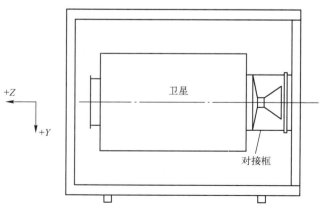

图 4-27　试验支架示意图

（3）红外灯阵。

在热平衡试验中,红外灯阵用于模拟卫星散热面吸收的外热流,与散热面平行安装,灯阵内的红外灯与星体表面保持合适距离,灯阵固定在试验支架上,灯阵及其支撑结构应具有足够刚度,以保持其形状及与星体相对位置的稳定;由于灯阵不移动,要求灯阵对卫星散热面的遮挡影响要尽可能地小(满足试验最低热流要求);不同散热面对应的红外灯阵应独立,同一灯阵可根据具体设计需要分割成若干子灯阵,子灯阵具备独立通电与断电的功能。灯阵四周为刚性反射屏,反射屏内表面抛光,外表面喷黑漆,以降低其温度及增大区域内热流均匀性,红外灯阵的热流均匀性优于±8%的指标要求。灯阵热流施加能力、热流均匀性在试验前应进行标定测试。

（4）液氮冷板。

在热平衡试验中,试验支架造成的背景热流影响较大,一般在受试验支架遮挡影响的一面采取加装液氮冷板(铝板或铜板上加铜盘管通液氮循环回路)的方式模拟热沉,以此减小试验支架造成的遮挡影响。

（5）水平调节机构。

卫星所用铝-氨轴向槽道热管对重力场敏感,由于地面存在重力场,重力场对卫星热管网络运行有很大影响,热管如果倾斜就不能正常运行,无法完成其传热和散热的功能。因此在地面试验时必须保证卫星上热管呈水平状态,为使热管网络在重力场中能正常运行,热管两端的高度差应控制在3mm之内。以往中小型平台卫星的通常方法是:试验前调节热管所在结构板的水平度,使其满足要求,试验过程中因支架发生热变形而导致的水平度变化不进行监测和调整。这对于热管长度在1～2m、散热功率数百瓦的卫星是可行的,只要支架设计合理有足够刚度,即使在试验中支架发生热变形,也不会导致热管水平度超差。对于大型大热耗卫星,不仅热管长,每根热管热负荷也大,因此它对热管倾斜更敏感,稍有不平就会使热管超负荷,而使安装在其上的仪器温度飞快上升,严重时造成试验中止。为此要求试验中能随时监测卫星水平度,并在水平度即将超限时对其进行调节,使卫星水平度满足热管正常工作要求。

在热试验中,水平度监测与调节装置如图4-28所示,由卫星结构板上的基准块、水平敏感器及其安装板、水平测量标、卫星支架、支架腿、调平机构、水平敏感器测量电路及显示器、调平机构控制器、卫星支架与卫星的连接装置组成。

由于卫星北板与南板在结构部装时,对两平面之间的平行度进行了严格的调校并加以结构保持,因此在热试验中只要监测与调节其中一个结构板(如北板)的水平度,即可保证另外一个结构板(如南板)的水平度。

（6）微波负载水冷回路。

以大功耗通信卫星为例,转发器饱和输出时,除去星内波导损耗,到达天线馈源入口处的微波功率均在千瓦级以上,这部分能量需通过适当方式耗散掉,从馈源入口处接试验用输出波导到安装在卫星外表面上的微波负载,在微波负载内将微波能量变为热能,热能用水冷回路带走。其优点是高功率波导长度短,可以减少大功率微波通道内出现放电的风险,不需要通过高功率微波能量的真空密封波导装置;但需要真空室内安装密封水冷管道,为了防止水冻结,还需要多路恒温控制加热装置。

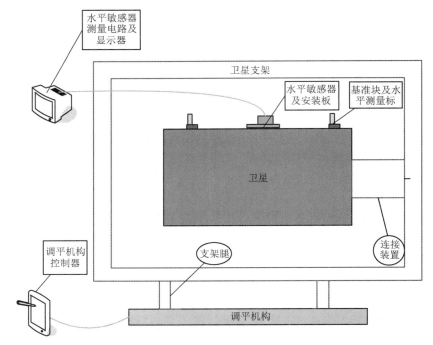

图 4-28　水平度监测与调节装置

　　除上述试验设备外,还采用在卫星东、西、背地面等多层隔热组件表面上装电加热器模拟吸收的外热流;采用热流计测量 OSR 表面吸收的红外热流;采用温度数据采集及处理装置测量星上安装的热电偶的温度。

　　5) 热试验工况

　　整星热平衡试验是一项高耗费的地面大型试验,试验工况的选择和数量直接关系到试验目的能否达到和试验周期的长短,进而影响研制进度和成本,因此在满足试验目的的前提下,应尽可能地减少工况数量。

　　从卫星热控设计角度,试验工况主要从卫星构型、飞行轨道、姿态、星上设备功耗和工作模式(飞行程序)、热控辐射散热面的方位、涂层的光热性质以及涂层在空间环境下性能退化等诸多因素综合确定,高温工况一般出现在卫星工作寿命末期、热控涂层退化最大、全日照轨道或吸收空间外热流最大、设备处于最大发热量工作状态;低温工况一般出现在卫星工作寿命初期、最长阴影轨道或吸收空间外热流最小、设备处于最小发热量工作状态。由于星上设备的安装位置、工作模式和热耗不同,因此可能存在多个高(低)温工况,通常只能选择一些典型的极限高、低温工况作为试验工况,获得全寿命期间高、低温极限工况下的卫星温度最大包络范围,达到验证热设计的最大能力。

　　卫星的高低温极限工况分析与确定应建立在明确的飞行任务和热分析基础上。对于大多数卫星,为了完成既定任务,对其飞行轨道、姿态、平台与有效载荷的设备都有明确的要求和工作模式,这就大大简化了极端工况的分析确定工作。譬如,对于通信卫星,转移轨道对日定向巡航模式下,太阳翼展开,有效载荷不工作,为极端低温工况。卫星在轨正常工作过程中,在春秋分二分点时,卫星的南、北散热面均不受日照,卫星的极端低温工况出现在地影区(最长地影时间 72min)末尾;而在夏冬二至点时,卫星的南、北散热面分别处于太阳光照角度最大的全日照,是高温工况。例如,某 GEO 卫星的热平衡试验工况如下所述。

(1)工况 1:模拟转移轨道巡航模式,太阳翼展开,通信舱替代加热器工作,−Z 轴对日定向。

(2)工况 2:模拟寿命初期春秋分点时,热控多层外热流按 22.8h 平均计算,转发器处于饱和状态;按 72min 地影,进行蓄电池放电试验。

(3)工况 3:模拟寿命末期夏至时,热控多层外热流按 24h 平均计算,转发器处于饱和状态。

(4)工况 4:模拟寿命末期冬至时,热控多层外热流按 24h 平均计算,转发器处于饱和状态。

试验工况顺序一般为从低温工况到高温工况,热平衡试验工况全部结束后,即可进行真空模拟室升温、复压。在升温复压过程中,要注意维持星体各部位的温度高于热沉温度,防止挥发物凝结在星体表面上造成污染,特别是对光学表面的污染。当真空室压力恢复到常压,热沉温度升至室温,即可开启真空室吊出卫星进行外观检查,看有无损坏和其他异常现象。

6)试验工况稳定判据

一般以热电偶测温为主要温度判据,热敏电阻测温为辅助判据。温度平衡监视以热管网络上的热电偶测温点为主,设备等其他热电偶测温点为辅,综合分析判断是否达到工况稳定温度。

在连续 4h 内,温度监测点的温度波动值不超过 ±0.5℃ 或者温度的变化值小于 0.1℃/h(不含自控加热器控温的设备),即视为试验温度达到稳定。

7)试验中断判据

在试验过程中,如果出现以下故障之一不能排除时,需要中断试验开罐检查,开罐过程中严格按照防污染操作规程进行。

(1)试验设备故障:空间环境模拟室内试验压力高于 1.3×10^{-2} Pa;空间环境模拟室内热沉温度或冷板高于 120K;星体水平度超过 1.5mm/m 且无法通过水平敏感器的调节,使其恢复到 1.0mm/m,严重影响热管网络正常运行;微波负载出现故障,造成转发器不能工作;水冷回路严重泄漏或冻结;红外灯阵大面积损坏,不能满足热试验要求;其他影响试验正常进行的故障。

(2)卫星故障:转发器微波输出通道出现输出功率严重下降;主、备份编码遥测均不正常,不能提供一组完整遥测数据;所有遥控指令验证和执行验证均不正确,执行机构不动作;测控设备主、备份均出现故障;其他影响卫星正常工作的故障。

2. 电子设备热平衡试验

电子设备热平衡试验目的:验证电子设备热设计和热分析模型的正确性;获取电子设备在其工作温度低限和高限时,元器件的温度分布,为元器件的温度降额提供依据。电子设备的热平衡试验一般在鉴定件上进行,正样件不能做热平衡试验。

1)试验件技术状态

具有以下情况的电子设备应开展热平衡试验:以传导散热为主的产品,其安装散热面的热流密度大于一定值(如 250W/m²);以辐热散热为主的产品,其散热表面的热流密度大于一定值(如 60W/m²);印制板上安装的元器件热耗大于一定值(如 0.35W)。热平衡试验试件由被试电子设备、电子设备模拟安装板、模拟舱外罩等组成,如图 4-29 所示。电子设备模拟安装板一般由厚铝板制成,用于替代电子设备在卫星上安装的结构板,模拟电子设备安装板的外表面贴加热片,以控制其温度。被试电子设备安装在模拟安装板上时,接触面处按电子设备总装要求处理,一般涂导热脂。模拟舱外罩(一般由铝板焊成盒形)与模拟电子设备安装板合成试验模拟舱,以模拟电子设备安装在卫星内时的热环境。模拟舱外罩内表面一般为高发射率表面,外表面布有加热器,以控制外罩温度。

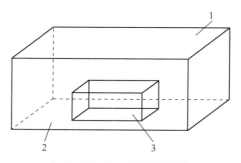

图 4-29　热模拟舱示意图
1—外罩;2—安装板;3—电子设备。

在被试电子设备内部和外表面、电子设备模拟安装板、模拟舱外罩等处布置测温热电偶,特别应在电子设备温度参考点处布置测温热电偶。

2)试验方法

(1)热环境模拟方法。舱内电子设备热平衡试验采用边界温度模拟,即通过加热控温设备控制模拟电子设备安装板加热器功率,使安装板和设备参考点温度达到最高或最低工作温度并稳定;控制外罩温度达到舱内的最高或最低辐射边界温度并稳定。

舱外电子设备热平衡试验采用安装面温度模拟与外热流模拟相结合的方法,即外热流控制在最大或最小水平,并通过加热控温设备控制模拟设备安装板加热器功率,使设备参考点温度达到最高或最低工作温度并稳定。

(2)试验设备工作状态。对无功率输出的电子设备,由地检设备控制其工作状态,使其满足试验工况要求。一般需进行长期稳态运行及主备份线路工作模式试验。

对有功率输出的电子设备,如帆板驱动机构、陀螺线路盒、动量轮线路盒、可动点波束天线控制器等,需连接真实负载,并按实际工作模式进行控制,需要进行加电瞬态、短期动态及长期稳态运行,以及主备份线路工作模式的试验。

(3)设备内部测温点布局。为获得设备内部的温度分布,被试设备内部应粘贴测温热电偶,一般在功耗大于 100mW 的元器件上贴热电偶,在各块印制电路板上粘贴热电偶,热功耗大的印制电路板上可多布置几个热电偶。

(4)试验设备。试验在空间模拟室中进行,试验系统由真空系统、测温系统、加热器控温系统、低温系统、外热流模拟装置以及地面检测设备等组成,真空系统提供的真空度应优于 $6.65×10^{-3}$ Pa;加热器控温系统及低温系统保证实现边界温度模拟;外热流模拟装置进行外热流控制;测温系统获取试件温度数据;地面检测设备用于对被试电子设备工作模式的设置及对其各项参数的测量与监视。

（5）试验工况。试验工况应根据电子设备在空间运行可能出现的实际极端情况确定，如设备温度参考点温度达到最高或最低工作温度，舱壁温度达到最高或最低，设备热功耗达到最大、静态、关机、启动等。

（6）试验工况稳定判据。试验前应确定设备内部若干温度测点为温度监测点，这些温度监测点应分布在各印制电路板上，并具有代表性，如在大功率及小功率元器件上均应布有温度监测点。

试验工况稳定的判据为：对稳态工况，在连续 4h 内，波动值不超过 0.5℃，或单调变化率小于 0.1℃/h，此时进行稳态温度数据取值及设备电性能测试；对非稳态工况，一般从一个起始稳态工况（如仪器静态）开始，工况进行中应保证仪器安装板及模拟舱外罩温度波动不超过±0.5℃，工况进行到规定时刻结束并进行温度数据取值及设备电性能测试。

4.3　卫星空间环境适应性设计

通常把离地面 90~65000km 的空间称为近地空间，其外边界是地球引力场可忽略的空间区域，这是我国现阶段绝大多数卫星运行的主要区域。近地空间按距离地面的高度可分为高层大气、电离层、内磁层和外磁层等主要区域，各区域之间并没有明显的边界。空间环境包含了多种会对卫星造成不利影响的要素，如太阳电磁辐射、带电粒子辐射、部分或完全电离的等离子体、磁场、电场、地球引力场、中性大气、原子氧、微流星体与空间碎片等，它们与卫星发生各种各样的相互作用，产生各种空间环境效应，造成卫星性能下降，甚至发生致命故障。空间环境各要素随空间位置和时间而变化，根据物理过程的不同，存在 10 年至几秒等不同时间尺度的动态变化。每种空间环境要素均具有自身的特点，并对卫星产生特定的影响。因此，在卫星研制过程中，必须根据卫星轨道和任务特点，进行空间环境和效应分析，并采取针对性的防护措施，消除或缓解空间环境效应对卫星的影响。

4.3.1　近地空间环境及其对卫星的影响

空间环境要素及其时空变化特性是非常复杂的科学问题，世界各国的航天机构陆续发射大量卫星用于空间环境监测，目前仍然有很多科学问题需要继续探索。本书仅从工程设计的角度，针对可能对卫星发生影响的空间环境要素进行介绍。

近地空间卫星自发射至在轨运行期间，可能遭遇太阳电磁辐射、中性大气、电离层、真空、地球磁场、带电粒子辐射和微流星体与空间碎片等空间环境要素的影响。

1. 太阳电磁辐射

太阳是一个很大的热源，它不断地以电磁波的形式向外传送热量。太阳电磁辐射是指在电磁谱段范围内的太阳输出。太阳电磁辐射对所有轨道的卫星都会产生影响，包括对卫星热控系统、能源系统、姿轨控系统、通信系统以及敏感器的影响。其中，来自太阳的波长在 0.01~0.4μm 之间电磁辐射称为太阳紫外辐射，太阳紫外辐射对材料具有损伤作用。波长在 0.3μm 以下的紫外光子的能量高于 376.6kJ/mol，而有机聚合物分子的结合键能一般在 250~418kJ/mol，因此足以造成某些有机化学键的断裂。其破坏结果是使材料变脆，产生表面裂纹、皱缩等，使力学性能下降。紫外辐照还使聚合物基体严重变色，影响了光学性能。在某些情况下，紫外辐射的存在可进一步加剧原子氧对材料的侵蚀,使材料的质量损失显著增加。图 4-30 是共价键结合能与具有同等能量光子的波长关系图,可以看出,波长范围在 $0.01 \sim 0.4\mu m$ 的太阳紫外辐射具有足够的能量破坏 C-H 等共价键,从而对有机物性能产生影响。

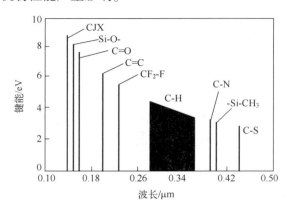

图 4-30 共价键能与光子波长的关系

卫星工程设计通常比较关心太阳常数和太阳光谱辐照度。太阳常数是指在地球大气层外,距离太阳为一个天文单位处,垂直于太阳光线的单位面积上,单位时间内接收到来自太阳的总电磁辐射能。光谱辐照度是指单位时间内,通过单位面积的单位波长间隔的辐射能。到达地球的总太阳辐照度受很多因素的影响,它并不是一成不变的。影响到达地球的总太阳辐照度主要有以下几方面因素:首先,太阳作为一个恒星,随着恒星的长期演变,太阳辐照在不断变化。其次,地球除了本身绕自转轴转外,还以椭圆形轨道绕太阳公转,每转一圈的时间为地球上的一年。一年间,太阳与地球之间的距离是不一样的。到达地球的总太阳辐照度与日地间的距离平方成反比。因此,近日点时,地球得到的总热量最大,远日点时为最小。再次,太阳本身具有 11 年的活动周期。太阳黑子和太阳耀斑数目随着太阳活动的变化而变化,同时太阳的粒子辐射、X 射线、紫外辐射和无线电波也随着太阳活动而急剧变化。这些都会影响到达地球的总太阳辐照度。而且太阳本身具有 27 天的自转周期,随着太阳的自转,正对地球一面的辐照情况不断变化,这对到达地球的总辐照度也有一定影响;最后,太阳总辐照度的测量有地面测量和高空测量两种方法,但是种种原因导致这两种测量方法都存在一定误差。

表 4-19 是不同研究机构推荐使用的太阳常数数值,可作为设计参考。太阳常数中紫外成分的比例,一般取 9%。

表 4-19 不同研究机构推荐的太阳常数值

年 份	作者或单位	$S_0/(\text{W/m}^2)$	资 料 来 源
2002	比利时气象学院高空气象系	1366.1	1978—1998 年从 6 个不同卫星得到的平均值
2002	ASTM E-490	1366.1±0.58	1978—1998 年 6 个不同卫星的日平均值的平均
2003	Christian A Gueymard	1366.1±1.1	总结 1978 年之后的 24 年的探测结果
2004	世界辐射中心	1366±1.4	总结 1978 年后至今的测量结果

2. 中性大气

地球大气在地球引力的作用下都集聚在地球表面附近。大气层的密度和温度随高度而变化,其温度垂直分布的分层示意图如图 4-31 所示。中性大气对卫星的影响主要有两个方面:一是大气密度对卫星产生阻力,对卫星的寿命、轨道衰变率和姿态产生影响;二是高层大气中的氧分子(O_2)受太阳紫外线(UV)的辐射而产生光致电离,生成原子态的氧(O),也就是原子氧。其具有极强的氧化性,与卫星表面材料发生化学效应(如氧化、溅射、腐蚀、挖空等),会引起卫星表面材料的质量损失、表面剥蚀以及物理、化学性能改变。

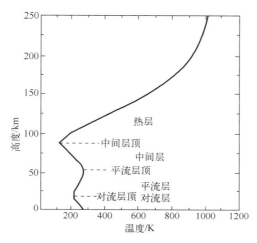

图 4-31　按温度垂直分布的大气分层示意图

描述大气状态和变化过程的模型称为大气模式。它是以数学方程组表示的理论模型,或是以观测资料为基础的统计模型。由于航天飞行和科学研究的需要,几十年来国际上制定了几个系列的几十个大气模型,如国际参考大气 MSIS 系列、CIRA 系列、Jacchia系列以及美国标准大气等。

3. 真空

卫星发射期间,所经历的真空环境从 1 个大气压开始急剧下降,最终达到极高真空水平。卫星在真空环境中可能会受真空放电、微放电、真空干摩擦与冷焊、真空出气等效应影响。

真空放电效应是指存在电位差的两个电极,在约 1000~1Pa 范围内的低气压环境下可能引起气体电离现象而引发低气压放电。在卫星发射过程中,会经历从 1 个大气压直至极高真空的环境条件,在这期间工作的电子设备就有可能遭受低气压放电效应的影响。

微放电效应是指真空中两个具有一定距离的表面在一定频率的射频电场作用下,由于二次电子倍增所产生的一种真空放电现象,又称为二次电子倍增效应。卫星发射及入轨后都处于高真空环境中,星上大功率微波设备需考虑微放电效应影响。

当卫星处于超高真空环境时,卫星运动部件的表面处于原子清洁状态,无污染。而清洁、无污染金属接触面间原子键结合造成的黏结现象会使活动部件驱动力矩加大,甚至有可能发生接触面黏结或焊死,这就是真空干摩擦和冷焊现象。

材料在空间真空环境中,由于液体蒸发、固体升华以及有机聚合物材料在制造中添加的催化剂、抗氧化剂、增塑剂、增黏剂等的挥发产生材料的质量损失,带来材料成分上的变化,可能引起材料性能的变化,导致材料硬化、脆化和龟裂,造成防护层的分层、破裂等现象;另外,材料表面和内部吸附的水气、二氧化碳和其他气体及氧化物在真空环境中会产生材料放气,虽然使材料表面更加清洁,使材料的电学、光学性能得到改善,然而活动部件表面吸附的气体分子逃逸到空间中去,使活动部件驱动力矩加大,逐渐发展到接触面黏结或焊死(冷焊),使活动部件失效;此外,由于材料的质量损失和放气,其挥发物将会污染卫星上的光学镜头、热控涂层、继电器触点等敏感表面,将使其功能降低甚至失效。

通常认为自地面开始,随着高度的升高,大气压力按照表 4-20 的规律下降。

表 4-20　不同高度的大气压力

高度/km	大气压力/Pa
地面	~10^5
100	~10^{-2}
500	~10^{-6}
1000	~10^{-8}

4. 地球磁场

根据地球磁场的来源,地球的磁场可分为基本磁场和变化磁场。地球表面的磁场大部分来源于地球内部,称为地球的基本磁场。地球的基本磁场不是完全不变的,但是变化很慢,变化幅度也不是很大。地球的变化磁场来源于分布在地球周围的等离子体运动形成的各种电流。由于地球周围的等离子体经常变化,产生的磁场也随之变化,这种变化比地磁的长期变化快、复杂,称为短期变化或变化磁场。

磁场对卫星的直接影响主要是作用在卫星上的力矩,改变卫星的姿态。地球变化磁场,在 100~1000km 高度范围内虽然只占总强度的 1/10 以下,对作用在卫星上的磁力矩贡献也可忽略,但它对空间等离子体和高能带电粒子的分布有很大影响。

随着地磁学发展和磁测卫星的不断发射,形成了多种地磁场模型,而且模型的复杂程度和精度不断得到提高。比较有代表性的有德国主磁场模型、美英世界磁场模型 WMM 等。

我国卫星工程设计中,通常采用国际参考地磁场(International Geomagnetic Reference Field,IGRF)模型,该模型是描述地球主磁场空间结构和时间变化的通用模型。IGRF 模型是国际地磁与高空物理联合会(IAGA)工作组在各国提供的候选模型基础上,经过归纳比较而得到的一种综合模型。迄今已经陆续发展了 13 代 IGRF 模型,IGRF10th 模型中包括了 1900—2005 年共 22 个主磁场模型,其中 1900—1995 年球谐系数的阶次为 $N = M = 10$,2000—2005 年的阶次为 $N = M = 13$,以及 2005—2010 年的长期变化预测(SV)模型($N = M = 8$,精度为 0.1nT)。

5. 带电粒子辐射

卫星运行轨道上的空间有天然带电粒子,其主要来源是地球辐射带、银河宇宙线、太阳能量粒子、等离子体、太阳风等,其主要成分是具有不同能量的电子、质子和重离子(即原子序数大于 2 的重核离子),这是卫星抗辐射设计所针对的辐射要素。要做好卫星的抗辐射设计,就必须掌握这些要素的组成、特点和变化规律等。

1)地球辐射带。高能电子和质子被地球磁场捕获在地球的周围形成辐射带,又称为范·爱伦带。地球辐射带主要由能量在几兆电子伏以下的电子和几百兆电子伏以下的质子构成,其范围从 100km 一直延伸到 65000km。

地球辐射带大致结构如图 4-32 所示。可以看到,辐射带的形状近似为在地球赤道上空围绕地球的环状结构,强度明显集中在两个区域,即内辐射带和外辐射带。因为组成辐射带的带电粒子沿着地球磁场的磁力线运动,所以辐射带的位形大体上与磁力线一致。由于地球磁场的偶极子特性,在较高的纬度外辐射带粒子可以到达高度较低的磁力线足点上空,形成所谓的"高纬犄角"区;另外,由于地磁偶极轴是偏心的,使得南大西洋上空存在较特殊的捕获粒子区域,即南大西洋异常区(SAA)。

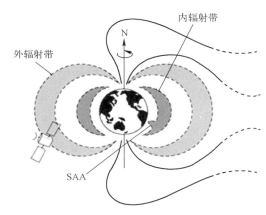

图 4-32　地球辐射带结构示意图

按粒子的空间分布位置,地球辐射带分为内辐射带和外辐射带,如表 4-21 所列。

表 4-21　辐射带的分布

	内 辐 射 带	外 辐 射 带
在赤道面上的高度范围	600~10000km	10000~60000km
地磁磁纬范围	-40°~40°之间	南北纬 55°~70°之间
粒子成分	电子和质子	主要是电子,含少量低能质子
能量范围	电子:0.04~7MeV 质子:0.1~400MeV	电子:0.04~4MeV 质子:大于 1MeV 后通量急剧下降
中心位置高度(在赤道面上的高度)	为 3000~5000km	为 20000~25000km

地球辐射带捕获的电子和质子会对卫星产生电离总剂量效应和位移损伤效应,高能质子还会导致单粒子效应。另外,太阳活动期间,太阳风高速流等作用于地球磁层时,磁层中常常会产生磁暴/亚暴活动。在此期间,地球辐射带中能量大于 1MeV 的电子通量可能大幅增加,会对卫星产生内带电效应。

空间带电粒子与构成卫星的元器件和材料发生撞击时,可通过电离作用将部分甚至全部能量传递给元器件和材料,使其性能发生变化,这就是所谓的"电离总剂量效应"。电离总剂量效应的表现形式与材料、器件类型密切相关,下面以 MOS 器件为例,介绍电离总剂量效应的作用原理。以图4-33的MOS器件为例,当带电粒子入射到器件上时,通过电离产生电子和带正电的原子核,其中电子在电场的作用下迅速迁移,而正电荷被"俘获"在氧化层中,因此器件中会存在额外的电场。若该器件为NMOS,则其开启电压为正电压,在该电场的作用下,器件的开启电压将下降;若该器件为PMOS,则开启电压为负电压,在该电场的作用下,器件的开启电压绝对值增大。需要注意的是,随着入射粒子数目的增多,氧化层中"俘获"的正电荷逐渐增多,电场也逐渐增强,增大了对器件性能的影响。因此,电离总剂量效应具有长期累积的特点,即辐射剂量对电子元器件和材料的损伤,并非是瞬时产生的,而必须经过长时间的积累,其损伤也是逐渐形成并加重。电离总剂量效应对元器件和材料的主要影响包括:双极晶体管电流放大系数降低、漏电流升高、反向击穿电压降低;单极型器件(MOS器件)跨导变低、阈电压漂移、漏电流升高;运算放大器输入失调变大、开环增益下降、共模抑制比变化;光电器件及其他半导体探测器暗电流增加、背景噪声增加;CPU及其外围芯片等逻辑器件的电性能参数偏移,并最终导致器件的逻辑功能错误甚至丧失;玻璃材料在严重辐射后可能会变黑、变暗;导线、微波馈线、高分子材料等绝缘介质材料强度降低、开裂;温控涂层开裂、脱落、发射率和吸收率衰退。图4-34给出了电离总剂量效应导致二极管正向开启电压增大、漏电流升高的试验测量结果。

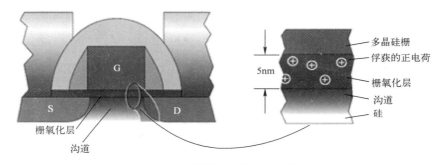

图4-33　MOS器件的氧化层电荷积累过程

空间带电粒子入射到卫星电子元器件及材料时,除通过电离作用产生电离总剂量效应外,还将产生位移效应,即入射高能粒子轰击吸收体原子并使之在晶格中原有的位置发生移动,造成晶格缺陷(图4-35),从而对卫星电子元器件和材料造成损伤。位移损伤的后果是降低了半导体材料中少数载流子的寿命,增加了晶体光学材料的变色和对光的吸收。

单粒子效应(SEE)是指单个高能粒子穿过微电子器件的灵敏区,沉积能量并产生足够数量的电子-空穴对,这些电子-空穴对被器件电极收集后,造成器件逻辑状态的非正常改变,甚至造成器件损毁。目前已经发现了单粒子翻转(SEU)、单粒子锁定(SEL)、单粒子瞬态(SET)、单粒子栅击穿(SEGR)以及单粒子烧毁(SEB)等多种类型的单粒子效应。在这些效应中,单粒子烧毁和单粒子栅击穿造成的是永久性损伤,也称为硬故障,即通过断电重启后,器件不能恢复正常状态,器件彻底损坏;单粒子锁定在不采取保护措施的情况下,也会导致永久性损伤。而单粒子翻转和单粒子瞬态均为软故障,在采取及时的断电重启等措施后,器件可以恢复正常状态。

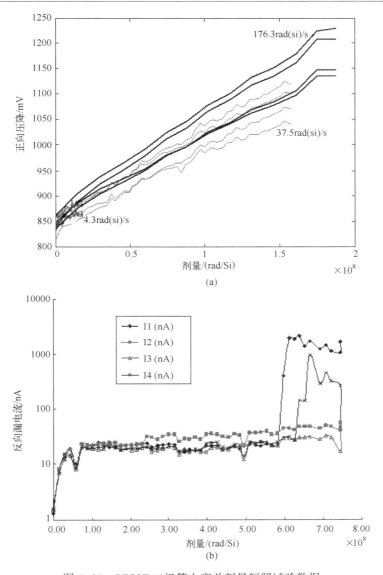

图 4-34 BZG2F 二极管电离总剂量辐照试验数据

（a）电离总剂量辐照试验中正向压降随累积剂量的变化（共有 12 个样品，
分别在三种剂量率下进行辐照试验，每个剂量率下有 4 个样品）；

（b）电离总剂量辐照试验反向漏电流随累积剂量的变化（图中 4 条曲线代表 4 个样品）。

单粒子翻转是发生在具有单稳态或双稳态的逻辑器件和逻辑电路上的一种带电粒子辐射效应。当单个空间高能带电粒子轰击到大规模或超大规模的逻辑型微电子芯片时，沿着粒子的入射轨迹，在芯片内部的 PN 结附近区域会发生电离效应，生成一定数量的电子-空穴对（载流子）。如果这时芯片处于加电工作状态，这些由于辐射产生的载流子将在芯片内部的电场作用下发生漂移和重新分布，从而改变了芯片内部正常载流子的分布及运动状态，当这种改变足够大时，将引起器件电性能状态的改变，造成逻辑器件或电路的逻辑错误，比如存储器单元中存储的数据发生翻转（"1"翻到"0"或"0"翻到

113

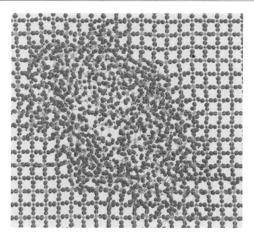

图 4-35　位移损伤导致材料晶格缺陷的示意图

"1"),进而引起数据处理错误、电路逻辑功能混乱、计算机指令流发生错误导致程序"跑飞",其危害轻则引起卫星运行状态的跳变,重则导致卫星执行错误指令,使卫星发生异常或故障。图 4-36 给出了单粒子翻转效应示意图。

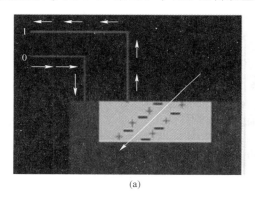
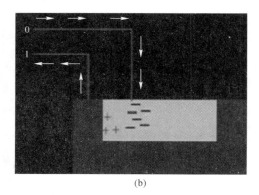

(a)　　　　　　　　　　　　　　　(b)

图 4-36　单粒子翻转效应示意图

(a) 高能粒子入射;(b) 逻辑状态改变。

　　单粒子锁定是发生于体硅(Bulk)CMOS 器件的一种危害性极大的空间辐射效应。由于体硅 CMOS 制造工艺的特点,体硅 CMOS 器件存在一个固有的 PNPN 四层结构,形成了一个寄生可控硅(Silicon Controlled Rectifier,SCR),图 4-37 是 P 阱 CMOS 反相器剖面及 PNPN 四层结构等效电路示意图。在适当的触发条件下,P 阱电阻 R_W 或衬底电阻 R_S 上的压降可能会使得寄生的纵向 NPN 或横向 PNP 三极管导通,产生电流正反馈,最终导致两个寄生三极管达到饱和,并维持饱和状态(即 SCR 导通),在 CMOS 反相器中造成从 V_{DD} 到 $-V_{SS}$ 的异常大电流通路,这就是 CMOS 器件的闩锁效应。

　　单粒子烧毁和单粒子栅击穿是主要发生于功率 MOS 器件(VDMOSFET)中的一种空间辐射效应。电荷雪崩倍增机制是解释单粒子烧毁的重要理论之一。在高能粒子的入射下,可导致 VDMOSFET 漏极和源极之间的寄生双极晶体管导通,从而产生较大的漏源电流,导致器件烧毁。当空间的高能带电粒子入射并穿透其栅极(M)、栅氧化层(O)及器

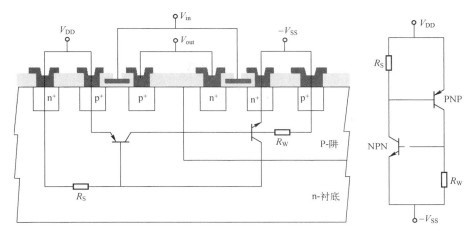

图 4-37　体硅 P 阱 CMOS 反相器剖面及 PNPN 四层结构等效电路示意图

件衬底(S)时,将沿着粒子的入射轨迹,在 Si-SiO$_2$ 界面的 Si 一侧,通过电离效应产生大量的电子和正离子,形成电荷集中,导致该处电场增强,当电场超过栅氧化层(SiO$_2$)的绝缘强度时,将导致栅氧化层永久性击穿,从而造成器件失效。

在卫星工程设计中,通常采用美国空间科学数据中心提出的静态捕获电子模型 AE-8 和质子模型 AP-8。对于高能电子暴期间,地球辐射带异常增强的高能电子模型,通常采用欧空局发展的 FLUMIC-3 模型,其中 GEO 轨道数据也可参考 NASA-HDBK-4002A 给出的 GEO 最恶劣高能电子辐射环境。

2)太阳能量粒子

太阳能量粒子在太阳短时爆发性活动期间出现,主要由质子和重离子组成,其能量在几十千电子伏到吉电子伏的范围内。在地球轨道附近观测到的太阳能量粒子事件可以持续数小时到几天。典型的太阳能量粒子事件因为主要包含高能质子,因此又被称为太阳质子事件。太阳质子事件的发生具有很大的随机性,统计结果表明,在太阳活动峰年前后,太阳质子事件出现较多,每年可有 10 次以上,由于太阳质子事件的偶发性特征,有时几个月没有 1 次,有时一个月中出现数次;在太阳活动低年,太阳质子事件出现的概率较低,一般一年只有三四次,甚至更少。

太阳质子会对卫星产生电离总剂量效应、位移损伤效应和单粒子效应,而重离子则主要产生单粒子效应。

卫星工程设计中采用的太阳质子事件模型主要包括美国 NASA 提出的第 19 太阳活动周模型、1989 年特大太阳质子事件模型和 1972 年特大太阳质子事件模型。其中第 19 太阳活动周模型适用于开展长寿命卫星累积效应(电离总剂量效应和位移损伤效应等)分析,而 1989 年特大太阳质子事件模型和 1972 年特大太阳质子事件模型则适用于开展瞬时效应分析(如单粒子效应),或者短期运行卫星的累积效应分析。

3)银河宇宙线

银河宇宙线是进入太阳系内的高能带电粒子。银河宇宙线粒子由质子、电子及完全电离的重离子组成,其通量是连续的和各向同性的。尽管银河宇宙线的通量很低,只有几 1/(cm^2 · s),但由于其中的重离子能量极高,能够在敏感单元内沉积足够的能量,对星上电子元器件带来危害。与太阳宇宙线类似,近地空间的地球磁场对银河宇宙线能够提供一定程度的屏蔽。

进入日球层(日球层指太阳磁场控制的区域,典型尺度为100AU)前尚未受太阳风影响时,银河宇宙线强度可认为是均匀和恒定的,即不随时间和空间变化。但进入日球层后,由于受到随太阳风向外运动的行星际磁场排斥作用,在日层边缘的银河宇宙线强度最大,向内逐渐降低,呈现一个强度梯度。太阳活动高年,由于行星际磁场排斥作用增强,使得在内日球层(包括距太阳1AU的地球轨道上)银河宇宙线强度比太阳活动低年时弱,呈现出与太阳活动的负相关性。

银河宇宙线粒子由于其高能量和低通量的特点,一般忽略其累积效应,主要关注其对卫星产生的单粒子效应。

银河宇宙线的工程模型较多,应用最广泛的是CREME模型。它是第一个能全面描述银河系宇宙射线复杂环境的模型,能精确描述宇宙空间电离环境中的射线谱。CREME模型最初由Naval Research Laboratory(Adam 1986)建立,逐步完善到现在的CREME96模型。

4)等离子体

在白天超过60km或夜晚超过80km的高度以上,存在由带电粒子组成的空间等离子体环境。对于具有连续能谱的空间带电粒子,通常把能量小于100keV的成分称为等离子体。通常把能量不大于10eV的等离子体称为冷等离子体;而把能量大于10eV的等离子体称为热等离子体。

低轨卫星遭遇的等离子体环境主要来自于电离层。电离层是中性大气在太阳辐射的作用下,发生光致电离的产物。电离层的下边界约在50~70km高度。一般认为1000~2000km是电离层上边界,实际上其上边界很不明确,电子浓度随高度增加而逐渐减小,最后与磁层中的等离子层融合。由于大气成分和密度随高度变化而变化,不同高度不同成分的大气分子电离而使电离层分为D层、E层、F1层、F2层。

电离层的环境效应包括:①在高度较低的非极地地球轨道上,等离子体温度较低,密度较大,属于冷稠等离子体,其中离子质量较大,能量较小。由于卫星的运动速度一般大于离子的声速,即卫星的运动相对于离子是超声速的,这样在卫星运动的相反方向就会形成一个离子的耗尽区域,这就是尾迹效应。也即离子不能沿着尾流方向撞击卫星表面,但电子可以撞击所有卫星表面,导致卫星表面在尾流方向积累负电荷。通常,不穿越两极地区的低轨道卫星的充电量仅为几伏,而穿越两极地区的低轨道卫星会受到极光电子注入的影响,充电电位较高,研究表明可达到几百伏。尾迹效应主要会影响卫星周围的等离子体浓度和温度分布以及等离子体电位分布,这些会对各种电磁测量和等离子体测量载荷带来干扰,进而影响了科学测量的准确性。②稠密等离子体中的高电压偏置表面,离子和电子分别被负向区域和正向区域吸引,形成一个穿过等离子体的电流,此电流会成为高压部件(如太阳电池阵等)的泄漏电流。③流动等离子体(如太阳风)中的离子碰撞可能引起表面材料溅射。

轨道高度20000~65000km的卫星主要遭遇外磁层、等离子体层、磁鞘和磁尾的等离子体环境。在不同的地磁活动条件下,等离子体环境的构成不完全相同,在地磁宁静时,该区域充满冷等离子体;在发生地磁暴或磁层亚暴时有大量热等离子体进入此区域。

热等离子体与卫星表面材料相互作用,使卫星外表面积累电荷,如图 4-38 所示。由于卫星外表面材料的介电特性、光照条件、几何形状等的不同,可使卫星相邻外表面之间、表面与深层之间、卫星表面与卫星地之间、卫星表面与等离子体地之间产生电位差(可高达上万伏),当这个电位差升高到一定的量值之后,将以电晕、飞弧和击穿等方式产生静电放电(ESD),并辐射出电磁脉冲(EMP),或者通过卫星结构、接地系统将放电电流直接耦合/注入到卫星电子系统之中,对星上电子系统产生影响,甚至发生电路故障,直接威胁整星安全。

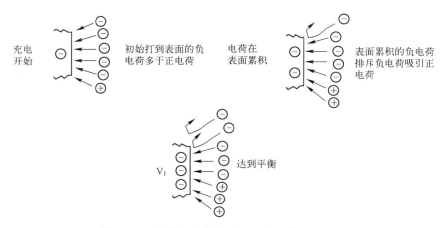

图 4-38　热等离子体导致卫星表面带电的过程

国际上研究较多的电离层模型是国际参考电离层模型,即 IRI(International Reference Ionosphere),它是利用全球范围内观测到的电离层数据建立的标准电离层经验模式。在卫星工程中,对于 1500km 以下的电离层,推荐使用 IRI。对于高轨等离子体模型,多采用国外卫星探测数据,例如国外 GEO 卫星 ATS-5、ATS-6 和 SCATHA 卫星分别于 1969—1970 年、1974—1976 年、1978 年对运行轨道的等离子体环境进行测量,获取了相应数据。

6. 微流星体与空间碎片

微流星体是指起源于彗星和小行星带并在星际空间中运动的固态粒子,一般可以分为两类:偶发微流星体和群发微流星体。群发微流星体与母体轨道相同,具有周期性高通量的特征,偶发微流星体的通量是随机的,没有显著特征。

空间碎片是指在地球轨道或再入大气层中的不能发挥功能的所有人造物体。空间碎片是人类空间活动的产物,包括完成任务的火箭箭体和卫星本体、火箭的喷射物、在执行航天任务过程中的抛弃物、空间物体碰撞产生的碎块等,是空间环境的主要污染源。空间碎片按照尺寸可以分为大空间碎片(大于 10cm)、中空间碎片(1mm～10cm)和微小空间碎片(小于 1mm)。

微流星体和空间碎片对卫星的影响主要是通过撞击对卫星产生损伤。

应用最为广泛的微流星体模型为 Cours-Palais 模型,主要包括两个模型:一个是 NASA 的 Meteoroid Environment Model-1969〔Near Earth to Lunar Surface〕,另一个是 NASA 的 Meteoroid Environment Model-1970〔Interplanetary and planetary〕。模型以解析的形式给出了太阳系一个天文单位(1AU,表示日地距离)处星际空间的微流星体通量。

模型为全向微流星体模型,可认为微流星体各向同性,速度分布与相对撞击角度无关,通常认为其与卫星的撞击是正撞击。

国际上通用的空间碎片环境工程模型主要有 ORDEM 系列、MASTER 系列和 SPDA 系列,它们在进行空间碎片撞击风险评估和防护设计方面起到了重要的作用。

国内在微小碎片撞击概率分析方面主要利用 NASA 的 ORDEM 2000 模型,在大型碎片撞击概率分析方面,利用的是美国公布的碎片实际运行轨迹数据。

7. 不同轨道空间环境差异

卫星的运行轨道不同,其遭遇的空间环境和效应也会不同。表 4-22 给出了 GEO、IGSO、MEO、SSO、LEO、HEO、行星际等几种典型轨道的空间环境要素及效应。其中,GEO 轨道高度 35786km,倾角 0°;MEO 轨道高度 19000~25000km,倾角约 55°;IGSO 轨道高度约 35786km,倾角约 55°;SSO 轨道高度 500~1300km,倾角约 98°;LEO 轨道高度 300~400km,倾角约 40°;HEO 轨道近地点约 300km,远地点几万千米;行星际轨道高度大于 65000km。

表 4-22　典型轨道卫星研制过程中应考虑的空间环境要素及效应

典型环境效应	GEO	MEO	IGSO	SSO	LEO	HEO	行星际
大气密度影响	—	—	—	轨道设计需考虑大气阻力		—	—
原子氧剥蚀	—	—	—	—	表面材料需考虑原子氧剥蚀	—	—
真空效应	需考虑真空(低气压)放电、真空微放电、真空冷焊、材料出气、污染等						
地球引力场及微重力环境效应	需考虑微重力下的物体、微小颗粒等运动状态						
紫外辐射效应	表面材料需考虑紫外辐射后的性能衰退						
热效应	空间热交换方式与地面不同						
微流星体与空间碎片撞击	碰撞概率低,一般不考虑防护;但自身不应产生碎片			根据任务确定	密封舱	—	—
地球磁场效应	需考虑磁场扰动(地磁暴和磁层亚暴)带来的影响(表面充放电和内带电),使用磁力矩器需考虑磁场影响			—	—	—	—
电离总剂量效应(TID)	所有电子元器件、材料均需考虑满足在轨 TID 及辐射设计余量(RDM)要求						
位移损伤效应(DDD)	CCD、CMOS 传感器、光耦、太阳电池等光电器件以及其他靠少数载流子工作的器件需考虑						
单粒子翻转(SEU)	逻辑(数字)器件、双稳态电路等需考虑						
单粒子锁定(SEL)	体硅 CMOS 工艺器件需考虑						
单粒子瞬态(SET)	高速、低电压逻辑器件需考虑						
单粒子烧毁(SEB)	高工作电压应用下的功率 MOSFET 需考虑						
单粒子栅击穿(SEGR)							
单粒子功能中断(SEFI)	FPGA、DSP 等复杂逻辑器件需考虑						

（续）

典型环境效应	GEO	MEO	IGSO	SSO	LEO	HEO	行星际
表面充放电效应	需考虑表面充放电效应的影响			轻微充电	考虑导体带电的影响	探测任务需考虑	—
太阳电池阵充电	需考虑二次放电问题			轻微充电	需考虑电源无功损耗	部分考虑①	—
内带电效应	需考虑内带电效应影响			—	—	部分考虑②	—

① 根据具体轨道参数确定是否需要考虑，若远地点低于 65000km，则采用高压母线（如 100V）时应考虑太阳电池阵的二次放电
② 如果在 20000～40000km 的范围内飞行时间超过 10h，则需考虑内带电效应的影响

4.3.2　卫星空间环境效应防护设计

卫星空间环境效应防护设计的目的在于通过一定的设计方法，消除或缓解空间环境对卫星的影响。其基本思路是首先利用环境模型确定卫星轨道的空间环境；然后利用专业软件分析其对卫星的效应；根据飞行数据或地面试验数据获取卫星元器件、材料或组件耐环境效应能力；评估其耐受能力是否满足任务要求；针对不满足要求的元器件、材料或组件进行防护设计直至满足要求。

以 GEO 卫星为例，根据表 4-21，其发射和在轨运行期间，将主要遭受太阳紫外辐射、真空和带电粒子辐射环境的影响。可能的环境效应包括紫外辐射损伤、真空效应、电离总剂量、单粒子、位移损伤、表面充放电和内带电等。

1. 紫外辐射损伤防护设计

紫外辐射损伤主要影响直接暴露在卫星外表面的材料。在卫星研制初期，应确定其外表面材料可承受全寿命期的太阳紫外辐射损伤，即在寿命末期，其由太阳紫外辐射导致的性能衰退不影响其正常使用。

紫外辐射效应的防护设计工作应该从方案设计阶段开始，在材料选用、产品设计、试验各个层面开展相关工作。主要工作步骤如下：①开展紫外辐射效应分析，计算型号寿命期间累积的紫外辐射通量；②根据太阳紫外辐射通量分析结果选择具有足够紫外辐射耐受能力的外表面材料，包括有机材料、高分子材料、光学材料、薄膜材料、黏结剂和涂层等；③当无法确定材料的耐紫外辐射能力时，应通过紫外辐照试验进行确定；紫外辐照试验应覆盖 10～400nm 的光谱范围。

2. 真空效应防护设计

卫星主要关注真空放电、真空干摩擦和冷焊以及真空出气效应。主动段开机（或者常压密封，入轨后缓慢漏气）的单机应该在初样和正样阶段通过真空放电试验考核其承受低气压环境的能力。

卫星上有相对运动的金属组件应该在方案阶段和初样阶段确认其在超高真空环境中的动作能力，无法确定的应该通过真空干摩擦和冷焊试验予以确认。

卫星设计中需考虑真空环境带来材料出气、材料蒸发、材料升华、材料分解以及由材料出气带来的表面污染等效应。

3. 电离总剂量效应防护设计

电离总剂量效应防护设计的目标是确保元器件或材料抗电离总剂量能力满足任务要求,通常利用辐射设计余量(RDM)来考核,RDM 的定义为

$$RDM = \frac{D_{失效}}{D_{环境}} \qquad (4-18)$$

式中:$D_{失效}$ 为元器件或材料自身的辐射失效剂量;$D_{环境}$ 为元器件或材料实际使用位置处的剂量。

电离总剂量效应防护设计的步骤如下。

(1)根据卫星轨道和寿命,利用环境模型,分析可导致电离总剂量效应的辐射环境。

(2)利用专业软件分析上述辐射环境导致的电离总剂量效应,通常以剂量深度曲线的形式给出。

(3)根据元器件和材料的使用位置,计算其受到的屏蔽厚度;利用剂量深度曲线,确定其使用位置的电离总剂量值,即 $D_{环境}$。

(4)根据元器件、材料的飞行经验或者地面试验数据,确定其抗电离总剂量能力,即 $D_{失效}$。

(5)计算 RDM,并与任务要求的 RDM 进行比较,若满足要求,则设计结束,否则需开展详细分析或进行防护设计。

(6)若上述计算是基于未考虑整星布局的一维剂量深度曲线,则针对 RDM 不满足要求的元器件或材料开展基于整星布局的详细分析,重新核算 RDM,若 RDM 满足要求,则设计结束,若 RDM 仍然不满足要求,则需开展防护设计。防护设计措施包括更换元器件、局部屏蔽、布局优化、容差设计等。

(7)针对采取防护措施之后的元器件或材料,计算 RDM,确保满足任务要求。

电离总剂量效应防护设计方法包括合理选择元器件、局部屏蔽、布局优化和容差设计等。

(1)卫星剂量深度曲线示意图如图 4-39 所示,电离总剂量随屏蔽厚度的增大是逐渐降低的,因此电离总剂量效应的有效防护措施就是增加屏蔽。电离总剂量效应的敏感对象为元器件或材料,因此防护措施是针对敏感对象进行局部屏蔽,不应针对单机外壳进行整体加厚。屏蔽材料通常采用钽,星上用的某些 RAM 芯片即是采用此种防护设计方式。

(2)从图 4-39 还可以看出,当辐射屏蔽层足够厚以后(即到达剂量深度曲线的缓变区),再增加屏蔽,对电离总剂量的缓

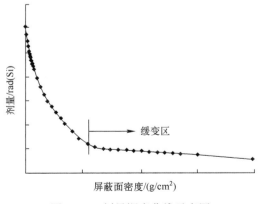

图 4-39　剂量深度曲线示意图

解程度变得很小,屏蔽效率降低。因此,不能通过增加屏蔽无限制地降低元器件使用位

置的电离总剂量。

（3）设备内部的 PCB(尤其是最靠近设备壳体的两块 PCB)的布置,在满足系统设计要求的前提下,应尽量将电子元器件面背向设备外壳(即朝向设备中心),以充分利用 PCB 的环氧基板实现对 PCB 上电子元器件的辐射屏蔽。这种布局通常可较大幅度地降低 PCB 上电子元器件处的辐射剂量要求。

（4）还可以采用单机冷备份且主备交替工作、容差设计等方式进行电离总剂量效应防护。

4. 单粒子效应防护设计

单粒子效应防护设计的目标是确保不发生灾难性及严重性的单粒子事件;当发生单粒子事件时,不能对上一级产品的功能造成灾难性及严重性影响;防护设计措施启动时,不能影响设备和系统的正常功能。

实际上,由于单粒子事件发生率与器件抗单粒子能力、在轨环境条件、防护措施、电路时序等都有关系,且具有一定的随机性,很难准确预计,因此多用器件的抗单粒子 LET 阈值作为评价指标。

单粒子效应防护设计步骤如下。

（1）根据卫星轨道,利用环境模型,分析可导致单粒子效应的辐射环境,通常以 LET 谱和粒子微分通量谱的形式给出。

（2）根据地面试验结果,确定元器件抗单粒子效应的 LET 阈值和饱和截面。

（3）根据环境条件和器件能力,利用专业软件分析器件在轨单粒子事件发生率,并与任务要求对比,若满足要求则设计结束;若不满足任务要求,则采用防护设计措施。

（4）根据涉及的单粒子效应种类,采取相应的防护措施。

（5）针对施加了防护措施之后的在轨单粒子事件率进行重新分析,直至满足任务要求为止。

应根据单粒子效应类别采取相应的防护设计措施,下面以 SEU、SEL、SEB 和 SEGR 为例介绍常用的防护设计方法。

（1）单粒子效应防护设计措施之一是选择抗单粒子能力高的元器件。元器件抗单粒子能力通常用 LET 阈值和事件截面表示。如图 4-40 所示,LET_{th} 表示抗单粒子 LET 阈值,LET 值低于此阈值的粒子,不会导致器件发生单粒子事件;而入射粒子的 LET 超过该阈值以后,单粒子事件截面逐渐上升最终达到饱和截面 σ_S。单粒子效应截面 σ_{seu} 描述了器件在一定 LET 高能粒子轰击下的单粒子效应特性。σ_{seu} 是器件翻转次数 N_{seu} 与单位面积的入射粒子总数 N_p 之比,单位为 cm^2,即

$$\sigma_{seu} = \frac{N_{seu}}{N_p} \tag{4-19}$$

图 4-41 给出了 GEO 轨道上的高能粒子 LET 谱,可以看出,LET 值越高的粒子数目越少。因此若器件的 LET_{th} 越高,则在轨运行期间可导致其发生单粒子效应的粒子数目越少,可认为其抗单粒子效应能力越高;另外,若饱和截面越小,则在同样的入射粒子数目下,发生单粒子事件的数目就越少,其抗单粒子能力就越高。因此,单粒子效应防护设计的一种措施就是尽量选择 LET_{th} 高、饱和截面低的元器件。

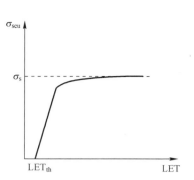

图 4-40 器件抗单粒子翻转的 σ-LET 曲线

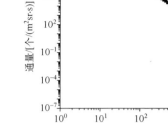

图 4-41 GEO 轨道的高能粒子 LET 谱

（2）针对 SEU，由于其属于软错误，因此防护设计的目标是允许发生 SEU，但是不允许其导致的错误扩展，影响单机或系统工作。通常可采用的防护措施如下。

① 合理进行存储器配置。将操作系统的内核及预期不再更改的程序放在 ROM 区；与卫星平台和有效载荷安全以及飞行成败有关的程序和数据放在 ROM 区；可编程器件的初始化程序及系统的中断向量需要驻留在 ROM 区。

② 采用 EDAC（Error Detected and Corrected）对重要数据存储器进行防护。EDAC 是防止单粒子翻转的有效技术，可用纯软件方式实现，也可用电路、ASIC 芯片实现，目前采用 ASIC 方式实现 EDAC 编码已成为主流趋势。一些新型辐射加固的 CPU 已将 EDAC 算法集成在芯片中。

③ 采用三模冗余存储及表决系统。将重要数据存放在存储器内三个不同的物理位置，应用时从三处取出，按照三取二比对/刷新原则处理，消除 SEU 造成的瞬时错误。

（3）针对 SEL，由于其属于硬错误，因此防护设计的目标是尽量不发生 SEL，即使发生 SEL 也可以及时解除，避免对单机或系统造成破坏性影响。通常可采用的防护措施如下。

① 电源端限流：在限流方式上，可采取电源端串接限流电阻、采用限流器件等。CMOS 器件产生锁定需要一定的维持电流（I_H），限制了器件电源端电流，可在一定程度上防止锁定发生，或在锁定发生后不能维持而解除；另外，一旦发生锁定，可降低锁定后的电流避免造成损伤或危害扩散。

② 多机系统设备单独供电：对于多机容错结构，要采取各设备单独供电工作模式。

③ 遥控断电：从系统设计上，将星上设备设计成具有遥控加电和遥控断电重启动功能，当设备在轨出现 SEL 时，可通过遥控将设备断电，并重新加电以解除锁定、进行故障隔离、防止危害扩大。

④ 过流断电保护：在设备中设置电流过流自主断电保护。为防止设备出现频繁的过流断电误动作，应该将其过流检测设计成延时过流检测，即电流超过设定值并持续一段时间（如 2s）后才认为是发生了 SEL 并实施断电操作。

（4）针对 SEB 和 SEGR，由于其属于硬错误，因此防护设计的目标是尽量不发生 SEB 和 SEGR。通常采用的防护措施如下。

① 在较高电压下工作的功率 MOSFET，需考虑 SEB 和 SEGR 问题。

② 抗单粒子的漏源电压阈值(V_{DSth})或栅源电压阈值(V_{GSth})应高于实际应用下的 V_{DS} 或 V_{GS}。

以某器件的 SEB 和 SEGR 的试验结果为例,如图 4-42 所示,图中横纵坐标分别是栅源电压和漏源电压,不同的符号代表不同粒子的试验结果。以三角形的 Au 粒子试验结果为例,图中直线说明器件在 $V_{DS}=170V$,$-5V \leqslant V_{GS} \leqslant 0V$ 的条件下,没有发生 SEB 和 SEGR。由于 Au 粒子的 LET 达到 90MeV·cm²/mg,空间中 LET 阈值大于该数值的粒子数目很少,因此可以认为只要器件实际使用条件低于 Au 试验时的条件,则在轨不会发生 SEB 和 SEGR。因此,该器件的安全电压阈值为 $V_{DS}<170V$,$V_{GS}>-5V$。

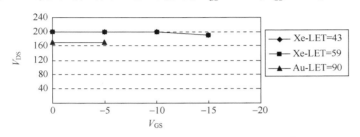

图 4-42　IRHNJ67230 的 SEB 和 SEGR 安全工作区

5. 位移损伤效应防护设计

位移损伤效应的防护设计目标是确保太阳电池和光耦等光电器件因位移损伤导致的性能衰减不影响产品工作。以太阳电池为例,位移损伤将导致太阳电池的开路电压、短路电流和最大功率下降,因此,应合理设计太阳电池阵,确保寿命末期的输出功率满足任务要求。太阳电池位移损伤效应防护设计步骤如下。

（1）根据卫星轨道和寿命,利用环境模型,分析可导致位移效应的辐射环境,通常以质子和电子积分通量谱的形式给出。

（2）利用专业软件,分析上述辐射环境对光电器件的位移损伤效应。以太阳电池为例,分析结果应给出太阳电池在轨等效 1MeV 电子辐射损伤通量,即将不同能量的电子和质子的位移损伤等效成 1MeV 电子的位移损伤,并给出当量通量。

（3）利用地面试验数据,获取太阳电池的开路电压、短路电流和最大功率随累积 1MeV 电子通量的衰减曲线。

（4）查表确定寿命末期太阳电池因位移损伤导致的开路电压、短路电流和最大功率的衰减,将衰减计入寿命末期功率预算中,确保寿命末期的输出功率满足任务要求。

6. 表面充放电效应防护设计

表面充放电效应的防护设计的目标是采取措施缓解卫星表面充电效应,避免发生放电,或者即使发生放电,也不会对卫星产生不利影响。表面充放电效应防护设计步骤如下。

（1）根据卫星轨道和环境模型,确定寿命期内可能经历的最恶劣的等离子体环境。

（2）针对卫星外表面材料及其使用状态,确认材料的电阻率、接地电阻、介电强度等参数。

（3）利用环境模型和材料参数,采用专业软件分析卫星充电相对电位,若充电相对电位不超过卫星的控制指标,则无须采取额外的防护措施,仅进行过程控制,避免破坏设计状态;若充电相对电位超过卫星控制指标,则需采取防护措施。

（4）卫星表面充电防护措施需从材料选择、屏蔽、接地、滤波、静电敏感元器件防护和地面试验等几个层面开展。

（5）针对采取防护措施之后的充电相对电位缓解情况进行分析,确保充电相对电位满足要求,或者通过试验方法确定,放电产生的电磁脉冲不会对卫星产生损伤。

卫星表面带电分析工具一般用来获取表面材料的带电状态,以及卫星地电位及不同部位的电势差。初步的卫星表面带电评估可以采用简单的一维程序,若要考虑场分布的几何影响,应采用三维分析软件。

NASA-TP-2361 和 ECSS-E-ST-20-06C 提出了针对卫星表面带电的控制准则,主要是控制表面材料的电阻率及接地电阻等,相关控制参数基于表面电位分析结果进行确定,目标是保证充电电位不超过放电阈值。

可采取材料电阻率控制、屏蔽、接地、滤波和静电敏感元器件控制等措施进行表面放电效应防护设计。

表面充电效应使卫星表面带静电,理论上讲只要尽量保持卫星表面材料是静电导体,即可达到控制相对带电的目的。静电导体是指表面电阻率小于 $1\times10^5\,\Omega/sq$ 或体电阻率小于 $1\times10^4\,\Omega\cdot cm$ 的材料。这种材料电阻小,电荷在其表面及内部流动非常容易,可流向任何接触到的其他导体。实际上由于功能需求和工艺限制等原因,很难保证卫星表面全部是静电导体,但至少应是静电耗散材料。所谓的静电耗散材料是指表面电阻率大于等于 $1\times10^5\,\Omega/sq$ 而小于 $1\times10^{12}\,\Omega/sq$,或体电阻率大于等于 $1\times10^4\,\Omega\cdot cm$ 而小于 $1\times10^{11}\,\Omega\cdot cm$ 的材料。这种材料中的电荷可以在电场的作用下移动,但是电荷移动缓慢。考虑到材料静电泄放能力及工程可实现性,国内卫星表面材料电阻率控制要求为:卫星表面尽量使用电阻率低的材料,表面电阻率低于 $1\times10^9\,\Omega/sq$,体电阻率不得超过 $10^{11}\,\Omega\cdot cm$。需要注意的是,由于等离子体的能量很低,仅作用在材料最外表面,因此即使使用了绝缘材料,只要通过镀膜等方式确保外表面层电阻率满足要求即可。

众所周知,法拉第笼(Faraday Cage)是一个由金属或者良导体形成的笼子,笼体外面出现放电时,根据接地导体静电平衡的条件,笼体是一个等位体,内部电势为零,电场为零。因此,卫星的本体结构应尽量接近法拉第笼,这样可以防止卫星内部电子设备、电缆等受到卫星表面放电产生的电磁脉冲的影响。例如,通信卫星多采用六面箱体结构,结构板本身是导电的,而且各结构板连接部位有良好的电搭接。这种结构无论在外形还是电特性上都与法拉第笼比较接近,可以起到电磁屏蔽的作用,但是设计时必须尽量避免破坏结构的封闭性和电连续性,尽量减少开口、保证主结构之间有良好的电连接、所有引出到卫星外部的电缆均采用金属屏蔽材料进行屏蔽。

卫星表面带电的另一个防护措施就是良好的接地。在轨飞行期间,卫星结构本体就成为卫星的"地",又称"结构地"。因此,卫星表面放电的防护措施之一就是:卫星的所有表面都应该直接或者通过泄放电阻接到结构地上。但需要注意的,接地电阻的大小对充电相对电位有影响,因此,实际实施过程中必须合理确定接地点数目、接地距离等参数,以确保充电电阻满足要求。

地面试验是考核卫星能否承受表面充放电效应影响的最直接方式。卫星表面放电效应模拟试验通常采取效应等效的方式,具体的做法是用放电效应模拟器模拟卫星表面

124

放电产生的放电脉冲,将此放电脉冲以辐射干扰或传导干扰的方式施加于卫星(或设备),在此期间监测卫星(或设备)工作状态,以检验卫星(或设备)是否能够承受表面放电干扰。具体的卫星表面放电效应模拟试验方法见 11.4 节。

另外,还可通过主动防护技术缓解卫星表面充电效应,例如电子发射法、离子回收法或两者相结合的发射等离子体法等。

7. 内带电效应防护设计

内带电效应防护设计的目标是采取措施缓解卫星内带电效应,避免发生影响卫星任务的内带电事件。

内带电效应防护设计步骤如下。

(1) 根据卫星轨道和环境模型,确定寿命期内可能经历的最恶劣的高能电子辐射环境。

(2) 针对卫星内带电敏感点(大块介质材料和孤立导体)进行梳理。

(3) 根据寿命期内最恶劣的高能电子辐射环境和敏感点设计状态,分析敏感点的内带电风险(可通过注入电流密度是否超过 $0.1pA/cm^2$ 来判定)。

(4) 采取防护措施缓解内带电敏感点的内带电效应。

(5) 必要时采用地面试验,针对材料内带电情况进行测试。

(6) 确定内带电防护设计满足任务要求。

在内带电分析方面,美国开展三种层次上的分析工作:第一种层次,参照 NASA-HDBK-4002A(缓解空间带电效应指南)的简单模型,对星内介质材料的注入电流密度进行估算,根据相关判据判定是否存在内带电风险;第二种层次,根据不同材料(PCB、电缆外皮等)特点,建立更能反映材料特性的针对性分析模型,对材料的内带电风险进行评估;第三种层次,采用三维分析方法,建立整星的屏蔽模型,结合蒙特卡罗算法进行材料的内带电风险评估。针对第二、三层次的内带电分析工作,开发了相关的分析工具,如 NOVICE 和 MCNP/MCNPE。欧洲也执行三层次的内带电效应分析工作,并开发了分析软件 DICTAT。另外,国外还发展了系列的设计手册,指导星上设备的内带电防护设计,例如美国的 NASA-HDBK-4002A(缓解空间带电效应指南)、欧洲的 Spacecraft Plasma Interaction Guidelines and Handbook(卫星与等离子体相互作用指南及手册)和 ECSS-E-ST-20-06C(卫星工程—卫星充电)等。这些设计手册基于大量地面试验和飞行数据,从系统级、设备级到元器件级,对内带电控制措施提出了要求,并且在具体的接地电阻要求、介质材料控制、元器件 ESDS 敏感级别控制方面提出了定量要求,可以指导开展内带电防护设计工作。

国内目前也采用类似 NASA-HDBK-4002(避免卫星在轨内带电效应问题)的简单模型对星内介质材料的注入电流密度进行估算,以此来判定是否具有内带电风险;针对复杂的材料,建立详细模型利用输运分析工具开展相关分析。可采取材料电阻率控制、屏蔽、接地、滤波和静电敏感元器件控制等措施提升卫星内带电效应防护能力。

(1) 介质材料的内带电可以用图 4-43 简单表示:当高能电子轰击材料时,电子注入与电子泄漏同时发生。电子泄漏包括本征泄漏与诱生泄漏,本征泄漏是由材料固有电导率导致的电荷泄漏,诱生泄漏是由辐射诱导电导率导致的电荷泄漏。如果单位时间内的注入电子数大于单位时间内的泄漏电子数,介质中就会不断积累负电荷,从而发生内带电效应。如果材料的电导率足够大(电阻率足够小),可以将注入电子完全泄漏,材料中就不会累积电荷,也就不会产生内带电效应。因此,控制介质材料的电阻率是内带电防护的有效措施之一。与表面充放电效应不同,内带电主要针对的是卫星内部介质材料。卫星内部使用的介质材料通常具有电绝缘性,因此不可能用静电导体,最多可以是静电耗散材料,即表面电阻率大于等于 $1\times10^5\,\Omega/sq$ 而小于 $1\times10^{12}\,\Omega/sq$,或体电阻率大于等于 $1\times10^4\,\Omega\cdot cm$ 而小于 $1\times10^{11}\,\Omega\cdot cm$ 的材料。但是,由于星内介质材料内带电还可以通过屏蔽等其他措施进行防护,另外,材料经电子辐射之后会产生辐射诱导电导率,改善其电荷泄放能力,因此并不严格要求

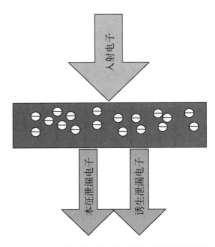

图 4-43　介质材料内带电效应示意图

卫星内部的介质材料必须是静电耗散材料。在实际的工程设计中,将星内介质材料电阻率控制在 $10^{12}\,\Omega\cdot cm$ 或者 $10^{12}\,\Omega/sq$ 以内,并且能提供电荷泄放通路即可。

(2) 卫星内带电效应的产生主要是由于大量的高能电子穿透卫星结构和设备外壳,沉积在星内材料中,当注入材料的电流密度大于材料的泄漏电流密度时,材料内部由于电荷累积而产生内建电场,内建电场超过一定程度就会引发静电放电。因此,如果能降低材料的注入电流密度就可以降低甚至避免内带电效应问题。如果空间环境中的高能电子通量降低,注入材料中的电流密度就会降低。但是空间环境是很难被人为改变的,那么如何才能降低材料中的注入电流密度呢? 众所周知,高能电子穿透材料的能力是有限的,如果在星内靶材料周围布置足够厚的屏蔽材料,使大部分高能电子都沉积在屏蔽材料中而不能穿透屏蔽材料打到靶材料中,就可大大降低靶材料中的注入电流密度。国外的分析和历史数据表明,当注入材料中的电流密度低于 $0.1\text{pA}/\text{cm}^2$ 时,极少有内带电效应发生,因此,只要选择一定的屏蔽厚度使敏感部位的注入电流密度低于 $0.1\text{pA}/\text{cm}^2$,就可实现卫星内带电防护的目标。对于运行在 GEO 轨道的卫星来说,考虑 GEO 轨道最恶劣的高能电子环境时,将卫星内部注入电流密度降到 $0.1\text{pA}/\text{cm}^2$ 以内需要屏蔽厚度约为 2.8mm 的铝。因此,GEO 卫星内带电防护措施之一就是为敏感部位提供大于 2.8mm 铝的等效屏蔽。

(3) 卫星内带电效应从本质上来讲就是由于电子的局部积累造成的,如果将打到材料上的电子及时"疏散"出去,就会缓解甚至避免内带电效应,因此最好的电荷泄放办法就是接卫星结构地。卫星上的内带电敏感部件通常是介质材料和孤立导体。接地可以为介质材料提供电荷泄放通路。图 4-44 是 JPL 实验室的 Ira Katz 和 Wousik Kim 针对介质材料进行内带电分析的结果。分析对象由介质材料、地线和金属材料构成,分析过程中用数学方法模拟高能电子对材料的轰击。第一次分析中,电介质表面的金属材料没有与地线连接,分析结果显示金属材料和电介质本身都带较高的负电;第二次分析中,将电介质材料表面的金属与地线连接,分析结果显示金属电位始终保持与地电位一致,介质材料充电电位也大幅度下降,而且越靠近接地金属的介质电位下降得越厉害,这表明接地为介质材料提供了电荷泄放通路,有效

缓解了介质材料的内带电现象。

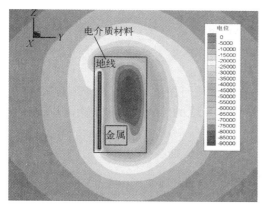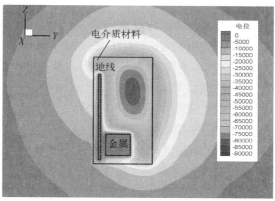

图 4-44　接地对介质材料带电效应的影响

接地可以避免孤立导体带电,是有效的内带电防护措施。孤立导体的物理定义是:与其他物体距离足够远的导体称为孤立导体,这里的"足够远"是指其他物体的电荷在该导体上激发的场强小到可以忽略。因此,物理上就可以说孤立导体之外没有其他物体。但是,实际上卫星内的所谓"孤立导体"都不是真正的孤立导体,只是由于没有与结构地实现电连接,从电连续性方面来看是被孤立的。从图 4-44 中 JPL 实验室的算例可以看出,介质材料上的金属不接地时,它就成为孤立导体,当遭受高能电子轰击的时候会由于电荷聚集而发生内带电效应,与地之间产生电位差;而将该金属与结构地连接之后,电荷就不再在该金属上聚集,金属电位与地电位保持一致。

(4) 地面试验是了解一种材料或组件的内带电效应情况的最直接方式,卫星上应用的新材料,当无法确定其内带电效应情况时需要进行辐照试验。

4.4　卫星电磁兼容性设计

电磁兼容性是卫星的重要设计指标,卫星在轨工作既要满足自身各分系统和各单机间的电磁兼容,也要满足在发射段与运载火箭间的电磁兼容,以及在轨与邻近卫星间的电磁兼容。

卫星电磁兼容性设计中首先要进行系统级电磁兼容性分析,确定电磁兼容性总体指标要求,并进一步分解到各分系统和单机,各分系统和单机据此开展电磁兼容性设计,在电性件或鉴定件上进行电磁兼容性验证评估和设计改进,并在正样件上验证和固化最终的电磁兼容性设计。

电磁干扰问题离不开干扰源、敏感源和耦合路径三要素,离开其中任何一个,都不存在电磁干扰问题。电磁兼容技术就是通过研究每个要素的特点,提出消除或缓解每个要素的技术手段及工程实现方法。卫星电磁兼容性设计的任务就是通过各种电磁兼容性设计、预测和试验技术达到减少干扰源、切断传播路径、提高接收链路的抗干扰能力的目的。

4.4.1　卫星电磁兼容性设计基础

1. 电磁兼容基本概念

电磁兼容(Electro Magnetic Compatibility,EMC):设备或系统在其电磁环境中正常运行而不对其环境中的设备产生无法承受的电磁干扰的能力。

电磁干扰(Electro Magnetic Interference,EMI):是指任何在传导干扰或辐射电磁场中伴随着电压、电流作用而产生会降低某个装置、设备或系统的性能,或可能对生物或物质产生不良影响的电磁现象。

电磁抗扰度(Electro Magnetic Susceptibility,EMS):是指处在一定环境中的设备或系统正常运行时,承受规定范围内电磁能量干扰的能力。

电磁干扰安全裕度(Safety Margin):电磁敏感度门限与环境中实际干扰信号电平间的对数值之差,用分贝表示。

电磁辐射干扰(Radiated Interference):任何源自星上设备、天线、电缆、互连线的电磁辐射,以电场、磁场形式(或兼而有之)存在,并导致性能降级的不希望有的电磁能量。

电磁传导干扰(Conducted Interference):沿着导体传输的不希望有的电磁能量,通常用电压或电流来定义。

电磁干扰生存级(Survive Category):被测件(EUT)在规定强度的电磁干扰环境中不会有任何永久性的功能失效。

电磁干扰工作级(Operate Category):EUT 在规定强度的电磁干扰环境中不会出现故障、功能失效、工作状态或模式改变、存储器变化或其他需要外部干预的情况。

电磁干扰性能级(Perform Category):EUT 在规定强度的电磁干扰环境中,能可靠执行其工程任务并满足各项技术指标要求。

2. 电磁兼容相关标准

1)常用国外标准

(1) MIL-STD-461G Requirements for the control of electromagnetic interference characteristics of subsystems and equipment;

(2) MIL-STD-464C Electromagnetic environmental effects requirements for systems;

(3) MIL-STD-1541A Electromagnetic compatibility requirements for space systems;

(4) ISO 14302 Space system - Electromagnetic compatibility requirements;

(5) DEF-STAN 59-411:

Part 1:Management and planning;

Part 2:The Electric, magnetic and electromagnetic environment;

Part 3:Test methods and limits for equipment and subsystems;

Part 4:Platform and system test and trials;

Part 5:Code of practice for tri-service design and installation。

2)常用国内标准

(1) GJB 72A 电磁干扰和电磁兼容性术语;

(2) GJB 151B 军用设备和分系统电磁发射和敏感度要求与测量;

(3) GJB 1389A 系统电磁兼容性要求;

（4）GJB 3590 航天系统电磁兼容性要求。

4.4.2　卫星电磁频谱兼容性分析及安全裕度设计

1. 电磁频谱兼容性分析

卫星微波设备的频谱兼容性分析主要用于判断发射设备与接收设备之间是否存在可能的干扰对,此分析主要考虑频率和带宽,不考虑干扰幅度。

频谱兼容性分析主要涉及发射机的晶振、本振、发射频率、带宽、发射链路上产生的中间频率,接收机的接收频率、本振、带宽和接收链路上产生的中间频率等。

干扰源的频率成分包括:发射机基频与本振及谐波、分谐波,接收机晶振、本振及谐波,以及各发射频率间的互调组合等。接收通道包括接收机设计通带、接收机镜像通带等。

干扰频率可通过下式进行计算:

$$f_T = f_x \pm B_x/2 \qquad\qquad (4-20)$$

式中:f_T 为干扰信号的频率;f_x 为干扰信号中心频率;B_x 为干扰信号带宽。$[f_x - B_x/2, f_x + B_x/2]$ 即为干扰信号的频带,将其与各接收机的接收通带 $[f_R - B_R/2, f_R + B_R/2]$($f_R$ 为接收机中心频率,B_R 为接收机带宽)或其他寄生通带(如镜像等)进行比对,如果干扰信号频带与接收通带或寄生通带出现交叠,则判定为干扰。图 4-45 和图 4-46 给出了干扰判别的依据。

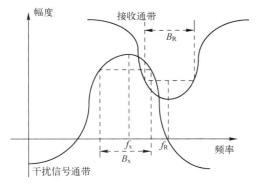

图 4-45　构成干扰的情况

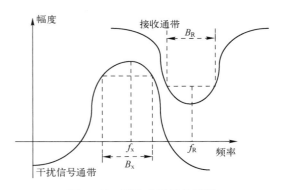

图 4-46　不构成干扰的情况

频谱兼容性分析包括以下主要功能和内容:快筛选分析、基波干扰分析、谐波干扰分析、分谐波干扰分析、本振干扰分析、互调干扰分析、镜频干扰分析、组合干扰分析等。

1）快筛选分析

快筛选是针对大数量发射机与接收机的初步 EMI 预测,其旨在将不产生干扰的信号与少数可能产生干扰的信号分离开,识别发射源输出和接收机敏感响应能产生干扰的收发对,排除明显的非干扰情况。其仅从频率角度分析发射源频率与接收器接收通道间是否存在交叠。

需进行分析的干扰裕度包括以下几个。

（1）FIM(基波干扰裕度):发射机基波发射与接收机基波响应。

（2）TIM(发射机干扰裕度):发射机基波发射与接收机乱真响应。

（3）RIM（接收机干扰裕度）：发射机乱真发射与接收机基波响应。

（4）SIM（杂波干扰裕度）：发射机乱真发射与接收机乱真响应。

在进行频谱兼容性分析中，按以下发射机和接收机的频率极限进行假设：发射机最小的乱真频率为$(f_s)_{min}$或$0.1f_s$；发射机最大的乱真频率为$(f_s)_{max}$或$10f_s$；接收机的最小乱真频率为$(f_r)_{min}$或$0.1f_r$；设接收机最大的乱真频率为$(f_r)_{max}$或$10f_r$；对于基波电磁干扰的收-发最大允许频率间隔为$0.2f_r$。

按照以上假设，根据电磁兼容工程设计经验，则有以下结论：①如果$|f_s-f_r|<0.2\times f_r$，则存在基波干扰裕度；②如果$0.1\times f_r<f_s<10\times f_r$，则存在发射机干扰裕度；③如果$0.1\times f_s<f_r<10\times f_s$，则存在接收机干扰裕度；④如果$0.1\times f_s<10\times f_r$或$10\times f_s>0.1\times f_r$，则存在杂波干扰裕度。这4种干扰裕度的干扰程度由主到次依次为FIM、TIM、RIM、SIM。

2）基波干扰分析

上文给出了FIM分析判据：发射基波频率与接收基波响应间的频率差是否小于0.2倍接收基波响应频率。

例如，某卫星发射机的发射频率为13.××GHz，某接收机的工作频率为13.×××GHz，收发设备的频率间隔为0.324GHz，远小于0.2倍接收机频率，而且两者均为同时具备收发功能的设备，所以两者之间的相互干扰情况需进一步分析确认。

3）谐波干扰分析

谐波是基波的整数倍。在基波分析的基础上，针对所有发射机的谐波成分，逐一分析其落在接收通带内形成的干扰。按以下公式对所有发射源与接收设备逐对进行频率兼容性分析：

$$f_1=n\times f_0, B_1=n\times B_0 \tag{4-21}$$

式中：f_1为谐波频率；f_0为发射机的基波频率；n为自然数；B_1为谐波的带宽；B_0为发射机基波的带宽。

例如，某卫星的发射机发射频率为5.××±0.16GHz，其二次谐波落入某接收机第二接收频率带（10.××±0.15GHz）内，因此需进一步分析干扰裕度。

4）分谐波干扰分析

倍频发射机晶振频率的无用高次谐波容易形成分谐波，其可能落在接收机通带内形成干扰。分谐波还包括射频链路上由晶振倍频或混频等变换到发射频率、本振频率过程中所产生的各种频率成分，按下式进行计算：

$$f_2=n\times f', \quad B_2=n\times B' \tag{4-22}$$

式中：f_2为分谐波频率；f'为发射机的晶振频率；n为自然数；B_2为分谐波的带宽；B'为发射机晶振基波的带宽。

例如，某卫星单机的本振组件电路从250MHz开始，与3025MHz混频产生3.275GHz，再2倍频产生6.55GHz，再2倍频产生13.1GHz，与8.33GHz混频产生4.77GHz，这条链路所涉及的频率成分包括7种：250MHz、3025MHz、3.275GHz、6.55GHz、13.1GHz、8.33GHz和4.77GHz。

5）本振干扰分析

本振泄漏是超外差接收机本振源产生的泄漏电磁场。接收机本振源容易发生其基频、谐波等各种杂散的发射泄漏，形成一种潜在干扰，按下式进行计算：

$$f_3 = n \times f_{\text{LO}}, \quad B_3 = n \times B_{\text{LO}} \tag{4-23}$$

式中：f_3 为本振谐波频率；f_{LO} 为发射机泄漏的本振频率；n 为自然数；B_3 为本振的谐波带宽；B_{LO} 为发射机本振基波的带宽。

例如，某卫星的接收机本振频率（12.48GHz）泄漏落入另一接收机的镜像频率范围（12.62±0.16GHz）内，需进一步分析干扰裕度。

6）互调干扰分析

互调干扰是指两个或两个以上信号在非线性元件混合，产生新的信号频率分量，其等于各信号频率整数倍的线性组合，其干扰频率是可以预测的，按下式进行计算：

$$f_4 = |a \times f_a \pm b \times f_b|, \quad B_4 = |a \times B_a + b \times B_b| \tag{4-24}$$

式中：f_4 为互调干扰信号频率；f_a、f_b 为外来干扰信号；B_4 为互调干扰信号的带宽；B_a、B_b 为外来信号的带宽，其中 $2 \leqslant |a+b| \leqslant n$ 且 a、b 为大于等于 1 的自然数，n 为互调分析阶数。

例如，卫星某发射机的发射频率（$f_1 = 5.\times\times$GHz）与另一发射机的发射频率（$f_2 = 13.\times\times\times$GHz）的 5 阶互调（$2f_2 - 3f_1$）落入某接收机第二工作频率 10.$\times\times$±0.15GHz 带内。

7）镜频干扰分析

镜像响应是指超外差式接收机对于调谐频率相差两倍中频的信号所特有的乱真响应。当正常信号比本振频率低一个中频时，镜像干扰比本振频率高一个中频，反之亦然。镜频干扰按下式进行计算：

$$f_5 = 2f_{\text{LO}} - f_{\text{RF}}, \quad B_5 = 2B_{\text{LO}} - B_{\text{RF}} \tag{4-25}$$

式中：f_5 为镜频干扰信号频率；f_{LO} 为混频器的本振频率；f_{RF} 为混频器前的外来信号中心频率；B_5 为镜频干扰信号的带宽；B_{LO} 为混频器的本振带宽；B_{RF} 为混频器前的外来信号带宽。

例如，卫星某射频单机的本振频率（12.$\times\times$GHz）落入某接收机镜像频率范围内（12.$\times\times$±0.16GHz），需进一步分析干扰裕度。

2. 电磁兼容安全裕度设计

应根据系统工作性能的要求、系统硬件的不一致性以及系统设计的不确定因素，来确定电磁兼容安全裕度；对于卫星安全或者完成任务有关键性影响的功能，应具有至少 6dB 的安全裕度；对于确保系统安全的电起爆装置，其最大不发火激励应具有至少 16.5dB 的安全裕度，对于其他电起爆装置的最大不发火激励应具有至少 6dB 的安全裕度。

电磁兼容安全裕度可以理解为无意电磁干扰与受扰电路敏感度的定量比较。这一电磁干扰过程可以用数学方程式描述：

$$M = P(t,f,q,r) - S(t,f,q,r) \tag{4-26}$$

$$P(t,f,\theta,r) = G(t,f,\theta) \cdot T(t,f,\theta,r) \tag{4-27}$$

式中：M 为电磁干扰裕度；P 为电磁干扰传播到 r 处的信号函数；G 为干扰源产生的干扰信号；T 为传输函数；S 为受扰电路的敏感度阈值；t 为时间；f 为频率；θ 为方位；r 为距离。

M 的大小表明干扰的严重程度，又称安全系数。当 M 大于设计指标时，表示受扰对象与干扰源不能兼容工作。

当干扰源是发射机，敏感器是接收机时，电磁干扰裕度的公式可表示为

$$SM(f,t,d,p) = N - I = [P_{\text{R}}(f_{\text{R}}) - CF(B_{\text{T}}, B_{\text{R}}, \Delta f)] - [P_{\text{T}}(f_{\text{E}}) + G_{\text{T}}(f_{\text{E}}, t, d, p) - \\ L(f_{\text{E}}, t, d, p) + G_{\text{R}}(f_{\text{E}}, t, d, p)] \tag{4-28}$$

式中：$P_T(f_E)$ 为在发射频率 f_E 处的发射功率（dBm）；$G_T(f_E,t,d,p)$ 为在接收天线方向，发射天线在发射频率 f_E 处的增益（dB）；$L(f_E,t,d,p)$ 为收发天线间在频率 f_E 处的传播损失（dB）；$G_R(f_E,t,d,p)$ 为在发射天线方向，接收天线在频率 f_E 处的增益（dB）；$P_R(f_R)$ 为在响应频率 f_R 处的接收机敏感度阈值（dBm）；$CF(B_T,B_R,\Delta f)$ 为计入发射机和接收机带宽 B_T、B_R 及发射机发射频率 f_E 与接收机响应频率 f_R 之间的频率间隔系数（dB）。

按照以上理论公式，并结合工程实际，天线系统的电磁干扰裕度计算公式可变为

$$M(f,t,d,p)=N-I=P_R(f_R)-\left[P_T(f_E)-L_{t1}-L_{t2}-L_{tr}-L_{r1}-L_{r2}\right] \qquad (4-29)$$

式中：L_{t1} 为发射谱相对主谱的衰减值（dB）；L_{t2} 为发射系统馈线损耗（包括非设计频率的失配损耗）（dB）；L_{tr} 为收发天线间的隔离度（dB）；L_{r1} 为接收天线到接收机输入端口间的馈线损耗（包括非设计频率的失配损耗）（dB）；L_{r2} 为接收频率相对于正常信号接收通带的衰减值（dB）。其中，L_{t1}、L_{t2}、L_{r1}、L_{r2} 可根据设计指标进行量化估计，L_{tr} 则根据隔离度进行量化估计。

电子设备在进行 EMC 设计时，应根据设备的关键类别，保证一定的电磁干扰安全裕量。电子设备关键类别分类原则如下。

Ⅰ类：可造成卫星发射推迟或卫星严重损伤、寿命缩短、功能丧失及严重飞行故障等的设备。

Ⅱ类：可造成卫星功能下降（包括任何自主操作能力的丧失）的设备。

Ⅲ类：可造成卫星非基本功能受损的设备。

卫星不同关键类别的电子设备电磁干扰安全裕度设计要求主要有：①Ⅰ类关键设备不小于 12dB；②Ⅱ类关键设备不小于 6dB；③Ⅲ类关键设备不小于 0dB；④电爆装置不小于 16.5dB；⑤如果电磁干扰安全裕度数值不是通过测试获得，而是来自仿真，则还应增加 6dB。

4.4.3　卫星电磁兼容布局设计

1. 天线布局设计

天线在卫星上的布局位置及指向应确保天线的方向图和收发隔离满足要求。天线布局设计主要考虑以下影响。

（1）天线自身的辐射或接收特性受卫星结构外形的影响程度：由于卫星结构会对电磁波产生多次反射及散射，其与天线之间的耦合会对天线方向图、极化特性等带来影响。

（2）天线间电磁串扰的影响程度：天线自身并不能完全抑制带外的辐射或接收，与天线相连的射频设备的带外杂散往往会通过天线辐射出去或者收到带外干扰信号，由此会产生天线间电磁串扰，影响系统 EMC。

天线布局准则主要有以下几个。

（1）发射天线与接收天线分开集中布置。

（2）尽量增大发射天线与接收天线的空间距离，通过加大干扰源和接收设备之间的空间距离，使干扰电磁场在到达接收设备时衰减到允许幅度之下；在布局空间有限的情况下，还可通过调整天线的辐射方向以及干扰电场和磁场矢量的空间相位来满足要求。

（3）尽量避免星体遮挡天线方向图，以及天线间的相互遮挡。天线方向图可分为全向和非全向两种：非全向天线布置时，应尽量避开不同天线的最大辐射方向，使其主瓣方向不发生重叠；全向天线需要通过布局优化算法进行设计和仿真，应该使全向天线方向图在三个主平面上，低于最大增益 10dB 的角度区域不超过整个圆周 20%。

（4）大功率天线（如反射面天线、波导缝隙阵列天线）要避免直射星体，以防带来星内设备的电磁干扰问题或引起散射问题。

（5）同频或工作频段接近的天线间要尽量拉开距离或者互相背对工作，并充分利用星体结构实现隔离。

如果天线布局不满足电磁兼容性要求，可参考以下方法进行优化调整。

（1）经过初始布局后，根据天线分系统电磁兼容性分析结果，重点考虑隔离度不满足要求的天线对。

（2）遵循先高频后低频、先粗调再精调、先次要（安装位置和安装角度调整余地较大的天线，如 GPS 微带天线）后主要（根据天线性能要求，安装位置和角度不能轻易变动的天线，如反射面天线）的原则，进行天线布局的调整。

（3）按照先考虑天线隔离度、再考虑天线电性能指标的顺序来调整天线布局。

（4）各天线的主瓣不能交叠，并预留 5° 左右的保护区，即要求天线主瓣偏离 5° 后也不会与其他天线主瓣交叠。

（5）在电磁耦合通道上，设置金属结构或吸波材料来阻挡电磁耦合。

（6）两副天线采用相互正交的极化方式，增大其隔离效果。

（7）对不满足天线方向图要求的天线，调整其位置和安装角度，天线尽量安装在远离不连续结构的区域，或者背对不连续结构，否则会由于不连续结构，使得天线方向图产生较大畸变。

（8）完成一次布局调整后，重新计算天线电性能指标和天线隔离度。按照以上步骤，直到天线隔离度和天线方向图都满足要求。

一般采用三维电磁场仿真软件（FEKO、CST、HFSS 等）对天线布局进行仿真分析，并研制卫星辐射模型进行天线方向图和隔离度测试，以验证天线布局的电磁兼容性。

2. 设备布局设计

发射信号较强的星上设备是潜在干扰源，弱信号接收设备是潜在受扰设备，另有一些设备兼有潜在干扰源和受扰设备的双重特性。在卫星设备布局过程中，应通过 EMC 分析确定可能的干扰对，即干扰源和受扰设备，建立设备 EMC 控制矩阵，其基本格式如表 4-23 所示。

表 4-23　星上设备 EMC 控制矩阵表

干扰源设备		受 扰 设 备			
		Y1 设备	Y2 设备	…	Yn 设备
干扰源	X1 设备	不适用	不兼容	…	不兼容
	X2 设备	不兼容	不适用	…	兼容
	…	…	…	…	…

对于设备 EMC 控制矩阵中不兼容的设备,需要从以下几方面优化调整其布局。

(1)分舱或分区布置电磁发射和电磁敏感设备,其发射与设备之间、发射与接收设备之间要满足一定隔离度要求。

(2)尽量避免在舱外强场区布置电子设备,如果必须布置时,应根据电子设备的电磁特性对电磁环境进行控制。

(3)确保电爆装置及其线缆不会被大功率电磁辐射危害。

(4)如果电磁干扰是串扰引起的,则可结合电子设备之间的接口要求,合理布线,减小线间耦合。

4.4.4　卫星电子设备电磁兼容性设计

星上电子设备的 EMC 设计主要依据型号的电磁兼容性技术要求、建造规范和相关的标准手册开展。在具体的设计中,应遵循以下原则。

(1)需要考虑产品设计、研制、测试、储存、转运、发射和在轨运行全寿命周期的最恶劣电磁环境,作为设备电磁兼容性设计的环境条件。

(2)要确定合理的电磁兼容性裕度,减少过设计和欠设计。

(3)电磁兼容性设计应与功能和性能设计统一考虑,不追求单项指标的最优,综合考虑设备电磁兼容性指标和功能性能指标。

(4)电子设备的电磁兼容性设计可根据性能级、工作级和生存级的不同判据确定相应的限值。

(5)优先考虑搭接、接地和电缆优化布局等措施,尽量在不增加额外重量的前提下提高电磁兼容性能,在此基础上再采取必要的屏蔽和滤波等措施。

(6)电爆装置的电磁兼容性需加强安全裕量设计,对关键的电路接口、单机间接口、环境参数等方面加强电磁兼容性设计。

电子设备电磁兼容性设计贯穿于元器件选择、材料选用、基本电路模块设计、PCB 设计到整机研制和试验全过程,通过搭接、接地、隔离、屏蔽和滤波等手段,对不必要的电磁能量进行限制、转化、吸收和屏蔽等。

1. 搭接设计

为防止电荷积累引发放电,保护设备安全,需要进行必要的电搭接,建立故障电流的回流通路,控制静电电荷的积累,降低机箱和壳体上的射频电位差。

设备电搭接设计的准则主要有以下几个。

(1)设备应提供接地耳片、接地桩或底板实现与卫星结构接地系统的有效搭接,并确保两金属间的直流电阻不超过 10mΩ。

(2)所有要求电搭接的金属部件应提供清洁的金属接触面,搭接安装前应对搭接面进行表面清洗,并除去阳极氧化等保护层。

(3)设备电连接器和设备壳体之间、相邻壳体之间接触电阻不超过 10mΩ。

(4)表面积大于 3cm² 和长度大于 25cm 的孤立金属结构件、孤立导体应搭接到设备结构地。

(5)搭接应尽量采用直接搭接;可动设备的电搭接可采用搭接条,长宽比一般为 5:1,各搭接条的搭接电阻应小于 10mΩ,而且搭接条应不影响设备的更换,并进行冗余设计。

（6）所有相互匹配的电连接器应提供切实的搭接结构，且电连接器应搭接到设备机壳，搭接电阻应不超过 10mΩ。

2. 接地设计

为建立电压参考点，减小设备间因杂散电流引起的 EMI，提高电子设备工作稳定性，泄放由于静电感应而积累的电荷，避免因电荷积累形成的高压导致设备内部放电造成信号干扰，卫星需要进行接地设计。接地设计是成本低、效果好的 EMC 设计方法。接地设计的关键是选择合适的接地方式，卫星接地设计一般采用以下原则。

（1）接地方式的选择主要取决于系统的工作信号频率和接地线的长度，一般低频单机选择单点接地，高于 1MHz 的高频设备选择多点接地。

（2）单点接地分为串联式单点接地和并联式单点接地。串联式单点接地方式简单，但易引起公共阻抗干扰，应用时需将最大电流单元放在离单点接地点的最近处；并联式单点接地方式可有效避免公共阻抗干扰，但因需要多根接地线，增加了地线长度和地线阻抗，会造成地线之间耦合。地线在设计时应尽量短而宽，地线长度一般不超过信号波长的 1/20。

（3）高频接地一般采用多点接地方式，但在高频时存在集肤效应，为降低高频地线阻抗，可将地线和公共地镀银。在导线截面积相同的情况下，常用矩形截面导体制成接地导体带。为使多点接地有效，当导线长度超过最高频率的 λ/10 时，应采用等电位接地平面。

（4）星上电子设备由于工作频带很宽，实际应用中多采用混合接地方式，将需高频接地的电路和设备使用串联电容把它们和接地平面连接起来，如图 4-47 所示。

（5）除非附近有较强的干扰电流或者无法与地相连外，一般不采用浮地方式。

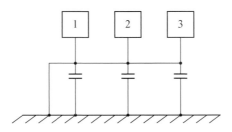

图 4-47　低频时单点接地、高频时多点接地的混合接地方式

卫星不同信号类型可采用 NASA-HDBK-4001 推荐的接地方式，如图 4-48 所示。

3. 隔离设计

隔离也是处理电磁干扰的一种重要方式，常采用隔离变压器和光隔离器。

隔离变压器可以用在开关电源、MIL-STD-1553 数据总线的模拟信号电路中。隔离变压器通过增加接地回路的阻抗使接地回路断开。在低频段，初级和次级线圈之间的电容在传导路径中呈现高阻抗；在高频段，容性阻抗没有实质性的增加，对共模或差模干扰噪声的抑制作用不大。可在初级与次级线圈之间增加一个法拉第挡板，以衰减高频干扰噪声。如果要减小共模干扰噪声，该挡板应连接到已接地的变压器机壳，使挡板接地阻

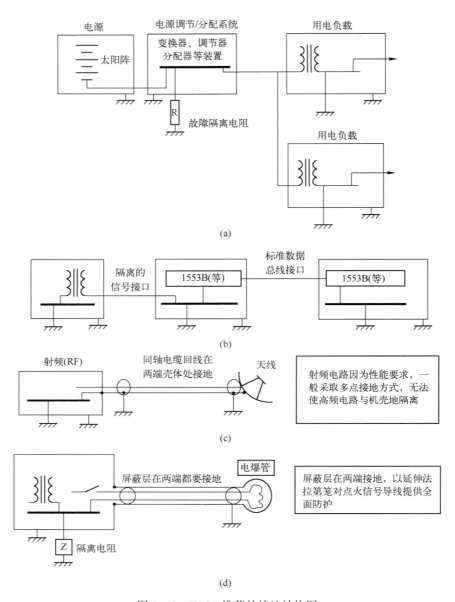

图 4-48 NASA 推荐的接地结构图

（a）供配电分系统接地图；（b）指令、信号和数据接口电路接地图；（c）射频接口电路接地图；（d）火工装置接地图。

抗及其与线圈之间的电容共同构成分压器，能减小共模噪声经由变压器的耦合。如果要减小差模干扰噪声，挡板应连接到变压器的回线端，使差模电流短路。

隔离变压器的设置如图 4-49 所示。

光隔离器是另一种减小传导性 EMI 的信号隔离方式，如图 4-50 所示。光隔离器通常能提供较宽的工作带宽（约 50MHz），并能传输超过 100mV 的逻辑或模拟信号。光隔离器输入端到输出端间的电容（典型值在 0.1～10pF 之间）限制了其在高频段的使用，该电容给高频干扰提供了绕过光隔离器高阻的旁路。

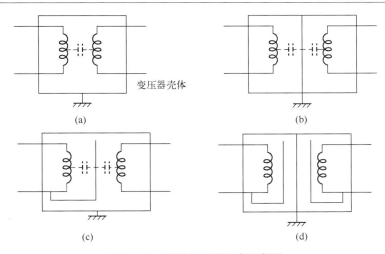

图 4-49　隔离变压器组成示意图

(a) 基本的隔离变压器; (b) 针对共模干扰带法拉第挡板的隔离变压器;

(c) 针对差模干扰带法拉第挡板的隔离变压器; (d) 针对共模和差模干扰带有 3 个法拉第挡板的隔离变压器。

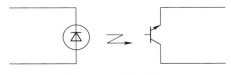

图 4-50　光隔离器

4. 屏蔽设计

屏蔽是降低卫星电磁辐射和提高卫星辐射敏感度的重要措施。屏蔽是利用屏蔽体 (机壳等) 对干扰电磁波的吸收和反射, 来阻止或减弱电磁能量的传输, 能有效阻止电磁波从一个空间传播到另一个空间, 主要用来抑制辐射干扰。卫星星体和星上电子设备屏蔽机壳的屏蔽效能至少达到 40 ~ 60dB。按照屏蔽的机理, 屏蔽类型分为电场屏蔽、磁场屏蔽和电磁场屏蔽。

电场屏蔽的实质是在干扰源和敏感设备之间设置良导体, 并将良导体接地, 从而切断由干扰源发出的电力线, 使电力线终止于良导体, 保护敏感设备。电场屏蔽又可分为静电屏蔽和交变电场屏蔽。在电场屏蔽设计中, 屏蔽体以靠近被保护对象为宜, 且屏蔽体必须接地良好; 屏蔽体的形状尽量做到全封闭; 屏蔽体的材料选用良导体, 并需要有足够的强度。

磁场屏蔽可分为低频磁场屏蔽和高频磁场屏蔽。低频磁场屏蔽采用高导磁率的铁磁性材料, 利用铁磁性材料的高导磁率对干扰磁场进行分路, 使通过空隙的磁通大为减少, 从而降低对敏感设备的影响, 起到磁场屏蔽的作用。高频磁场屏蔽利用良导体在入射高频磁场作用下产生涡流, 并由涡流的反磁通抑制入射磁场, 来抵消干扰磁场。在磁场屏蔽的设计中, 要注意干扰源的频率, 不同频率的磁场屏蔽原理不同; 被屏蔽部分不能布置在紧靠屏蔽体的位置; 在结构设计方面尽量减少孔缝, 以减小屏蔽体的磁阻; 对于强磁场的屏蔽可采用双层或多层屏蔽体壳体设计。

电磁场屏蔽利用屏蔽体阻止电磁场在空间传播。实际应用中, 单纯的电场或磁场很少见，电磁场屏蔽在实际应用中最广泛。电磁场屏蔽的机理是：当电磁波到达屏蔽体的表面，由于空隙与金属交界面上阻抗不连续，对入射电磁波进行反射；未被反射而进入屏蔽体的能量，在传播过程中被屏蔽材料衰减；未被衰减掉的能量，传到屏蔽体的另一面，遇到金属与空隙阻抗不连续的交界面，会再次形成反射，重新回到屏蔽体内，这种反射在两个金属交界面上可能产生多次。电磁屏蔽较适应于高频，对低频的屏蔽效果相对较差。

电磁屏蔽就是利用低阻抗材料做壳体，将需要隔离的部件(干扰源或干扰敏感部件)包围起来，并将屏蔽体和结构地相连。例如，电子设备内的二次电源模块是主要干扰源，需将其安装在密封屏蔽的金属壳体内，壳体与设备机箱紧密搭接与地导通，从而有效隔离二次电源内部干扰信号对外部的辐射干扰，同时也能提高二次电源的抗干扰能力。对于微波设备，常采取以下屏蔽措施：不同频率的电路安装在不同的腔体内，以减少相互干扰；每个功能模块都有独立的腔体，腔体底面为盲腔，并设计有盖板；将功放电路与 DC/DC 模块分别放在独立的结构体内，避免大功率信号对小信号造成干扰；盖板和腔体都采用镀银处理，使得微波信号电流在其表面流过时有尽可能大的衰减。

实际的卫星星体和星上设备机壳上不可避免会有各种孔洞，这些孔洞会影响屏蔽效能。一般可以认为，低频时屏蔽机箱的屏蔽效能取决于屏蔽体的材料，高频时孔洞和缝隙成为影响屏蔽效能的主要因素。孔缝的影响主要包括：由孔缝导致的泄漏总量取决于最大的线性开孔尺寸和入射频率；当一个缝或矩形孔的线性尺寸大于波长的 1/10 时，就会成为一个隙缝天线，当达到 1/2 时，辐射效率最高；多个孔组合产生的电磁泄漏量要小于同样面积的一个大孔产生的电磁泄漏量；孔的形状构成波导形式(孔的深度大于孔的直径)时，能比简单的"矩形"孔提供更大的衰减，这种衰减适用于所有频率低于波导截止频率的信号。

为降低各类孔洞和缝隙对屏蔽效果的影响，设计时可采用以下方式。

(1) 在缝隙和接头处，使金属-金属间的接触连续，以确保屏蔽的完整性。

(2) 为防止 EMI 泄漏，缝隙处理应首选连续屏蔽方式。

(3) 当使用螺钉或铆钉搭接时，屏蔽效能取决于单位长度上螺钉或铆钉的数量、接触面的结合压力和接触面的清洁程度等因素。

(4) 单位长度上螺钉或铆钉的数量越多(与波长相关)，屏蔽效果越好。

(5) 当星体或屏蔽机壳必须开孔时，可采用波导截止板(蜂窝板)、多孔金属板、编织金属网等覆盖开口处，其衰减效能顺序递减。

5. 印制电路板及布线束设计

印制电路板是整个设备电磁兼容性设计的基础。在设备内部，布局或布线不当是造成电磁干扰的主要原因，大多数干扰发生在模拟和数字混排布局或布线不当的印制线间。印制电路板中的电磁干扰包括公共阻抗耦合和串扰、高频载流导线产生的辐射、印制导线对高频辐射的感应等，其中以高频辐射问题最为严重，这是因为电源线、接地线及信号线的阻抗会随着频率的增高而增大，故较易通过公共阻抗耦合产生干扰，同时频率增高会使得线路间寄生电容的容抗减小，因而更易发生串扰。

印制电路板 EMC 设计应采取以下布局布线措施。

（1）应将模拟数字电路、易产生噪声电路(如继电器、大电流开关等)分开,将功率器件和小信号器件分开,使其相互间的信号耦合最小。

（2）采用多层电路板,设置完整的地平面和电源平面,将模拟地、数字地设置在不同的地平面中,不同类型的信号线分层布设在电路板中,与邻近层上的信号走线相互垂直。

（3）所有平行信号线之间要留有尽量大的间距,以减少串扰。对相距较近的信号线,或特殊信号线(如时钟等对干扰十分敏感的信号线)之间,最好走一条接地线,可有效抑制串扰的发生。

（4）信号传输线要避免急拐弯,导线的拐角应大于 90°,以防传输线特性阻抗的突变而产生反射和振铃,要尽量设计成具有一定尺寸的均匀圆弧线。

（5）印制板上若装有继电器等大电流器件,它们的地线应单独走线,以减少地线上的噪声。

（6）时钟信号和高速信号尽量避免换走线层,少用过孔,以减小过孔的寄生电容和寄生电感带来危害。

（7）电路元件和信号通路的布局必须最大限度地减少无用信号的相互耦合。为抑制高频信号通过印制板导线时产生的电磁辐射,高频信号线走线时应与地线回路相靠近。

（8）模拟电路尽可能地大面积接地,可有效避免电路串扰及自激;从减小辐射干扰的角度出发,印制导线的公共地线尽量布置在印制线路板的边缘部分。

（9）电源平面靠近接地平面,并且安排在接地平面之下,这样可利用两金属平板间的电容作电源的平滑电容,同时接地平面还对电源平面上分布的辐射电流起到屏蔽作用。

（10）需注意信号导线环路的尺寸,因为这些回路相当于小天线,随时可能会向空间辐射信号。

（11）印制板上的电源线和地线的走线要短而粗,线条要均匀,排列要恰当,尽量不交叉,以减少走线阻抗、减小信号线与回线之间所形成的环路面积。

线缆间的电磁耦合有时会带来严重的电磁干扰问题,因此在布线束设计时必须避免线缆间的电磁耦合。在进行布线束设计时,应根据传输信号特性将电缆分类,避免强弱信号同束长距离并行铺设,同时应避免星内电缆束靠近卫星舱板开口位置布设,屏蔽进出卫星的穿舱电缆,减少其将舱内信号带到舱外的可能性。

根据传输信号的频率或上升/下降时间、最大峰-峰值电压,以及接口电路对电磁耦合的敏感程度等因素选用电缆。一般情况下,电源线和信号线采取正、回线双绞处理,各类总线线缆(如 1553B 总线、RS422 总线)、LVDS 线缆和敏感器信号线缆(如地球敏感器、星敏感器信号线等)采用屏蔽电缆。

布线束中应使同一 EMC 类别的电缆成束,不同 EMC 类别的电缆束间应采取金属层包覆等措施进行隔离。并行距离较长的强信号和弱信号线束间隔参考要求如表 4-24所列。

表 4-24　不同类型电缆的间隔参考要求(L 为并行长度)

传输信号电压特性	并行电缆传输信号的电压	电缆间距			
		$L<0.3m$	$0.3m{\leqslant}L<1m$	$1m{\leqslant}L<1.5m$	$L{\geqslant}1.5m$
>100mV~6V	>6~40V	0	25mm	50mm	100mm
	>40V	0	40mm	80mm	150mm
	高频	0	60mm	130mm	250mm
>6~40V	>40V	0	15mm	25mm	50mm
	高频	0	40mm	80mm	150mm
>40V	高频	0	30mm	50mm	100mm

一般应避免不同 EMC 类别的信号使用同一连接器,必须使用时应合理分配接点,将用于隔离的接点与接地点就近连接,并尽量采取物理隔离措施。对于基准电压、基准电流及各类传感器输出信号的传输线应进行屏蔽。对传输不同类型信号的电缆束,可采取空间隔离或物理隔离的方式保证一定的电缆束间隔离,距卫星结构高度尽量小于 10mm,并每隔一定距离固定。火工装置线缆应单独成束。

4.5　卫星静电放电防护设计

卫星无论是在地面研制、试验还是在轨运行中,由于摩擦起电、静电感应和空间等离子体环境等的影响,使卫星均存在静电积累及放电的可能,而且静电放电具有隐蔽性、随机性、复杂性、潜在性的特点。随着 CMOS 器件和光电器件等静电敏感器件的大量应用,静电积累及放电的危害越来越大,因此卫星的静电放电防护设计显得异常重要。静电防护设计的主要思路包括减少静电的产生、设计静电泄放通道以避免静电积累、采取措施降低放电影响。

本节首先介绍静电的产生及静电放电的失效模式及相应失效机理,然后重点从星外部件、电子设备层面阐述静电放电防护设计的方法,最后还介绍了卫星生产试验过程静电防护设计。

4.5.1　静电产生及静电放电失效机理

1. 静电的产生

静电是指物体所带电荷处于静止或缓慢变化的相对稳定状态。静电一般存在于物体的表面,是正、负电荷在局部范围内失去平衡的结果。静电可由物质的接触和分离、静电感应、介质极化和带电微粒的附着等物理过程而产生,静电的特点是高电位和小通量。

星上静电的产生主要有三种方式:摩擦产生静电、感应产生静电和空间带电粒子附着充电。摩擦生电是两种物体直接摩擦接触后形成的,通常发生于绝缘体与绝缘体之间或绝缘体与导体之间;而感应生电则发生于带电物体与导体之间,两种物体无需直接接触;空间带电粒子附着充电是卫星在轨运行期间,空间带电粒子向卫星表面的充电。摩擦产生静电、感应产生静电的过程如图 4-51 所示,空间带电粒子附着充电的过程见 4.3.1 节图 4-38。

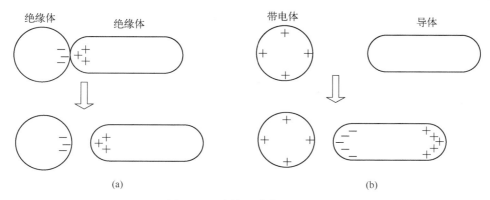

图 4-51　摩擦和感应生电形式

（a）摩擦生电；（b）感应生电。

1）摩擦产生静电

当两种具有不同的电子化学势或费米能级的材料相互接触时，电子将从化学势高的材料向化学势低的材料转移。当接触后又快速分离时，总有一部分转移出来的电子来不及返回到它们原来所在的材料，从而使化学势低的材料因电子过剩而带负电，化学势高的材料因电子不足而带正电。

摩擦产生静电的大小除了与摩擦本身的材料性质有关外，还受到许多因素的影响，如环境的湿度、摩擦的面积、分离速度、接触压力、表面洁净度等。

卫星在地面研制过程中，人体是最主要的静电来源，因为其接触面广、活动范围大、与周边环境的电阻低，人体电容与静电放电所需的容值接近。人体电容的典型值为 100pF，一般范围为 50~250pF，具体值与人体表面位置及参考面有关。人体电阻的典型值为 150Ω 左右，一般范围为 50Ω~1kΩ，也与人体产生静电放电的位置和形状有关。

2）感应产生静电

当一个导体靠近带电体时，会受到该带电体形成的静电场的作用，在靠近带电体的导体表面感应出异种电荷，远离带电体的表面出现同种电荷。尽管这时导体所带净电荷量仍为零，但出现了局部带电区域。

3）空间带电粒子附着充电

地球轨道卫星的运行空间上，存在由带电粒子组成的等离子体环境。能量在千电子伏以上的电子能够穿入卫星表面 1μm 的浅表层而被黏附在卫星表面，使卫星表面呈现负电位，卫星表面各部位的导电率不同将出现不等量充电，使得各部位之间出现电位差。卫星负电位的电场阻止能量低于其电位的电子继续撞击和黏附，但能量在数千电子伏以上的电子能够克服卫星电场，继续撞击和黏附到卫星表面，最终可以使卫星表面电位升高到数千伏。地球低轨道上，主要是极区附近和南大西洋磁异常区等离子体密度较高；地球同步轨道上，等离子体的能量较高，是卫星充放电的多发区域。磁层扰动和磁层亚暴引起大量高温等离子体向下注入，达到地球同步轨道，形成电子密度较高的区域，卫星将被负高压充电，不等量的充电将导致卫星表面高压静电放电。

能量较高的带电粒子还会穿过卫星结构，进入卫星内部以及设备内部。能量在 2~3MeV 的电子更易穿透卫星结构和舱内设备机箱，注入电路板，造成电路板绝缘体内负电位充电。设备内部充电率高于介质的漏电率时,大量电子会在介质内不断积累,介质的负电位持续升高,达到一定程度后会引起体内放电。地球同步轨道和中高轨道卫星处于地球外辐射带,易引发体内充放电。太阳耀斑和强的地磁扰动或磁层亚暴发生后,更易引起卫星体内充放电。

2. 静电放电形式

静电放电(ESD)是具有不同静电电位的物体相互靠近或直接接触引起的电荷转移。根据静电放电时带电物体与接受物体是否接触,可分为接触放电(也称导体放电)和空气放电(不接触,通过空气隙放电,通常有电弧现象发生,故称辉光放电或火化放电)。

对于元器件而言,根据静电放电的施放者与接受者的不同,静电放电可分为以下三种。

(1)人体对器件的放电(HBM):带电人体通过元器件对地放电。在短至几百纳秒的时间内产生数安培的瞬间放电电流,能量中等,发生概率最大。

(2)设备对器件的放电(MM):带电设备通过元器件对地放电。其放电电阻小,在几纳秒到几十纳秒内会有数安培的瞬间放电电流产生,能量大,破坏力也大。

(3)带电器件的放电(CDM):通过摩擦或接触带电的元器件对地直接放电。其放电时间更短,放电上升时间小于 1ns,尖峰电流会达到 15A,持续时间小于 10ns,能量相对较低。

3. 静电放电失效模式及机理

静电放电的失效可分为突发性失效和潜在性缓慢失效。静电放电多数是高电位、强电场、瞬间大电流的过程,会引发器件的突发性失效,使得器件的一个或多个参数突然劣化,完全失去规定的功能,表现为开路、短路和电参数严重漂移。一种是与电压相关的失效,如介质击穿、PN 结反向漏电增大等;一种是与功率相关的失效,如多晶电阻熔断、硅片局部区域熔化等。高电压静电放电的放电电流脉冲宽度一般是 ns 或 μs 量级,达几安培到上百安培,除对器件本身造成损害外,还会产生强烈电磁辐射,对其他电子设备造成电磁干扰,使其产生误动作、误码等。

潜在性缓慢失效指静电放电给元器件引入的是潜在损伤,其功能及电参数无明显变化,只给电路留下隐患,它使该电路在以后的加电工作中出现逐渐加重的参数退化,使得器件寿命缩短,往往在多次低电压静电放电条件下出现。这种静电放电损伤具有潜在性和累积性的特点,在实际中更为普遍,会缩短产品寿命,而且故障排查难度大,值得高度重视。

静电放电失效机理包括过电压场致失效和过电流热致失效。过电压场致失效是指高阻抗的静电放电回路中,绝缘介质两端的电极因接收了高静电放电电荷而呈现高电压,有可能使电极之间的电场超过其介质临界击穿电场,使电极之间的介质发生击穿失效。高静电电荷和高电压的来源既可以是静电源直接接触放电,也可以是由于场感应、空间单粒子体轰击而产生的。例如,MOS 器件栅击穿和双极器件 PN 结击穿即为静电过电压场致失效。器件的输入电阻越高,输入电容越小,越容易发生场致失效,在超大规模集成电路(具有薄栅氧化层)和超高频功率晶体管(高压工作)等器件中较为常见。

过电流热致失效是由于较低阻抗的放电回路中,静电放电电流过大使局部区域温升超过材料的熔点,导致材料发生局部熔融,直接烧毁器件或诱发闭锁效应或二次击穿效应。器件的电流截面越小,对地电阻越低,环境温度越高,越容易发生此类失效,在反偏 PN 结和高温工作条件下较为常见。影响过流失效的主要因素是功率密度。

4. 元器件静电敏感度

半导体器件对静电放电的敏感度,实质是器件抗静电应力的度量,失效阈值是器件所能承受的最大静电电压,它由器件的结构、输入端静电保护电路形式、版图设计、制造工艺等决定。

不同类型元器件的静电敏感性不同。表 4-25 给出了国军标规定的元器件静电敏感性等级。产品的 HBM 敏感度等级一般分为 Ⅰ 级、Ⅱ 级和Ⅲ级,其受损敏感的 ESD 电压范围分别为 0~1999V、2000~3999V、4000~15999V。

表 4-25 元器件静电敏感性等级

敏感度级别	标 志	元器件类型
敏感电压范围 0~1999V	△	由试验数据确定为Ⅰ级的元器件和微电路; 微波器件(肖特基势垒二极管、点接触二极管和其他工作频率大于 1GHz 的检测二极管); 环境温度为 100℃时电流小于 0.175A 的晶闸管; 分立 MOS 场效应晶体管; 结型场效应晶体管; 精密稳压二极管; 声表面波器件; 电荷耦合器件; 薄膜电阻器; 集成电路; 运算放大器; 超高速集成电路; 混合电路(使用了Ⅰ级元器件)
敏感电压范围 2000~3999V	△△	由试验数据确定为Ⅱ级的元器件和微电路; 分立 MOS 场效应晶体管; 结型场效应晶体管; 小功率双极型晶体管(输出功率不大于 100mW,工作电流不大于 100mA); 运算放大器; 集成电路; 混合电路(使用了Ⅱ级元器件); 精密电阻网络
敏感电压范围 4000~15999V	无标志	由试验数据确定为Ⅲ级的元器件和微电路; 小信号二极管(功率小于 1W,电流小于 1A); 普通的硅整流管; 晶闸管(电流小于 0.175A); 分立 MOS 场效应晶体管; 小功率双极型晶体管(输出功率为 100~300mW,工作电流为 100~400mA); 光电器件(发光二极管、光敏器件、光耦合); 运算放大器; 集成电路; 超高速集成电路; 其他微波电路(所有不包含Ⅰ级或Ⅱ级中的元器件); 混合电路(所有不包含在Ⅲ级中的元器件); 片式电阻器; 压电晶体

4.5.2　星外部件静电放电防护设计

卫星的静电防护设计可从两方面着手:一是减少静电的产生;二是提供静电泄放通道,避免静电积累而放电造成影响。

对卫星星外的部组件和仪器设备外壳等,需要建立良好的接地系统,为星表静电积累提供良好的电荷泄放通道,减少表面静电放电干扰对电子系统的影响。

卫星应限制在星表大面积使用绝缘性能好的材料,所选用的表面介质材料在满足其性能要求的前提下,应具有低电阻率、高二次电子发射系数的材料。并且这些材料不可成为悬浮的孤立介质,应与卫星地间进行良好的电连接,从而具有一定的电荷泄放能力。

1. 热控部件的静电放电防护设计

卫星星表除仪器设备安装面和散热面外,一般需要包覆多层隔热组件。其一般由外层的镀铝聚酰亚胺薄膜和内部的多层芯(一般由双面镀铝聚酯膜和涤纶网组成)组成。对于低温和中温隔热组件,最外层一般采用单面镀铝聚酰亚胺薄膜,薄膜的外表面为非镀铝面,应镀 ITO 膜(掺锡氧化铟膜,具有高导电率、高可见光透过率和良好化学稳定性),ITO 膜层的表面电阻率应不大于 $1 \times 10^6 \, \Omega/sq$(欧每方块);若采用渗碳聚酰亚胺薄膜,表面电阻率应不大于 $1 \times 10^8 \, \Omega/sq$。

多层隔热材料应以一定间隔设置接地点,以降低表面各部位间的电位差。采用接地结构,使多层隔热组件的每一个反射屏(双面镀铝聚酯膜)都接地,一般要求多层隔热组件接地点与卫星地之间的电阻值小于 1Ω。每一个多层隔热组件至少有两个接地点,每块多层隔热组件的接地装置数量应有冗余。当热控组件尺寸较大时,应适当增加接地数量并应尽量均匀分布,确保当一个接地装置开路失效时,电位仍满足控制要求。

对于卫星散热面用的二次表面镜型热控涂层(OSR),应通过导电胶黏结在星体铝表面之上;OSR 片外表面镀 ITO 膜,ITO 膜层应与黏结 OSR 片的导电胶电连接。

2. 天线静电放电防护设计

天线反射器组件、天线塔设计接地桩,连到卫星地。

天线辐射器反射面选用防静电白漆(如体电阻率小于 $5 \times 10^6 \, \Omega \cdot m$ 的 ACR-1 等)作为热控涂层,喷涂在碳纤维蒙皮或铝表面上,防止涂层表面静电积累,漆膜厚度不大于 0.01cm。

安装于天线反射器和馈源口的太阳屏(如镀锗聚酰亚胺膜,其表面电阻率小于 $5 \times 10^8 \Omega/sq$),需要进行接地处理,并要求膜上任一点与卫星地之间的表面电阻值小于 $100M\Omega/sq$。

天线反射器背面上包覆的多层隔热组件按上述要求进行接地处理。

3. 太阳翼静电放电防护设计

对于 100V 以上的高压太阳电池阵,在空间辐射环境作用下,在玻璃盖片、互联片、聚酰亚胺薄膜三者之间易发生静电充放电。针对高压太阳电池阵(100V),应进行相应的防静电放电设计,具体的设计措施见 4.2 节。

4.5.3　电子设备静电放电防护设计

电子设备静电放电防护设计的重点在于 PCB、电路和设备结构的设计。

1. PCB 防静电设计

良好的 PCB 设计可以有效减少 ESD 干扰对产品造成的影响,这也是电磁兼容 ESD 设计的重要内容。主要设计措施有以下几个。

(1) PCB 应选用静电吸附性小的介质材料。

(2) PCB 内均匀敷设与信号地、机壳地相连接的导线带,有大的电荷累积时可尽快泄放。

(3) PCB 设置专门的地线层,完整的地平面会使其反面的印制线路之间的相互感应显著降低,从而抑制了通过静电感应形成的静电耦合噪声;尽量采用大面积接地平面,可以降低印制电路的对地阻抗,并且起着电磁屏蔽和静电屏蔽的作用,减少外界对电路的高频辐射干扰;PCB 上机壳地线的阻抗要低且隔离要好,及时泄放静电荷和感应电压对产品的危害。PCB 的板边最好全部用 GND 走线包围,以起隔离作用。

(4) 避免 PCB 上存在孤立的覆铜层,PCB 上的较大的金属封装元器件应考虑表面静电积累问题,设计相应的静电泄放通道。

(5) 设备内部的供电地线与机壳地线分开,使各地线均不得产生环流干扰,减少由于电磁辐射在器件表面产生电荷。

2. 电路防静电设计

在满足规定的性能指标的前提下,应尽量选择静电损伤阈值高的元器件。分析电路中的静电干扰元件和静电放电敏感元器件,对干扰元件采取抑制措施,对敏感元件采取隔离和保护措施,并将它们在空间和电气上拉开距离。

采用大量的数字电路时,在电路的各关键部位配置去耦电容,可有效地增加电路的抗干扰能力。

尽量选用器件内部含有 ESD 保护网络的集成电路,ESD 保护网络能有效地降低 ESD 敏感度。对于电路的外部防护网络设计,应满足响应速度快、瞬态吸收电流大、正负极性抑制等要求,基本结构形式有限流/分流型、滤波型和瞬态抑制型三种。对 CMOS 集成电路,可在输入端串联电阻,作为 ESD 外部保护网络,以减缓 ESD 脉冲上升和下降时间,对地电阻增加了静电的泄放回路,可减少对电子 CMOS 器件的损伤。

ESD 产生的电弧有可能通过空间辐射感应到电路,对敏感器件造成损害,因此对于静电敏感器件,可采用静电屏蔽设计,以减少 ESD 电流辐射的影响。

对强弱信号进行分区设计,尽可能避免强电对信号的干扰,对静电敏感的弱信号电路重点采取防静电的设计措施。比如电源部分增加滤波电路并采用 DC/DC 隔离或光电隔离等措施。

MOS 器件所有不用的输入端引线不能悬空,应根据不同电路要求,通过电阻接到电源地或电源上,避免 ESD 通过悬空的管脚对 CMOS 产生损伤。

输入端采用长电缆传输信号时,由于传输线本身的寄生电感或寄生电容大,在噪声中容易受到干扰或信号之间的相互干扰,因此应在输入端设置滤波电路。

避免静电敏感元器件的引线与外接口电路不经任何防护电路直接与电连接器的端子相连。

CMOS 电路的工作电压建立在先,输入信号建立在后;反之,要先切断输入信号。

使敏感电路和电缆远离孔洞及缝隙。

3. 元器件防静电设计

元器件设计中应采取 ESD 防护措施,在适当部位(如电路的输入端、输出端、MOSFET 的栅源间)增加保护网络或保护器件。当有 ESD 脉冲出现时,栅极电压便被保护网络嵌位在预置的低于栅氧击穿的电平下,静电源存储的能量则通过保护网络泄放掉。在 CMOS 电路的输入端增加简单的保护网络,可使电路的抗静电能力达 1000 ~ 2000V;采用改进型保护网络,可使电路的抗静电能力达 4000V。

4. 设备结构防静电设计

设备外壳的各个面之间应良好电搭接,设备外壳应设置接地柱进行良好接地,一旦发生了静电放电,放电电流可以由设备外壳旁路流入卫星地,不会直接侵入内部电路。

尽量减少设备外壳的缝隙和螺钉,使其内部电路得到完整连续的屏蔽。

在金属螺钉或外露金属件可能产生回路时,应尽量避免金属件外露,可使用绝缘垫圈或者外套等。

4.5.4 卫星生产试验过程静电防护设计

卫星各级产品的承制方应按要求制定、执行 ESD 控制大纲,在电子产品的设计、生产、试验、储存、运输、安装和使用的不同阶段开展 ESD 控制。各种静电控制方法可归为抑制起电法、静电泄放法、静电中和法和静电屏蔽法。主要的 ESD 控制要求和措施有以下几种。

(1)使用产生静电的材料,采用专门的防静电塑料和橡胶来制作各种容器、包装材料、工作台垫和地板等,避免因材料引起静电的积累。静电放电敏感器件必须采用静电防护材料包装,如静电导电泡沫塑料、防静电袋、防静电包装盒等,装上器件的印制电路板应放入防静电袋中。静电防护材料应不易产生静电和安全释放静电,其主要有导电防护材料、抗静电材料和静电耗散材料(体积电阻率 $10^4 \sim 10^{11}\Omega \cdot m$)三种,其中静电耗散材料的电阻率居中,具有适中的放电电流和放电时间,是理想的静电防护材料。

(2)静电敏感设备应放置在防静电包装袋或包装箱中,禁止裸置于库房货架上;搬运裸置设备时,应佩戴防静电手套。

(3)操作者应穿防静电工作服,避免摩擦起电。对各种可能产生静电的物体和人提供放电通路,如操作间内的各种仪器、设备和电烙铁头要良好接地。当操作者处置静电敏感产品时,应佩戴静电腕带,通过腕带系统把操作者接地。

(4)在不能用接地方法泄放静电荷时,可在工作环境安置空气电离器(离子风机),通过向外散发带电离子,用来中和物体上的静电荷。

(5)进行星上设备拆装、电缆安装、电连接器插拔时,操作人员应佩戴防静电腕带;未插接的电连接器应及时盖上保护盖,并用防静电袋或防静电泡沫包裹。

(6)卫星在进行总装、环境试验、综合测试和专业测试时,应可靠接地,与卫星接触的各类试验、测试设备应接地;卫星运输时,应通过包装箱进行接地,运输车与大地间应有静电泄放通道。

(7)静电防护区内的相对湿度应控制在 40% ~ 60%,增加环境的湿度,相当于在物体表面覆盖了一层静电耗散材料(带导电杂质的水汽),使绝缘体表面电阻大大降低,从而加速静电的泄漏,避免静电荷的积累。

(8)设置防静电工作区,并张贴防静电标识,对静电敏感的半导体器件,应在防静电工作区内操作。一般使用如图 4-52 所示的标识,ESD 敏感警示标识用于静电敏感电子产品,要求在设计文件中指明其位置;防护标识主要用于防静电包装、防静电器材设备等。

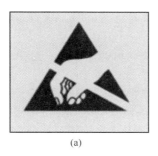 

(a)　　　　　　　　　　　(b)

图 4-52　ESD 警示标识(背景颜色为黄色)

(a) ESD 敏感警示标识;(b) ESD 防护标识。

参 考 文 献

[1]　马兴瑞,韩增尧,等.卫星与运载火箭力学环境分析方法及试验技术[M].北京:科学出版社,2014.

[2]　庞世伟,杨雷,曲广吉.高精度航天器微振动建模与评估技术最近进展[J].强度与环境,2007(6):1-8.

[3]　LM-3A Series Launch Vehicle User's Manual Issue 2011.北京:中国运载火箭技术研究院,2011.

[4]　袁家军.卫星结构设计与分析[M].北京:中国宇航出版社,2004.

[5]　邹元杰,韩增尧,张瑾.航天器全频域力学环境预示技术研究进展[J].力学进展,2012(4):445-454.

[6]　董瑶海.航天器微振动——理论与实践[M].北京:中国宇航出版社,2015.

[7]　Marucchi-Chierro P C,Galeazzi C. The microvibration environment on Artemis:a strategy for its characterization and control approach. 46th International Astronautical Congress[C]. Norway, Oct. 1995.

[8]　周志成,曲广吉.通信卫星总体设计和动力学分析[M].北京:中国科学技术出版社,2012.

[9]　邱吉宝,张正平,李海波,等.星/箭耦合动态响应分析新方法研究[J].强度与环境,2011(6):1-9.

[10]　杨新峰,赵志明,邓卫华,等.小卫星随机振动特性分析与试验验证方法探讨[J].航天器环境工程,2014(8):357-362.

[11]　侯增祺,胡金刚.航天器热控制技术——原理及其应用[M].北京:中国科学技术出版社,2007.

[12]　华诚生,孟莉莉,梁波.东四平台卫星热设计、热试验[C].第八届空间热物理会议文集,2007:79-87.

[13]　袁伟峰,郗殿福,许忠旭.东四平台卫星热试验中的关键技术[J].航天器环境工程,2014,31(3):625-630.

[14]　Christian A Gueymard. The sun's total and spectral irradiance for solar energy applications and solar radiation models[J]. solar energy, 2004 (76):423-453.

[15] Linacre E,Geerts B. "Changes in 'solar constant'"[OL]. http://www-das. uwyo. edu.

[16] Luc Damè, Picard. simultaneous measurements of the solar diameter, differential rotation, solar constant and their variations[J]. Adv. space Res,1999(24):205-214.

[17] Tobiska W K. Variability in the solar constant from irradiance shortward of LYMAN-ALPHA [J]. Adv. space Res, 2002(29):1969-1974.

[18] 2000 ASTM Standard Extraterrestrial Spectrum Reference E-490-00.

[19] Charles William Johnson. The Solar Constant:1. 3661 and The Earth/matriX Temperature Scale[OL]. http://www. earthmatrix. com.

[20] Katz I, Kim W. 3-D Model of Circuit Board Internal Electrostatic Charging[C]. 11th Spacecraft Charging Technology Conference, 2010.

[21] 徐福祥. 卫星工程概论[M]. 北京:中国宇航出版社,2003.

[22] 刘尚合,占成. 静电放电及危害防护[M]. 北京:北京邮电大学出版社,2004.

[23] 王鑫,赵小虎,沈志刚. 有机硅烷提高航天器树脂材料抗原子氧剥蚀[J]. 北京航空航天大学学报,2006(8):912-916.

[24] 于登云. 太阳风暴对航天器的影响与防护[M]. 北京:国防工业出版社,2012.

[25] Tim Williams. 产品设计中的 EMC 技术(第三版)[M]. 李迪,王培清,译. 北京:电子工业出版社,2004.

[26] 陈淑凤. 航天器电磁兼容技术[M]. 北京:中国科学技术出版社,2008.

[27] 陈琼. 电磁兼容性工程设计手册[M]. 北京:国防工业出版社,1993.

[28] 苏东林. 系统级电磁兼容性量化设计理论与方法[M]. 北京:国防工业出版社,2015.

[29] NASA Reference Publication 1368[S],Marshall Space Flight Center Electromagnetic Compatibility Design and Interference Control (MEDIC) Handbook.

[30] 付桂翠. 电子元器件使用可靠性保证[M]. 北京:国防工业出版社,2011.

[31] 庄奕琪. 电子设计可靠性工程[M]. 西安:西安电子科技大学出版社,2014.

[32] 成钢,王雪松. 空间电子产品的静电防护设计[J]. 中国个体防护装备,2013(4):54-56.

第5章 卫星供配电可靠性设计

卫星供配电可靠性是影响整星安全、在轨稳定运行的最关键环节。国内外有多颗卫星因供配电故障导致了整星失效或卫星任务能力严重降级。

卫星供配电可靠性设计主要包含以下内容：供配电体制及拓扑适应性设计、一次电源产品可靠性设计、电源母线防护设计、低频电缆网可靠性设计、负载供电优先级设计等。

5.1 卫星供配电体制和拓扑

1. 母线体制及调节方式

1）母线体制

卫星供配电体制从母线数量上可分为单母线、双母线和多母线三种。

（1）单母线体制：仅有一条一次母线为负载设备供电。一次母线一般配置为28V、42V、100V或更高的电压。单母线体制的太阳电池阵、电源控制设备以及蓄电池组都有冗余配置。

（2）双独立母线体制：设有两条一次母线为负载设备供电。每条母线均配有独立的太阳电池阵、电源控制设备及蓄电池组，可独立为负载供电，也可设计为并联供电。应使两条独立主母线负载尽量均衡，同一设备的主份和备份应分别挂在两条母线上。

（3）多母线体制：多舱段的航天器可配置多个母线，对于电压一致的母线可实现并网切换或者联合供电。

2）母线调节方式

卫星供电体制从母线调节方式上分为不调节、半调节和全调节三种。

（1）不调节母线：光照期太阳电池阵输出电压和地影期蓄电池组输出电压都处于不受控的状态，现在基本不采用此种方式。

（2）半调节母线：光照期对太阳电池阵输出功率进行调节，输出稳定的母线电压。

地影期母线电压不进行调节,随着蓄电池组放电电压的降低而降低。

（3）全调节母线:由电源控制装置对太阳翼和蓄电池组的功率进行调节,使母线电压不管在光照期还是在地影期都稳定在规定的范围内,从而为负载提供稳定的母线电压。

目前,国内外多数卫星采用单母线全调节供电方式。图 5-1 所示为全调节单母线原理框图,可实现母线电压调节、光照期太阳电池阵分流和蓄电池组的充放电控制等功能。

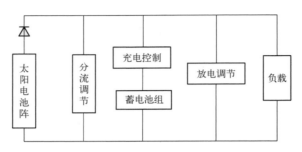

图 5-1　全调节母线原理框图

2. 母线全调节方式

母线全调节方式主要有 S3R 和 S4R 两种方式,S3R 适于 GEO 卫星或 MEO(中轨道)卫星,S4R 适于低轨卫星。

1）S3R 母线调节方式

S3R(Sequential Switching Shunt Regulation)即顺序开关分流调节,原理如图 5-2 所示。其基本原理是通过主误差放大信号(MEA)在分流域、充电域和放电域三个线性区间内,分别对分流调节器(S3R)、充电调节器(BCR)、放电调节器(BDR)进行控制,实现母线电压的全调节控制,将一次母线电压稳定在要求值上,从而简化了用电设备的电源电路设计。对于 S3R 电源拓扑,任意时刻只有一个分流级处于开关状态,其他分流级处于分流状态或供电状态。因此,动态负载响应能力好、热耗低,分流级的容量可以做得较大,便于实现分流调节器、放电调节器、充电调节器的一体化集成。其不足是母线纹波较

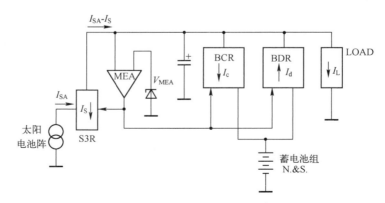

图 5-2　卫星 S3R 电源拓扑示意图

大,需在母线输出端设置较大的电容组件。我国 GEO 卫星多采用基于顺序开关分流调节的全调节母线拓扑。

对于需要频繁充放电的太阳同步轨道卫星来说,S3R 功率调节技术已不完全适用。对此可设计独立的充电阵和供电阵,由主误差电压信号控制分流调节和放电调节,实现母线全调节以及蓄电池供电,由此构成混合型功率调节技术。

2)S4R 母线调节方式

S4R(Series Sequential Switching Shunt Regulation)即顺序开关分流串联全调节,如图 5-3 所示。S4R 继承了混合型功率调节技术的两域控制特点,通过主误差放大器在分流域和放电调节域内分别控制分流调节器和放电调节器,降低了控制复杂程度,同时也弥补了独立充电阵利用率低的不足。

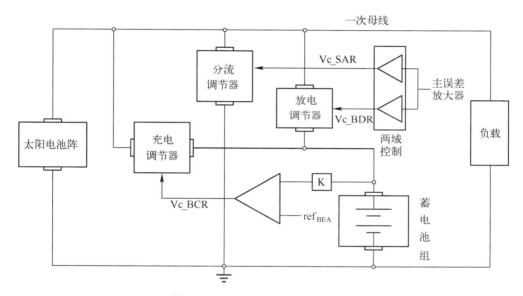

图 5-3　卫星 S4R 电源拓扑示意图

3. 电源系统组成

卫星供配电系统可分为一次电源子系统和总体电路子系统。一次电源子系统主要功能是产生、储存、调节一次母线,利用太阳电池阵作为主电源,蓄电池组作为储能装置,由电源控制设备对供电母线和功率实行调节和控制,提供电源母线;总体电路子系统主要功能是为卫星各电子设备和加热器、火工装置等部件配电,进行供电控制,并通过电缆网实现整星低频功率连接。

图 5-4 给出了某 GEO 卫星的供配电系统组成框图。此供配电系统里设置单独的火工品管理器和 4 台配电器,而新一代卫星随着综合电子系统的应用,为实现集成化和轻量化设计,将火工品管理功能和配电功能等集成到卫星业务单元中。

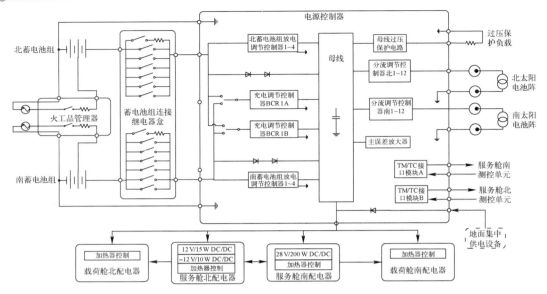

图 5-4 某 GEO 卫星供配电系统组成框图

5.2 卫星一次电源产品可靠性设计

1. 太阳电池阵可靠性设计

太阳电池阵是卫星的主电源。当卫星处于光照期时,太阳电池阵利用太阳电池的光生伏特效应,把太阳能转变为电能,为整星供电。在满足整星光照期负载需求的同时,太阳电池阵通过光照期剩余的电能为卫星蓄电池充电。太阳电池的发展经历了从硅电池到单结砷化镓电池,再到目前主流应用的三结砷化镓电池,转换效率可达 32%,目前正在研发效率更高的多结砷化镓太阳电池。

太阳电池阵可靠性安全性设计要求如下。

1) 太阳电池冗余设计

考虑电源控制器每个分流电路的分流能力和 SADM(太阳电池阵驱动机构)功率环的承载能力,太阳电池阵分为多个分阵,每个分阵由多串电池片并联而成。例如,某卫星的单个太阳电池阵分为 12 个分阵,每个分阵又由 6 个子阵组成,每个子阵由 4 并 60 串的三结砷化镓太阳电池组成。

太阳电池片串联数量要满足卫星一次母线电压及供电链路损耗要求,太阳电池片的并联数量必须满足卫星的电流需求,同时需考虑单体太阳电池片在寿命末期输出电压和输出电流的衰降。

为避免太阳电池开路失效,一般每个分阵考虑 2 串太阳电池电路的冗余能力。

2) 太阳电池阵防短路和断路设计

太阳电池阵应从电池片焊接、隔离、电缆绝缘防护等方面采取有效措施,避免太阳电池阵短路和开路,主要措施有以下几个。

(1) 为避免由于太阳电池单体开路而造成整串电池失效,将每个太阳电池并联旁路二极管。

（2）为防止因部分太阳电池短路导致太阳电池分阵短路，将每个子阵通过两个隔离二极管并联输出至分阵。图 5-5 给出了某卫星一分阵的太阳电池电路组成，包含 6 个子阵，每个子阵由 4 并 60 串单体组成。

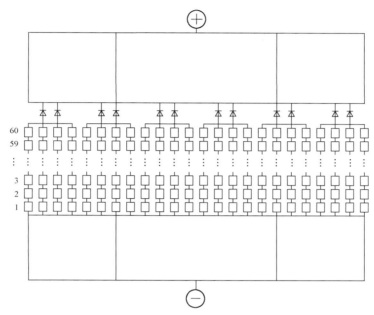

图 5-5　某卫星一个分阵太阳电池电路图

本—单元电路隔离二极管；□—带旁路二极管的太阳电池单片。

太阳电池阵与电池基板之间通过聚酰亚胺进行绝缘，基板与卫星地通过高阻连接，实现太阳电池阵与卫星地之间的双重绝缘。

（3）分阵功率传输电缆采用多线（如 4 正 4 负导线）冗余设计，防止传输导线开路故障。

（4）在分阵电缆传输通路上，一般采取分散走线设计。例如，图 5-6 给出了 4 分阵电路电缆的走线设计，每块太阳电池板上的 4 个分阵中 2 个分阵从上面输出，2 个分阵从下面输出，防止由于电缆连接断开导致一块太阳电池板上的全部功率通路断开。

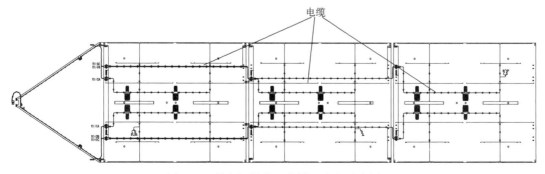

图 5-6　某太阳翼背面电缆面走向示意图

153

（5）严格互联片与电池片间焊接、旁路二极管及单元电路隔离二极管焊接的参数控制及检验，尽量减少机械应力，避免焊接开路或短路。

（6）做好电连接器和导线的选用控制及检验，并采用多点多线设计，将电缆绑扎牢固，做好绝缘层防护，避免板间电连接器和导线开路或短路。

3）太阳电池阵防静电设计

对于100V以上的高压太阳电池阵，在玻璃盖片、互联片、聚酰亚胺薄膜三者之间易发生静电充放电。卫星运行至阴影区时，太阳电池阵处于等离子体环境中，同样能量的电子比质子的运动速度大得多，因此整个太阳电池阵带负电，在地球同步轨道，太阳电池阵电压可以达到-2000V以上；在卫星出影过程中，由于玻璃盖片上光照产生的二次发射电子速率大于玻璃盖片收集电子的速率，因此玻璃盖片相对于衬底或互联片的电势上升，当两者之间的电势差升高到超过阈值电压时，就会发生玻璃盖片与互联片或衬底之间的放电。如果放电时间较长，会造成太阳阵基板的局部温度急剧上升，导致聚酰亚胺发生热解反应，使其绝缘性能下降，最终引起太阳电池电路短路失效。

针对高压太阳电池阵（100V）应进行相应的防静电放电设计，主要设计措施有以下几个。

（1）在粘贴太阳电池片前对基板聚酰亚胺薄膜进行刮胶（如RTV胶）处理。

（2）相邻电池串之间填涂室温硫化硅橡胶（如RTV胶）等绝缘材料，以降低发生二次诱导放电的概率。

（3）采用多折的电池串布片方式，尽量降低两串电池间的电势差，一般应控制在50V以下。例如，图5-7为某卫星的太阳电池单元电路布局图，电路采用5折往返串联的形式布局，串间电压为20V。

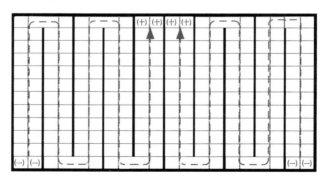

图5-7　某卫星太阳电池单元电路布局图

（4）尽量减小每串太阳电池电路的电流值，一般应控制在1.5A以下。

（5）太阳电池片对基板采取绝缘安装，太阳电池基板与卫星结构地间高阻连接。

（6）为提高太阳电池电路的故障隔离能力，防止发生二次表面放电时有短路现象的电池串成为负载，将太阳电池单元电路串联两只并联的隔离二极管进行隔离。

4）太阳电池阵结构力学设计

太阳电池阵结构力学设计应保证元器件、太阳电池电路等满足力学裕度设计要求，太阳电池阵基板和展开后的基频应符合相关要求。

2. 蓄电池组可靠性设计

蓄电池组是卫星储能装置,目前主要采用 NCA 体系的锂离子蓄电池组。蓄电池组由多个电池单体组件串联而成,电池单体组件由多个单体并联而成,并联数目由总电流要求决定。蓄电池组串联后经过升压调节形成一次母线的电压。

考虑寿命末期单体电池的失效概率,蓄电池组需进行冗余设计,保证在一个蓄电池单体失效后,蓄电池的输出功率能力依然满足指标要求。

图 5-8 为某蓄电池组的结构示意图。

图 5-8 某蓄电池组的结构示意图

1) 蓄电池组放电深度

放电深度是蓄电池在轨运行的重要参数。其计算公式如下:

$$DOD = (P \times T / V_e) / C \tag{5-1}$$

式中:DOD 为蓄电池组放电深度;P 为蓄电池组放电功率(即卫星功率需求);T 为放电时长(GEO 卫星为 1.2h);V_e 为电池组平均放电电压;C 为蓄电池组标称容量。例如,某 GEO 卫星的 P 为 11000W,T 为 1.2h,V_e 为 66V(由 20 串单体组成,单体平均放电电压 3.3V),C 为 270Ah,则计算得到 DOD = 74.1%。

对应不同的蓄电池类型及其在轨使用寿命,存在一定的放电深度限值。例如,GEO 卫星采用锂离子蓄电池时,其在轨 DOD 要求小于 80% 即可;低轨卫星采用锂离子蓄电池时,其在轨 DOD 小于 25% 即可。如果在轨超过 DOD 限值,将会影响蓄电池组的在轨寿命及寿命末期的蓄电池性能。

2) 蓄电池组防开路设计

为防止蓄电池组开路失效,采取了以下两方面设计措施。

(1) 采用多只单体电池并联的组合方式,一只单体电池发生开路失效时,电流可以从与之并联的其他电池上流过,防止了单体电池开路失效导致整个电池组失效。

(2) 在每个单体电池的正负极柱上并联一个防开路的 BY-PASS 旁路开关,一旦电池发生开路失效,启动 BY-PASS 旁路开关将失效电池从电池组中切换出去,电流从 BY-PASS 旁路开关中通过,防止了电池开路失效导致整个电池组失效。

BY-PASS 旁路开关的工作原理及外形结构如图 5-9 所示。旁路开关由 T1、T2、T3 三个连接端子组成,T2、T3 分别与本电池单元负极和正极端子连接,T1 则与上一个电池单元中正极端子连接。正常情况下,T1 与 T2 连接,T3 断开;当因电池单体故障需要进行旁路隔离时,T1 接通 T3,同时断开与 T2 的连接。

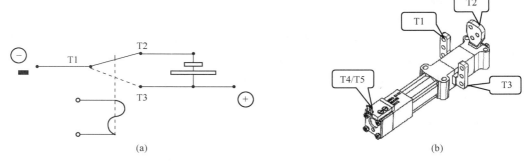

图 5-9　蓄电池组 BY-PASS 旁路开关原理及外形图

（a）BY-PASS 开关原理图；（b）BY-PASS 开关结构外形图。

3）蓄电池组绝缘防护措施

蓄电池组的绝缘防护措施主要有以下几个。

（1）蓄电池单元通过汇流排与 BY-PASS 开关的连接端子 T1、T2、T3 进行连接，汇流排通过缠绕聚酰亚胺胶带进行绝缘处理，正负极汇流排采用空间隔离绝缘，并与电池组结构保持空间隔离绝缘，底部安装环氧绝缘板与外界隔离绝缘。

（2）单体电池表面通过包覆聚酰亚胺膜进行绝缘，电池组合结构采用套筒式结构，套筒内壁涂有硅橡胶，起到绝缘作用。

（3）单体电池的底部粘贴环氧玻璃板进行绝缘，单体电池上盖采用粘贴环氧玻璃板进行绝缘。

（4）在完成电池组组合装配后，将电池极柱裸露金属部分涂硅橡胶进行绝缘处理。

（5）加热带粘贴在电池组模块套筒结构上，并与电池组结构绝缘。

（6）BY-PASS 旁路开关壳体一般采用绝缘材料，与电池组结构绝缘，且旁路开关电连接端子裸露部分涂硅橡胶进行绝缘。

（7）蓄电池组结构与卫星舱板间粘贴聚酰亚胺膜进行二次绝缘，通过高阻（如 2 个 100kΩ 电阻并联）接到卫星舱板上，实现静电泄放。

（8）电缆走线与电池正负极柱之间采用空间隔离绝缘，正负极与 BY-PASS 旁路开关电连接端子之间的电连接片采用喷漆、缠绕聚酰亚胺膜等措施进行绝缘。

3. 电源控制装置可靠性设计

电源控制装置 PCU 实现对供电母线的稳定调节和控制，基于 S3R 调节体制的 PCU 主要由母线误差放大信号（MEA）模块、分流调节模块、放电调节模块、充电调节模块、母线过压保护组件、TM/TC 接口模块、滤波电路等组成，如图 5-2 所示。

S3R 电源控制装置采用三域调节工作模式，光照期太阳电池阵所产生的能量将通过顺序开关分流调节模块（S3R）调节后送到母线，而蓄电池组充电调节模块（BCR）则将母线上的部分能量储存在蓄电池组中，地影期间通过蓄电池组放电调节模块（BDR）释放到母线上。

电源控制装置可靠性安全性设计要求如下。

1）母线误差放大信号电路

电源控制装置中的母线误差放大信号（MEA）模块是一次电源实现全调节母线控制、

保证蓄电池组正常充放电必不可少的核心模块,应避免出现故障。

为提高电路可靠度,MEA 电路采用三取二表决电路。三个独立的误差放大通道分别有自己的基准电压和母线分压信号,处于热备份工作的三路误差放大电路的输出经三取二表决电路后输出,即使其中一路出现故障(如由于器件故障造成放大电路输出截止或饱和),表决电路自动选择三路放大器输出的中间值作为控制信号,仍能保证 MEA 输出正常。

三路 MEA 的供电电源应采取分散供电方式,设计三路独立的稳压电源,分别为三路误差放大电路提供直流电源,避免三路误差放大电路共用电源降低设备可靠性。

2) 分流调节模块

分流调节模块在卫星光照期间起到调节太阳电池阵、稳定母线输出的作用;在分流器工作期间,最多只有一级处于开关工作状态,其余的分流开关管截止或者饱和,为此误差控制电压应留有死区。

为提高可靠性,分流调节模块在功率预算时允许一个分流级开路或短路失效。

3) 充电调节模块

充电调节模块采用主备份模块冗余设计,对蓄电池组实施独立的充电过充保护,主备切换受地面遥控指令的控制;充电调节器应具备过流保护功能,当充电调节器的输入电流超出设定界限时,充电调节器与母线串接的电子开关应断开,如图 5-10 所示。

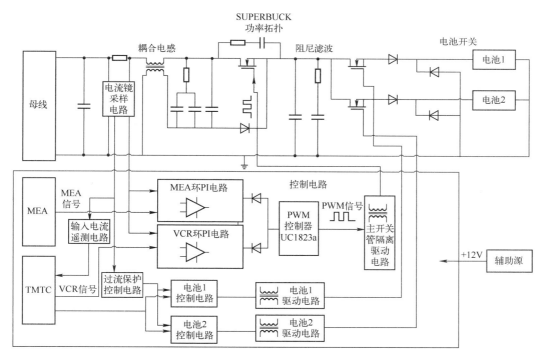

图 5-10　BCR 原理框图

不应存在单点失效而丧失对蓄电池的充电能力,或引起蓄电池对电源母线、电源母线对地、蓄电池对地等短路现象。

4）放电调节模块

放电调节模块（BDR）采用多个功能模块并联冗余设计，热备份工作，保证对应一组蓄电池的一个放电调节模块失效时也能满足功率要求。

每个 BDR 的输出端必须设置故障隔离电路；为了提高可靠性，放电调节模块功率级一般采用多个功率管并联构成蓄电池组放电功率调整模块；与放电控制器并联，设置二极管将蓄电池组直接与母线耦合，如图 5-11 所示。

设计输出过流保护电路，当因短路等原因造成输出过流时，为保护蓄电池，关断 V1 管，起到过流保护作用。BDR 的过流保护功能是通过检测功率拓扑的电流，输出电流的采样信号与设定的基准电压进行比较，当输出电流大于设定限值（如 20A）时，关断保护管 V1。过流故障消除后，通过指令将 BDR 进行复位，消除过流保护状态。如图 5-11 所示。

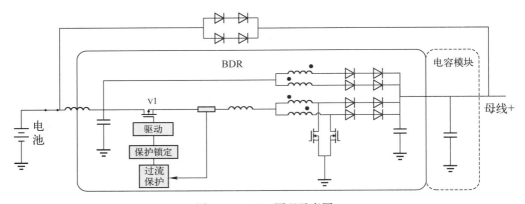

图 5-11　BDR 原理示意图

5）汇流条及导线防短路设计

PCU 往往大量采用汇流条的形式，来实现电源母线、蓄电池电源的功率传递和传输，因此存在大量高压导体。汇流条主要包括：母线正、母线负、北电池、南电池汇流条，BCR、BDR、S3R、电容模块的内部连接汇流条，以及 PCU 对外输出连接的汇流条。图 5-12 和图 5-13 为某 PCU 的两类汇流条。

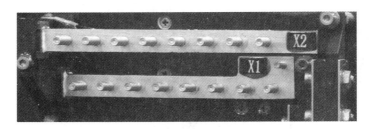

图 5-12　PCU 对外连接的汇流条（用于安装接线端子）

各正负汇流条间应通过无开口的厚度大于 2mm 的绝缘板进行隔离，如果无法物理隔离时，需要对所有非连接部位进行绝缘涂覆，并保留 3.5mm 以上的间距。

导线束沿着机壳壁走线，线束与机壳接触的位置上粘贴绝缘膜，通过绑线卡将线束固定，绑扎后通过硅橡胶点封；穿过机壳的线束与机壳之间应设置尼龙套并点胶固定，防

图 5-13　PCU 的 4 根主汇流条

止机壳磨线。

　　母线电压的有线测量和遥测测量电路需要串联限流保护电阻,防止外部测量电路短路造成电源短路。

5.3　卫星电源母线防护设计

1. 母线过压及欠压防护设计

1）母线过压防护设计

防止母线电压过高的措施有以下几种。

　　(1) 采用多级分流,把太阳电池阵多余的电能分流掉,并且采取冗余设计,确保在一级分流阵失效情况下仍能保证卫星母线电压稳定。

　　(2) 放电调节器设计过压保护电路,避免母线电压过高引发整星故障。采用母线过压保护负载实现对母线过压的保护,负载为多个加热片串并而成,安装在卫星结构板上。当母线电压高于设置过压保护电压(如 107.5V)时,接通过压保护负载的开关,消耗掉多余的功率,将母线电压降到正常水平。过压保护后,由星上自主或地面遥控断开过压保护负载的开关。

2）母线欠压防护设计

　　当有星上出现设备内部或电缆短路时,会造成母线电压瞬间跌落,导致星上相关设备发生欠压关机,影响卫星正常运行或卫星安全。为此可采取以下措施。

　　(1) PCU 输出端设置电容阵,其除起到输出电压滤波的作用外,当母线电压跌落时,会一定程度地控制母线电压。

　　(2) 蓄电池组通过隔离二极管直接连到 PCU 的输出端,当母线电压跌落到蓄电池组的电压(如 84V)时,蓄电池组通过隔离二极管向母线直接供电,将母线电压维持在一定水平。如图 5-14 所示。

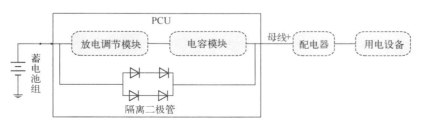

图 5-14　母线欠压过程供电原理图

当一次母线后端发生短路时,在短路瞬间(微秒级)电源控制器内部的模块无法快速响应,由电源控制器内部的自愈电容阵列向负载提供短路电流,并且母线电压开始跌落,在母线电压低于蓄电池电压时(例如,某卫星在考虑最长地影放电和线路压降后最小为68V),两组蓄电池组通过两个隔离二极管向母线供电,蓄电池组向母线供电电流进一步增大,同时随着短路时间延长,电源控制器的 BDR 模块也向母线供电,母线电流进一步增大直至熔断故障点。

2. 蓄电池组过充和过放防护设计

为保护蓄电池组在轨使用,避免过充电影响其性能,常设计蓄电池组的过充电保护功能,分为硬件过充保护和软件过压保护。

1)蓄电池组硬件过充保护

PCU 内设计对蓄电池组的过压充电保护功能,其可通过地面遥控指令使能或禁止功能。

当采集的蓄电池电压达到限定值(单体限定值×单体串联个数)时,PCU 对每组锂离子蓄电池组实施独立过充保护。PCU 硬件过充保护功能使能时,若某一组电池的两个电压采样信号均超过设定阈值时,过充电保护开关被触发,对应蓄电池组的 BCR 充电开关断开,而另一组电池仍按设定的充电模式充电。当蓄电池组电压低于某一设定值(如74V)时,过充保护开关自动恢复。

2)蓄电池组软件过充保护

除硬件过压保护外,一般还在能源管理软件里设置过压保护功能,包含软件过压充电保护、过温充电保护、过流充电保护。

在蓄电池组大电流充电或补充充电过程中,当蓄电池组整组电压大于某一设定值(如大于4.3×蓄电池单体数伏)时,则停止对该组蓄电池进行充电,设置该蓄电池组充电电流为0。

在充电过程中,当蓄电池组温度(一般取单体所有温度采集量的中间值)超过限定值(如大于35℃或小于0℃),则停止对该组蓄电池进行充电,设置该蓄电池组充电电流为0。

在充电过程中,当蓄电池组充电电流超过对应温度设置的上限值时,则发送指令降低充电电流,设置该蓄电池组充电电流为该温度下的默认值。某锂离子蓄电池组的充电电流限制如表5-1所列。

表 5-1　某锂离子蓄电池组充电电流限制表

温度/℃	最大充电电流/A	默认充电电流/A
<0	0	0
0	3.3	2
5	5	2
10	10	10
15	20	10
20	21	10
30	21	10
35	21	10
>35	0	0

　　3) 蓄电池组过放电保护设计

　　为防止蓄电池组因异常情况过放电超过限定的放电深度,应进行过放电防护设计。可通过自主管理软件采用在轨自主限流的方式,如果放电深度达到设定值,则由星上软件自主发令按预置的程序关断相关设备或进入能源安全模式。

3. 火工品脉冲母线防护设计

　　火工品脉冲母线为火工品起爆提供电流,在轨故障将造成整星重大故障,因此必须做好安全设计防护。

　　为保证火工品起爆的可靠供电,卫星一般设计专门的火工品供电母线,由蓄电池组直接供电,不经过 PCU 调节。

　　火工品起爆由火工品管理器(或模块)进行控制。图 5-15 为某卫星采用的火工品管理器组成框图,其主要由程控电路,火工品起爆瞬间电流信号测量、放大和保持电路,驱动及执行电路等组成。

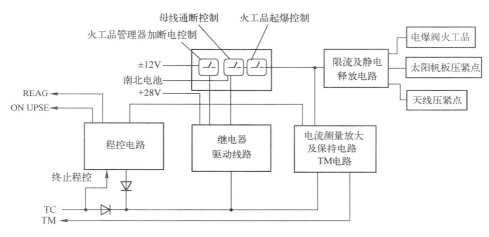

图 5-15　火工品管理器组成框图

　　(1) 火工品可靠起爆需要满足一定的电流要求,因此在火工品起爆前,必须确保蓄电池足够的电量。

　　(2) 为防止火工品的误起爆,需要设计 3 道以上的安全控制开关,包括指令母线、火工电源母线和起爆器供电母线的安全控制,具体如下所述。

　　① 指令母线必须有 1 道通断控制,可以用星箭分离开关或继电器控制。

　　② 火工母线必须有 1~2 道通断控制,即火工母线正通断控制,或火工母线正、负(回线)通断控制。

　　③ 起爆器供电起爆必须有 1 道控制开关。

　　(3) 必须采取可靠性设计措施,确保火工品的起爆通路正常,主要措施有以下几种。

　　① 每个发火器设置两个桥丝,且均使用不同继电器的不同触点,每个桥丝都有独立的发火通道,当单母线发生故障或单个继电器发生故障时仍可正常发火。

　　② 火工装置多数有两个起爆器,一般要求两个起爆器分别由不同的蓄电池组供电;起爆电路所需的遥控和程控指令原则上要求冗余设计,互为备份。

　　③ 火工品供电电流大,起爆脉冲母线由蓄电池直接提供,因此为防止起爆后桥丝搭

接机壳,起爆通路中应设置限流电阻起到限流和保险丝的作用。

④ 火工装置的正、负两端均设置通断控制,火工装置设置起爆静电泄放通路。

⑤ 火工品脉冲母线长期接入火工品控制装置(模块)中,需对脉冲母线通路进行全面的二次绝缘,防止由于短路造成灾难性后果。

⑥ 火工品脉冲母线、印制板母线正负之间及与其他印制导线、焊盘之间保证有足够的安全距离,并进行三防涂覆。

⑦ 火工装置起爆电源线应使用单独的电连接器,采取屏蔽措施,布线时与其他线缆保持至少 30mm 间隙。

⑧ 在卫星表面设置火工装置短路保护插头,将火工装置两端短接,保障卫星在地面试验阶段,火工装置不会意外起爆。

4. 电源防短路设计

电源短路是卫星的严重性及灾难性故障模式,对卫星影响极大。需要从太阳帆板驱动机构(SADA)内部设计、用电设备设计、电缆网等方面做好电源防短路设计。

1)太阳帆板驱动机构功率通路防短路设计

卫星通过 SADA 完成功率传输。SADA 是卫星全寿命期间内持续活动的部件,且无法备份,属于关键单点故障,一旦失效将导致卫星能源的丧失。SADA 内部发生弧光放电短路是其失效的常见故障模式,因此必须做好 SADA 内部的防短路设计,主要设计措施有以下几种。

(1)功率环触点进行降额设计,降额后的电流容量应大于寿命初期分阵短路电流。

(2)正功率环与负功率环分开。

(3)内部空环进行接卫星结构地处理,整机采用浮地安装,消除导电环对卫星结构短路可能。

(4)对设备内裸露件进行绝缘涂覆处理,并进行绝缘测量验证,消除因多余物引起的短路风险。裸露件主要包括功率刷、正母线附近的裸露结构、盘环固定螺钉、功率传输通路上所有螺钉头尾等。

(5)导线进行二次绝缘处理,线束压线片安装热缩套管。

(6)优化电刷块工艺或采用低磨损率的刷丝式盘环,减少磨屑产生,降低磨屑引发放电短路概率。

(7)降低电极间电场强度,提高电极间耐压能力,抑制弧光放电。

(8)进行产品耐压测试(500VAC,60s)和满功率负荷热真空试验。

2)设备电源防短路设计

用电设备必须采取串联熔断器、保护电路或限流电阻的方式对母线进行保护。保护电路的设计需使得当保护电路工作在短路保护状态下故障不扩散,并且保护电路不会引入新的单点故障。短路保护措施应分散到设备、部件、模块级,优选设置在模块级的保护措施。

尽量采用可恢复的过流保护电路,尽量少用熔断器,避免因熔断器的熔断而使卫星主要功能失效;熔断器、限流电阻和保护电路应尽量靠近电源端,尽可能使短路产生的损失控制在最小的范围内。

应采取主备电源相互隔离、电源导线双重绝缘等措施,避免出现单点失效而导致供电母线短路;同一功能的主份和备份模块或电路不能共用短路保护电路;电源输出端插座应选用座孔式电连接器。

在设备的一次电源供电入口处应设计供电开关,当出现故障时可断电隔离。

为防止电容的短路故障,设备的电源输入输出端滤波电容一般采用两只电容串联使用的方式,单机供电入口处的滤波电容一般也应串联。

电源变换器的每一路输出都应设计过流保护功能,输出过流保护值一般应大于额定电流的1.4倍。若一路电源同时对几个负载供电,每个负载输入端应设置独立的过流保护电路,当其中一路发生过流时,不影响其他负载的正常工作。

对于功率通路上的继电器等金属壳体器件,应绝缘安装或高阻接地,在继电器外壳与设备外壳间,通过几十千欧级的泄放电阻进行电隔离。对于无法实施壳体浮地的微波开关,一般采用熔断器或保护电路对线包电源进行保护。

3) 设备内供电安全间距设计

单机内部供电安全间距不足时,在某些应力或多余物作用下,易导致单机内部供电短路,造成整星母线电压瞬间跌落和单机失效,因此单机内部必须保证足够的供电安全间距。下面给出了一次母线以及元器件带电外壳的安全间距的一般要求。

一次母线正线与安装螺钉和机壳间安全间距要求:一般分故障隔离前和故障隔离后,在故障隔离前,即如图5-16所示的a、b点之前,一次母线正线(含焊点、焊盘、印制线、导线裸露段)与安装螺钉和机壳等的间距一般要求不小于2.5mm。在故障隔离后,一次母线正线与安装螺钉和机壳等的间距,在不进行绝缘涂覆情况下,一般要求不小于1.6mm;在进行绝缘涂覆情况下,一般要求不小于0.5mm。

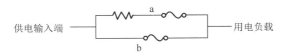

图5-16 母线隔离示意图

一次母线正线与回线和其他印制线间安全间距要求:不分故障隔离前和故障隔离后,一次母线正线(含焊点、焊盘、印制线、导线裸露段)与回线和其他印制线(含功率线和信号线)的间距,在不进行绝缘涂覆情况下,一般要求不小于1.6mm;在进行绝缘涂覆情况下,一般要求不小于0.5mm。

印制导线间安全间距要求:在卫星工程中,一般在印制板电路设计的相关标准基础上,对印制导线电气间距进行加严要求。例如,表5-2即为加严的印制导线电气间距。

表5-2 印制电路导线电气间距要求

导线(含焊盘)间电压/V	最小间距/mm		
	内层导线	外层导线、元件引线未涂覆	外层导线、元件引线涂覆永久性绝缘涂层
0~15.99	0.2	0.64	0.2
16.00~30.99	0.2	0.64	0.2
31.00~50.99	0.2	0.64	0.5
51.00~100.99	0.5	1.6	0.5

（续）

导线（含焊盘）间电压/V	最小间距/mm		
	内层导线	外层导线、元件引线未涂覆	外层导线、元件引线涂覆永久性绝缘涂层
101.00~170.99	0.5	3.2	0.7
171.00~250.99	0.5	6.4	0.7
251.00~300.99	0.5	12.5	0.7
301.00~500.00	0.6	12.5	1.6
大于500	0.0025/V	0.025/V	0.00305/V

元器件带电外壳安全间距要求：元器件的带电外壳（例如一般晶体管的金属管壳为集电极）最外边缘与其他导体（含金属结构和其他元器件等）的距离应不小于1.6mm，并采取绝缘措施。

4）熔断器选用及检测

目前一次电源的用电设备多采取熔断器的方式对电源母线进行保护，以便设备内部短路时能及时与母线隔离，不会对整星母线造成影响或减小影响，从而保护卫星电源系统不受损坏。熔断器设置在设备电源输入端之后，滤波电路及其他电路之前。严格按照使用要求，并兼顾熔断器的降额及熔断能力进行熔断器选用。

熔断器按以下步骤进行选择。

（1）熔断器型号及并联只数确定。根据设备的最大工作电流 I_e 及工作环境温度，从相关标准或具体型号设计建造规范中选择熔断器的降额因子（器件经受的最大电流与器件额定电流之比），一般取0.5，由此来确定熔断器型号及并联只数。对于常用的MGA-S熔断器，常用型号有MGA-S-125V-0.14A/0.175A/0.35A/0.7A/1.05A/1.4/2.1A/2.8A/3.5A。

型号并联只数由下式计算：

熔断器并联只数>（电路负载最大工作电流/0.5）/熔断器额定电流。

（2）熔断器熔断能力分析。母线提供的熔断电流越大，熔断的时间就越短，越能保护母线的安全，因此需要对电源母线的熔断器熔断能力进行分析。由表5-3可见，当流过每个熔断器的电流大于额定电流的3.58倍时，才能保证熔断器可靠熔断。因此要求电源输出电流/熔断器并联只数大于3.58。如不满足要求，应适当减小熔断器降额因子。

表5-3　MGA-S熔断器熔断时间

额定电流 I_n	1.43×I_n	3.58×I_n		5.71×I_n		8.57×I_n	
		MIN	MAX	MIN	MAX	MIN	MAX
0.14~3.5A	4h	2ms	5s	500μs	10ms	50μs	2ms

（3）熔断器的瞬态过流熔断特性分析。熔断器的瞬态过流特性可从熔断器产品手册获得，设备的浪涌电流特性一般需经测试获得。要求熔断器的额定电流大于设备的供电浪涌电流（一般要求小于额定工作电流的4倍）。若设备的浪涌电流值超过熔断器的瞬态过流熔断特性，则需选择额定电流更大的熔断器。通过浪涌降额曲线得到 $I^2 t$，此值

应小于熔断器的 I^2t 指标。如 MGA-S-2.1A 的指标为 $1.44A^2 \cdot s$。

为提高熔断器的使用可靠性,一般采用双熔断器或多熔断器,将两个具有相同额定电流的熔断器并联使用,其中一个支路上串联一限流电阻,限流电阻阻值应大于熔断器直流电阻的 20 倍。当设备工作电流较大时,熔断器数量可以选 3 只以上,此时可以不串联限流电阻。

例如,某设备的最大输入电流小于 0.3A,其保险丝选用瑞士 SCHURTER 公司的 MGA-125V-2.1A 型熔断器,其相关参数如表 5-4 所示,ESCC 认证其额定电流为 2.1A,冷态电阻最大值为 0.0277Ω,冷态电阻最小值为 0.0204Ω。其采用 2 只熔断器并联使用,并在其中一个熔断器后串联了一只 1Ω 电阻器。经计算,250% I_e 即 7.5A 时,熔断时间为 2ms~5s;400% I_e 即 12A 时,熔断时间为 $500\mu s$~10ms;有电阻器串联支路的等效电阻是没有电阻器串联支路等效电阻的 20~50 倍,因此设计符合要求。

表 5-4 MGA-125V-2.1A 型熔断器参数

规 格			冷态电阻/Ω		过载熔断时间	
名称	最高电压/V	额定电流 I_e/A	最大	最小	250% I_e	400% I_e
MGA-125V-2.1A	125	2.1	0.0277	0.0204	2ms~5s	$500\mu s$~10ms

(4)熔断器检测方法。在设备试验和测试过程中,如果并联的一只熔断器熔断,无法通过设备的电性能测试进行判断,需要进行专门的检测,一般应在各主要环境试验前后进行检测。主要有两种检测方法:设置专门的检测点,或直接用电连接器输入点进行检测。

采用专门的熔断器检测引线方法:图 5-17 中的熔断器电路在串联电阻后增加保险丝专门检测点引线,采用万用表分别连接 1 和 3、2 和 3 进行阻值测量,如果测量值小于 0.1Ω,则熔断器未开路。

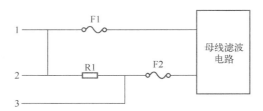

图 5-17 采用专门熔断器检测点的单机供电输入接口电路

直接利用熔断器引线检测方法:图 5-18 中的熔断器电路未设置专门的熔断器检测点引线,采用万用表分别连接 1 和 2 点进行阻值测量,如果测量值小于 2Ω,则熔断器未开路。

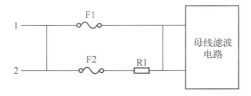

图 5-18 利用熔断器引线进行检测的单机供电输入接口电路

5.4　卫星低频电缆网可靠性设计

低频电缆网由电缆、电连接器和其他辅助材料组成,是传输功率、控制信号、状态信号等低频信号的通路。电缆网设计时应充分考虑线缆的空间环境适应性,包括辐射、温度和力学环境的影响。电缆网设计应考虑承载电流的冗余度要求、导线压降和功率损耗要求,进行降额设计。

根据导线作用和所传输信号性质,一般将星上低频电缆网分为以下三类。

（1）Ⅰ类:一次和二次电源母线,加热器供电线。

（2）Ⅱ类:火工品电爆装置及火工品导线。

（3）Ⅲ类:遥测、指令、敏感信号采集、总线等各类信号线。

电缆短路属于卫星的典型故障模式,会对卫星带来严重性或灾难性影响。因此,必须从设计、工艺和具体操作上采取有效措施,防止低频电缆短路故障的发生。低频电缆网绝缘措施主要有以下几种。

（1）根据电缆分束原则,要求每一类导线尽量不与另一类导线排在同一束电缆内。当不同类的电缆必须沿同一路径铺设时,Ⅰ类与Ⅱ类之间应有 10cm 以上间隔,Ⅰ类与Ⅲ类之间应有 5cm 以上间隔。在布局紧张又无法实施的位置,可以单独成束,并与主束合并;同一个连接器内尽量不包含不同类的导线,火工品母线、发火线路均采用独立电连接器。

（2）冗余设备间的电缆束尽可能分开敷设,以防止由于一台设备的损伤,影响到另一设备。

（3）功率线外部不应包覆热控材料,电缆束应与发动机、火工装置保持适当距离,并采取防热措施。

（4）低频电缆固定点用热缩膜进行保护;支撑用的弹性减振夹子或尼龙底座夹子与电缆束接触面的形状应与布线束的外形密切配合;电缆束应做好固定,不能窜动,但不能过紧,避免出现受夹变形或绝缘层损伤情况。

（5）结构板的电缆穿孔应进行绝缘保护,过孔电缆应包覆绝缘层,或对结构孔边进行包覆;电缆束不应与设备、结构的棱角接触,以防摩擦损伤,当两者间隙小于 10mm 时,应采取相应保护措施。

（6）电缆束应尽量避免与外贴热管相接触,当无法避免时,在靠近热管部位均缠绕防护胶带,防止和金属热管发生直接接触,保证二次绝缘的可靠性。

（7）通过旋转接头的电缆束,应防止过分弯曲,并合理设置电缆束固定点,防止因电缆束固定不当而增大机械部件运动的阻力,同时也避免电缆受到损伤。

（8）电连接器从出厂到卫星发射时间内总的插拔次数一般不超过 50 次。

（9）选用的屏蔽线或屏蔽电缆外层必须有防护套,姿轨控敏感器的微弱输出信号必须采用双绞屏蔽线。

（10）电缆束一般应紧贴卫星结构板铺设,一般每隔 300mm 应该有固定电缆卡固定电缆,布线束转弯半径应大于电缆束直径的 5 倍。

5.5　卫星负载供电优先级设计

当卫星因电源故障出现功率不足时,需要关断星上相关设备,以保证卫星平台正常工作及关键载荷任务;当卫星因故障出现母线欠压时,需要保证星上关键分系统及设备工作正常,以保证卫星安全。为此需要对星上用电设备,根据其完成卫星任务的关键程度,进行优先等级划分,支撑实现卫星在电源故障情况下的能源和负载合理调度,在卫星电源出现故障时,星上自主将优先级低的设备先关机,尽量保证优先级最高的设备工作。

为便于对工作电压进行管理,定义以下几类设备工作电压。

(1) 设备正常工作电压:设备正常工作、功能性能满足指标要求的工作电压范围。

(2) 设备安全工作电压:设备基本功能正常、部分性能指标超差的工作电压范围。

(3) 设备欠压关机及上电恢复电压:达到设备欠压保护点的母线电压为欠压关机电压;母线电压恢复后,设备开始上电启动的工作电压为上电恢复电压。设备的供电电源开关分为磁保持继电器开关、非磁保持继电器开关或电子开关,磁保持继电器开关因欠压关机后,供电开关仍处于关闭状态,当供电电压恢复后设备会自动加电工作;而非磁保持继电器开关或电子开关因欠压关机后,供电开关处于关断状态,当供电电压恢复后需要地面发开关打开指令,设备才能加电工作。

有些设备的正常工作电压和安全工作电压的下限与设备欠压关机电压接近。

各电压之间的关系如图 5-19 所示。

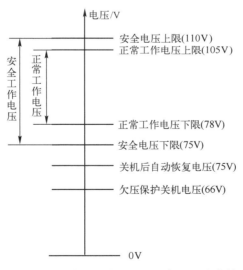

图 5-19　工作电压定义及某设备的对应数值

卫星出现故障时,首先要确保卫星平台的安全及正常工作。从卫星平台来说,首先尽量保证卫星供配电设备正常;其次应保证测控通道正常,确保能对卫星进行控制,包括跟踪子系统设备,以及综合电子分系统的中心计算机和负责指令分发和遥测采集的业务单元(或测控单元);再次,要保证卫星的姿态和轨道可控,因此姿轨控分系统的设备供电优先级仅次于测控分系统;再次,供电优先级负载为综合电子分系统其他设备及热控设备,以保证卫星内数据通信正常、自主管理正常及热控正常;优先级较低的负载为有效载荷设备,载荷设备根据各子系统的重要情况还可细分优先级。

在卫星出现功率不足时,例如蓄电池放电深度超过限值,或者太阳阵部分分阵失效情况下,可以根据实际功率情况关断供电优先级低的设备;为保证卫星在出现母线电压瞬间跌落时的安全性及可控性,优先级高的设备不能关机。

表 5-5 给出了某卫星负载优先等级及欠压关机电压值。

表 5-5　某卫星负载优先等级及欠压关机电压值(针对 100V 母线情况)

供电优先级	分系统及设备	欠压关机电压/V
1	供配电分系统设备:PCU 内的 BCR、BDR、S3R 模块	35
2	指令和遥测通路设备(含跟踪子系统和综合电子分系统遥测遥控处理模块):测控接收机、测控发射机、测控放大器、遥测遥控单元、中心计算机、业务单元等	55
3	姿轨控分系统设备:姿轨控计算机、各类敏感器、执行机构等	60
5	热控分系统设备:关键加热器的通断控制	70
6	有效载荷设备、非关键加热器	85

参 考 文 献

周志成. 通信卫星工程[M]. 北京:中国宇航出版社,2014.

第6章 / 卫星元器件可靠性设计与选用控制

随着卫星复杂程度及性能指标要求的提高,卫星元器件的应用种类和数量越来越多,元器件复杂程度越来越高,元器件已成为影响卫星在轨可靠性的重要因素。因此,卫星元器件的选用控制变得极为重要。

电子元器件(以下简称元器件)是空间电子设备的基本组成单元,其可靠性直接影响电子设备的可靠性。元器件的可靠性由固有可靠性和使用可靠性组成。其中固有可靠性由元器件研制单位在元器件的设计、生产、验收及原材料选用等过程中的质量控制所决定。而使用可靠性主要由元器件使用单位对元器件的选择、使用设计、采购、质量保证、静电防护、电装工艺等过程的质量能力水平所决定。

对卫星设计来说,需要充分认识和把握元器件的可靠性要求、主要失效模式、基本可靠性设计方法及试验要求;并在此基础上,做好元器件的选用及控制,这是保证元器件空间应用可靠性的关键环节。

本章主要从以下方面介绍卫星元器件的可靠性设计、选择控制及应用工作:卫星常用元器件及分类、卫星元器件主要失效模式、元器件可靠性设计方法、元器件可靠性试验、卫星元器件选用及控制。

6.1 卫星常用元器件及分类

电子元器件是能够完成预定功能而不能够再分割的电路基本单元,是卫星电子设备的基础。一般将电子元器件定义为:在电子设备中执行电气、电子或机电功能,由一个或多个单元组装而成的、在不破坏的情况下一般不能分解的部件。

卫星常用元器件一般分为以下 16 类,如表 6-1 所列。以下主要介绍半导体分立器件和集成电路的分类。其中,集成电路按照器件结构和工艺可分为单片集成电路(包括硅、砷化镓等集成电路)和混合集成电路(薄膜、厚膜、多芯片组装)等。

1. 半导体分立器件分类

半导体分立器件按照结构类型和功能分为:二极管(包括检波管、整流管、阶跃管、开关管、混频管、稳压管、光电管等)、三极管(包括放大管、开关管、功率管等)、场效应晶体管(包括结型场效应管 JFET、MOS 场效应管 MOSFET、肖特基势垒栅场效应管 MESFET)和异质结晶体管(包括异质结双极晶体管 HBT、高电子迁移率场效应管 HEMT)等。

表 6-1　卫星常用元器件分类

元器件大类	常用元器件中类或小类
半导体分立器件	普通二极管、开关二极管、稳压二极管、微波二极管、功率二极管;双极型晶体管、场效应晶体管、微波晶体管等
集成电路	单片集成电路、混合集成电路等
电阻器	金属膜电阻器、金属箔电阻器、绕线电阻器、电阻网络等
电容器	瓷介电容器、固体钽电容器、云母电容器等
磁性元件	软磁铁氧体、金属磁粉芯等
敏感元件	光敏元件、磁敏元件、电流传感器、电压传感器、加速度传感器、流量传感器、热流传感器、温度传感器、压力传感器等
频率元件	石英谐振器、石英振荡器、压电陶瓷振荡器等
光电子器件	发光二极管及其组件、光敏二极管、光敏三极管、光电耦合器、CCD 器件及组件、固体激光器等
继电器	磁保持继电器、非磁保持继电器等
开关	微动开关、同轴 T 型微波开关、DPDT 微波开关、C 微波开关、波导开关等
滤波器	LC 滤波器、波导腔体滤波器、介质滤波器等
微波元件	功率分配器、功率合成器、衰减器、环形器、隔离器、波同转换器、负载等
熔断器	膜式表贴型熔断器等
光纤光缆	光纤、光缆
电连接器	低频矩形电连接器、低频圆形电连接器、印制板用电连接器、圆形或矩形分离(脱落)电连接器、射频同轴电连接器等
电线电缆	低频电缆、射频电缆等

按功率分为小功率管(小于 1W)和大功率管(不小于 1W)。

按工作频率,分为低频管(小于 3MHz)、高频管(不小于 3MHz)、超高频管(大于 100MHz)和微波管(大于 1GHz)。

按管芯材料,主要分为硅晶体管和化合物半导体晶体管(如 GaAs、GaN、SiC 晶体管)。

2. 单片集成电路分类

单片集成电路是采用半导体制造工艺,利用氧化、扩散、注入、外延、光刻、蒸发等一整套平面技术,将电路中的所有电子元器件做在一块半导体基片上,用特殊的结构使电子元器件在电性能上相互隔离,制作许多晶体管和电阻器、电容器等电子元器件,元器件之间的连接采用蒸发或溅射铝层或其他导电金属层,并用光刻法刻蚀出所需要的金属条或多晶硅等,采用多层布线或隧道布线的方法将电子元器件组合成完整的电子电路,简称为 IC。集成电路有多种分类方法,分类如下所述。

集成电路按功能分为数字集成电路(如数字逻辑电路、存储器、微处理器等)、模拟集成电路(如各类放大器、模拟开关等)、数字—模拟混合集成电路(如 A/D、D/A 转换器等）。

集成电路按应用性质分为通用集成电路、专用集成电路(ASIC)等。

集成电路按工艺类型可分为双极型集成电路(TTL 等)、MOS 集成电路(CMOS 等)等。

3. 混合集成电路分类

混合集成电路(Hybrid Integrated Circuit,HIC)是在预先做好导体或电阻的绝缘基板上组装多种功能的片式元器件并进行电气互连所形成的集成电路。"混合"的意思是采用至少两种不同的工艺技术,如有源器件技术(如半导体器件)和无源元件技术(如电阻器、电容器等)。

根据互连工艺的不同,混合集成电路分为厚膜混合集成电路和薄膜混合集成电路。厚膜和薄膜原指膜的厚度不同,目前指成膜的工艺不同。利用丝网印刷和烧结工艺形成金属化的,称为厚膜工艺,膜厚一般在几微米到二十多微米;利用真空淀积工艺形成金属化的,称为薄膜工艺,膜厚一般在几十埃米到几微米。采用厚膜工艺基板制作的混合集成电路称为厚膜混合集成电路,采用薄膜工艺基板制作的混合集成电路称为薄膜混合集成电路。

6.2　卫星元器件主要失效模式

电子元器件的失效可以归为以下三大类:设计缺陷引起的失效;工艺缺陷引起的失效(与工艺技术、工艺控制和工艺设备有关);使用不当引起的失效(与使用条件、使用环境及人为因素有关)。以下介绍电容、电阻、电感、半导体分立器件、半导体集成电路、微波器件及组件的主要失效模式。

1. 通用元件主要失效模式

电容器的失效模式主要有短路、开路、电参数退化(包括电容量变化、损耗角正切值增大、直流漏电流值增大等)等,对应的主要失效机理如表 6-2 所列。

表 6-2　电容器的主要失效模式和失效机理

失效模式	失效机理
短路	介质中有疵点或缺陷,存在杂质或导电粒子;陶瓷电容陶瓷体出现微裂纹,造成漏电流增大和发热,最终引起介质热击穿短路失效;电介质老化;离子迁移;电介质在制造过程中的机械损伤;在低气压环境下极间边缘飞弧;在机械应力作用下电介质瞬间短路
开路	因击穿引起电极和引出线开路;引出线与电极接触不良;陶瓷电容烧结过程中产生空洞,在焊接及工作应力作用下发展为裂纹,最终引起瓷体开裂、断裂或端电极与瓷体分离;在机械应力作用下,工作电解质和电介质之间的瞬时开路
电参数退化	离子迁移;表面污染;自愈效应;电介质内部缺陷及介质老化或热分解;电极腐蚀;引线和电极接触电阻增大

固定电阻器的主要失效模式有开路、短路、电参数漂移等,对应的主要失效机理如表 6-3 所列。

电感器的主要失效模式及失效机理如表 6-4 所列。

表 6-3　常用电阻器的主要失效模式和失效机理

电阻器类别	失效模式	失 效 机 理
线绕电阻器	开路	绕组断线、电流腐蚀;引线接合不牢;焊点接触不良
	阻值漂移	线材绝缘不好;老化不充分
薄膜电阻器	开路	瓷芯基体破裂;电阻膜破裂;电阻膜腐蚀分解;引线断裂;接触不良
	短路	电晕放电
	阻值漂移	电阻膜厚度不均匀、有疵点;电阻膜层的刻槽间有导电污染物;膜层与帽盖接触不良

表 6-4　常用电感器的主要失效模式和失效机理

电阻器类别	失效模式	失 效 机 理
线绕电感器	开路	绕组断线;过电流;电化学腐蚀
	电参数漂移	线材绝缘不好
片式叠层电感器	开路	内部电极印刷图不完整或局部缺损;连接点印刷不完整或与内电极连接不可靠
	瓷体断裂	热应力;机械应力
	虚焊	端电极锡铅镀层、镍中间层不完整或局部薄弱等;焊料浸润性差;端电极氧化或腐蚀

2. 半导体分立器件的主要失效模式

半导体分立器件的主要失效模式为开路、短路和电参数漂移。开路失效模式主要包括引线断、芯片烧毁、芯片黏结脱落、芯片开裂等;短路失效模式主要包括完全短路或呈现电阻特性;电参数漂移失效模式主要包括耐压值降低、漏电流超标、饱和压降增大、开启电压漂移、直流放大系数退化、导通电阻增大、沟道漏电和表面漏电等。

半导体分立器件的主要失效机理有热致击穿、过流烧毁、过压击穿、动态雪崩、芯片焊接失效、内引线键合失效。

表 6-5 给出了几种半导体分立器件的主要失效模式。

表 6-5　几种半导体分立器件的主要失效模式

器 件 类 型	失 效 模 式
双极型器件	B-C 结漏电流增大;P-N 结击穿曲线蠕变及 E-B 结击穿退化;电流放电系数下降;E-B 结正向压降增大;正偏二次击穿烧毁;反偏二次击穿烧毁;饱和压降增大;发射极或基极开路、E-B 结短路;外引线断裂
整流二极管	正向压降增大;反向漏电流增大
GaAs MESFET	栅-漏击穿电压变低、栅反向电流变大、栅极击穿;输出功率和增益下降、I_{DSS} 退化降低;瞬时烧毁;长时间烧毁;电迁移

3. 半导体集成电路主要失效模式

集成电路的主要失效模式:栅介层击穿短路、电参数退化、金属化互连线开路、芯片烧毁、电路漏电、电路无功能、保护电路烧毁、二次击穿等。

集成电路失效的主要原因:过电应力损伤(如电压尖峰、静电、过电流等);制造工艺缺陷;组装工艺不良(如黏结、键合、焊接不良等)。

表 6-6 给出了半导体集成电路对应不同影响因素的主要失效模式。

表 6-6　半导体集成电路的主要失效模式和失效机理

影 响 因 素	失 效 模 式
芯片体	结特性退化、低击穿、芯片裂纹、漏电或短路参数漂移；金属互连的开路、短路、漏电、烧毁等
黏结	黏结强度不合格、接触电阻异常导致电路性能变差、黏结端头与邻近导体间绝缘电阻下降等
键合引线	键合引线弯曲、焊盘凹陷、键合引线损伤、键合引线断裂或脱落(包括芯片上引线键合处断裂或分离、芯片上键合引线颈缩处断裂、键合引线中间断裂、金属化和外壳键合区等非芯片位置的键合引线颈缩处断裂或分离)、键合引线和焊盘腐蚀、焊点疲劳损伤等
封装	包封料破裂、包封材料疲劳裂缝、芯片表面漏电、芯片上的铝膜腐蚀、开路或短路、芯片裂纹、引线脆裂开路、镀层锈蚀、绝缘子裂纹等
外部使用因素(机械振动、冲击、过电应力、电源波动)	瞬间开路、短路、栅介质击穿或熔融烧毁等

4. 混合集成电路主要失效模式

厚膜/薄膜混合集成电路的失效主要表现在三个方面：内部互连失效、气密性封装失效、热失效。这些失效分别与成膜基片的互连、元器件贴装、内引线键合、封装的密封性及产品的热性能有关。混合集成电路的主要失效模式及失效机理如表 6-7 所列。

表 6-7　混合集成电路主要失效模式及失效机理

失 效 模 式	失 效 机 理
厚膜基片及互连失效	陶瓷基片开裂失效；厚膜导体互连失效，包括金属厚膜与基片附着不良或脱落、金属厚膜间发生电迁移短路、与焊料结合的金属厚膜开裂断路等；厚膜电阻器失效，包括参数漂移和参数不稳定等；厚膜电容器失效，包括击穿短路、绝缘电阻下降、介质破裂开路、电容量漂移等
薄膜基片及互连失效	薄膜导体短路或开路；薄膜金属电迁移导致布线烧毁；薄膜电容器的静电放电损伤；薄膜电容器失效
元器件与厚膜导体焊接失效	元器件脱落、片式元件或芯片开裂；焊接缺陷导致散热不良
元器件与厚膜导体的黏结失效	元器件脱落、开裂；黏结材料老化引起芯片电性能参数漂移
内引线键合失效	键合拉力下降；键合点脱开
气密性封装失效	封装内部水汽超标，主要来源有密封腔体内各部分材料表面和内部吸附的水汽随温度变化而释放，外壳漏气渗入的水汽；混合电路在老化后，内部水汽超标导致漏电增加；外引脚玻璃绝缘子破裂，导致气密性封装失效
功率电路过热失效	元器件超出工作温度上限，使得器件结温过高导致烧毁或参数超差

5. 微波器件及组件主要失效模式

微波器件可分为微波分立器件(如微波二极管、微波晶体管)、微波单片集成电路(MMID)、微波组件。微波组件指利用各种微波元器件和零件组装而成的微波混合电路和功能模块。微波组件内封装了有源器件部分和无源部分，有源部分包括单芯片、多芯片、封装器件及单片电路等，无源部分包含电阻、电感、电容、分布式传输线等元件及电路基板。

（1）微波分立器件主要失效模式

微波分立器件的主要失效模式有：漏电/短路、阻抗增大/开路、饱和压降增大、耐压值降低、功率增益退化、烧毁失效。

失效部位又具体分为封装失效和芯片失效。

封装失效机理主要有：密封壳体漏气，密封壳体内水汽含量超标，密封壳体内有导电性多余物，引脚间金属迁移短路，引脚腐蚀或机械断裂，引线键合开路或退化，匹配电容退化或击穿，芯片黏结退化等。

芯片失效机理主要有：芯片静电或过电损伤，表面钝化层、介质层缺陷或芯片破损，过热导致芯片开裂，芯片工艺缺陷，芯片表面沾污，电极接触电阻退化，氧化层击穿，金属布线电迁移，金属布线腐蚀，输入过功率，输出失配，热电二次击穿等。

（2）微波单片集成电路主要失效模式

微波单片集成电路的失效可以分为三类：有源器件的失效；无源器件的失效；与封装相关的失效。其中，有源器件的失效机理与分立器件类似，但因材料、工艺和结构的不同又有其独特的失效机理，包括栅金属下沉、欧姆接触退化、表面态效应、电迁移、热电子效应、氢效应等。

对于 GaAs MMIC 来说，其中的基本单元 MESFET 的关键特性取决于有源沟道的质量，因此栅极的肖特基（金属-半导体）界面直接影响器件的电参数。因此，当栅极金属（Au）与 GaAs 材料由于热加速发生相互扩散时，将降低有源沟道深度，改变沟道有效掺杂，这种效应称为"栅金属下沉"。

欧姆接触退化与作为欧姆接触的金属与 GaAs 材料间相互扩散有关。

表面态效应是指钝化层和 GaAs 之间的界面质量与表面态密度密切相关，表面态密度增加将降低栅/漏区的有效电场，导致耗尽区宽度增加和击穿电压的变化。

电迁移一般发生在较窄的栅条间和功率器件上，主要发生部位为源、漏接触边沿和多层金属化互连间。

对于 GaAs FET 器件来说，当外延材料浓度和栅漏峰值电压都较高时，高场强会在沟道中形成热电子，引发热电子效应，表现为器件饱和漏极电流减小、输出功率降低。其机理为：当 GaAs 器件工作在射频饱和或过饱和的状态时，器件栅漏间位于栅极靠近漏极一侧的沟道中产生瞬间强电场，少量热电子能积累足够大的能量，遂穿到半导体表面的钝化介质中，成为固定电荷，这些电荷引起器件电流偏移，表现为射频功率减小，动态电流降低；随器件工作时间延长，积累的电荷越来越多，长期表现为射频输出功率缓慢下降。器件热电子效应与器件掺杂浓度、工作环境温度、工作电压及射频功率过载程度正相关。

对于气密性封装 GaAs MMIC 来说，器件内部的水汽及残余气氛是影响密封器件质量与可靠性的重要因素，容易加速器件腐蚀、导致电路短路或烧毁、电路参数漂移、低温性能恶化、氢效应等，从而导致芯片性能降低或早期失效。芯片规范对内部的水汽含量及残余气氛含量有明确的规定。密封器件一般采用氮气作为内部保护气体。对密封电路有害的气体主要有水汽、二氧化碳、氧气和氢气。二氧化碳和水汽对金属化产生腐蚀；氧气易使金属表面氧化。封装金属（可伐、电镀金属）及工艺过程会释放生成氢气，氢气含量高时，对于 GaAs 芯片来说，氢气易穿透芯片 SiN 钝化层，扩散进栅金属和 GaAs 界面，中和施主 Si 形成 Si-H 键，导致饱和电流、夹断电压、增益和输出功率退化。

GaAs MMIC 有源器件的失效模式如表 6-8 所列。

表 6-8　GaAs MMIC 有源器件的主要失效模式及失效机理

失 效 模 式	失 效 机 理
饱和 I_{DSS} 退化	栅金属下沉;表面效应;氢效应
栅极漏电流 I_{GL} 增大	互扩散;表面效应
夹断电压 V_p 退化	栅金属下沉;表面效应;氢效应
漏源电阻增大	栅金属下沉;欧姆接触退化
烧毁	电迁移;互扩散引起热耗增大

（3）微波组件主要失效模式

微波组件的主要失效模式除了分立器件和微波单片电路自身的失效模式外,主要有微波组件本身的制造缺陷导致的失效,主要失效原因有:键合金丝从微带线上脱落、电路基板开裂、元器件组装工艺缺陷、芯片烧结空洞和线圈电感脱落等。

6.3　卫星元器件可靠性设计

电子元器件的可靠性影响因素错综复杂。元器件的固有可靠性是在元器件的开发、设计、试制、定型、生产、工序控制、检验、测试试验过程中逐步形成的,是与其相关的人员、机器、材料、方法、环境等因素综合而成的过程产物。以下介绍电子元器件的可靠性设计指标及各类器件的主要可靠性设计内容和方法。

1. 电子元器件可靠性设计指标

反映电子元器件可靠性要求的可靠性指标主要包括稳定性设计指标、极限性设计指标、产品寿命和失效率指标等。

（1）稳定性设计指标

稳定性设计指标是指产品的主要性能参数在规定条件下随时间的稳定程度。

（2）极限性设计指标:极限应力一般包括环境、电、温度方面的极限应力,表示电子元器件维持正常工作状态时所能承受的环境条件和最大应力。极限性设计指标是指产品所能适应的环境条件和应力范围。

（3）失效率和寿命。工作到某时刻尚未发生失效的电子元器件,在该时刻后一个单位时间内发生失效的概率,称为产品的失效率,用 λ 表示。有时也称瞬时失效率,用 $\lambda(t)$ 表示。$\lambda(t)$ 用下式计算:

$$\lambda(t) = \frac{\Delta r(t)}{N_s(t)\Delta t}$$

式中:$\Delta r(t)$ 为 t 时刻后,Δt 时间内发生失效的电子元器件数;Δt 为所取时间间隔;$N_s(t)$ 为在 t 时刻没有发生失效的电子元器件数。

电子元器件的失效也常用平均失效前时间（MTTF）来表征,指元器件发生失效前的工作时间平均值。

2. 半导体分立器件可靠性设计

半导体分立器件可靠性设计主要包含总体可靠性设计、性能可靠性设计、结构可靠性设计、工艺可靠性设计、可靠性评价试验设计等方面。主要的可靠性设计技术有以下几个。

（1）性能稳定性设计。

（2）降额和容限设计。

（3）抗力学环境,耐高低温环境、潮湿、空间辐射环境等的环境适应性设计。

（4）极限条件下可靠性设计。

（5）消除失效模式的可靠性设计。

（6）防误操作设计。

（7）长寿命设计。

3. 集成电路可靠性设计

集成电路可靠性设计的重点是芯片的可靠性设计,芯片可靠性设计主要包括以下内容。

（1）通过电路容差设计和优化设计,提高芯片温度特性和一致性。

（2）电路和板图的电流密度余量设计、热阻优化设计。

（3）ESD 防护设计:随电路集成度和速度的提高,静电失效已成为 CMOS 集成电路的主要失效模式。常设计输入保护电路和输出保护电路,来提高电路的抗静电能力。

（4）CMOS 电路抗干扰设计:CMOS 电路的输入阻抗高,又是电压驱动,极易受到干扰,常在输入电路增加上拉电阻或下拉电阻来提高抗干扰能力;也可采用施密特触发器作为输入电路,具有更强的抗低电平噪声和高电平噪声能力。

（5）抗电迁移设计:为防止电迁移效应,需避免因台阶问题引起的电迁移失效,即在有通孔的地方加上扩散区或多晶垫;通过电流计算和全局功率分配,防止电流密度过大而引起的电迁移,避免器件失效。

（6）抗闩锁设计:抗闩锁设计是 CMOS 集成电路的重要可靠性设计内容,防闩锁效应的主要措施有 P 型衬底充分接地、N 型衬底充分接电源、场隔离等。

集成电路的可靠性设计方法主要包括以下几个。

（1）降额设计:通过降额,加大电子元器件的工作应力水平与能承受的最大应力水平之间的裕度,增强了对不确定异常因素的防护能力,进而提高了集成电路的可靠性。

（2）简化设计:尽可能减少所用电子元器件的数量及相互间的连接;尽可能实现电子元器件的标准化、系列化和通用化,尽量减少标准件的规格、品种;尽可能采用经过飞行验证、有可靠性保证的电子元器件。

（3）热设计:大量数据表明,电子元器件的失效与工作温度有密切关系。集成电路内不同材料的热膨胀系数差异产生的热应力和热应变,往往是电路失效的主要原因;同时,集成电路的工作温度超过所用材料的温度极限时,性能会发生变化。元器件热设计主要内容包括电子元器件的选用、电子元器件的合理布局、芯片结构优化设计及工艺材料选择。

（4）环境适应性设计:集成电路的环境条件包括高低温环境、湿度、盐雾、振动及冲击环境、低气压及真空环境、辐射环境等。主要针对性开展高低温环境适应性设计、抗振动及冲击环境设计、三防设计(指防潮湿设计、防盐雾设计、防霉菌设计)、气密性设计、抗辐射设计。

（5）电磁兼容性设计：主要措施有减少干扰源、高频滤波、接地设计、屏蔽设计等。

4. 元器件应用可靠性设计

元器件的应用可靠性设计主要包含以下方面：降额设计；容差设计；防过热设计；防瞬间过载设计；防寄生耦合设计；防静电设计；抗辐射加固设计。

1）降额设计

设计电子设备时，元器件所承受的应力，应在额定应力的基础上按相应标准规范进行降额。

2）容差设计

设计电子设备时，应了解所采用元器件的电参数变化范围（包括制造容差、温度漂移、时间漂移、辐射导致漂移等），并以此为基础进行容差设计。

3）防过热设计

温度是影响元器件失效率的重要因素。例如，在半导体集成电路的工作失效率模型中，温度对失效率的影响通过温度应力系数 π_T 体现。π_T 是温度的函数，该函数的形式随半导体集成电路的类型和封装形式而异。

热设计的主要目标是将半导体分立器件和集成电路的芯片温度控制在允许范围内。器件芯片温度取决于自身功耗、热阻（包括内热阻和外热阻）和热环境，因此将器件温度控制在允许范围内的措施一般为控制自身功耗、热阻和热环境。为有效地控制外热阻和热环境，应对含有半导体分立器件和集成电路（特别是功率器件）的线路板和电子设备进行可靠性热设计。元器件主要热设计措施包括以下几种。

（1）功率器件应装在散热器上，散热器表面积应满足热设计要求，散热器应进行外表面处理以增强辐射散热。

（2）使半导体集成电路外壳与散热器间的热阻尽可能小，主要措施包括：增大接触面的面积，并使接触面保持平整光洁；电路外壳与散热器之间要求绝缘时，采用导热系数高的绝缘片；必要时，在接触面上涂导热膏或增加热绝缘硅橡胶垫，并采用紧固措施保证接触压力。

（3）使热敏感的小功率半导体集成电路远离大功率元器件。

4）防瞬态过载设计

电子设备工作时，可能发生某些电应力的瞬态过载（例如设备启动或断开时的浪涌电压、浪涌电流、感性负载反电势），使半导体分立器件和集成电路受到损伤。防瞬态过载的主要措施有以下几种。

（1）选择过载能力满足要求的半导体器件。

（2）对电子设备中已知的瞬态源采取瞬态抑制措施，例如在可能发生高反电势线圈的两端并联阻容元件或箝位器件。

（3）对可能经受强瞬态过载的半导体分立器件和集成电路采取瞬态抑制措施，例如在可能受到干扰的通路中安装由阻容元件或箝位器件构成的瞬态抑制网络。

5）防寄生耦合设计

由具有放大功能的半导体分立器件和集成电路组成的电路，在高频或超高频工作时，必须防止由于寄生耦合而产生的寄生振荡。寄生耦合主要有电源内阻耦合和布线寄生耦合两种类型。

电源内阻过大时,有可能造成半导体分立器件和集成电路组成的放大电路产生振荡。防电源内阻耦合的主要措施是在线路板的适当位置,安装电源去耦电容器,以减小电路引出端的电源输出阻抗。电源去耦电容器应具有足够小的等效串联电阻和等效串联电感,其安装位置应尽量靠近相关半导体集成电路的电源引出端,以保证连线电感对去耦效果不产生过大的影响;应充分考虑去耦电容容量增大带来的启动电源电流过冲增大的副作用,并在必要时采取防启动电源电流过冲措施,如使电源具有软启动功能和用电感器或电阻器与电源去耦电容器配合组成 Γ 形滤波器。

应根据动态功耗电流的大小和持续时间(一般情况下,电路的速度愈高,其动态功耗电流愈大)确定电源去耦电容器的容量。电源去耦电容器配置的原则主要有以下几个。

(1) 对于动态功耗电流较大的电路,每个电源引出端配一只小容量电源去耦电容器,一般采用瓷介电容器,其容量一般取 $0.01 \sim 0.1\mu F$。

(2) 对于动态功耗电流较小的电路,几个相距较近电路接同一电源的引出端共用一只小容量电源去耦电容器。

(3) 必要时每块线路板配一只或几只大容量电源去耦电容器,其一般采用固体钽电容器,其容量一般取 $10\mu F$。

(4) 应根据半导体集成电路的有关参数(例如动态功耗电流尖峰)及其所在线路板的情况(例如板上电路总数),来确定电源去耦电容器的具体配置。

半导体集成电路的布线包括与其引出端直接相连的导线和由其构成电路的导线。应采用正确的布线设计减小布线寄生耦合,布线设计的主要原则有以下几个。

(1) 信号线的长度尽量短,相邻信号线间距离不应过近。

(2) 对于信号中含有高频分量且对精度要求不高的电路,其地线采用大面积接地带方式,各电路的地引出端通过尽量短而粗的连线与接地带相连。

(3) 对于信号的主要成分为低频分量且对精度要求较高的电路,其地线采用汇聚于一点的分别布线方式,每个电路的地引出端都设置自己的专用地线,它们最后汇聚于线路板或电子设备的一个点。

6) 防静电设计

静电积累放电会使半导体分立器件和集成电路发生失效或造成潜在损伤。对于静电敏感半导体器件,防静电措施应贯穿于包括线路设计、包装、传递、贮存和操作在内的每一个应用环节中。具体防静电设计方法见4.5节。

7) 抗辐射加固设计

元器件抗辐射加固包括器件自身的加固及应用加固两方面。

元器件的抗电离总剂量效应加固方法主要有:MOS 结构器件采用薄栅氧化层、隔离栅、浅沟槽隔离(STI);选用 GaN、SiC 等具有宽禁带的新型材料。

器件自身的抗单粒子效应加固方法主要有:增加反馈电阻等单元线路的加固;采用 SOI(Silicon on Insulator)、SOS(Silicon on Sapphire)等制造工艺的加固。

元器件应用抗辐射加固方法主要包括:选用抗辐射总剂量能力高或抗单粒子效应能力高的元器件;采取相应的局部辐射屏蔽或针对单粒子效应的冗余设计方法,具体方法见4.3.2节。

6.4　卫星元器件试验

元器件可靠性设计完成后必须进行充分的功能性能试验及可靠性试验,对其性能指标及可靠性指标进行验证,主要包括筛选试验、鉴定试验、应用验证试验等。

1. 元器件筛选试验

1) 元器件筛选

元器件筛选是为剔除与要求不一致或有任何缺陷可能导致早期失效的元器件而进行的试验。筛选试验通过对元器件施加应力促进提前暴露缺陷,或用检测手段发现并剔除早期失效的元器件。筛选是保证元器件质量和可靠性不可缺少的手段。

在鉴定和质量一致性检验之前,对全部元器件进行筛选试验。筛选试验由元器件承制方负责完成。筛选试验项目按相应规范确定,例如表6-9给出了半导体集成电路的筛选试验项目。

表 6-9　半导体集成电路筛选的方法和程序

序号	筛选试验	试验方法 GJB 548B—2005	试验条件		
			YA 级	YB 级	YC 级
1	晶圆批验收	5007.1	按规定	不要求[①]	
2	非破坏性键合拉力	2023.2	按规定	不要求[①]	
3	内部目检	2010.1	条件 A		
4	稳定性烘焙	1008.1	条件 C,至少 48h		条件 C,至少 24h
5	温度循环	1010.1	试验条件 C,至少循环 10 次		
6	恒定加速度[②]	2001.1,仅 Y1 方向	条件 E(至少)		条件 D(至少)
7	外部目检	2009.1	按规定		
8	PIND[③]	2020.1	条件 A		
10	热关闭试验[④]	—	在不加散热片的情况下,进行至少 30min 试验,线路按适用的详细规范要求		
11	老炼前室温电参数测试	—	按适用的详细规范要求		
12	动态老炼[⑤]	1015.1	240h,125℃		160h,125℃
13	中间(老炼后)室温电参数测试	—	按适用的详细规范要求		
14	老炼后电参数变化量计算	—	计算 13 项测试数据相对于第 11 项测试数据的变化量,判据按适用的详细规范要求		
15	静态老炼[⑥]	1015.1	条件 A 或 C,至少 150℃下 72h		不要求
16	中间(老炼后)室温电参数测试	—	按适用的详细规范要求		不要求
17	老炼后电参数变化量计算	—	计算 16 项测试数据相对于第 11 项测试数据的变化量,判据按适用的详细规范要求		不要求
18	允许不合格品率(PDA)[⑦]	—	5%;3%,功能参数		10%

（续）

序号	筛选试验		试验方法 GJB 548B—2005	试验条件		
				YA 级	YB 级	YC 级
19	最终室温电参数测试		—	按适用的详细规范要求		
20	低温电参数测试		—	按适用的详细规范要求		
21	高温电参数测试		—	按适用的详细规范要求		
22	密封	细检漏	1014.2	条件 A_1 或 A_2		
		粗检漏		条件 C_1		
23	X 射线照相[⑧]		2012.1	两个方向		
24	外部目检		2009.1	按规定		

① 用户有要求时进行。

② 对大型器件的恒定加速度试验,按照 GJB 548B—2005 方法 5004.2 的规定。

③ 要求记录 PIND 试验次数、每次试验的合格/不合格情况。

④ 功率器件要求。

⑤ ASIC 器件老炼频率应不低于最大工作频率的 80%,其他器件老炼频率至少为最大工作频率的 10%。

⑥ 静态老炼仅对表面灵敏度敏感的某些 MOS、线性或其他器件才需采用。当不要求静态老炼时,中间筛选项目 16、17 项可省略。进行老炼及静态老炼的次序可以颠倒。

⑦ 当不合格品率不超过规定 PDA 的 2 倍时,可以重新提交老炼,但仅能提交一次。重新提交老炼的 PDA 为 3%。

⑧ 按照 GJB 548B—2005 方法 2012.1 的规定提供照片。对扁平封装及四边有引出端的无引线片式载体,只要求一个视图

2）元器件补充筛选

如果已经开展的筛选试验不能满足使用单位对元器件质量控制的要求,为确保元器件在卫星单机产品上的使用质量,元器件的使用单位对已经验收合格的元器件可进行补充筛选,由使用单位元器件保证中心负责元器件补充筛选工作。

要求对全部选用元器件进行补充筛选试验,以剔除不合格品。筛选项目为非破坏性试验,补充筛选试验所施加的应力一般不超过适用的器件详细规范或采购规范规定的极限值,所施加应力不应对器件造成损伤或产生新的失效模式。

2. 元器件鉴定检验

元器件鉴定检验的目的是保证元器件和批次的质量符合有关采购的要求,应在鉴定机构认可的实验室进行。

鉴定检验的样本应在同一检验批中随机抽取,仅允许一次抽样,不能补充抽样。在鉴定检验过程中如发现失效的器件,则判定鉴定检验为不合格,该批器件不得重新进行鉴定检验。

对于半导体集成电路、混合集成电路、半导体分立器件,鉴定检验的要求和试验项目应符合 GJB 597B—2012、GJB 2438B—2017、GJB 33A—1997 的 4.5 对应器件等级的要求。器件先经受并通过 A 组检验,然后再将这些器件分组,进行 B、C、D、E 组检验。

对于其他各类器件,均有相应的总规范规定具体的鉴定检验要求和试验项目。

3. 元器件质量一致性检验

元器件质量一致性检验是针对纳入宇航正常供货状态的元器件,每批次生产后抽样进行的批次性检验。凡通过了鉴定检验的元器件检验批,可以不再进行质量一致性检

验。质量一致性检验的样本应在同一检验批中随机抽取;在质量一致性检验过程中如发现批次性失效的器件,则质量一致性检验判为不合格,且该检验批不得进行第二次质量一致性检验。

质量一致性检验分 A 组、B 组、C 组、D 组、E 组进行。当详细规范规定了器件抗辐射能力要求时,半导体集成电路和混合集成电路应进行 E 组检验,半导体分立器件应进行 D 组检验。

对不同质量保证等级,质量一致性检验要求如下。

（1）对于半导体分立器件,YA 级、YB 级、YC 级的质量一致性检验,分别按照 GJB 33A—1997 中 4.7 对 JY 级、JCT 级、JT 级器件的要求。

（2）对于半导体集成电路,YA 级、YB 级/YC 级的质量一致性检验,分别按照 GJB 548B—2005 方法 5005.2 对 S 级、B 级器件的要求。

（3）对于混合集成电路,YA 级、YB 级/YC 级的质量一致性检验,分别按照 GJB 2438B—2017 对 K 级、H 级器件的要求。

（4）对于其他各类器件,均有相应的总规范,规定了具体的质量一致检验要求和项目。

4. 元器件应用验证试验

元器件应用验证是对采用新设计、新工艺或新材料的新型元器件,或其他缺乏可靠性数据及应用支持的元器件,为降低器件应用风险,在元器件推广应用前,结合具体卫星应用条件和环境,针对性开展一系列试验、分析和评估工作,对元器件的功能性能、可靠性和卫星应用适用性进行验证。应用验证是降低元器件应用风险的有效途径,也是元器件成熟度快速提升或进阶、尽快实现宇航成功应用的必要过程。

应用验证解决的是元器件从研制向应用的转化,为卫星应用提供基础性试验数据,同时获得元器件的应用信息,建立元器件应用指南。应用验证是根据卫星应用环境特点和应用系统特点,覆盖型号需求,开展的系统验证工作。

元器件应用验证内容主要包括元器件功能性能验证、环境适应性验证、可装联能力和装联可靠性验证及开发环境适应性验证等;一般包括元器件阶段、地面整机阶段、在轨飞行阶段的应用验证三个阶段;一般分为元器件方式、电路板方式、系统方式和飞行方式验证四种方式。

1）元器件方式的主要验证内容

（1）生产过程要素评价:指元器件设计、工艺和过程控制要素评价。

（2）结构适应性分析:指元器件材料、工艺、结构和封装等的适应性分析。

（3）空间环境适应性试验:包含抗辐射总剂量、位移损伤、单粒子效应试验、电磁试验等。

（4）极限环境评估试验:包含基于应用需求的多种应力交叉极限试验及强化寿命试验等。

2）电路板方式的元器件主要验证内容

（1）装联工艺验证:指对元器件的装配、焊装工艺的适应性进行验证。

（2）功能性能测试:指基于典型应用条件,对元器件的特征参数和应用中需关注的特性进行验证。

（3）力学试验：基于应用力学环境，对应用条件下的元器件特征参数进行测试。

（4）热试验：基于热真空环境、交变温度环境，对应用条件下的元器件特征参数进行测试。

（5）稳定性测试：对元器件在长时间、多应力下的稳定性和关注参数的一致性进行测试。

3）系统方式的元器件主要验证内容

（1）系统适应性测试和试验：在模拟系统环境下，对元器件的特征参数和应用特性进行验证，对元器件在鉴定级试验条件及系统应用条件下的工作适应性进行验证。

（2）系统稳定性测试：对元器件在综合应力条件及系统应用条件下的工作稳定性进行测试。

4）飞行元器件验证内容

必要时可采用搭载飞行验证方式或应用飞行验证方式，主要对元器件的在轨应用功能性能数据、环境适应性和可靠性进行在轨飞行验证。

6.5 卫星元器件选择及控制

元器件选择及控制是控制元器件可靠性的关键环节。卫星元器件选择与控制工作包括元器件选择、元器件选择评审、目录外元器件选择控制、禁限用元器件选择控制、定制元器件选择控制、专用元器件选择控制、新品元器件选择控制、低等级元器件选择控制、元器件超期复验、元器件抗辐射能力分析和评估、破坏性物理分析、元器件特性评价等。

1. 元器件选择

1）元器件选择原则

元器件选择需遵循以下原则。

（1）按照目录选用元器件。承研单位需优先在卫星型号元器件保证要求规定的选用目录中选择元器件。当目录内元器件不能满足型号要求时，需组织进行设计改型，并对超出目录的元器件进行选择论证。选用超出目录的元器件时，需在物资部门审查通过后，按相关规定要求进行目录外元器件审批。

卫星鉴定件产品和正样产品用元器件的生产单位需要在合格供方目录内选择，若超出合格供方目录，需按照相关规定进行审核和审批。

（2）优先选用国产元器件。按照先国产、后进口的原则，在质量和进度满足型号要求的前提下，优先选择成熟的国产元器件，限制选用进口元器件。在型号预研、可行性论证和方案设计阶段，需对首次选用的进口元器件，从必要性和可行性方面进行选择论证。

（3）考虑继承性、先进性与可获得性。在进行元器件选择时，需最大限度地选择有飞行经历的或者有可靠性数据的产品，降低元器件应用风险。同时，需要考虑各阶段选用元器件的继承性、先进性、可获得性，并兼顾元器件成本。

（4）元器件标准化和系列化选择。卫星承研单位需要压缩元器件选择品种、规格和供货单位，尽可能采用标准化元器件。核心元器件和接口元器件应统一选择标准化和系列化产品。承研单位除按型号总体要求选择系列元器件外,还应对本单位各单机选择的元器件厂家、封装、电性能、参数等进行统一选型,优选标准封装、符合应用环境要求的元器件。

2）元器件选用目录

为支持元器件选用,卫星研制单位物资部门需编制卫星用元器件选用目录,并且在使用过程中,持续征求和收集设计师对选用目录的使用意见,一般每年都要进行更新。

元器件选用目录应尽可能地优选、压缩元器件品种和供方,将满足卫星使用要求、产品质量和供应稳定的元器件纳入选用目录。将有在轨成功应用经历的元器件列为优选项;将虽没有在轨应用经历,但经元器件可靠性中心认定合格的元器件列为可选项;限定选用范围或应用部位的列为限选项;及时淘汰发生重大质量问题或产品质量和供应不稳定的元器件产品。

3）元器件质量等级

电子元器件的质量等级是决定其工作失效率的因素之一。国产宇航元器件根据对器件质量保证的严格程度,将质量保证等级从高到低分为 YA、YB、YC 三级。进口元器件的采购规范包括美军标、ESCC 标准等规定的通用规范、详细规范等,或国际知名元器件公司的宇航元器件标准。

对于半导体分立器件,YA 级器件等级应达到 GJB 33A—1997 中 JY 级的要求,YB 级器件等级一般应达到 GJB 33A—1997 中 JCT 级（或 JCT 级以上）的要求,YC 级器件应在 YC 级生产线生产并通过 YC 级鉴定。

对于半导体集成元器件,YA 级器件应达到 GJB 597B—2012 S 级的要求,YB 级器件一般应达到 GJB 597B—2012 B 级（或 B 级以上）的要求,YC 级器件应在 YC 级（或 YC 级以上）生产线上生产并通过 YC 级鉴定。

对于混合集成元器件,YA 级器件等级应达到 GJB 2438B—2017 K 级的要求,YB 级器件等级一般应达到 GJB 2438B—2017 H 级（或 H 级以上）的要求,YC 级器件应在 YC 级（或 YC 级以上）生产线生产并通过 YC 级鉴定。

2. 元器件选用评审

型号研制初期,应对各承研单位的元器件选择情况进行评审。评审要素包括:元器件供方、元器件选用目录、元器件型号规格、元器件采购规范、元器件封装类型、元器件质量等级、元器件抗辐射数据（抗电离总剂量效应数据、抗位移损伤效应数据、抗单粒子效应数据）、元器件飞行经历、元器件采购获得性、元器件成本等。

卫星方案阶段,应主要针对正样用关键元器件、国产元器件、新研元器件的必要性和可行性进行评审;初样阶段,主要针对方案阶段关键元器件的选用控制措施落实情况,方案阶段提出的国产元器件和新研元器件研制进展和存在问题,以及鉴定产品和正样产品用元器件选用的必要性和可行性进行评审;正样阶段,主要针对初样阶段国产化元器件和新研元器件鉴定、认定和应用验证情况,以及正样元器件新品种的选用必要性和可行性进行评审。

3. 目录外元器件选用及控制

选用超出目录的元器件时,应压缩元器件品种、规格和供方,综合考虑经济性及型号选用的继承性和先进性,并在选用审查通过后进行申报。

（1）型号鉴定件和正样产品中,确须选择超出选用目录的元器件时,承研单位应进行充分的选用必要性和可行性论证。

（2）选择超出选用目录的元器件前,承研单位根据元器件相关可靠性数据,结合具体使用状态及风险承受能力进行风险评估,必要时应进行评估试验。

（3）通过风险评估后,承研单位按有关规定办理审批手续。

（4）需要进行质量认定的目录外元器件,承研单位组织开展质量认定工作,认定合格后方可选择;必要时制定目录外元器件的专门质量保证方案。

4. 专用元器件选用及控制

专用元器件是指满足型号使用要求,由单机产品承担单位或其与元器件厂家一起设计,其加工、制造的部分或全部工作在产品承担单位或元器件厂家完成的元器件。专用元器件包括电感线圈、变压器线圈、MCM 微波模块、厚膜电源模块等。专用元器件在工艺和筛选要求及鉴定检验方法上与通用元器件相比存在一定差异,出现质量问题的可能性较大。

单机产品承研单位应对专用元器件的选用风险进行分析和控制,进行必要性和可行性分析论证及风险评估。专用元器件生产前,承研单位的资质、生产线和质量保证能力应通过元器件用户单位物资部门组织的认证。

专用元器件存在的主要风险包括:一般无法批量生产,积累的可靠性数据少;一旦产品出现固有质量问题或使用问题,缺乏替换的元器件品种,影响型号配套。

相应控制措施包括:加强关键原材料的控制,做好器件生产厂家和生产线的选择与控制;建立器件详细规范、采购规范,做好器件的筛选、考核和认定工作。

5. 定制集成电路选用及控制

定制集成电路是指根据使用单位的特殊需求,专门研制的半导体集成电路,如 ASIC 等。定制集成电路由使用单位与生产单位共同设计,在专业生产单位流片和封装。

应优先选用有可靠性数据和飞行经历的通用元器件,当通用元器件不能满足卫星产品使用要求时,方可考虑采用定制元器件的解决方案,并经充分论证;定制集成电路生产单位应进行风险评估,识别可能的风险。

定制集成电路的可靠性保证工作包括需求分析、生产单位选择、研制要求分析、设计、生产、评价、应用验证、使用控制等。定制集成电路在经过元器件应用验证中心的应用验证,并完成规定的质量保证且合格后,方可上星应用。

6. 禁限用元器件控制

卫星禁止或限制使用性能不稳定、存在安全性和可靠性风险的元器件。如无替代、必须选用时,应当充分论证,采取有效措施,进行产品可靠性分析和风险评估,并履行审批手续。

（1）处于健康和安全性考虑,不使用含有可能导致安全性危险材料的元器件,主要材料有氧化铍、镉、锂、镁、汞、放射性材料。

（2）不使用寿命有限、性能不稳定、存在安全性或可靠性风险的元器件,主要包括:①用纯锡做引线和外表面镀层的元器件;②内部空腔中使用纯锡的元器件;③表面贴装的非冶金键合二极管;④有源区未钝化的半导体芯片;⑤内部结构采用冶金键合,但熔焊温度与最终应用安装条件不相容的任何元器件;⑥熔丝型熔断器;⑦非二次熔焊封装或有集成二极管的 TO-5 封装继电器;⑧锗半导体器件;⑨2AK 系列点接触二极管;⑩频率低于 2.9MHz 的石英谐振器;⑪非固体钽电容器(采用双重密封和钽外壳的结构除外);⑫阻值大于 100kΩ 的 RNC90 电阻器;⑬尺寸大于 1206 且长宽比大于 2∶1 的瓷介质电容器。

7. 新品元器件选用及控制

高性能、高集成度电子设备的发展离不开先进新型元器件的支撑。新品元器件指采用新设计、新材料和新工艺,有一定技术难度,需要开展科研试制的新型元器件。

应严格控制新品元器件的选用,当无适用的老品元器件可用时,方可考虑选择新品元器件。新品元器件应通过使用单位组织的设计定型。在轨发生的元器件问题,部分为新品元器件问题,因此应加强新品元器件的功能性能设计、可靠性设计及地面试验验证工作。

新品元器件的研制需经过以下过程。

(1)新品元器件需求分析和初步评估。

(2)新品元器件研制立项和实施方案审查。

(3)新品元器件研制过程管理。

(4)新品元器件结构分析。

(5)新品元器件评估试验。

(6)新品元器件鉴定及状态固化。

(7)新品元器件应用验证。

(8)承研单位质量保证能力评定及新品元器件质量认定。

(9)新品元器件的型号使用和应用跟踪等。

8. 低于规定等级元器件的选用与控制

必须选用低于规定等级的元器件时,应进行充分的论证,必要时还应进行试验验证,并按照相关规定进行审批;受承研单位委托,元器件保证中心制定升级试验方案进行考核验证。

升级试验方案一般包括升级筛选、DPA 和到货检验等。低于规定等级元器件的质量保证方案一般包括元器件结构分析(每检验批抽样 2~3 只)、筛选试验(100%)、考核试验(按照检验批抽样)、抗辐射能力评估试验(按照检验批抽样)、破坏性物理分析试验、到货检验等。升级试验方案和质量保证方案应考虑元器件使用经历、元器件应用部位的关键性等;不能进行元器件级测试和老炼试验的元器件,应结合实际应用状态,进行针对性的测试和老炼。

9. 元器件超期复验

超期复验是指对超过有效贮存期的元器件,在装机前进行的一系列检验和试验,确定其功能性能指标的符合性及高可靠性,从而确定其是否满足型号使用要求。元器件有效贮存期是指元器件在规定的贮存环境条件下贮存,且可以直接使用的年限;元器件贮存寿命是指元器件在规定的贮存环境条件下贮存,不会出现失效的最长期限。

元器件在经历多年贮存后,可能会发生与器件封装有关的失效,如引线锈蚀、影响可焊性等,装机易出现虚焊故障;封装密封性不良时,水汽会进入管壳,产生电化学腐蚀,使其内部的引线键合失效或电参数退化。因此,当长期贮存的元器件再次启用前,超期复验就成为超过有效贮存期元器件质量保证的关键措施。

根据元器件贮存期超过贮存寿命的长短,确定超期复验的试验项目。通常将贮存期超过贮存寿命 50%,但未超 75% 的定为 A 类;将贮存期超过贮存寿命 75%,但未超 100% 的定为 B 类。在贮存寿命期限内可进行多次超期复验,超过贮存寿命的元器件不允许进行复验。

元器件超期复验项目主要有外观检查、电参数测试、密封性检查、可焊性试验、DPA、X 射线检查等。

超期复验中,未发现批次质量问题的合格品可以用于型号。以下情况,整批次不得用于型号:

(1)出现批次质量问题或不合格率超过规定要求的批次。

(2)DPA 不合格的批次。

(3)可焊性不合格的批次。

10. 元器件抗辐射能力分析和评估

应按相关规范,采用相应方法对辐射敏感元器件,开展抗电离总剂量辐射能力、抗位移辐射损伤能力和抗单粒子效应能力分析与评估;对缺乏抗辐射能力数据的元器件,开展辐照评估试验,获得元器件抗辐照数据。抗辐射能力分析和试验后,给出是否选用的结论,并提出应用中的抗辐射加固建议。

11. 破坏性物理分析

破坏性物理分析(DPA)的目的是对适应的元器件等级按照一定的抽样方案,按照特定的程序进行一系列的分析,以确定批次元器件的符合性。DPA 是为验证元器件的设计、结构、材料和制造的质量是否满足预定用途或有关规范的要求,对元器件合格批产品,按照批次抽样的样品,在解剖前后进行的一系列检验和分析。

DPA 能够发现元器件内部的潜在缺陷,防止有缺陷的元器件装机使用,是确保元器件的质量和可靠性的重要手段。因 DPA 只能用抽样的方式判断元器件的批质量,因此取得的结论有一定的风险,增加抽样数有助于减小将不合格批误判为合格批的风险。

DPA 项目主要包括外部目检、X 射线检查、密封性检测、颗粒碰撞噪声检测(PIND)、内部气体成分分析、声学扫描显微镜检查、引出端强度检测、内部检查、扫描电子显微镜检查、键合强度测试、芯片剪切强度测试等。可以在筛选试验前,抽样 1 或 2 只进行DPA,合格后进行筛选试验,试验后再抽样进行第二次 DPA。

表 6-10 给出了半导体集成电路的 DPA 项目。

表 6-10 破坏性物理分析(DPA)项目和方法

序号	试 验 项 目	GJB 548B—2005	
		方　　法	条件或要求
1	外部目检	2009.1	—
2	X 射线照相	2012.1	两个方向
3	PIND	2020.1	条件 A
4	密封	1014.2	细检漏:条件 A_1 或 A_2 粗检漏:条件 C_1

（续）

序号	试 验 项 目	GJB 548B—2005	
		方　法	条件或要求
5	内部水汽含量①	1018.1	100℃,水汽含量≤5000×10⁶
6	内部目检	2010.1	条件 A
7	SEM②	2018.1	—
8	键合强度	2011.1	—
9	芯片剪切强度	2019.2	—
① 使用方对内部气氛如有特殊要求应在采购要求或详细规范中说明。质量一致性检验中具有资质的单位对同型号同封装批器件已进行过该项试验时,DPA 项目可不要求。 ② 若晶圆级已经进行了 SEM,可不必重复			

12. 元器件特性评价

应用元器件时,需要进行内热阻、单粒子敏感度、抗静电能力、抗瞬态过载能力、抗锁定能力等的元器件特性评价。元器件特性评价的手段为数据库检索或评价试验。

（1）内热阻评价:主要对功耗大的半导体集成电路进行内热阻评价。

（2）单粒子敏感度评价:主要对包含存储单元的半导体集成电路进行单粒子敏感度评价,所选器件的单粒子敏感度应低于应用部位的容许单粒子敏感度。

（3）抗静电能力评价:抗静电能力以静电敏感电压来标识。GJB 597B 确定了静电敏感半导体集成电路的定义,并规定了 7 个静电敏感度等级,如表 6-11 所列。如所选品种为静电敏感半导体集成电路,其静电敏感度等级一般应为 2 级及以上。

表 6-11　静电敏感度划分

ESDS 等级	静电电压/V
0	<250
1A	250~499
1B	500~999
1C	1000~1999
2	2000~3999
3A	4000~7999
3B	≥8000

（4）抗瞬态过载能力评价:对应用部位有可能承受较大瞬态过载的半导体集成电路进行抗瞬态过载能力评价。

（5）抗闩锁能力评价:对用体硅工艺制造的 CMOS 半导体集成电路进行抗闩锁能力评价。闩锁发生的内因是半导体集成电路芯片中存在寄生 PNPN 结构,其外因有输入或输出端的注入电流、电源端的过电压、粒子辐射、静电放电等。半导体集成电路的抗闩锁能力指标一般包括引出端(输入或输出)最小致锁注入电流和电源端最小致锁过电压。对于用体硅工艺制造的 CMOS 电路,致锁注入电流一般应大于 200mA,致锁过电压一般应大于电源电压规范值的 2 倍。

6.6 卫星元器件降额设计

降额设计是在合理的降额范围内,降低元器件使用过程中承受的工作应力,以达到延缓参数退化、提高使用可靠性的目的。在产品设计初期,应在考虑元器件降额的基础上进行元器件选择和应用设计。

随着对可靠性认识的加深,降额设计已成为卫星电子电路设计的一项基本要求。目前,除了关于元器件降额准则的国标和国军标外,航天企业也形成了关于元器件降额准则的企业标准和具体型号规范。

1. 降额等级与设计要点

元器件的失效率模型与电、温度、机械等应力密切相关,降低其工作应力,大多数元器件的失效率都会降低。但是降额应该是有限度的,通常元器件有一个最佳降额范围,在此范围内,元器件工作应力的降低对其失效率的下降有显著的改善,工程设计也易于实现;超过这一范围的过度降额往往会带来以下问题:①增加元器件数量和种类,有可能降低产品的可靠性;②增大产品的体积、重量、成本;③可能引入新的故障机理和故障模式,例如,非低电平触点的通用继电器若触点电流过度降额,会使触点动作时不产生电弧,使触点失去自清洁能力,可能造成接触不良。因此,应按设备的可靠性要求,综合权衡重量、尺寸、成本等限制因素进行降额设计。

在关于元器件降额准则的标准中,通常在最佳降额范围内推荐采用三个降额等级:Ⅰ级(最大降额)、Ⅱ级(中等降额)、Ⅲ级(最小降额)。

Ⅰ级降额是最大的降额,对元器件使用可靠性的改善最大;Ⅱ级降额是中等的降额,对元器件使用可靠性有明显改善,Ⅱ级降额在设计上较Ⅰ级降额易于实现;Ⅲ级降额是最小的降额,对元器件使用可靠性的改善相对较小,但在设计上易于实现。

卫星用元器件通常按照Ⅰ级降额进行设计,特殊情况经审批、备案可以采用Ⅱ级降额。但是,实际产品设计时不应把降额因子绝对化,对降额因子的少量超限通常不会对失效率造成大的影响,不惜代价地去消除降额因子的少量超限也是不可取的。

元器件的降额设计主要包括电压降额、电流降额、功耗降额、温度降额。此外,为了覆盖完整的工况,还应考虑瞬态应力降额、故障情况下的降额和最坏情况下的降额。对于带机械结构的元器件,应注意热和机械应力的降额。

1)电压降额

电压降额的基准为额定值或绝对最大值。不同类型元器件的电压降额要点如下。

(1)中小规模数字电路及大规模集成电路。产品手册上一般会规定电源电压范围,不需要再降额。但使用时要注意以下情况:电源网络谐振产生振铃现象会使电源出现过压;RC振荡电路与电容相连的输入端可能出现两倍电源电压;微分电路会在输入端产生两倍电源电压或负电压;高速信号在信号线上产生振铃,将在接收端产生高压或负电压。

(2)以运算放大器为代表的模拟电路。这类电路电源电压往往可以在较大范围内选择,且性能参数与电源电压有关。厂家产品手册上通常会给出不同温度范围及不同电源电压下的性能参数,而且会提供电源电压的绝对最大值。这类电路的电源电压降额后不应低于厂家推荐值。有时厂家产品手册上没有明确给出推荐值,但提供了某电源电压下的数据表,这个电压一般为推荐电压。如果选择低于数据表的电源电压,电性能数据会发生变化。此外,模拟电路也要考虑动态过程中可能出现的过电压。

(3) 以晶体管为代表的功率器件。这类器件以击穿电压作为电压降额的基准,但在不同的工作区域对电源电压有不同的限制。静态工作区受击穿电压的限制,稳态工作区受功耗的限制,动态情况受安全工作区的限制。这类器件带感性或容性负载时,要仔细分析工作点的动态变化范围,使工作点在降额后的安全工作区内移动。某些元器件对电压变化率有限制,如晶体管、MOSFET、瓷介电容等。

2) 电流降额

电流降额的基准为额定值或绝对最大值。不同类型元器件的电流降额要点如下。

(1) 功率元器件。这类元器件的生产厂家一般会给出两类限值:一类是最大电流或最大脉冲电流,这个限值是由元器件的材料、工艺、结构决定的,一般与发热无关;另一类限值是额定电流,这个限值通常与发热有关。不能认为结温或壳温不超标就可以无限制地增大电流,即使温度不超额,电流也不能超过允许的最大值。

(2) 信号类元器件。数字集成电路是典型的信号类元器件。这类器件的生产厂家也会给出两类电流限值:一类是最大输出电流,超限可能损坏器件;另一类是输出电压在一定限值内的输出电流值,目的是保证噪声容限。

模拟电路也有类似的输出电流限制,通常为允许的短路电流值和短路时间。超出最大输出电流后,最高输出电压幅度将下降。

3) 功耗降额

功率器件有最大功耗限制,功耗降额的基准是规定工作条件下的额定功耗。最大功耗是由器件的材料、工艺、结构决定的,一般与发热无直接关系。功耗与温度(结温或壳温)要同时满足降额要求。

4) 温度降额

温度及与温度有关的应力是降额设计的重点。

一般元件的温度指的是壳温或关键材料的温度,例如普通金属膜电阻的温度是指电阻器表面温度,电容器的温度是指电容器芯的温度。

磁性元件的温度是指热点温度,即元件内部的最高温度,通常有磁性材料及绝缘材料两个热点温度参数。

对于半导体器件来说,结温是最主要的温度特性。结温是半导体芯片内部晶圆的实际温度。超过最高允许结温将失去半导体特性。半导体器件的结温取决于自身热耗、热阻及安装电路板(点/区)温度。热阻包括内热阻、外热阻和接触电阻。内热阻取决于半导体器件的设计、材料、结构和工艺,是半导体集成电路自身的属性,可查询器件详细规范。

对于频繁加断电的产品,应控制主要发热元器件的温度变化量,以降低热疲劳引起的失效概率。

热分析或热平衡试验的数据是温度降额设计的主要输入条件。对于功耗较小元件的温度可通过简化计算得到。

5）瞬态应力降额

当产品手册上给出允许的瞬态应力值时，按对应的稳态降额因子降额。若无允许的瞬态应力值时，稳妥的办法是不超过稳态的额定值。瞬态应力降额要考虑以下几种情况。

（1）某些应力瞬时超过应力值就会损坏元器件，如击穿电压、二次击穿安全工作区。

（2）元器件的材料、工艺及结构上的缺陷会造成元器件性能不均匀，瞬态应力可造成局部应力集中而使元器件损坏。

（3）在瞬时大功率或大电流作用下，元器件来不及散热，处于绝热状态，可能会出现局部过热而损坏元器件。这种情况下热容起作用，瞬态应力作用时间越短，容许值越大。例如，晶体管二次击穿安全工作区随脉冲宽度变窄而增大，而这种关系一般不呈线性。再如，不能由持续 5s 的允许值，外推持续 1ms 时允许值为 5000 倍。

6）故障情况下的降额

用于故障隔离的元器件应进行故障情况下的降额设计，如限流电阻。用于故障隔离的元器件在故障状态下的性能应处于可知状态。

例如，目前普遍采用普通金属膜电阻作为限流电阻，用来隔离短路故障。在负载电流较小的条件下，可以选择较大阻值的限流电阻，使故障状态下的电阻仍工作于可预知的状态。但当负载电流较大时，限流电阻值较小，短路故障时可能工作于超载状态，此时电阻的特性难以预知。

7）最坏情况下的降额

对关键重要电路应进行元器件的最坏情况应力分析，保证由于元器件参数变化（制造公差、环境温度、空间粒子辐射、老化等）等因素带来的影响不改变元器件的降额等级。

除已知对辐射影响不敏感的元器件外，卫星元器件应考虑辐射引起的参数变化，结合辐射分析对由于空间辐射造成参数的变化进行附加的降额。辐射影响会使降额曲线中的额定值产生变化，它是最坏情况分析的一个要素。

8）带机械结构元器件的降额

对带机械结构的元器件，如继电器等，除了电应力以外，更容易受到力学和热应力的影响。可靠性设计与元器件的应力和强度分布相关。生产厂家应对这类元器件开展强度试验，取得元器件的强度概率密度或分布密度曲线。同样，用户也应对使用该元器件的产品开展充分试验，统计每次试验时该元器件所受应力，取得应力分布密度曲线。有了应力和强度的曲线后，应用该元器件时的不可靠度（故障概率）就是应力大于强度的概率。

应尽量降低元器件安装处的振动量级，减小温度交变的频率和温度范围。例如，继电器安装在电路板上很难避免振动放大效应，因此应尽量安装在机箱上或固定的支架上。

2. 典型元器件的降额设计

1）半导体集成电路

半导体集成电路的降额设计应特别注意热设计和温度降额。因为温度是影响半导体集成电路失效率的重要因素。对集成电路而言，温度每升高 $10 \sim 20℃$，失效率约增加 1 倍。

半导体集成电路应通过热设计将芯片结温控制在允许范围内。半导体集成电路的结温取决于自身热耗、热阻及安装电路板（点/区）温度。热阻包括内热阻、外热阻和接触电阻。内热阻取决于半导体集成电路的设计、材料、结构和工艺，是半导体集成电路自身的属性，可以通过器件详细规范/手册查到。

（1）TTL 型数字逻辑电路。数字逻辑电路（TTL）的电源电压不降额，但需满足容差要求。其主要的降额参数包括频率、输出电流和结温。需要注意的是，输出电流降额将使扇出减少，可能导致使用器件的数量增加，反而使设备可靠性下降，降额时应防止这种情况发生。

（2）CMOS 型数字逻辑电路。数字逻辑电路（CMOS）需要降额的参数包括电源电压、输出电流、频率、结温。电源电压降额后，不应小于推荐的正常工作电压；输入电压在任何情况下不得超过电源电压。输出电流的降额还应考虑空间辐射环境可能造成的影响。

（3）微处理器/外围电路及存储器。微处理器/外围电路及存储器数字逻辑电路的降额参数包括电源电压、输入电流、输出电流、频率和结温。

大规模集成电路由于其功能和结构的特点，内部参数通常允许的变动范围很小，因此其降额应着重于改进封装散热方式，以降低器件的结温。使用大规模集成电路时，在保证功能正常的前提下，应尽可能降低其输入电平、输出电流和工作频率。

（4）线性集成电路。线性集成电路包括运放、比较器、电压调整器、模拟开关等，降额参数包括电源电压、输入电压、输出电流、功率和结温。电源电压降额后，不应小于推荐的正常工作电压；输入电压在任何情况下不得超过电源电压。

（5）接口集成电路。接口集成电路包括 AD/DA、接收/驱动器等，降额参数包括电源电压、输出电流、功率、频率和结温。其中电源电压不是降低到一个百分比，而是要满足规范给出的容差范围，如±3%。

2）混合集成电路

混合集成电路的降额要根据具体电路和组合工艺进行专门评估，组成混合集成电路的元器件均应按照规范实施降额。混合集成电路在内部元器件降额的基础上，降额参数还应包括整个电路的功率密度。

3）半导体分立器件

半导体分立器件需要降额的主要参数是结温、电压和电流，特别应注意结温控制。半导体分立器件的结温影响因素与集成电路相同，可以通过相应器件的详细规范/手册查到。

（1）二极管。高温是对二极管破坏性最强的应力，电压击穿是导致二极管失效的另一主要因素，因此相应需对功率、结温、电压和反向电压等进行降额。

（2）晶体管。各类晶体管的降额参数基本相同，包括电压、电流和功率。但对 MOS 效应晶体管、功率晶体管和微波晶体管的降额又有特殊要求。

与二极管类似，高温是对晶体管破坏性最强的应力，电压击穿是导致晶体管失效的另一主要因素，因此相应需对晶体管的功率、结温、电压等进行降额。此外，功率晶体管有二次击穿可能，因此应对其安全工作区进行降额；功率晶体管的频繁开关会带来温度变化冲击，从而会产生热疲劳失效，因此应根据晶体管的相关详细规范要求限制壳温的最大变化值。

（3）微波半导体器件。由于分布参数的影响，微波晶体管、微波二极管不能按独立变量来考虑降额，但须进行温度降额。一般而言，微波二极管电压、电流和浪涌电流应为额定值的 50%。

4）电阻类元器件

电阻类元器件的选用不仅要了解厂家给出的电阻器标准电阻值，还应根据工作温度、工作电压、工作频率和使用环境等因素，进行降额设计。

此外，电阻类元器件在降额设计和使用时应注意以下事项。

（1）额定功率：选用电阻器的额定功率应大于直流功率，脉冲条件下和间歇负载下能承受的实际功率可以大于额定值，但应注意，跨接在电阻器上的最高电压不应超过允许值；不允许连续过负荷；平均功率不得超过额定值。

（2）脉冲峰值电压：在脉冲工作时，即使平均功率不超过额定值，脉冲峰值电压和峰值功率均不允许过高，应满足以下条件：合成电阻器峰值电压不超过额定电压的 2.0 倍，峰值功率不超过 3.0 倍；薄膜电阻器峰值电压不超过额定电压的 1.4 倍，峰值功率不超过 4 倍；线绕电阻器可以承受比通常工作电压高得多的脉冲，但在使用时要相应降额。

（3）防静电：容差较小（如 0.1%）的金属膜电阻器易受静电损伤。体积小、电阻率高的薄膜电阻器，静电可使其阻值发生显著变化（一般变小），温度系数也相应变化。

（4）辅助绝缘：当电阻器与地之间电位差大于 250V 时，应采取辅助绝缘措施。

（5）高频特性：在高频时，电阻器阻值会随频率而变化。线绕电阻的高频性能最差，合成电阻器次之，薄膜电阻具有最好的高频性能，大多数薄膜电阻的有效直流电阻在频率高达 100MHz 时尚能基本保持不变，频率进一步升高时阻值随频率的变化变得显著。

（6）低气压应用：金属膜电阻器和线绕电阻器在低气压条件下应用，可承受的最高工作电压下降，应进一步降额。

（7）降额下限：大量试验表明，当电阻器降额低于 10% 时，将得不到预期的降额效果，因此电阻器降额系数以 10% 作为可靠性降额设计的下限值。

5）电容器

影响电容器可靠性的主要应力为电压和工作温度。但电容器种类繁多、性能各异、应用场合不同，应根据具体种类和应用情况进行降额。

电容类元器件在降额设计和使用时应注意以下事项。

（1）电容自愈特性：金属化纸介电容器直流工作电压的过度降额将使电容器自愈能力下降，ESA 推荐最小 500mJ 能量用于自愈。此外，即使是正常的自愈也会产生 0.5~2V 电压的迅速波动，因此不宜在脉冲和触发电路中使用。

（2）低电平异常：云母电容等的降额太大易产生低电平异常。低电平异常在整机中会引起信号突然中断，但一般又会自动恢复；有时故障不能恢复，但将设备进行检测时，又恢复正常。电容器的低电平异常和恢复是随机的。这种故障特别容易出现在间歇使用或长期不用的电子设备中。要解决电容器低电平异常，除从电容器结构工艺上改进外，在整机应用中应注意在电容器降额使用时，规定低电平指标。

（3）电压降额：电容器降额的直流电压为实际工作直流电压和交流电压峰值叠加。对于大多数电容器而言，其所承受的交流电压随其频率的增长和峰值电压的增加而导致内部温升增加,致使电容器失效。因此在高频应用情况下,电压降额应进一步加大,对电解电容器尤为敏感。各类电容器使用时,应注意对交流的峰值电压的不同要求。对非固体钽电容在有极性条件下,不允许加反向电压(交流峰值应小于直流电压分量)。所谓"无极性"电解电容并未从根本上解决单向导电性的本质,因此不宜长时间使用于交流电路中。

(4)使用频率:陶瓷介质对频率敏感,因此在不同频率上测得的电容量和"容量—温度特性"变化都不一样,为实现高精度的补偿,应在推荐的工作频率上测试补偿特性。电容器降额的直流电压为实际工作直流电压和交流电压峰值叠加。对于大多数电容器而言,其所承受的交流电压随其频率的增长和峰值电压的增加而导致内部温升增加,致使电容器失效。因此在高频应用情况下,电压降额应进一步加大,电解电容器对此尤为敏感。

6)电感元件

电感元件包括各种电感(普通电感、差/共模滤波等)、变压器(功率、电流取样、隔离驱动等)、扼流圈、电机绕组等。由于线圈和变压器常属于自制器件,因此应该加强降额设计。

电感元件在降额设计和使用时应注意以下事项。

(1)介质耐压:为防止绝缘击穿,线圈的绕组电压应维持在额定值,不降额。绕组电压(直流、交流峰值或组合)应低于介质击穿电压的50%。

(2)工作频率:工作在低于设计频率范围的电感元件可能会产生过热和磁饱和,使元器件工作寿命缩短,甚至导致线圈绝缘破坏,因此工作频率不能降额。

(3)温度:电感元件的热点温度额定值与线圈绕组的绝缘性能、工作电流、瞬态初始电流及介质耐压有关。电感元件额定工作温度应综合考虑安装点温度、热点温度及居里热带来的温升,工作温度应低于额定工作温度的75%。

7)半导体光电器件

高结温和结点高电压是半导体光电器件的主要破坏性应力,结温受结点电流或功率的影响,所以半导体光电器件应对结温、电流或功率等进行降额。

半导体光电器件在降额设计和使用时应注意以下事项。

(1)发光二极管驱动电路必须限制电流,通常用一个串联的电阻来实现。

(2)一般不应轻易采用经半波或全波整流的交流正弦波电流作为发光二极管的驱动电流,如果确要应用,则不允许其电流峰值超过发光二极管的最大直流允许值。

(3)在整个寿命期间,驱动电路应允许光电耦合器电流传输比在降低15%情况下仍能正常工作。

8)晶体

晶体降额的主要参数是工作温度。通常,晶体的驱动功率不能降额,因为它直接影响晶体的额定频率。晶体的工作温度必须保持在规定的限值范围内,以保证达到额定的工作频率。一般降额温度范围比最低额定温度高10℃,比最高额定温度低10℃。

晶体在降额设计和使用时应注意以下事项。

(1)高温、高湿环境易影响晶体的频率及其稳定性。

(2)冲击和振动环境可能使易碎的晶体破损,尺寸较大的晶体工作频率也可能因此而下降。

（3）驱动电压过高可能使晶体承受的机械力超过它的弹性而破碎。

9）无源微波元器件

无源微波元器件包括衰减器/负载、定向耦合器、波导/法兰盘、功率分配器/合成器、环行器/隔离器等，其主要降额参数是输入功率。波导/法兰盘一般不降额。

10）继电器

继电器是电子设备中常用的控制元件，当其输入量达到规定值时，能将一组或多组触点（或输出电路）断开、闭合或转换，从而使被控制电路根据要求改变工作状态。

进行继电器的工作寿命预估时，应按照继电器产品规范或手册规定考虑工作温度、负载比、动作频度、负载特性等因素。

继电器在降额设计和使用时应注意以下事项。

（1）触点并联使用：切忌用触点并联方式来增加电流量。因为触点在吸合或释放瞬间并不同时通断，这样有可能在一个触点上通过全部负载电流，使触点损坏。必须使用多继电器/触点并联方式来增加电流量的应用场合，必须确保触点在吸合或释放瞬间时，触点电流满足降额要求。

（2）触点电流：应根据继电器负载性质（电阻负载、容性负载、感性负载等）对连续触点电流进行降额。连续触点电流额定值应依据相应元器件手册/规范，如果没有明确非阻性负载电流额定值，可以在阻性负载电流额定值基础上进行相应降额。低电平负载应用时必须采用低电平继电器或对通用继电器进行低电平筛选。

（3）线圈电阻：继电器线圈额定电阻通常是25℃时的线圈电阻值，误差一般为±10%，温度变化时线圈电阻也随着变化；温度变化范围较大时应考虑线圈电阻变化。

（4）线圈电压：为了保证触点可靠地吸合，继电器触点吸合最小电压（直流或交流有效值）应不小于额定值的0.9；额定线圈电压为28V的继电器吸合最小电压应不小于25.2V。在某些标准规范中，电磁继电器线圈电压不降额。

11）电连接器

影响电连接器可靠性的主要因素有插针/孔材料、接点电流、有源接点数目、插拔次数和工作环境。电连接器降额的主要参数是工作电压、工作电流和温度。

电连接器在降额设计和使用时应注意以下事项。

（1）有源接点数目：当电连接器有源接点数目过大（如大于100）时，一般应分成两个电连接器，以增加可靠性。

（2）并联使用：为增加接点总电流，可将电连接器的接触对并联使用。每个接触对应按规定对电流降额，由于每个接触对的接地电阻不同，电流也不同，因此在正常降额基础上需再增加25%余量的接触对数（例如连接2A的电流，采用1A的接触对，在Ⅰ级降额情况下需要5个接触对并联）。电连接选择和接点并联降额应结合导线/电缆的降额一起考虑。

（3）功率线正负端接点间应保证足够的安全间距，以降低短路风险。

（4）电连接器内各点应保证正确连接关系，每个电连接器具有对应的针孔布局、缺口或键位，保证正确连接。

（5）为减少电连接器的插拔次数，提高使用可靠性，正样件装星使用前电连接器应用 SAVER 进行保护。

　　12）导线与电缆

　　影响导线与电缆可靠性的主要因素是导线间的绝缘和电流引起的温升。导线与电缆降额的主要参数是应用电压和应用电流。导线与电缆的电流降额要求与其单根导线截面积、绝缘层的额定温度和线缆捆扎导线数有关。

　　当导线成束时,每一根导线的设计最大电流一般按以下公式进行降额:

$$I_{BW} = I_{SW} \times (29 - N) / 28 \quad (1 < N \leqslant 15) \tag{6-1}$$

或

$$I_{BW} = I_{SW} \times 0.5 \quad (N > 15) \tag{6-2}$$

式中:I_{BW} 为导线束中每根导线的最大电流(A);I_{SW} 为单独一根导线的最大电流(A);N 为导线束中的导线数。

　　导线与电缆在降额设计和使用时应注意以下事项。

　　(1) 导线的截面尺寸、韧度和挠性应能提供足够安全的电流负载能力和强度,一般情况下不宜采用过细的导线。

　　(2) 导线与电缆降额应与电连接器的选型和降额统筹考虑,均应满足降额要求。

　　(3) 导线与电缆承载最大交流电压、纹波不应超过最大绝缘电压的5%。

参 考 文 献

[1]　王蕴辉,于宗光,孙再吉. 电子元器件可靠性设计[M]. 北京:科学出版社,2007.

[2]　恩云飞,来萍,李少平. 电子元器件失效分析技术[M]. 北京:电子工业出版社,2015.

[3]　朱恒静. 宇航大规模集成电路保证技术[M]. 西安:西北工业大学出版社,2016.

[4]　付桂翠. 电子元器件使用可靠性保证[M]. 北京:国防工业出版社,2011.

第7章　卫星软件可靠性设计

随着卫星复杂程度及卫星智能化水平的提升，卫星软件的应用数量越来越多、复杂程度越来越高，卫星软件发挥着越来越重要的作用，对卫星可靠性的影响也越来越大。

软件可靠性设计是在常规的软件设计中，应用各种必需的方法和技术，使软件程序设计在满足用户各种需求的同时，符合软件的可靠性要求。因此，软件的可靠性设计与软件的常规设计紧密结合，贯穿于软件设计过程的始终。

在卫星软件可靠性设计方面，需首先做好卫星软件系统的可靠性设计，这是顶层设计，对整星可靠性具有关键性影响；然后，开展软件可靠性的需求分析，作为软件可靠性设计的依据；在此基础上，做好软件关键功能的可靠性设计、常规的软件可靠性设计及健壮性设计、FPGA 抗单粒子设计等。

软件可靠性工程已成为软件工程中的一个重要分支，包含了软件可靠性建模、软件可靠性指标分配与预计、软件可靠性设计、软件可靠性分析、软件可靠性测试、软件可靠性评估等内容。本章仅对卫星软件可靠性的概念、软件可靠性主要设计要求及方法进行介绍。

7.1　卫星软件可靠性概述

1. 软件可靠性定义

软件可靠性（Software Reliability）用来衡量一个软件按照用户要求和设计目标执行其功能的正确程度，是软件质量固有特性之一。IEEE 计算机学会对软件可靠性的定义为：在给定的环境条件下和规定的时间内，软件不引起系统失效的概率。其中，概率是系统输入和系统使用的函数，也是软件中存在的差错的函数；系统输入将确定是否遇到已存在的差错。

在软件可靠性工程中，软件可靠性定义为：软件产品在规定的条件下和规定的时间内完成规定功能的能力。其中，"条件""时间"和"功能"如果发生变化，软件可靠性一般也会发生变化。

（1）"条件"是指软件产品的使用条件，也称为操作剖面，包括直接与软件运行相关的计算机系统状态和软件的输入条件。

（2）"时间"是指软件实际运行的时间区间，可能是连续的日历时间，也可能是离散的周期数。

（3）"功能"是指软件通过某种动作方式实现的一个或多个规定的性能特性，或是一实体或其特征动作所能实现特定目的的能力。

（4）"能力"一般用软件的可靠度来衡量。

2. 软件失效机理

由于软件运行环境动态变化，并且内部分支众多，逻辑复杂，因此软件失效的机理具有多种不同的表现形式，有些易于描述和分析，而有些则难以进行跟踪分析，总的来说，软件失效机理可以分为错误（Error）、缺陷（Defect）、故障（Fault）、失效（Failure）。

软件错误是指开发人员在软件开发过程中出现的失误、疏忽和错误，是不可避免的一种行为过失，其结果将导致软件缺陷的产生。例如，误解或遗漏用户需求，概要设计未能完全实现需求等。在大多数情况下，软件错误可以被查出并排除，但仍会有部分软件错误隐藏于软件内部。

软件缺陷是指代码中能引起失效的错误编码，是静态存于软件中的不期望的或不可接受的偏差，只有当软件动态运行，且进入某一特定条件时缺陷才会被激活。例如，少一个逗号，多一条语句，数组下标不对，设计实现过程中引入调试代码等软件多余物等。

软件故障是一种动态行为，是指在软件运行过程中出现的一种不期望或不可接受的、并且可能引发软件失效的内部工作状态，通常是在软件运行中由于软件缺陷引起的错误状态。例如，软件执行了某个多余的循环，不正确的数值在传递过程中产生的偏差等。

软件失效是指软件运行时偏离了需求，产生了造成任务失败等不期望或不可接受的外部结果。例如系统死机、系统无法启动、计算数据错误等。

软件故障是由软件错误引起的，但软件错误不一定引起软件故障。当软件运行中出现故障，并且没有采取措施处理时，便会产生软件失效。软件失效都是由软件故障引起的。软件缺陷是程序固有的，除非被发现和正确修改，软件中的缺陷会静态地、无损耗地潜伏在软件中，不会像硬件一样因为长时间使用而逐渐损耗。如果软件可以正常运行并完成规定功能，可能只是因为软件在运行时没有用到有缺陷的部分；反之，如果用到了有缺陷的部分或因为某种条件激活并引发了软件缺陷，那么软件可能无法正常运行，即表现为故障。软件失效都是由软件故障引起的，但软件故障不一定使软件失效。

图 7-1 给出了错误、缺陷、故障和失效的转换关系，错误是针对软件开发人员的，失效则是面向用户的；缺陷是静态的，如果没有动态运行且没有特定条件引发时，缺陷就不会表现出来，也就不会对软件运行和功能实现产生影响；故障则是动态产生的，必须运行软件才能被激活。

因此，从软件失效机理的角度分析，软件可靠性是动态的而不是静态的，通过设计来实现，但通过用户对软件的运行和使用表现出来。

3. 软件可靠性与硬件可靠性比较

软件的失效率曲线与硬件的失效率"浴盆曲线"有所不同，图 7-2 给出了软件与硬件

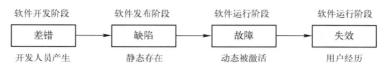

图 7-1 差错、缺陷、故障和失效之间的关系

的失效率曲线比较。理论上在相同的运行环境下的软件可靠性是一样的,软件在其存储载体上存放的过程中,只要载体不被损坏,它不存在硬件所具有的随着时间增长使可靠性降低的物理衰变过程。因此,软件在使用和维护过程中,只要不引入新的缺陷,它的可靠性是相对稳定的,而且随着缺陷的发现和消除,失效率不断下降,因而它的可靠性在理论上就会不断增长。

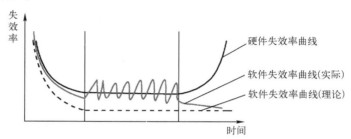

图 7-2 软件与硬件的失效率曲线比较

在实际的软件运行过程中,软件失效率是一个振荡下降的过程,因为在缺陷修复过程中,如果对更改影响域分析不充分,往往还会引入新的缺陷,或引入特殊运行环境条件而激活原有隐藏的缺陷,所以其失效率会比理论值高。

软件和硬件可靠性的区别如表 7-1 所列。

表 7-1 软件与硬件在可靠性方面的差别

序号	软 件	硬 件
1	软件在设计和研制过程中可视性较差,难以控制	硬件在生产和制造过程中可视性较好,易于控制
2	软件是思维逻辑的表示,不会自动变化,无散差,但其载体硬件可变	硬件是物理实体,存在使用耗损,会自然老化,会引起物理变化,且有散差
3	软件缺陷只有在一定的系统状态和输入条件下才会暴露软件故障	若硬件的零部件或其接口有故障,就会在运行中暴露硬件故障
4	软件故障均是由开发过程中的设计差错引起的,复制过程只能间接通过载体造成内部故障	设计中的差错,以及生产过程、使用过程和物理变化均能造成硬件内部故障
5	只要在设计开发的过程中采取技术和管理措施,就能确保软件可靠性	设计、生产、使用等的全过程都会产生硬件故障,均需加强技术和管理控制
6	软件的行为变化无法用连续函数描述,数学模型是离散的,故障的形式可能非物理原因,失效不易预测,无前兆	硬件行为变化的数学模型是连续的,故障的形成均为物理原因,失效可预测
7	软件使用过程中出现故障后,可以通过修改产生新的软件版本,只要维护合理,可以提高可靠性	硬件使用过程中出现故障后,只能通过修复故障的零部件来保持可靠性,但不能提高可靠性
8	软件的冗余备份件不能相同,必须保证其设计相异性,否则反而会降低可靠性	硬件的冗余备份件可以相同

（续）

序号	软　　件	硬　　件
9	软件的可靠性参数估计无物理基础,只有其载体有物理基础	硬件的可靠性参数估计有物理基础
10	软件的部分修改可能会影响其他部分,必须进行软件更改影响域分析	硬件维修可适当控制在具体零部件,影响范围一般不会扩大
11	软件本身无危险,但对系统可靠性可能有影响,因而不能孤立地考虑软件自身可靠性	硬件本身可能有风险,关键部件的可靠性必须单独进行分析评估

4. 软件可靠性度量

软件可靠性度量是对软件可靠性进行监控的一种重要手段,现多采用可靠性模型进行评价,这些可靠性模型依赖于软件开发结束后的软件测试数据,在卫星软件上较难适用。卫星多采用以下可靠性度量指标来评价软件产品的可靠性:软件可靠度、软件失效率、平均失效间隔时间、平均修复时间、软件可用性、缺陷密度、故障密度、需求可追踪性、测试覆盖指数等。

1）软件可靠度(Software Reliability)

软件可靠度是指软件在规定的条件下、规定的时间内完成预定功能的概率,或者说是软件在规定时间内未发生失效的概率。

设规定的时间为 t_0 ,软件发生失效的时间为 ξ ,则其数学表达式为

$$R(t_0) = P(\xi > t_0)$$

2）软件失效率(Software Failure Rate)

软件失效率是指软件在 t 时刻没有发生失效的条件下,在 t 时刻后单位时间内发生失效的概率。失效率 Z 可用下式表示:

$$Z(t) = \frac{1}{R(t)} f(t)$$

3）平均失效间隔时间(Mean Time Between Failure,MTBF)

平均失效间隔时间是指两次相邻失效时间间隔的均值,可用下式表示:

$$\text{MTBF} = \int_0^\infty t f(t) = \int_0^\infty R(t) \, \mathrm{d}t$$

4）平均修复时间(Mean Time to Repair,MTTR)

平均修复时间是指软件出现失效后,软件恢复到正常工作的平均时间。软件的修复时间可以用维护时间或停工时间来度量。因此,MTTR 因时间和系统的不同而不同。

5）软件可用性(Software Availability)

软件可用性是指软件在某个随机时刻需要开始执行任务时,处于工作或可使用状态的程度,可用下式表示:

$$A = \frac{\text{MTTF}}{\text{MTTF} + \text{MTTR}}$$

MTTF 表示平均失效前时间,指软件发生失效前的工作时间平均值。

6）缺陷密度(Defect Density)

计算公式为

199

$$DD = \frac{D}{KSLOC}$$

式中:D 为发布软件版本中发现的在规定严重性等级下的缺陷数;KSLOC 为在发布软件版本中可执行代码和非可执行数据声明的千行源代码数。

7) 故障密度(Fault Density)

计算公式为

$$FD = \frac{F}{KSLOC}$$

式中:F 为发布软件版本中导致规定严重性等级失效的唯一故障数(唯一是指相同的故障计为一次)。

8) 需求可追踪性(Requirements Traceability)

需求可追踪性用于标识原始需求中遗漏的或相对原始需求额外增加的需求,其计算公式为

$$TM = \frac{R_1}{R_2}$$

式中:R_1 为发布软件版本中可实现的需求数;R_2 为发布软件版本规定的原始需求数。

9) 测试覆盖指数(Test Coverage Index)

测试覆盖指数表示软件测试过程中,软件需求被测试覆盖的程度,其计算公式为

$$TCI = \frac{NR}{TR}$$

式中:NR 为发布软件版本经过测试的需求数;TR 为发布软件版本的需求总数。

5. 软件可靠性设计方法

避错设计是软件可靠性设计的基本方法,但避错设计只能确保软件达到一定的可靠性限度,要进一步提高可靠性,进行避错设计的同时,还需要采用查错、纠错及容错设计及软件健壮性设计和抗单粒子设计等技术。

常采用的卫星软件可靠性设计方法包括软件可靠性需求分析、安全关键功能设计、避错设计、查错设计、纠错设计、容错设计、软件健壮性设计、FPGA 抗单粒子设计等。

7.2 卫星软件可靠性需求分析

基于卫星初步总体方案,分析并初步确定软件系统的基本架构,划分软件基本功能,规划和初步定义配置项。在此基础上,提出软件设计及实现过程中的可靠性需求。针对软件可靠性的需求分析内容主要包括以下一些。

(1) 根据软件研制要求及初步总体方案,识别卫星软件系统架构设计及信息流可靠性设计的需求。

(2) 对软件可靠性需求进行关键性分析,识别软件的安全关键需求,对安全关键功能的时间、吞吐量和空间进行分析与评估。

(3) 开展初步的软件故障树分析(Software Fault Tree Analysis,SFTA),自上而下识别软件故障及故障发生原因,故障树顶端的故障可从初步危险分析(Preliminary Hazard

200

Analysis，PHA）或软件危险分析及需求关键性分析等获取，分析结果是一系列可能引起危险的原因或是这些原因的组合。SFTA 的分析结果可用来确定在哪些地方应设计故障容限或采取失效安全措施。

（4）开展初步的软件失效模式与影响分析（Software Failure Mode and Effect Analysis，SFMEA），自底向上分析软件失效模式，分析软件每个组成部分的失效机理、危险程度及影响传播过程；确认软件对可能的失效是否具有足够的处理能力，需确保软件在失效发生时能使系统维持在安全可靠的状态。SFMEA 初步分析结果还可支持消除或减轻软件失效措施的设计。

（5）开展软件安全性分析，确定能够直接导致危险发生的软件、实现安全关键功能的软件、实现安全恢复功能的软件、用于检测安全性关键功能的软件、用于减少事故发生可能性的软件，提出软件的安全性设计要求。

（6）进行软件危险分析，识别对卫星安全构成潜在威胁或可能造成危害的危险源，确定危险事件，形成危险源清单和安全性关键项目清单，提出分系统和单机的软件安全性要求。

（7）开展软件可靠性分析，明确软件在接口设计、避错、纠错、容错及重用设计、单粒子效应防护设计等方面的可靠性要求。

（8）将软件可靠性安全性需求分析结果文档化，针对分析过程中识别出的可靠性安全性需求项进行可追踪性分析，建立双向跟踪矩阵表格，在后续的设计和测试阶段进行双向追踪。

7.3　卫星软件系统可靠性设计

卫星软件系统设计是卫星总体设计的重要内容，是软件配置项设计的基础。软件系统的合理优化设计是影响卫星系统可靠性的重要因素。

卫星软件系统的设计直接决定着整星的可靠性，包括软件系统功能划分的合理性、体系架构设计的合理性和匹配性、系统信息流设计的合理性、数据一级和二级总线选择及协议设计的匹配性等。

1. 卫星软件系统设计内容

卫星软件系统设计的主要内容和流程如图 7-3 所示，主要包括以下设计工作。

（1）开展卫星任务分析及功能分析，分析平台软件管理需求和载荷软件管理需求，确定卫星平台和载荷需要软件实现的功能。

（2）在此基础上，开展卫星软件系统体系架构设计，设计遥测遥控体制及格式、总线通信协议，进行软件功能划分，设计软件系统的信息流。

（3）开展卫星姿态轨道控制功能、星务管理功能、能源管理功能、热控自主管理功能、测控管理功能、载荷管理及处理功能设计。

（4）卫星软件配置项研制、验收及固化。

（5）卫星软件系统联试及整星测试。

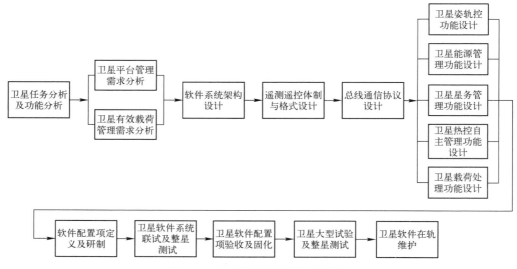

图 7-3　卫星软件系统设计流程图

2. 卫星软件系统架构设计

卫星平台主要包括以下软件系统功能。

（1）姿态轨道控制功能：各模式姿态控制功能、轨道维持控制功能。

（2）星务管理功能：遥测遥控管理、时间管理、数据和网络管理、FDIR 管理等。

（3）能源管理功能：自主充电管理、能源故障模式管理。

（4）热控管理功能：自主热控管理。

卫星软件信息系统常采用多级分布式体系架构，以中心管理单元（SMU）为主控端，将各业务单元（平台业务单元 PFISU、载荷业务单元 PLISU）、姿轨控计算机 AOCC 等设备作为被控终端，通过数据总线将主控端和被控终端进行连接，构建成一套集散型分布式网络；SMU 应用软件为整星信息系统的核心，主要完成整星的遥测遥控管理、热控自主管理、能源自主管理、时间管理、数据网络管理和 FDIR 管理功能，各被控终端软件通过与 SMU 的遥测、遥控信息交互，实现卫星在轨的星务自主管理功能。

为实现对星上载荷设备的高效控制，根据载荷系统的特点，一般设置二级总线用于多数据交互单机的连接。例如，对于以转发器载荷为主的通信卫星一般设置 CSB 总线用于行波管放大器的低速数据传输，实现指令控制和遥测采集；对于天线控制器、处理载荷设备等存在大量数据交互的设备，设置二级总线 RS422 等实现数据传输。

图 7-4 为某卫星的软件系统体系架构，其采用了两级总线网络，一级总线采用 1553B 总线，实现中心管理单元与各业务单元、姿轨控计算机等设备间的指令和遥测数据传输；二级总线采用 CSB 总线实现载荷业务单元与行波管放大器之间的指令和遥测数据传输，采用 RS422 总线实现载荷业务单元与天线控制器、扩频应答机、处理载荷设备之间的指令和遥测数据传输。其功能划分如下所述。

（1）中心计算机：遥测遥控管理、时间管理、数据和网络管理、FDIR 管理、能源管理、自主热控管理等。

（2）姿轨控计算机：各模式姿态控制、轨道维持控制功能等。

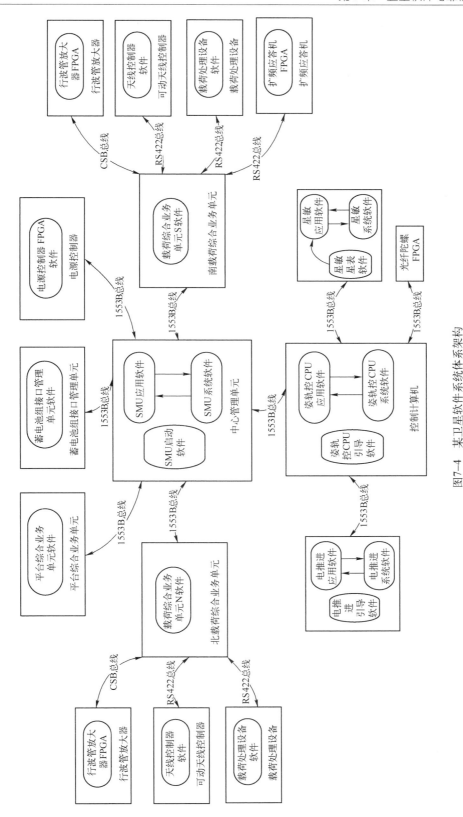

图7-4　某卫星软件系统体系架构

203

（3）平台综合业务单元：通过1553B总线与中心计算机通信，接收平台综合业务单元自身的指令并执行，接收平台其他设备执行的指令码并转化为指令脉冲发送到相应设备；采集平台设备的遥测参数，组帧后通过1553B总线送到中心计算机。

（4）载荷综合业务单元：通过1553B总线与中心计算机通信，接收载荷综合业务单元自身的指令并执行；接收载荷其他设备的离散指令码并转化为指令脉冲，发送到相应设备执行；接收载荷处理设备、扩频应答机等的RS422指令，解码后通过RS422总线发送到相应设备执行；接收行波管放大器的CSB指令，解码后通过CSB总线发送到行波管放大器执行；采集载荷设备的遥测参数，通过RS422总线或CSB总线采集载荷处理设备、扩频应答机、行波管放大器的遥测，组帧后通过1553B总线送到中心计算机。

3. 卫星软件研制流程

卫星软件和FPGA产品按照继承性一般分为Ⅰ类、Ⅱ类、Ⅲ类和Ⅳ类。Ⅰ类软件为完全沿用，Ⅱ类软件仅修改装订参数，Ⅲ类软件进行适应性修改，Ⅳ类软件为新研制软件。

软件配置项的设计和开发工作内容包括软件需求分析、软件设计、软件开发实现、软件确认测试、软件分系统及整星测试、软件评测、软件交付验收、软件落焊及整星测试和试验等。图7-5以Ⅳ类软件为例给出了软件研制技术流程。

对于含有初样阶段的卫星研制过程，软件分初样星软件、正样星软件；软件根据更动及升级情况分为不同的版本，作为软件技术状态控制的依据。

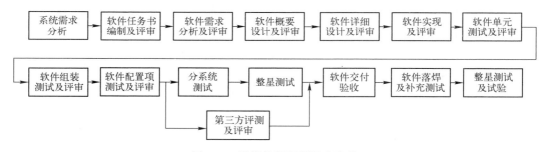

图7-5　Ⅳ类软件研制技术流程

7.4　卫星软件安全关键功能设计

软件的安全关键程度一般分为4个等级，如表7-2所列。软件系统设计中，需要确定每一个软件配置项的安全关键等级。

表7-2　卫星软件安全关键等级

软件安全关键等级	软件危险程度
A	灾难性危害：系统瘫痪，任务失败
B	严重危害：系统严重损害，任务受严重影响
C	轻度危害：系统轻度损害，任务受一定影响
D	轻微危害：对任务没有影响

软件安全关键功能是指,其错误可能导致系统严重危险的软件功能。从以下几个方面来识别确定软件安全关键功能。

(1) 直接导致危险发生的软件功能。

(2) 保证整星能源安全、测控安全的软件功能。

(3) 启动或恢复故障安全模式的软件功能。

(4) 实现活动部件运动的软件功能。

(5) 实现安全关键硬件加断电及主备份切换的软件功能。

(6) 产生对硬件自主控制信号的软件功能。

(7) 显示安全关键硬件状态的软件功能。

(8) 实现软件在轨维护的软件功能。

需要对软件安全关键功能重点开展以下可靠性设计。

(1) 采取独立性设计,使安全关键功能的启动至少受控于两个独立的功能。

(2) 采取隔离设计,尽量隔离安全关键软件与非安全关键软件,隔离安全关键数据与其他数据,降低安全关键软件之间接口的耦合度。

(3) 采用健壮性设计,针对硬件、环境、其他软件的影响设计相应的保护措施。

(4) 安全关键变量、数据或接口采取复位、冗余、校验、隔离、滤波、定时刷新等安全性设计措施。

(5) 安全关键功能必须具有强制数据类型,不得使用一位的逻辑 0 或 1 表示状态。

(6) 在启动安全关键功能之前,必须对可测试的安全关键单元进行实时检测。当检测到不安全的情况时,软件必须采取措施进行处理,如果软件无法处理这种情况,则应将控制过程转换到硬件的安全子系统。

(7) 采取在轨可维护性设计。

7.5　卫星软件避错、查错、纠错及容错设计

1. 软件避错设计

避错设计是在软件设计过程中,采取措施不发生错误或少发生错误的一种设计方法,贯穿于软件设计的全过程,体现了预防为主的思想,是软件可靠性设计的首要方法。避错设计是在软件开发过程中,严格遵循软件工程原理,采用成熟的工程技术、方法和工具,按照软件生命周期模型进行软件开发,避免引入错误,保证软件可靠性。

应在整个软件生存周期内应用避错技术,而不仅仅在软件实现阶段使用避错技术。常见的避错技术包括简化设计、结构化设计、余量设计、特殊运算处理、数据输入处理、关键数据保护、软件重用等。

(1) 简化设计:软件与硬件产品一样,也具有越简单越可靠的特点。按照关键特征,将复杂的软件系统划分为一系列模块,并明确各模块间的界面和联系,同时使得软件的结构简单、关系简单、逻辑表达简单、软件语句的表达形式简单。

(2) 结构化设计:利用软件生命周期模型,明确定义各软件之间的接口界面和数据传输关系,规范功能模块的划分,减少程序复杂性,使软件中的各模块高内聚、低耦合,尽量避免软件各功能间的相互影响。

（3）性能余量设计：在保证满足系统规定的余量要求的基础上，对软件存储量保留不少于 20% 的空间余量设计，保证后续纠错设计、可维护性的设计要求；对软件运行时间保留 20% 的余量，确保软件运行时间不超过控制周期，例如，控制周期为 500ms 时，实际运行时间应不超过 400ms。

（4）特殊运算处理：特别是浮点运算（特别是接近于 0 的处理）和数组溢出的处理、对计算过程采取限幅处理等。

（5）关键程序区和数据区保护：将关键程序和数据存放在 PROM 中。

（6）数据输入处理措施：对模拟量输入值进行阈值判断、限幅、滤波处理；对数字量输入进行位校验、包头判断和数据包校验判断处理，获取的有效数据再进行类似模拟量的处理；对注入数据，进行包头、方式字、数据长度、校验等判断。

（7）软件重用设计：最大限度地重用现有的软件构件，提高软件的可维护性和可靠性。现有的成熟软件已经过严格的运行检测，大量的错误已经在开发、运行和维护过程中排除。在项目规划开始阶段就要把软件重用列入工作中不可缺少的一部分，作为提高软件可靠性的一种必要手段。软件重用主要包括软件开发过程重用和软件构件重用两种方式，软件开发过程重用包括软件研制规范、方法、工具和标准等，软件构件重用目前已在卫星型号软件开发中得到应用的包括规范化算法、基础公共运算库等。

2. 软件查错设计

查错设计是通过实时监控、软件在线自检等措施，监视软件运行，一旦出现错误征兆或发生错误后，即采取措施，纠正错误或避免错误的蔓延。查错设计是在设计中赋予程序某些特殊的功能，使程序在运行中自动查找存在错误的一种设计方法，可分为被动式检测和主动式检测两种类型。

被动式检测技术在程序的关键部位设置检测点，在故障征兆出现时及时检测出故障，其中包括检纠错码、判定数据有效范围、检查累加和、识别特殊标记（例如，帧头帧尾码）、口令应答（例如，在各个过程中设置标志，并与前一个过程的标志匹配检查，如满足准则，可继续进行）、地址边界检查等方法，该方法属于可测试性设计的范畴。被动式错误检测适用于软件的各种结构层次，用来检测从一个单元、模块向另一个单元、模块传递的错误征兆和存在于单元、模块内部的错误，比如数据的剔野和限幅处理，数据通信时设置校验码和累加和等。

主动式错误检测则能够主动对软件系统进行搜索，并指示搜索到的错误。主动式错误检测通常由一个检测监视器来实现。检测监视是一个并行过程，其功能是对软件系统的有关数据主动进行扫描，从而发现错误。主动式错误检测可以作为周期性的任务来安排，例如规定每小时检查一次，也可以当作一个低优先级的任务来执行，在系统处于等待状态时主动进行检查，如浮点数据异常周期性检查、内存周期自检等方法。实施自动错误检测的必要前提是接收判据能从软件本身提取，但自动错误检测所设置的接受判据不可能与预期的正确结果完全吻合。此外，自动错误检测模块与软件程序构成一个串联系统，其结果将导致系统可靠性降低。因此，应注意自动错误检测模块本身的可靠性问题及其所引起的系统可靠性问题。

检测点设计是软件查错可靠性设计的重要内容。重要的检测点往往作为遥测参数下传到地面,供地面进行查错分析。有效的检测点设计不仅有利于软件的调试、排错,而且对于星上软件运行的在轨维护和故障定位十分有用。在检测点设置上应注意以下几方面。

（1）对设备的状态、控制过程和控制结果应设置检测点,以进行程序流程检测。

（2）对注入的遥控指令内容应进行多重校验,包括 CRC 校验、和校验和注入数据范围检查,对遥控指令的接收和执行情况应设置检测点。

（3）对重要的接口信息状态应设置检测点,对超时等待设置退出条件,防止死等。

（4）对故障状态(故障类型、故障源、故障时间等)应给出检测报告,并进一步进行容错处理。需要注意的是,检测点的设置并不是越多越好,因为设置检测点要引入多余编码,应考虑实时性和容量的要求,做到少而精,以免影响可靠性的提高。

3. 软件纠错设计

纠错设计是在软件设计中赋予程序自我改正错误、减少错误危害程度的一种设计方法。改正错误的前提是能准确地找出软件错误的起因和部位,程序又有修改、剔除错误语句的能力。对于卫星嵌入式软件来说,难以像普通的商业软件一样直接修改或更新软件。因此,纠错设计对卫星嵌入式软件的可靠性来说具有极为重要的作用。

软件纠错设计常采用纠错码、看门狗定时器、在轨维护等方法。当软件缺陷引发的问题超越了软件自身能解决的范围,甚至影响整个卫星的安全性时,唯有依靠在轨参数或程序注入等改错手段进行补救。星上软件在轨维护是长寿命卫星软件必须具备的功能。

（1）设计软件定时看门狗,配合硬件看门狗,对程序死锁故障进行监测,每个控制周期定时喂狗,一旦超时即引发软件复位。热启动后,通过复位初始化设计,软件所有常量、变量初始化为默认初值或故障出现前的正常状态,建立计算机正常工作状态,提供故障恢复能力。

（2）设计在轨维护功能,包括参数级维护、函数级维护、任务级维护和整个软件维护。在轨维护一般采用两种方式进行:一种方式是对于程序运行时需要复制到 RAM 中运行的情况,可以对复制到 RAM 中的程序进行修改,这种方式的不足是当设备重加电时注入的修改程序自动消失;第二种方式是当设备配置有可修改的存储器(EEPROM 或 FLASH)时,可上注新的软件版本,通过加载方式运行上注的新软件。

4. 软件容错设计

容错设计是在设计中赋予程序某些特殊的功能,使程序在错误被触发时,仍然能正常运行的一种设计方法。容错技术能自动、适时地监测并诊断出系统的故障,然后采取相应的故障控制和处理方法,自动修复或在线修复故障。系统在规定的使用寿命中,能够检测、诊断、决策及避免永久性、瞬间性和间歇性故障的能力,称为系统的容错能力。容错是针对软件故障向系统提供保护的技术。软件容错的目的是消除或屏蔽故障,恢复因故障而影响系统运行的进程,完全或部分消除软件错误,降低对软件可靠性的影响。

软件容错设计的主要思路是采用冗余的软件部件,实现相同的软件功能。软件冗余备份并不一定包含全部功能模块,可以是某些功能块、子程序或程序段。软件容错以设计差异为基础,对一个软件模块,采用不同算法,由不同的开发人员,甚至用不同的程序设计语言,设计出功能相同而内部结构尽可能不同的多个版本,使这些版本出现相同设计缺陷的概率尽可能地小,从而达到相互冗余的目的。一个软件模块在某一特定输入条件下出现故障,但在其他输入条件下仍能正常工作,因此与替换故障硬件不同,对软件模块的替换是暂时性的,即故障处理之后,被替换的模块仍可再次被投入使用。

1)N版本程序设计方法

一般依据软件安全关键等级,确定软件的失效容限要求,根据软件的失效容限要求,确定软件冗余要求。例如,对于 A 级软件,推荐的失效容限为 2,要进行 5 版本程序设计;对于 B 级软件,推荐的失效容限为 1,要进行 3 版本程序设计;对于 C、D 级软件,不考虑失效容限,无需软件冗余。

N 版本程序法又称为软件冗余法。N 版本程序由 N 个实现相同功能的相异程序和一个管理程序组成,各版本先后运算出来的结果相互比较(表决),确定输出。在表决器不能分辨出错误模式的情况下,应采取少数服从多数的表决方式,甚至可以根据系统安全性要求采取一票否决的表决方式。

N 版本程序设计还可以对每一个版本运算的结果增加一个简单的接受测试,提前取消被证明是错误的结果,以提高表决器的实时性和成功率。要选用不同的实现手段和方法来保证版本的强制相异,以减少共因故障。

2)恢复块

对于无法实现 N 版本程序设计的安全关键软件,采用恢复块技术。恢复块由一个基本块、若干个替换块和接受测试程序组成。基本工作方式是:运行基本块;进行接受测试,若测试通过,则输出结果;否则,调用第一个替换块,再进行接受测试;若在第 N 个替换块用完后仍未通过接受测试,便进行出错处理。

3)信息冗余

安全关键功能、重要程序和数据应考虑进行信息冗余设计。安全关键功能应在接到两个或更多相同的信息后才执行;安全关键信息应储存在多个不同芯片中,并进行表决处理;可编程只读存储器(PROM)中的重要程序应有备份,并使备份程序可通过遥控命令等手段执行;随机存取存储器(RAM)中存储的重要程序和数据,应存储在至少三个不同的位置,并进行表决处理。

7.6 卫星软件健壮性设计

为保证卫星软件在轨可靠性,不仅要求软件代码的正确性、可维护性,还要求具备良好的健壮性,即软件在异常输入或异常外部环境下仍能保持正常工作的能力。容错设计属于典型的健壮性设计,此外软件的健壮性设计内容还包括:配合硬件处理的软件设计、自检测设计、数据保护设计、数据访问冲突防护设计、时序设计和余量设计等。

1. 配合硬件处理的软件设计

(1)加电检测:在系统加电时软件应进行系统级检测,以验证系统运行正常,并且软件应能对系统进行周期性检测,持续监视系统的状态。

(2)接口故障检测:对于接口可能出现的各种故障,进行自主检测,并进行充分估计、采取相应控制措施。例如,软件应能识别外部中断是否合法,并自动切换到安全状态。软件应能识别并剔除传感器发生故障时反馈的异常信息,避免将异常信息当作正常信息而导致反馈系统失控。软件对输入、输出信息进行加工处理前,应检验其是否合格,如极限量程检验法等。

（3）干扰信号处理:对被控对象的信号中伴随存在的干扰信号,采用数字滤波器加以滤波。确定滤波采样频率时,不仅要考虑有用信号频率,还要考虑干扰信号的频率。

（4）错误操作处理:软件应能判断输入操作的正确性,当遇到不正确输入和操作时拒绝执行该操作,同时输出报警信息,指出错误的类型和纠正措施。

（5）设置看门狗电路,由软件负责对看门狗进行管理,防止程序跑飞或进入死循环导致系统的崩溃。

2. 自检测设计

（1）监控定时器设计:监控定时器应采用独立硬件实现,若采用可编程定时器,必须将计数时钟频率和定时参数进行统筹设计,使得外界干扰下定时参数的最小值大于系统重新初始化的时间,最大值小于系统允许的最长故障处理时间;检测硬件状态变化的程序应考虑检测的时间或次数,无时间依据时,可用循环等待次数作为依据,设置超时处理的门限次数,确保计算机具有处理程序超时或死循环故障的能力。

（2）存储器检测:必须定期对存储器、指令和数据总线进行检测,测试指令序列的设计必须确保单点失效或复合失效被检测出来。程序加载时,必须进行数据传输的检查和程序加载验证检查,并在加载后进行周期性检查,以确保安全关键代码的完整性。

（3）故障检测:对于计算机系统的安全关键子系统必须编写故障检测和隔离程序,故障检测程序应能在安全关键功能执行之前,检测出潜在的安全关键失效情况;故障隔离程序应能将故障隔离到实际的最低级,并通过遥测下传相关信息。

（4）运行检查:安全关键功能在执行之前,需对其运行情况进行检查。

3. 数据保护设计

针对影响软件稳定运行的相关数据,采取相应的保护措施,并确保在发生复位、切机、异常运算、中断等异常情况影响下,数据保护有效、实时、连续可用。

1）数据有效性检测设计

数据有效性判断设计要素的要求和方法如下。

（1）应明确输入数据的来源、判断条件、判断方法、判断结果的生存时间、数据无效时的处理策略等。

（2）对使用的关键数据进行有效性检测,保证数据的取值范围、精度、实时性、完整性等满足功能要求和量纲要求。

（3）对输入的最后一组原始有效数据的使用应有明确合理的限制。

（4）对输入的数据校验结果的生存时间和条件应有明确合理的限制。

（5）数据无效处理策略应覆盖数据各种可能的故障场景,通常至少要包含数据未取得、数据不可用、数据源短期失效、数据源长期失效等。

（6）对遥控指令的接收处理需进行指令合法性判断,只有指令正确时才执行遥控指令,避免执行错误指令。

（7）运行于 SRAM 中的应用软件应定期对存储器件进行检测,并将检测结果遥测下传。

（8）设计 EDAC 功能,实现一位自动纠错、两位检错,程序异常时自动复位,提高系统纠错和容错能力。

（9）设置差错检测和处理功能,对接口消息中的关键数据进行边界范围检查和处理,允许输入错误消息或错误数据,使软件具有容错的能力。

（10）对大块重要数据进行校验保护,通过重要数据奇偶校验、和校验、CRC 校验等方式,避免非法访问、单粒子翻转、电磁干扰等造成的重要数据丢失。

2）针对硬件相关数据的保护方法

（1）设备上电时,对使用的 SRAM 区进行初始化刷新,实现状态的重新设置。

（2）对 SRAM、PROM、EEPROM、Flash、SRAM 型 FPGA 中数据,采取 EDAC 校验,降低单粒子翻转带来的风险;对于重要数据,采用三取二措施,放在不同的物理位置,按照三取二对比结果使用。

（3）对软件使用的 CPU 及其外围芯片寄存器,采取定期回读比对等措施,完成相关寄存器的周期性初始化设置。

（4）操作系统内核、初始化程序、应用程序及关键数据尽量放在 PROM 等数据不易丢失的存储器中;PROM 存储空间有限时,也可采取三取二技术分区存放在 EEPROM 中。

（5）进行数据传输时,采用数据校验和帧计数等方式,对数据正确性进行保护,防止异常数据进入系统。

3）针对异常运算的数据保护方法

对于特殊的数据运算,应采取相应数据保护方法,防止系统出现计算错误、程序跑飞或复位等异常现象,主要异常运算的数据保护措施有以下几种。

（1）数据运算中,应充分分析边界值,禁止出现除零异常。

（2）浮点数据不得直接进行相等或不等的比较。

（3）对于传递的或计算后的关键数据,如非规格浮点数等,必须进行有效性检测。

（4）防止计算结果可能超出数据类型所能表示的最大范围,避免数据溢出。

（5）数据运算中,应考虑计算精度与变量取值范围的约束关系,如大数与小数相加时应检查是否存在因对阶而出现数据损失的问题。

（6）对精度要求较高的参数,由浮点数向整型、双精度向单精度进行数据类型转换时,需采取措施,保证数据精度。

4）野值数据剔除方法

（1）针对不同输入数据,采取相应剔野手段,确保野值、非法数据等非期望数据不引入系统,或通过滤波、加权等方式弱化其对系统的影响,确保整个过程系统稳定运行。

（2）野值数据可分为突变量和缓变量。对于突变量,将其与所设阈值进行比较,实现快速有效剔除;对于缓变量,采用滤波等手段,降低或消除野值数据的影响。

5）重要数据保存与恢复

卫星中心计算机需要设计重要数据（热控、能源、FDIR 以及自主管理所需重要数据)保存和恢复功能,在发生计算机复位或切机时,可将复位或切机前的重要数据进行恢复。

中心计算机通过数据总线向各业务单元进行重要数据保存。重要数据保存时,软件应在重要数据内容中设置重要数据识别字和验证字。重要数据恢复时,可根据重要数据识别字恢复,并判断重要数据恢复的正确性。

在中心计算机正常工作期间,交替向主备容错 SRAM 写入重要数据,每一 SRAM 写三份同样的数据用于三模冗余校验。

中心计算机的 CPU 复位或切机后,需要进行软件状态的重要数据恢复,并按照复位前状态继续执行各项功能。若对所有重要数据恢复都失败,则按照初次上电状态进行初始化。

4. 数据访问冲突防护设计

在进行数据传输设计时,应做好数据访问冲突分析和防护设计,主要措施有以下几种。

(1) 合理设置各中断的优先级以及各中断之间的约束,明确相关中断、任务划分,确定各中断处理间的时序关系及中断频率等。

(2) 合理设计中断与中断、中断与任务、任务与任务之间的共享资源,在任务中操作共享变量时,需关闭中断等。

(3) 对中断与任务中使用的资源(如芯片端口、FPGA 端口、绝对存储地址等全局变量或端口地址)、资源的定义及运行时序进行分析,确认是否存在访问冲突。

(4) 分析有无数据访问冲突的变量、有无破坏原子属性的操作,并采取有效措施,如关中断、二次读取、乒乓存储、信号量设置等。

(5) 对系统临界区和共享数据区访问时,禁止进程的调度与切换,保护数据的安全。

(6) 做好软件的中断设计,避免因中断设计不合理而导致数据冲突。

① 考虑中断优先级,尽量不选用中断嵌套,进入中断服务程序后关掉不希望嵌套的所有中断。

② 采用关中断方式处理数据访问冲突时,应注意中断关闭期间不被其他中断服务程序意外打开。

③ 不应从中断服务子程序中使用非中断返回语句进行返回;要保存好需要保存的现场,并在中断服务子程序返回时正确恢复现场。

④ 对不用的中断源通过控制字等进行及时屏蔽;对于未使用中断入口,除了从硬件上对该中断端口接地或进行高电平设计外,在软件设计中,对相应的中断服务程序设置退出语句,设置软件陷阱,提高软件在异常走飞情况下的自恢复能力。

⑤ 在设置系统功能寄存器前应关闭中断,避免影响寄存器的设置。

⑥ 合理设计中断的处理流程,包括中断入口保护、出口恢复、中断执行时间、开关中断的时机等。

⑦ 程序中对未使用到的中断源的入口地址进行容错设计,若程序出现异常情况进入未使用中断源的入口地址,则应使程序回到初始地址。

⑧ 对于中断的使用,应严格按照"阻止—关中断—初始化—开中断—使能"的顺序

进行操作;中断初始化时,要将所需要的资源(如触发方式、需要使用的变量等)全部进行初始化设置;要合理设置程序中打开中断的时机,不能提前也不能滞后。

⑨ 软件代码走查、测试时,对数据访问冲突分析与设计进行专项检查和测试;测试多个中断同时触发时的极端工况,其性能余量是否满足任务要求。

5. 时序设计

合理设计不同对象间的数据传输时序,包括任务划分、信息采集时序、控制命令发送时序、单机通信时序、中断处理时序、上电复位与切机时序、同步时序、一级总线与二级总线间的数据采集及传输时序、多机(处理器)时序等,避免因时序设计不合理而导致数据访问冲突。时序设计的主要要求如下。

(1) 对时序关键点应明确性能指标要求,并确定不期望发生的事件。
(2) 采用数学模型、流程图、时序图、参数列表等形式对时序设计进行描述。
(3) 在满足系统要求的基础上保留合理的时序裕度。
(4) 中断服务程序尽量短,确保最大执行时间满足系统设计要求。

6. 余量设计

在软件设计中应确定相关软件模块的存储量、输入输出通道的吞吐能力和处理时间要求,满足系统规定的余量要求,一般留有不少于20%的余量。

应结合具体的被控对象来确定软件的各种周期,如采样周期、控制周期、输出输入周期、数据计算处理周期、自诊断周期等。为确保软件的工作时序之间留有足够的余量,当时间轴上各种周期安排过满时,应采用多CPU并行处理或性能更高的CPU来解决。

7. FPGA 抗单粒子设计

需采取FPGA抗单粒子措施,如三模冗余、异地备份、数据校验、数据滤波、多重判断、冗余通信、寄存器定期配置、寄存器定期刷新等。

卫星常用的SRAM型FPGA具有单粒子效应敏感特性,易发生单粒子翻转,从而会造成软件关键代码和数据的单、双位错误,导致单机发生复位或切机,影响卫星业务正常运行。软件设计上只能降低发生单粒子事件的概率,不能完全避免,应在卫星方案阶段基于芯片抗单粒子阈值、单粒子环境模型、单机在轨使用情况及芯片利用率,估算FPGA产品的单粒子翻转概率;综合考虑FPGA产品在轨使用空间辐射环境、FPGA产品所属单机产品长期或短期在轨工作情况和单粒子效应导致单机功能异常和功能中断的概率,提出抗单粒子翻转和锁定的措施,开展型号FPGA单粒子效应的风险分析和评估。

根据风险分析和评估结果,从系统、分系统、单机和FPGA产品四个层面开展单粒子效应防护设计,设计措施一般包括:系统定期对FPGA产品所属单机加断电将连续运行模式转换为间歇运行模式、FPGA产品所属单机采用双机热备份设计、单机具备对FPGA断电重新配置能力和不断电重新配置能力、单机具备对FPGA周期性配置刷新能力、单机软件定期对FPGA产品的控制寄存器进行刷新,以保证控制寄存器的设置正确。

为保证SRAM型FPGA的抗单粒子能力,应对关键变量和涉及性能算法的模块、控制模块、时钟分配模块等进行三模冗余设计,提高对错误的容忍度,减弱FPGA器件的单粒子敏感性,从而将单粒子翻转的影响降到最低。此外,还可对FPGA配置区的内容进行动态刷新,及时纠正该区域发生的错误。采取三模冗余加刷新的措施,可有效降低 FPGA 配置存储区、触发器、乘法器等资源单粒子的影响。

抗单粒子设计完成后,应梳理出软件单粒子效应防护的关键参数表和关键操作表,对采取的措施逐项进行确认。

参 考 文 献

[1]　陆民燕.软件可靠性工程[M].北京:国防工业出版社,2011.

[2]　赵靖,王延斌,曲立平,等.软件可靠性工程[M].西安:西北工业大学出版社,2011.

[3]　沈耀.卫星控制系统软件可靠性设计及工程应用研究[D].上海:上海交通大学,2016.

[4]　奚坤,王振华,蔡雨辰,等.航天器控制软件可靠性工程方法研究[J].空间控制技术与应用,2016 (4):48-62.

第 8 章 卫星可靠性分析

卫星可靠性分析的目的是对各级产品的可靠性设计进行分析和评价,识别产品的故障模式和薄弱环节,从而采取针对性改进措施,提高产品可靠性。产品可靠性与产品故障密切相关,可靠性分析的核心是识别并防止故障的发生,可靠性分析说到底就是故障分析。可靠性分析与可靠性设计密切融合,迭代进行。

卫星可靠性分析主要包括故障模式及影响分析(FMEA)、故障树分析(FTA)、最坏情况分析(WCA)、潜在电路分析(SCA)、概率风险评估(PRA)。

FMEA 和 FTA 是卫星应用最早、应用最广泛、最成熟的可靠性分析方法,是针对卫星故障模式、故障原因和故障机理的分析。FMEA 和 FTA 相辐相成。FMEA 属于归纳法,是自下而上确定产品可能失效的一切模式,并确定失效产生的影响;FTA 属于演绎法,是由上而下假设系统失效,分析其可能的原因。

WCA、SCA 是重要的电路可靠性分析方法,WCA 用于分析评估电路在极端环境条件下的工作性能,SCA 用于分析发现并纠正电路中可能存在的非期望功能,从而对电路设计提出改进措施。WCA、SCA 在卫星产品的可靠性分析中得到越来越深入地应用,在电子设备的可靠性设计中发挥着越来越重要的作用。

PRA 是可靠性风险建模和定量评价的方法。"哥伦比亚"号航天飞机爆炸等重大航天事故的发生促进了 PRA 技术的发展和应用,我国近些年也加大了 PRA 技术的应用实践,并取得一定成果。

8.1 卫星故障模式及影响分析

故障模式及影响分析(Failure Mode Effect Analysis,FMEA)是分析产品所有可能的故障模式及其可能产生的影响,并按每个故障模式产生影响的严重程度及其发生概率予以分类的一种归纳分析方法,属于单因素的分析方法。

FMEA 作为一种系统的风险分析方法,可以应用到从设计、生产到客户使用的各个环节,因此可以分为设计 FMEA、过程 FMEA 和使用 FMEA 等。本书仅对最常用的设计 FMEA 进行说明。设计 FMEA 又分为功能 FMEA 与硬件 FMEA,其综合比较如表 8-1 所列。

表 8-1　功能 FMEA 及硬件 FMEA 方法比较

序号	项　　目	功能 FMEA	硬件 FMEA
1	分析对象	产品的功能	执行功能的硬件
2	层次关系	一般从高层次产品向下分析,先进行高层次的分析,即自上而下的分析。也可以从产品任一功能级开始向任一方向进行分析	一般从元器件级直至系统级,即自下而上的分析。也可从任一层次产品开始向任一方向分析
3	使用条件及时机	产品的构成尚不确定或不完全确定时,或系统复杂的情况。 一般用于产品的论证、方案阶段或工程研制阶段早期	产品设计图纸及其他工程设计资料已确定。 一般用于产品的工程研制阶段
4	优点	分析相对比较简单	分析比较严格,应用广泛
	缺点	可能忽略某些功能故障模式	需有产品设计图及其他设计资料

应根据产品研制阶段以及设计的详细程度选择不同的 MEA 方法。一般在论证及方案阶段,进行功能 FMEA;在初样阶段,进行硬件 FMEA;在正样阶段进行状态更改时,进行硬件 FMEA。

各级产品的 FMEA 工作并非是孤立的工作项目,而是与型号研制过程紧密结合。型号 FMEA 一般工作流程如图 8-1 所示,各级产品的 FMEA 工作有机结合,构成了一个"V"字形流程。

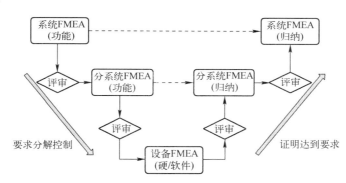

图 8-1　卫星 FMEA 工作流程

为提高卫星 FMEA 的有效性,在工作中应注意以下方面。

1. 坚持"谁设计、谁分析"

由于设计 FMEA 的工作内容主要源自产品设计并将最终反馈和影响设计,因此由产品设计者实施 FMEA,可以有效地保证 FMEA 工作与设计相结合。FMEA 工作强调"谁设计、谁分析"的原则,即强调由产品设计人员完成相应的 FMEA 工作,并随设计工作的进展不断更新分析结果。另外,可靠性专业人员要负责提供分析必需的技术支持与专业把关,这是保证和提高 FMEA 有效性的基础。

2. 保证 FMEA 的实时性

FMEA 工作应纳入型号研制工作计划,做到 FMEA 目的明确、管理落实;FMEA 工作应与设计工作同步进行,并及时反馈分析结果,分析结果应随设计工作的进展及时予以更新,避免事后补做或设计与分析脱节的情况发生。

3. 强化数据积累

FMEA 以具体产品的故障模式及其相关数据信息为分析基础。在实际 FMEA 工作中,能否准确获得产品可能的故障模式是决定 FMEA 工作有效性的关键环节。此外,进行 FMEA 分析时,还需要获得有关产品故障的其他具体数据信息,如故障影响、预防纠正措施、补偿措施等。这些数据有些可以通过试验获得,但绝大多数需要通过对历史信息和数据的统计得到。因此在产品研制、生产和使用过程中应注意收集、整理有关的产品故障信息,并通过规范、有效的方法逐步完善故障信息数据库。

4. 注重与其他过程技术的综合应用

FMEA 作为重要的可靠性工具,应与其他可靠性技术和工程方法综合应用,才能更加充分地发挥作用。FMEA 工作可与 FTA、WCA、SCA、PRA 等其他可靠性技术结合进行。必要时,采用试验、仿真等手段辅助实施分析,以提高分析结果的有效性。

8.1.1 功能 FMEA 方法

功能 FMEA 一般用于产品的论证、方案阶段或工程研制阶段早期系统硬件尚不能最终确定或系统复杂的情况,通过分析研究产品功能设计的缺陷与薄弱环节,为产品设计的改进和方案的权衡提供依据。功能 FMEA 实施步骤如图 8-2 所示。

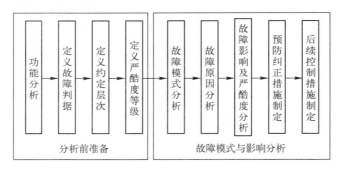

图 8-2　功能 FMEA 实施步骤

1. 分析前准备

1) 功能分析

功能分析即是根据任务要求,确定系统的功能,并进行功能分解,对所有功能及其相互关系进行描述。功能分析是一个自上而下的分解过程,分析的层次和深度由设计的完备程度及掌握的输入资源来决定。对于卫星系统的功能分析,应先由系统总体完成系统级的功能分析,其分析结果作为分系统的功能输入,由分系统完成更低层次的功能分析。

功能分析实施步骤如下。

(1) 任务描述:在功能 FMEA 工作中应对产品完成任务的要求及其环境条件进行描述,其一般用任务剖面来表示。任务剖面是指产品在完成规定任务时间内所经历的事件和环境的时序的描述。若被分析的产品的任务剖面由多个任务阶段组成,且每一个任务阶段可能有不同的工作模式,则需对每种情况均进行说明。

(2) 定义系统功能:根据产品的任务要求,描述产品的功能,对产品在不同任务阶段下的主要功能、工作模式和工作时间等进行分析。系统功能定义需要注意描述的功能是否全面,是否满足所有的任务要求;产品自身的功能与外部的输入条件是否划分清楚;系统功能分解的结果,作为分系统功能定义的输入。

（3）功能分解与描述:描述产品的功能可以采用功能树与功能框图方法。功能树以一目了然的方式表述构成系统的所有功能单元。在对功能要求进行分解以及建立方案的初期,图形化的层次结构非常清晰。功能树形式如图 8-3 所示。功能树构建完成后,应对各项功能进行具体描述,并对技术指标进行说明,形式如表 8-2 所列。功能框图不同于产品的原理图、结构图、信号流程图,而是表示产品各组成部分所承担的任务或功能间的相互关系,以及产品每个约定层次间的功能逻辑顺序、数据(信息)流、接口的一种功能模型。

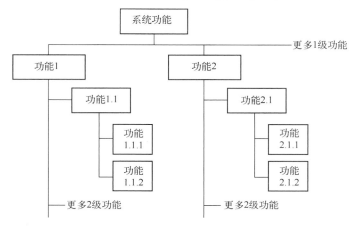

图 8-3　功能树(形式)

表 8-2　功能说明(形式)

功能编号	功能名称	功能描述	技术指标说明

2）定义故障判据

故障判据是判别产品故障的界限。它一般由承制方和上级产品或使用方根据产品的功能、性能指标、使用环境等允许极限共同确定。

故障判据一般考虑如下几个方面:①产品在规定的条件下,不能完成规定的功能;②产品在规定的条件下,某些性能指标不能保持在规定的范围内;③产品在规定的条件下,引起对人员、环境、能源和物资等方面的影响并超出了允许范围;④技术要求或其他文件规定的故障判据。

定义故障判据时,应对产品的组成、功能及技术要求和进行 FMEA 的目的有清晰的理解,进而针对特定产品准确地给出故障判据的具体内容(包括功能和性能等),以避免定义的随意性和模糊性。

3）定义约定层次

FMEA 中的约定层次,划分为"初始约定层次""约定层次""最低约定层次"。初始约定层次是约定层次中的最高层次,是 FMEA 最终影响的对象。最低约定层次是 FMEA 分析中最底层的产品所在的层次,它决定了 FMEA 工作深入的程度。

系统、分系统功能 FMEA 的初始约定层次为卫星系统。最低约定层次由功能分析的细化程度决定。通常系统功能 FMEA 的最低约定层次为分系统下一级的子功能,分系统功能 FMEA 的最低约定层次为单机或模块级的功能。

4)定义严酷度类别

在进行故障模式分析之前,应对故障模式的严酷度类别进行定义。各级产品故障严酷度分类的示例如表 8-3 所列。

表 8-3 严酷度分类示例

严酷度类别	设 备 级	分 系 统 级	系 统 级
I 灾难的	导致设备主要功能完全损失;或造成其他设备或分系统功能下降(故障蔓延)	导致分系统主要功能丧失;或使其他分系统功能或系统下降(故障蔓延)	导致卫星及其全部任务失败;或使卫星寿命降低 1/2
	安全性:人员死亡或不可恢复的能力丧失		
II 严重的	导致设备主要功能或性能严重下降	导致分系统功能或性能严重下降	导致完成任务的能力部分丧失或严重下降;或使卫星寿命降低 1/2 到 1/4
	安全性:人员严重伤害(暂时性、可恢复的能力丧失但不威胁生命)或职业病		
III 一般的	导致设备主要功能或性能的可接受的降级;导致设备次要功能损失	导致分系统功能或性能的一般降级	对完成任务没有大的影响;或使工作寿命降低 1/4 以下
	安全性:人员轻度伤害(可及时得到救治,并且没有后遗症)		
IV 轻微的	对设备功能、性能几乎没有影响	对分系统功能、性能几乎没有影响	对卫星任务的完成几乎没有影响

2. 故障模式与影响分析

1)故障模式分析

从功能实现的角度进行故障模式的收集和预想。凭借产品的故障模式积累和设计者的专业知识与设计经验进行逻辑分析、推理,从而识别故障模式。功能的故障可以从以下几个方面考虑:①产品功能不符合技术条件要求;②产品功能输出退化或工作能力下降;③系统出现意外状态或非预期的现象。

2)故障原因分析

由于设计信息的缺乏,功能 FMEA 的故障原因一般难以细化到具体的设计上,比硬件 FMEA 要概括一些。功能 FMEA 故障原因常考虑以下几个方面:①故障原因为更低级功能的故障模式;②故障原因为某环境因素或人为因素;③故障原因为该功能对应的设备或模块的某种故障(发生过的或预想的)。

3)故障影响及严酷度分析

通常故障影响分为三级,为"局部影响""高层次影响""最终影响"。当功能层次较少时,可以仅分析"局部影响""最终影响"。

(1)局部(本级)影响:描述了故障模式对被分析的功能局部产生的直接后果,是对故障后果的最基本、最初级的判断,在某些情况下可以就是故障模式本身。

（2）高层次（上级）影响：描述了故障模式对高一级约定层次的产品或功能造成的影响，是局部影响的基础上，经过推理、分析得到的高一层次产品在该故障发生时的状态描述。

（3）最终影响：描述了故障模式对初始约定层次产品即卫星系统的影响，是在初始约定层次的范围内故障影响逻辑分析的终点，也是严酷度类别判断的根本性依据。

根据最终影响和严酷度分类的定义，确定每个故障模式的严酷度等级。注意严酷度与每一个故障模式相对应，而不是与故障原因相对应。

4）预防纠正措施

说明针对每个故障模式的影响在设计与使用中已采取或将采取哪些措施，以消除或减轻故障影响，进而提高产品的可靠性。论证和方案阶段的预防纠正措施主要是冗余设计、故障隔离或安全保护功能。

5）后续控制措施

针对未采取措施的故障模式和有待进一步明确故障原因、故障影响的故障模式，制定相应的工作计划，如故障树分析、试验、仿真分析的计划安排等。一般来说，系统、分系统应针对Ⅰ、Ⅱ类故障模式开展故障树分析，确定单点故障环节，并随设计的深入不断完善故障树分析。

6）功能 FMEA 工作表

功能 FMEA 表格形式如表 8-4 所列。

表 8-4　功能 FMEA 表格（形式）

序号	功能名称	功能描述	故障模式	故障影响			故障严酷度	故障原因	预防/纠正措施	后续控制措施
				局部	高层次	最终				

8.1.2　硬件 FMEA 方法

硬件 FMEA 适用于产品的详细设计阶段，如初样、正样阶段。硬件 FMEA 的工作步骤如图 8-4 所示。低层次产品的 FMEA 应向上迭代，被综合到高层次产品的 FMEA 中。不同层次产品的硬件 FMEA 之间的迭代关系如图 8-5 所示。

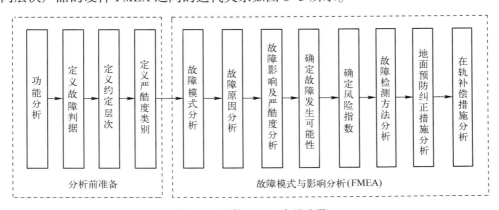

图 8-4　硬件 FMEA 实施步骤

219

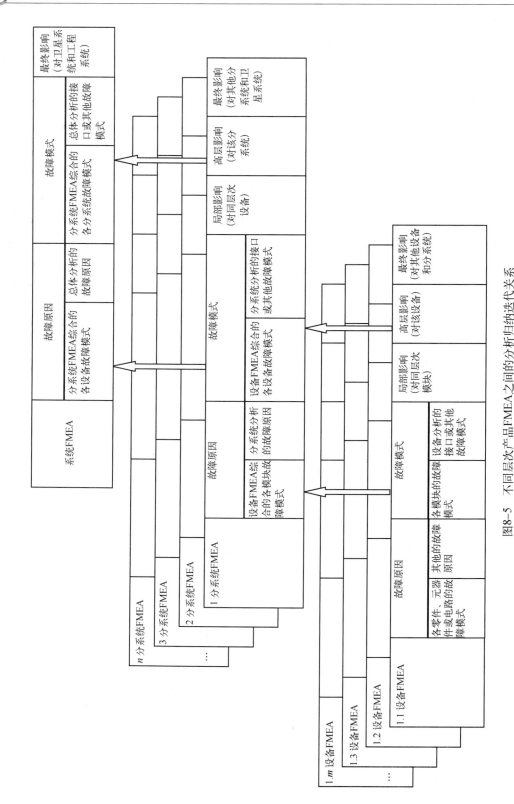

图8-5 不同层次产品FMEA之间的分析归纳迭代关系

220

1. 分析前准备

1) 功能分析

对产品在不同任务剖面下的主要功能、工作模式和工作时间等进行分析,并应充分考虑产品接口部分的分析。

详细设计阶段应在方案阶段功能分析的基础上进一步完善和细化。硬件 FMEA 功能分析的重点是功能框图的绘制。详细设计阶段应使用具体的硬件产品(单机、模块)替代原方案阶段功能框图中的功能项目,并完善它们之间的接口关系。在详细设计阶段,单机也应开展功能分析,绘制功能框图。

2) 定义故障判据

故障判据的定义参见 8.1.2 节的"定义故障判据"部分。

3) 定义约定层次

设备级 FMEA 的最高约定层次为设备,中间的约定层次为设备内部各级子模块,分析对象的约定层次及最低约定层次均为元器件、零部件。例如电源控制装置(PCU)的约定层次定义如图 8-6 所示。

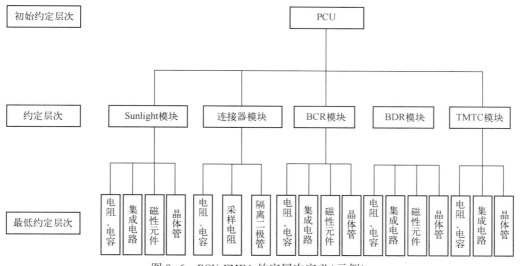

图 8-6　PCU FMEA 约定层次定义(示例)

分系统 FMEA 的最高约定层次为卫星系统,分析对象的约定层次为单机(包括设备和组件级产品),最低约定层次为单机内部的模块或元器件。

系统 FMEA 的最高约定层次为卫星系统,分析对象的约定层次为分系统,最低约定层次为单机。

4) 定义严酷度类别

在进行故障模式分析之前,应对故障模式的严酷度类别进行定义。各级产品故障严酷度分类的示例如表 8-4 所列。各级产品应依据产品定义中的功能分析结果和故障判据对严酷度分类进行细化,性能指标的故障限制应尽可能量化。

2. 故障模式及影响分析

1) 故障模式分析

故障模式分析的有关注意事项如下。

（1）首选厂家提供的元器件故障模式，其次是标准中提供的元器件故障模式，此外还可参考 MIL-HDBK-388 或欧洲可靠性数据库（REF-ASPI-CN）中提供的故障模式。

（2）机械类产品的故障模式可参考"非电子产品可靠性数据库（NPRD）"或欧洲可靠性数据库（REF-ASPI-CN）中提供的故障模式。

（3）对于元器件的"参数漂移"故障，应另外进行专门的最坏情况分析，以确定其具体的影响。

（4）对中大规模集成电路，应重点分析其功能失效模式，分析每个功能可能的故障模式。

（5）一般不考虑接插件和导线的故障。

（6）参考本单位的故障模式库，故障模式中应涵盖曾发生的故障。

（7）当无法获取故障模式时，可参照表 8-5 所列典型的故障模式来确定被分析对象可能的故障模式。

表 8-5　卫星典型的故障模式

序号	故障模式	序号	故障模式
1	结构故障（破损）	2	滞后运行
3	卡死	4	输入过大
5	共振	6	输入过小
7	不能保持正常位置	8	输出过大
9	打不开	10	输出过小
11	关不上	12	无输入
13	误开	14	无输出
15	误关	16	（电的）短路
17	管路内部泄漏	18	（电的）开路
19	管路外部泄漏	20	（电的）参数漂移
21	超出允差（上限）	22	裂纹
23	超出允差（下限）	24	折断
25	意外运行	26	动作不到位
27	间歇性工作	28	动作过位
29	漂移性工作	30	不匹配
31	错误指示	32	晃动
33	流动不畅	34	松动
35	错误动作	36	脱落
37	不能关机	38	弯曲变形
39	不能开机	40	扭转变形
41	不能切换	42	拉伸变形
43	提前运行	44	压缩变形

2）故障原因分析

逐项分析每个故障模式产生的原因,尽量用可纠正、可控制的问题来描述。常见的故障原因有以下几个。

（1）各种设计缺陷(包括系统软件、应用软件、硬件、软硬件接口等)。

（2）原材料、元器件的选用。

（3）环境影响(包括正常的、不正常的和偶然性的)。

（4）下一层次产品的故障模式(例如,分系统级故障模式的故障原因多为低一层次单机的故障模式)。

（5）单机间的接口、分系统之间的接口关系等。

故障原因分析的注意事项主要有以下几方面。

（1）故障原因表述应尽可能具体、明确。

（2）如果元器件、零部件的故障模式来自国内外标准中公布的故障模式,可不用分析原因。

（3）引起每一故障模式的原因可能不止一个,多个故障原因之间应彼此具有独立性,当某个故障模式存在两个以上原因时,要分条列出。

（4）要注意故障模式与故障原因之间的因果关系,不应颠倒或模糊。

（5）故障原因一般不考虑输入条件不满足要求引起的故障。

（6）对于试验、测试、组装、运输等过程中的影响因素可通过专门的过程 FMEA 进行分析。

（7）对于人为差错因素(测试、操作失误、维修差错、管理差错等),可通过专门的使用 FMEA 进行分析。

3）故障影响及严酷度分析

故障影响分析的目的是找出产品的每个可能的故障模式所产生的影响,并对其严重程度进行分析。设备级 FMEA 每个故障模式的影响一般分为三级:局部影响、高层次影响和最终影响。

（1）局部(本级)影响:描述了故障模式对被分析产品局部(本级)产生的直接后果,是对故障后果的最基本、最初级的判断,在某些情况下可以就是故障模式本身。

（2）高层次(上级)影响:描述了故障模式对高一级约定层次产品造成的影响,是局部影响的基础上,经过推理、分析得到的高一层次产品在该故障发生时的状态描述。

（3）最终影响:描述了故障模式对初始约定层次产品的影响,是在初始约定层次的范围内故障影响逻辑分析的终点,也是严酷度类别判断的根本性依据。

分析故障影响之前,先要分析故障模式发生的任务阶段或工作模式,有多种工作模式的要分别说明。对于在不同任务阶段或工作模式下,同种故障模式产生不同影响的要分别分析,否则应按最严重的故障影响确定严酷度。

在确定故障影响的严酷度类别时,应注意以下事项。

（1）严酷度类别要依据最终影响的严重程度进行确定。

（2）严酷度与故障模式相对应,不与故障原因相对应。即使一个故障模式有多个原因,其严酷度也只能有一个,否则需要重新定义故障模式。

（3）进行严酷度分类时,不考虑采取的冗余设计等补偿纠正措施,应假设设备在没有冗余设计及保护等措施,并在轨正常工作时,发生故障后对设备的功能性能的影响。

此外,故障影响分析的另一个重要内容是识别单点故障。单点故障是指引起产品的故障且没有冗余或替代的工作程序作为补救的故障。对于严酷度Ⅰ类、Ⅱ类的单点故障模式,应采取多种手段予以消除,特别应杜绝"伪冗余、真单点";如果无法从设计上消除,应该从生产、测试、验收、试验等过程进行严格的质量控制,并制定在轨故障的应急处理策略。

以 GEO 卫星为例,常见的Ⅰ类、Ⅱ类单点故障模式及控制措施如表 8-6 所列。

表 8-6 通信卫星常见的Ⅰ类、Ⅱ类单点故障模式及控制措施

序号	故障模式	故障原因	控制措施
1	太阳翼无法展开	火工切割器故障	火工品切割器点火器、展开弹簧、铰链锁定机构为主备份设计; 严格生产质量控制; 采取 X 射线检测
2	天线无法展开		
3	太阳帆板驱动机构卡死	电机轴系卡死、齿轮卡死	轴承活动部件进行跑合和筛选; 装配过程严格多余物控制
4	太阳帆板驱动机构功率通路短路	功率环短路	导电环导通和绝缘检查;功率导电环绝缘性测试; 关键工序检查,多余物控制等质量控制
5	推进系统的漏气、漏液	气瓶、贮箱、管阀件外漏	原材料复验; 超声探伤; 焊缝无损探伤; 验证压力试验; 检漏
6	推进系统堵塞	管阀件堵塞	严格控制洁净度,每道工序完成后和装配前去毛刺和清洁处理
7	转发器无输出功率	大功率无源部件微放电	合理的防护设计; 进行微放电试验验证

4）故障发生可能性确定

计算或估算每一个故障模式的发生概率,根据已确定的分类原则,确定每一个故障模式发生的可能性。故障发生可能性的分类原则如表 8-7 所列。

表 8-7 故障模式出现的可能性

概率分类	发生可能性	发生概率		
		设备级	分系统级	系统级
A	频繁	$\geq 10^{-3}$	$\geq 10^{-2}$	$\geq 10^{-1}$
B	有时	$<10^{-3}$ 但 $\geq 10^{-4}$	$<10^{-2}$ 但 $\geq 10^{-3}$	$<10^{-1}$ 但 $\geq 10^{-2}$
C	偶然	$<10^{-4}$ 但 $\geq 10^{-5}$	$<10^{-3}$ 但 $\geq 10^{-4}$	$<10^{-2}$ 但 $\geq 10^{-3}$
D	很少	$<10^{-5}$ 但 $\geq 10^{-6}$	$<10^{-4}$ 但 $\geq 10^{-5}$	$<10^{-3}$ 但 $\geq 10^{-4}$
E	极少	$<10^{-6}$	$<10^{-5}$	$<10^{-4}$

分析故障模式发生可能性时需要注意以下事项。

（1）故障发生可能性与故障模式相对应，不是与故障原因相对应。

（2）发生可能性应尽量定量描述，给出发生概率值。发生概率的确定首先考虑经过验证的数据，其次是厂家提供的数据，再次是标准中提供的数据。

（3）计算发生概率时，如果没有确切的数据来源，可由工程经验估计概率类别。但是为了便于发生概率的向上迭代和量化控制，在向上迭代计算时，可按表 8-8 进行取值。

表 8-8　故障模式可能性分类与参考值

概率分类	故障模式发生概率取值		
	元器件、材料级	组件、模块级	设备级
A	10^{-5}	10^{-4}	10^{-3}
B	10^{-6}	10^{-5}	10^{-4}
C	10^{-7}	10^{-6}	10^{-5}
D	10^{-8}	10^{-7}	10^{-6}
E	10^{-9}	10^{-8}	10^{-7}

（4）当故障原因较多时，发生概率要依据所有故障原因的发生概率进行计算，一般认为故障原因之间独立且为串联关系，任一单独发生都会导致故障发生。计算发生概率时要考虑冗余设计，只有所有冗余路径都故障，才会导致故障模式发生。

以下给出某设备的故障模式发生概率计算过程。

（1）某故障模式 F01 共有三个故障原因，分别为 f231、f232、f235，其发生概率分别为 P_{231}、P_{232}、P_{235}，失效率分别为 λ_{231}、λ_{232}、λ_{235}。

（2）计算 F01 的发生概率 $P=1-R=1-(1-P_{231})(1-P_{232})(1-P_{235})$，或 $P=1-R=1-\exp(-(\lambda_{231}+\lambda_{232}+\lambda_{235})\times t)$，$t$ 为工作时间。

5）风险评价指数

风险评价指数用于评价故障模式的危害性，是由故障严酷度和故障发生可能性两者综合权衡产生，其矩阵如表 8-9 所列。不同风险指数对应的处理原则如表 8-10 所列。

表 8-9　风险评价指数矩阵

风险评价指数		故障严酷度			
		I	II	III	IV
故障发生可能性	A	1	3	7	13
	B	2	5	9	16
	C	4	6	11	18
	D	8	10	14	19
	E	12	15	17	20

表 8-10　系统/分系统级 FMEA 风险指数对应的处理原则

风险指数	处理原则
1~5	不可接受,必须采取措施予以消除或降低,使其达到可接受的程度
6~9	有条件的接受,并采取针对性的措施
10~17	经评审或审批后可接受
18~20	可接受

6）故障检测方法

在轨故障检测是指卫星在轨运行中,某故障模式出现后对故障诊断或检测的方法,包括通过遥测数据或间接工程判断等。需要明确给出在轨发生此类故障模式后,卫星遥测参数的变化或者地面工程判断的方法。如果没有明确的检测方法,应给出可观测到的现象,例如参数变化。对于具体的检测方法,应尽可能说明以下方面内容。

（1）故障的测试指标（如采样电流、信号电压、脉冲宽度等）。

（2）遥测参数名称或标识。

（3）对于特定故障检测过程的简要说明。

（4）对于采用冗余设计的部分,应确定能否对各冗余单元故障进行独立的检测。

（5）对于无法检测的故障,给出标识及简要说明。

确定故障检测方法时,应注意以下事项。

（1）故障检测方法是针对故障模式提出的,应与故障模式一一对应。

（2）设备级 FMEA 中的检测方法包括地面检测和在轨检测方法,地面检测方法要说明检测时设备所处的状态,例如单机调试阶段、整星 AIT 测试阶段。

（3）对于分系统和系统 FMEA 来说,一般是指飞行试验过程中而不是地面试验过程中故障检测的方法。

7）地面预防/纠正措施

地面预防/纠正措施指可以在地面采取的为消除或减小该故障原因发生的措施。其中预防措施是为最大程度上避免各类必然性或偶然性故障的发生而采取的各种针对性措施,如冗余设计、裕度设计等,可减小故障的发生概率。故障纠正措施是一类特殊的故障预防措施,它是针对确定性因素的存在,如设计错误、设计缺陷、材料选错、工艺不当等导致故障发生而在设计、生产中采取的更正和改进措施,可在源头上杜绝必然性故障的发生。

针对每一个故障原因应有相应的预防/纠正措施,措施若不只有一个,要分条列出。注意每个预防/纠正措施应具有针对性,尽量具体,可操作,切忌笼统与口号化。这些措施是发射前可采取的一切措施,包括设计、工艺、管理、试验等方面的措施,要可操作。一般包括以下方面:①安全或保险装置;②可以消除或减轻故障影响的设计或工艺改进（如冗余设计、优选元器件、热设计、降额设计、环境应力筛选和工艺改进等）。

8）在轨补偿措施

在轨补偿措施是为消除或减小某故障模式影响而采取的在轨应急补偿措施。其目的是在故障发生后,最大程度上消除或减轻故障后果的影响,将其控制在可接受的范围和程度之内。故障补偿措施不同于故障预防措施,它不能防止故障模式的发生,仅在其发生后发挥作用。

工程中采用的补偿措施一般可分为设计上的补偿措施和地面应急补偿措施。其中,设计补偿措施包括:①产品发生故障时,能切换至冗余设备或保证冗余设备的安全;②安全或保险装置(如安全阀、监控及报警装置);③更改工作模式。

对于操作的应急补偿措施有发送遥控指令复位,遥控切换、地面软件注入等。

8.1.3 FMEA 实例

以卫星电源控制器和供配电分系统为例,其 FMEA 表格分别如表 8-11 和表 8-12 所列。

表 8-11 设备级产品 FMEA 表格示例

项目/产品	PCU	分系统	供配电分系统	单机	PCU	模块	SUN(S3R)
型号	—	研制阶段	Z	日期	—	页码	—
功能描述	调节维持母线稳定						
故障模式	F30:一路太阳阵始终向母线供电					FMES 故障模式编号:F30	
故障原因	f300:功率管开路　f354:门极电阻开路　f370:限流支路短路 f309:S3R 单元开路　f355:门极驱动齐纳二极管钳位短路　f372:达林顿 N 管开路						
任务阶段/工作模式	在轨阶段/光照期母线调节模式						
故障影响	设备	一路 S3R 单元失去控制,始终向母线供电					
	分系统	当负载功率小于不被分流控制的分阵功率时,会导致母线电压增高					
	接口	一路太阳阵始终向母线供电,当负载小于太阳阵向母线提供的功率时,保护性负载开始工作					
	系统	母线电压增高可能影响负载设备工作					
严酷度类别/是否单点	2S	发生可能性	A(0.0041)	风险指数	3		
故障检测方法/可观测现象	地面	调整 PCU 输出功率小于单阵太阳阵功率,观察该单元是否处于始终向母线供电状态					
	在轨	不可测(通过观察遥测 VMEA_S3R 量,可确定故障 S3R 的大概位置。)					
地面预防/纠正措施	工作冗余	线性电源芯片供电端采用两个并联备份的限流电阻;线性电源的功率分配电阻采用四取三冗余备份形式					
	备用冗余	无					
	其他	PCU 的母线过压保护功能提供 700W 的保护负载					
在轨补偿措施	当负载小于太阳阵向母线提供的功率时,自动触发 PCU 的母线过压保护功能						

表 8-12　系统级产品 FMEA 表格示例

模式编码	故障模式	故障影响（最终影响）	严酷度	发生可能性	风险指数	任务阶段或工作模式	故障原因	故障检测方法	地面/预防纠正措施	在轨补偿措施
FN01	损失一组蓄电池组，地影期供电能力下降1/2	无法提供地影期供电能力	IR	E	12	全阶段	PCU-F04：一组蓄电池组对地短路（BCR续流二极管短路等）	遥测参数判读	器件级和功能级均采取冗余设计	无
			IR	E	12	全阶段	PCU-F60：BCR输出电流值不正确	遥测参数判读	BCR采取防母线短路措施；BCR为主/备份冗余设计	无
			IS	E	12	全阶段	PCU-F05：一组蓄电池组对地短路（BDR变压器初次级短路）	不可测	变压器实行双重浸漆工艺；输入输出滤波电容采用自愈电容	无
			IVR	E	20	全阶段	BAT-F04：电池组温控功能失效	温度遥测	工作冗余：每组有10个温度传感器；备用冗余：加热回路主份、备份；另外通过地面测量阻值	温度控制判据取中值；软件自动剔除无效数据；主份加热回路故障后切换备份加热回路

注：严酷度中，"R"代表有冗余设计，"S"代表单点。

8.2　卫星故障树分析

故障树分析（Fault Tree Analysis，FTA）是以系统故障为导向，运用演绎法对系统自上而下逐级分析，确定导致系统故障的各种可能原因，直到最根本的原因，其属于多因素分析方法。它可以通过逻辑关系的分析确定潜在的硬件、软件设计缺陷，以便采取改进措施，还可用于查找故障线索、开展事故分析等，其对两状态（正常和故障）和无时序系统的分析尤为有效。

故障树分析方法直观、逻辑性强，但分析难度大、定量计算复杂。因此，在卫星产品研制过程中，应根据需要有选择地实施，多用于质量问题定位或关键产品风险分析等。

8.2.1　故障树分析方法

1. 故障树分析方法

图 8-7 给出了故障树分析的步骤。

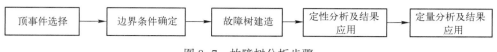

图 8-7　故障树分析步骤

1）顶事件选择

在选择顶事件时，通常应遵循下述原则。

（1）对顶事件发生与否要明确地定义，避免使用含糊不清的描述。一般在初步故障分析基础上确定顶事件，也可通过 FMEA 找出对系统/分系统危害最大的故障模式作为顶事件。

（2）顶事件应可以分解为若干个彼此独立的故障原因（即中间事件）。若有条件，还可对故障发生概率进行统计分析。

（3）应将卫星飞行事件保证链中关键事件的故障模式和影响型号成败的关键分系统或关键单机的故障模式作为顶事件进行故障树分析。当某型号任务有多个目标时，可以对这些目标分别进行故障树分析。例如，以某天线无法实现电性能为顶事件开展故障树分析，而天线展开有几个不同的阶段，可以按不同阶段进一步细化顶事件，如展开臂无法展开、天线网面无法展开等。在轨或在研出现质量问题时，选择具体的问题作为顶事件。概率风险评估时，可将事件链中的事件作为顶事件进行分析。

2）边界条件确定

边界条件包括设备的初始状态和假定的系统输入。故障树描绘了系统在规定的时间、规定的状态和规定的边界条件下的表现。应尽可能避免主观地把"看来不重要"的底事件压缩掉，却漏掉了故障隐患。例如，分析某卫星控制分系统的故障时，其边界条件应明确系统方案、工作模式、需要考虑的设备故障，并将可能会发生故障的接口纳入到模型中。

此外，卫星系统级故障树的底事件应考虑分系统之间的耦合及接口关系，并分析到系统的冗余单元。分系统故障树的底事件应考虑设备之间的耦合及接口关系，并分析到分系统的独立功能的设备。设备故障树的底事件应考虑设备内部的接口关系，并分析到设备的独立功能模块，必要时分析到元器件。

3）故障树建造

建造故障树的基本过程为：从已经选定的顶事件出发，寻找所有可能引起顶事件发生的最直接原因事件（这些直接原因事件通常是故障树的中间事件），并将它们逐一排列在顶事件之下。对于这些中间事件，如果每一个事件发生就能导致上一级事件发生，则用逻辑或门将这些事件与上一级事件连接起来；如果只有所有事件共同发生才能导致上一级事件发生，则用逻辑与门将这些事件与上一级事件连接起来。然后再逐一分析导致每一个中间事件发生的更低层次的原因事件，并按上述原则进行连接，逐级向下分析，直至不需要进一步分析为止，这些不需要进一步分析的事件构成底事件。为保证建树的正确性，建造故障树的过程通常是由充分了解系统的设计人员进行。

4）故障树定性分析及结果应用

（1）最小割集求解

故障树定性分析基于最小割集进行。最小割集是指一些底事件的集合，这些底事件同时发生会导致顶事件必然发生,并且去掉任意一个底事件后就不会导致顶事件发生。最小割集一般根据故障树结构,通过布尔运算利用上行法或下行法求得。上行法是从所有底事件开始,逐级向上找事件集合,最终获得故障树的最小割集;下行法是从顶事件开始,逐级向下找事件的集合,最终获得故障树的最小割集。

(2)最小割集的定性比较

最小割集间的定性比较结果可用于指导故障诊断、确定维修次序或指示改进系统的方向。首先根据每个最小割集阶数排序,在各个底事件发生概率较小,差别相对不大的情况下,可按以下原则对最小割集进行定性比较:①阶数越小的最小割集越重要;②在低阶最小割集中出现的底事件比高阶最小割集中的底事件重要;③在考虑最小割集阶数的条件下,在不同最小割集中重复出现次数越多的底事件越重要。

(3)定性分析的结果应用

故障树定性分析的结果是求得全部最小割集,目的在于识别导致顶事件的所有可能的系统故障模式,避免遗漏重要的系统故障模式,有助于指导产品设计改进、故障诊断。卫星研制过程中故障相关定量分析数据通常积累不足,故障树定性分析尤其重要,不但可以识别导致顶事件的所有可能故障模式,还可以进行定性比较,对每个"底事件最小割集"按包含的事件数目(阶数)排序,以确定底事件的重要程度。

5)故障树定量分析及结果应用

如果需要对故障树中每个底事件发生概率做出推断,应当开展故障树定量分析。定量分析不仅能够给出顶事件的发生概率,还能够给出导致该发生概率的主要割集以及每个底事件的定量重要度。

定量计算的前提条件是底事件相互独立、发生概率已知。顶事件发生概率的计算方法包括精确计算方法和近似计算方法。卫星研制工程中出于底事件统计基础数据准确度、产品可靠性很高等方面的考虑,往往没有必要进行精确计算,近似计算可采用容斥定理取首项近似(一阶近似)、容斥定理取部分项近似(二阶近似)、容斥定理上下限平均近似和独立近似等方法。

底事件对顶事件的贡献称为该底事件的重要度,可用于改进系统设计、确定系统运行中需监测的部位、制定系统故障诊断时分析原因的次序等。常用的重要度有概率重要度、相对概率重要度和结构重要度。其中结构重要度为定性指标,可划归定性分析的范畴。

2. 故障树分析要求

在卫星研制过程中,为便于识别导致顶事件发生的故障原因,应将选定的顶事件具体展开进行故障树分析。具体要求如下。

(1)开展故障树分析的时机:实施时机与实施目的密切相关。如果为了识别系统单点故障模式,对设计进行改进,提高系统的可靠性安全性,必须在方案设计阶段或初样研制阶段开展故障树分析;在质量问题分析中,利用故障树分析可以较为准确地进行故障定位。目前,FTA 主要用于故障定位,在方案设计阶段或初样研制阶段较少开展 FTA 工作,因此应加强服务于可靠性安全性设计的 FTA 工作,即 FTA 工作时机应前移。

(2)应从上向下逐级建树:建树应从上向下逐级进行,每一层只找引起上一层故障事件的最直接原因事件,而不是直接找底事件,应不断利用直接原因事件作为中间事件进行过渡,逐步无遗漏地将顶事件演绎为底事件,以保证原因找全和不遗漏。

(3)建树时不允许逻辑门与逻辑门直接相连:逻辑门与逻辑门之间必须用代表中间事件的长方形框连接。

(4)边界条件应明确:①顶事件涉及设备故障的,故障树的底事件应考虑设备内部的接口关系,并分析到设备的独立功能模块、组件,必要时分析到元器件;②因人为操作带来的故障原因,可作为未探明事件处理。

(5)故障事件应严格定义:对于中间事件,应当根据需要准确地表示为"故障是什么"和"什么情况下发生",即说明部件故障的表现状态和此时的系统工作状态。

(6)对事件的抽象描述应具体化:为便于故障树向下展开,应采用等价的具体直接事件取代抽象的间接事件,否则在建树时也可能形成不经任何逻辑门的事件串。

(7)正确处理共因事件和互斥事件:共同原因故障事件简称为共因事件。共因事件会引起不同的部件故障甚至不同的系统故障。对于故障树中存在的共因事件,必须使用同一事件标号。不可能同时发生的事件(如一个元件不可能同时处于通电及不通电的状态)为互斥事件。对于与门输入端的事件和子树应注意是否存在互斥事件,若存在则应该采用异或门变换处理。

(8)对各项底事件进行分析:应对各底事件的故障信息及防护设计措施有效性进行分析,具体包括:故障原因、故障模式及故障影响的分析;故障部位、故障判断等相关信息的描述;针对此故障所采取的防护设计措施及其有效性进行分析。

(9)应给出薄弱环节分析与建议:根据故障树的定性分析结果,对应产品的当前状态,寻找产品是否有薄弱环节,并提出合理改进或补偿措施。一般薄弱环节可考虑以下几个方面。

① 根据分析结果,判断系统设计是否存在漏洞或短板。

② 对下级产品的设计要求是否合理、全面。

③ 是否针对所有重要性较高的底事件都采取了防护设计措施。

④ 产品测试性设计是否合理,对所有重要性较高的底事件是否有故障监测措施。

⑤ 根据底事件的重要性分析,判断产品的系统维护方案是否合理。

8.2.2 故障树分析实例

以某卫星的信标机热真空试验中开关机遥测电压偏高问题为例,简要给出 FTA 在该异常定位中的分析应用过程。

信标机在热真空试验、高温老炼及温度循环老炼高温阶段,开关机遥测数据为 13V 左右,而正常情况下应为 11.28V。在故障状态下,母线电流由 77mA 变为 81mA。开关机遥测由信标机电源提供,相关电路图如图 8-8 所示。N6 为进口三端可调型稳压器,输入端 15.7V 电压为电源变压器输出整流所得,经过 R53、R54*、R55* 的调整,稳压器输出 12.2V 电压,输出电压经过 R8、R31 分压得到 11.28V 对外提供开关机遥测。

以"E1:遥测输出由 11.28V 上升到 13V"为顶事件,从上向下逐级分析,建立故障树,过程如下。

(1)导致遥测输出异常升高的直接原因有:遥测电路工作异常(X1)、稳压器输出异常升高(E2)。X1 和 E2 中任一事件发生,顶事件可能发生,为逻辑或关系。其中,X1 通

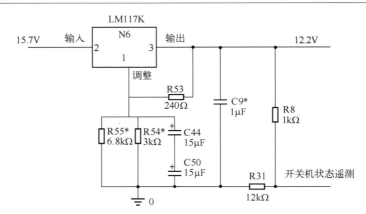

图 8-8 电源输出部分电路图

过遥测电路复查判断可以排除,无须向下探明发生原因,作为底事件处理;E2 则必须继续探查其发生原因,作为中间事件处理。

(2) 接下来分析导致 E2 发生的直接原因有:N6 输入电压异常(X2)、N6 及外围电路工作异常(E3)。X2 和 E3 中任一事件发生,E2 可能发生,为逻辑或关系。其中,X2 通过 N6 输入端 15.7V 电压及电源开关管的波形故障前后对比可以排除,作为底事件处理;则 E3 须继续向下探查,作为中间事件处理。

(3) 导致 E3 发生的直接原因有:N6 及外围电路元器件参数漂移(E4)、元器件虚焊(E5)、N6 调整端与输出端短路(E6)。E4、E5 和 E6 中任一事件发生,E3 可能发生,为逻辑或关系。三者均须向下分析具体原因,作为中间事件处理。

① 对于 E4,N6、R53、R54*、R55* 中任一器件参数的漂移,均可能导致顶事件发生。它们可通过元器件失效分析来判断,无须探明其发生原因,4 个底事件 X3、X4、X5 和 X6 为逻辑或关系。至此,E4 事件展开完毕,此分支完成建树工作。

② 对于 E5,R54* 虚焊、R55* 虚焊、N6 调整端虚焊中任一事件发生可能导致顶事件发生。它们可通过产品开盖镜检来判断,无须探明其发生原因,对应于 3 个底事件 X7、X8 和 X9 为逻辑或关系。至此,E5 事件展开完毕,此分支完成建树工作。

③ 对于 E6,多余物导致 R5 两端短路、N6 调整端在印制板上的焊盘与管壳短路中任一事件发生可能导致顶事件发生。它们无须进一步探明其发生原因,对于底事件 X10 和 X11 为逻辑或关系。至此,E6 事件展开完毕,此分支完成建树工作。

(4) 根据上述分析,已找出所有底事件,故障树建立完毕,所建立的故障树如图 8-9 所示。

显然,所建立的故障树为规范化故障树,可对其进一步简化,简化后的故障树如图 8-10 所示。由 11 个最小割集组成,最小割集的阶数均为 1。

对故障树列出的各个底事件逐一分析排查,结果如下。

(1) 对遥测电路进行复查,排除底事件 X1。

(2) 对故障前后 N6 输入端电压及电源开关管的波形进行对比分析,排除底事件 X2。

(3) 将 N6 及外围电路元器件 R53、R54*、R55* 拆下进行失效分析,分析结果显示,

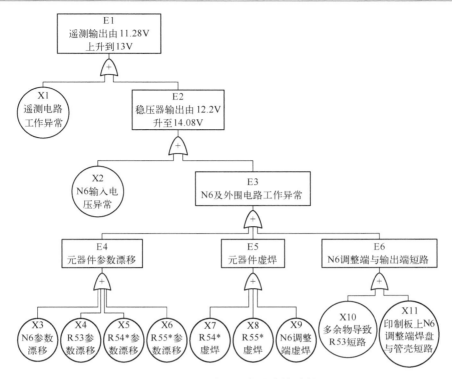

图 8-9　遥测输出异常升高故障树

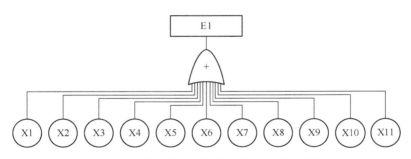

图 8-10　简化后的遥测输出异常升高故障树

在 -5℃ ~ +55℃ 范围内测试器件,全部合格,排除底事件 X3、X4、X5、X6。

（4）对故障产品进行开盖镜检,未发现 R54*、R55*、N6 的焊点存在异常,排除底事件 X7、X8、X9。

（5）根据开盖镜检结果,未发现 R53 两端焊点表面有多余物存在,排除底事件 X10。

（6）根据 N6 固定焊接方式分析,N6 管壳与印制板上引线焊盘存在短路隐患。而通过印制板模拟安装,发现在外力作用下该短路隐患确实存在。该底事件无法排除。

根据上述分析,信标机开关机遥测输出异常升高问题定位在:稳压器 N6 的输出端与调整端短路。

8.3　卫星最坏情况分析

最坏情况分析(Worst Case Analysis，WCA)是分析元器件受工作环境(温度、辐射等)影响存在参数容差时整个电路的输出特性,通过摸清元器件参数变化的主要原因及对电路性能影响的大小,来评估电路在极端环境条件下使用时电路的工作情况以及电路性能对元器件参数变化的灵敏度,确定是否满足设计要求,提出改进措施建议。最坏情况分析结果有助于设计改进,提高电路的可靠性与安全性,保证卫星电子系统稳定可靠达到寿命要求。

8.3.1　最坏情况分析方法

最坏情况电路分析方法分为最坏情况元器件应力分析方法和最坏情况电路性能分析方法。前者分析最坏情况下的电路元器件工作应力是否满足降额要求,后者分析电路在元器件参数最坏情况组合下的性能是否超出额定范围。最坏情况应力分析和最坏情况性能分析可分别独立进行。

灵敏度分析可用于确认电路性能对元器件参数变化的灵敏度,是确定元器件最坏情况参数组合的依据,是进行最坏情况元器件应力分析、最坏情况电路性能分析之前必须进行的一项工作。在利用仿真软件进行最坏情况电路性能分析时,可自动引用灵敏度分析结果。

1. 灵敏度分析

电路性能参数对某元器件参数的灵敏度是在电路其他元器件参数不变的情况下该参数变化对电路性能的影响。灵敏度有大小和方向,若灵敏度为正,则参数变大(变小)时电路性能也变大(变小);若灵敏度为负,则参数变大(变小)时电路性能变小(变大)。参数灵敏度绝对值越大,则性能参数变化越快,参数变化对性能参数值影响越大。

灵敏度为正的参数值的上限与灵敏度为负的参数值的下限形成最坏情况最大值时的参数组合;灵敏度为正的参数值的下限与灵敏度为负的参数值的上限形成最坏情况最小值时的参数组合。

2. 最坏情况元器件应力分析

最坏情况应力分析通过分析最坏情况极限条件下的电路元器件工作参数值,与元器件的额定值比较,识别在最坏情况条件下过应力使用的元器件。过应力条件包括稳定条件和瞬态条件。如果有降额规定,则还要验证最坏情况下元器件是否符合降额规定。

最坏情况应力分析的主要变量有:①元器件容差。元器件变化受所有影响因素影响的最坏情况参数值。②电源电压。包括瞬时极值和稳态供电极值。③负载条件。包括稳态条件和瞬态条件。④环境因素。主要包括电路的环境温度极值和湿度等因素的影响。⑤瞬态与转换条件。主要指波动与开/关循环。⑥辐射环境。指易引起瞬变的辐射环境的影响。

最坏情况应力分析要将所有应用的主要变量都同时加到每个元器件上,然后对元器件的工作情况进行评价。为了得到更加全面的评价,可以将不同的最坏情况条件组合施

234

加到被评估的元器件上。

确定元器件参数漂移的界限后,还要确定应力的施加范围。在分析计算过程中,每个元器件参数都是独立进行的。每种类型的元器件都有一些相关参数用来表明元器件对应力条件的敏感性和引起过应力条件的可能性。表 8-13 列出了最坏情况应力分析中一般要评价的元器件参数。

进行最坏情况应力分析时,首先要制定一个工作单。在这个工作单中,列出所分析的电路及其功能单元电路中所有元器件以及要进行应力分析计算的所有元器件参数,这样可保证对所有相关参数都进行评估。其次,列出元器件参数的额定值、降额因子、降额后的额定值。再次,按元器件类别或按电路节点分别进行最坏情况应力分析计算,如电阻、电容等。最后,将计算结果填入工作单中,并与额定值或降额后的数值进行比较,判断元器件是否过应力使用或不满足降额要求。

表 8-13　元器件应力分析需要评估的典型元器件参数

元器件种类	典 型 参 数
电阻器	耗散功率;高压使用时的耐压值等
电容器	端电压等
二极管	反向电压;正向电压;大功率时的电流、结温等
齐纳二极管	正向电流;耗散功率等
三极管	外加电压(Vcc、Vce、Vbe);耗散功率;基极/集电极电流;正向/反向偏置;大功率管的结温等
磁性元器件	最大感应密度(饱和)/损耗;复位条件/激励不稳定性;线组输入、输出电压等
集成电路(线性/数字)	耗散功率;扇入/扇出数外加电压(Vcc);差动输入电压;最小/最大输入电压;负载;结温等

3. 最坏情况电路性能分析

最坏情况电路性能分析是确定在极限工作条件下电路能否执行规定的功能。在多数情况下,将最坏情况电路性能分析限定在电路的主要功能或关键功能上。

最坏情况电路性能分析方法主要有极值分析法(Extreme Value Analysis, EVA)、和平方根法(Sum Root Square, RSS)和蒙特卡罗法(Monte-Carlo, MC)等。

1) 极值分析法

极值分析法是一种非统计方法。从元器件参数极值数据库中调出元器件参数极值,结合元器件参数对电路性能的敏感性,形成最坏情况参数组合,再代入电路方程即得到最坏情况结果。如果结果落入电路性能技术指标范围内,则说明电路通过了最坏情况分析,最坏情况极值分析工作结束。如果未通过,则提出设计改进措施建议,供设计师参考。

极值分析法是使用最广泛、最简单、最保守的一种最坏情况分析方法,又可分为直接代入法和线性展开法。

(1) 直接代入法。该方法适用于电路性能参数的函数在工作点可微且变化较大或设计参数变化范围较大或最坏情况分析精度要求不高的场合。该方法的基本步骤如下。

① 给出每个元器件参数的最坏情况极大值。

② 给出每个元器件参数的最坏情况极小值。

③ 给出电路性能参数方程。

④ 给出最坏情况参数组合(最大的组合和最小的组合):正灵敏度参数的上偏差、负灵敏度参数的下偏差形成最坏情况最大值组合,正灵敏度参数的下偏差、负灵敏度参数的上偏差形成最坏情况最小值组合。

⑤ 根据电路方程计算最坏情况性能(最大和最小值)。

⑥ 结果比较,若最坏情况最大和最小值均在规定的电路性能容差范围内,则表明该最坏情况下电路性能满足要求,工作结束,否则提出相应的有关的改进措施及建议。

(2)线性展开法。该方法适用于输出函数在工作点可微且变化较小,或设计参数范围较小或最坏情况分析精度要求不高的场合。

设电路方程为 $y=f(x_1,x_2,\cdots,x_n)$,将函数在额定值处泰勒展开,略去一阶以上高次项,则得到 y 的变化量 Δy 与元器件参数变化量 Δx_i 之间的线性关系:

$$\Delta y = \sum_{i=1}^{n} \frac{\partial y}{\partial x_i} \Delta x_i \qquad (8-1)$$

式中:$\partial y / \partial x_i$ 为 y 对 x_i 的偏导数或为灵敏度 s_i,在各参数额定值处取值;Δx_i 为参数 x_i 的偏差,当有补偿和负反馈时,Δx_i 为参数原偏差、补偿偏差和负反馈偏差等的绝对值之和。偏差 Δy 可能为正,也可能为负,正、负绝对值也可能不等。偏差 Δx_i 也具有同样的情况。

对于偏差 Δy 正值 Δy_+ 的计算,当 $\partial y / \partial x_i \geq 0$ 时,$\Delta x_i = x_{i最大} - x_i$;当 $\partial y / \partial x_i < 0$ 时,$\Delta x_i = x_{i最小} - x_i$。对于偏差 Δy 负值 Δy_- 的计算,当 $\partial y / \partial x_i \geq 0$ 时,$\Delta x_i = x_{i最小} - x_i$;当 $\partial y / \partial x_i < 0$ 时,$\Delta x_i = x_{i最大} - x_i$。

设 y_0 为 y 的额定值,y 的最坏情况最大值为 $y_0 + \Delta y_+$,最坏情况最小值为 $y_0 + \Delta y_-$,最坏情况范围为 $(y_0 + \Delta y_-, y_0 + \Delta y_+)$。将 $(y_0 + \Delta y_-, y_0 + \Delta y_+)$ 与 y 的指标要求对照,即可确定最坏情况分析结果是否满足指标要求。

当 $|x_{i最大} - x_i| = |x_{i最小} - x_i| \partial y / \partial x_i$ 时,$|\Delta y_-| = \Delta y_+$,即

$$\Delta y = \sum_{i=1}^{n} \left| \frac{\partial y}{\partial x_i} \Delta x_i \right| = \sum_{i=1}^{n} |s_i \Delta x_i| \qquad (8-2)$$

则 y 的最坏情况最大值为 $y + \Delta y$;y 的最坏情况最小值为 $y - \Delta y$。

2)和平方根法

和平方根法为一种统计方法,其假设电路性能服从正态分布,所有参数相互独立。输入数据是各个参数的均值(额定值)和标准偏差,典型概率分布包括正态分布、均匀分布、三角形分布。输出结果是电路性能的均值和标准偏差。

根据式(8-1),若 Δx_i 或 x_i 的标准偏差为 σ_i,在 x_i 相互独立的情况下,Δy 或 y 的均值和标准偏差分别为

$$\mu_y = f(x_1, x_2, \cdots, x_n), \quad \sigma_y = \left(\sum_{i=1}^{n} \left(\frac{\partial y}{\partial x_i} \sigma_i \right)^2 \right)^{\frac{1}{2}} \qquad (8-3)$$

式中:各 x_i 在额定值处取值。

根据电路性能正态分布假设,可以得到给定概率下电路性能参数的最坏情况范围,或者电路性能出现最坏情况值的概率。

和平方根法是一种近似方法,主要体现在两方面:①泰勒展开略去二次项及以上各次项带来的误差;②输入参数非正态情况下,电路性能按正态分布处理引入的误差。但是当参数个数较多时,根据中心极限定理,电路性能近似服从正态分布。

和平方根法的结果比 EVA 更保守(偏差范围更小),更容易受到误差的影响。

3)蒙特卡罗法

蒙特卡罗法是当电路组成部分的参数服从某种分布时,由电路组成部分参数抽样值分析电路性能参数偏差的一种统计分析方法。该方法按电路包含的元器件及其他有关量的实际参数 X 的分布,对 X 进行第一次随机抽样 X_1,其抽样值记为(X_{11},X_{12},$\cdots$,X_{1m}),将其代入电路性能参数表达式,得到第一个电路性能参数的随机抽样值 $y_1 = f(X_{11}$,X_{12},$\cdots$,$X_{1m})$,如此反复,得到 n 个随机值。从而对 y 进行统计分析,画出直方图,求出电路性能参数 y 出现在不同偏差范围内的概率。抽样次数 n 可按下式计算:

$$n = \frac{1-P}{P}\left[\Phi^{-1}\left(\frac{1+\gamma}{2}\right)\Big/\xi\right]^2 \tag{8-4}$$

式中:P 为出现概率;$\Phi(x)$ 为正态分布函数;$\Phi^{-1}(x)$ 为正态分布函数的反函数;γ 为置信水平;ξ 为 p 达到的相对精度。

采用蒙特卡罗法开展电路最坏情况分析的基本步骤如下:①根据电路最坏情况分析要求建立电路数学模型,模型中需要确定每个性能参数的概率分布及其参数值;②确定抽样次数 n,产生元器件参数分布的伪随机数;③将性能参数分布代入电路方程,计算电路性能值,完成进行电路性能统计分析,获得电路最坏情况分析结果。

4)最坏情况性能分析方法比较

极值分析法、和平方根法及蒙特卡罗法方法的输入、实施难度和特点如表 8-14 所列。在实际使用时,应根据分析电路规模、元器件极值数据、元器件参数概率分布信息获取程度、应用软件的不同灵活选用合适分析方法。

表 8-14　三种最坏情况性能分析方法比较表

方法	输　入	实施难度	特　点
EVA	元器件参数的上限值和下限值; 每个元器件参数对电路性能参数的灵敏度方向	需要的信息量最小,实施难度最小	分析结果不依赖于元器件参数的分布假设; 分析结果最为保守
RSS	元器件参数的均值(额定值)和标准偏差; 每个元器件参数对电路性能参数的灵敏度量值	需要的信息量和实施难度介于 EVA 和 MC 方法之间	分析结果不依赖于元器件参数的分布形式假设; 假设电路性能参数服从正态分布; 通过泰勒一次展开近似得到电路性能估计,存在高次项舍去误差; 假设在参数偏差值域内电路灵敏度保持常数
MC	每个元器件参数的概率分布	需要的信息量最大,实施难度最大	分析结果依赖于电路参数的分布假设,与 EVA 和 RSS 相比,对元器件参数的数学描述最详细,能够更好地反映最坏情况下的电路性能; 需要进行大量仿真抽样

8.3.2 最坏情况分析流程

最坏情况分析包括三方面的内容：①元器件最坏情况应力分析，确定电路中元器件是否有过应力使用情况，为电路合理采用降额设计提供依据；②环境对元器件参数影响及元器件参数对电路性能的灵敏度分析，从微观、具体的角度为电路的设计改进提供依据；③电路最坏情况下的性能分析，从宏观的角度回答电路的性能是否满足指标要求以及是否需要进行设计改进。

最坏情况分析可在不同的产品层次分别进行，如电路系统或功能电路等。如果电路性能参数相互独立，可对电路不同的性能参数分别进行，使问题简化。

最坏情况分析需要得到设计、材料、元器件等方面的详细信息，其最佳工作时机应在系统设计基本完成、设计资料完整的情况下进行，最理想的阶段为初样阶段或正样件投产之前，这个阶段设计资料也比较完整，发现问题后设计更改代价相对较小。设计更改后，应重新进行最坏情况电路分析。

最坏情况分析的基本流程如图8-11所示。

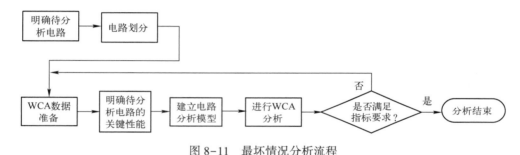

图 8-11　最坏情况分析流程

1. 明确待分析电路

最坏情况分析的工作量大，需要软件、硬件、元器件模型库及相关数据的支持。通常不需要对所有电路开展最坏情况分析，主要对可靠性要求高的关键产品中的相关电路开展分析。

2. 电路划分

根据产品工作原理和电路功能，绘制功能框图，将主要的功能、子功能、功能间的相互作用即信号间的输入输出关系，以方块图的形式直观地表示出来。方块应包含前馈和反馈信号、电源信号和外部输入输出信号等。按功能给方块及其之间的连线增加标记，从而明晰地描述出系统的工作原理。

在将原理图分割成方块图后，可按各方块的功能或最坏情况分析的需要，将功能方块分割成更小的子块。根据分析需要，选择合适的点（断开点或分离点），将组成各功能块/子块的电路分割开来，以便后续分析。

3. 分析数据准备

开展最坏情况分析至少应获得以下数据：系统/产品/电路的性能技术要求；原理图和方块图、接口/连接线路图；工作原理；元器件清单（全部的）；任务环境（包括温度极限、老化和辐射影响）、任务模式（系统配置）；元器件参数数据库、元器件技术要求和应用注

238

解;电路负载和激励;元器件降额要求、最坏情况分析指南;热设计分析结果等。

4. 明确待分析电路的关键性能

根据系统/电路的工程应用具体情况,明确待分析电路的关键性能,表8-15给出了常用功能电路的主要性能。找出并确定电路关键性能后,应根据设计要求,明确电路性能参数及偏差要求等。

表 8-15 常用功能电路性能参数

器 件	参 数
比较器参数	门限值精度;开关工作速度/时间常数;迟滞现象;调制稳定性等
滤波器参数	插损;频率响应、带宽;输入/输出阻抗;电压驻波比;相位响应(传递延迟);线性特性等
调制器参数	频率响应;输入/输出阻抗;插损;偏差;相位响应和线性特性;输出电平;电压驻波比等
乘法器参数	输入/输出阻抗;输入功率;输出功率;频率响应等
混频器(转换器)参数	噪声特性;频率响应;驱动要求;压缩点;阻断点;成组延迟;功率损耗;输出频谱;转换损耗;末端阻抗(幅值和相位)等
振荡器参数	频率稳定性、精度;输出功率电平、稳定性;自启动;噪声和寄生输出;相位稳定性;输出阻抗和负载阻抗(幅值和相位)等
检测器参数	偏移电压;频率值域;输入和输出阻抗;输入电压驻波比等
微波开关(固态/机械)参数	驱动要求;功率损耗;开关操作速度;电压驻波比;插损;频率响应;开关周期;I/O阻抗(幅值与相位)等
耦合器、环形器参数	插损;频率响应;方向性;磁泄漏;电压驻波比;输入/输出阻抗(幅值和相位)等
带状线、波导、空腔谐振参数	模式抑制;插损;空间稳定性、老化与环境;特殊处理,电镀,机械加工;调节值域,分辨率,稳定性;输入/输出阻抗;电压驻波比;带状线材料稳定性等
放大器	增益(相位,幅值);带宽;输入阻抗;输出阻抗;失调和漂移;瞬时响应等
触发器	上升时间;下降时间等

5. 建立电路分析模型

在完成电路划分之后,就可将电路或子电路的关键电路属性与电路的元器件参数联系起来,并明确电路参数与组成电路元器件参数之间的数学关系及模型。传统的分析方法是采用以它们的等效电路代替有源器件的方法来导出电路的线性模型,为每个节点或网格点写出基尔霍夫方程,并求出所需要的节点电压或网格点电流。对于多节点的电路而言,是非常费时且是易于出错的。工程中多采用合理的近似方法,以有效减小电路的复杂性,加快求解效率。目前已有成熟的电路仿真软件支持相关的电路建模工作。

6. 进行最坏情况分析

根据最坏情况数据准备所获得的数据和电路灵敏度分析的结果,以及电路的具体要求和电路关键性能,选择适当的分析方法进行最坏情况电路性能分析,得到电路在最坏情况下工作的特性。

7. 给出最坏情况分析结论

将最坏情况分析结果与规定电路性能进行对比,若满足要求,说明电路在元器件参数出现最坏情况组合时仍能可靠工作。当不满足要求时,应说明出现问题的原因,提出改进措施建议,且待电路重新修改后,再进行上述各项工作。最坏情况分析是一个反复迭代的过程,通过不断设计改进获得满足设计要求的电子电路。

8.3.3 最坏情况分析实例

以星上某设备采样电路的采样精度最坏情况分析为例,说明最坏情况分析方法的实施过程。

该采样电路的主要功能是采集相关电压信号,并完成采样信号的模数变换。采样电路由五部分组成,分别为去共模电阻网络、差分放大电路、多路开关电路、跟随放大电路、A/D 模数转换电路,如图 8-12 所示。去共模电阻网络电路部分选用高精密片式薄膜电阻网络,其原理是通过电阻桥将高共模电压按比例去除。差分放大电路选用 ADI公司的 AD624 运放。模数转换电路选用的是 ADI 公司的 AD574A 芯片,具有 12bit 分辨率。

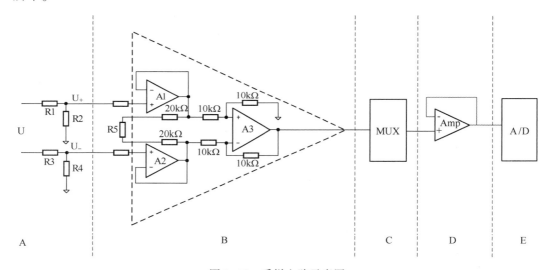

图 8-12　采样电路示意图

使用电路仿真软件对该电路进行建模,在该电路设计中,芯片输出电压、电阻阻值、运放增益等元器件参数均有一定程度的温度漂移和老化,根据器件手册中提供的温漂数据,将这部分参数设置合理的漂移范围之后,以采样电平作为输入,对该采样电路开展最坏情况分析。

1. 最坏情况元器件应力分析

根据采样电路元器件资料可知,分压电阻(去共模电阻)R1、R2、R3、R4 的额定功率为 100mW,极限电压为 100V;倍率电阻 R5 的额定功率为 125mW,极限电压为 250V;差分放大器外围其他电阻的额定功率为 250mW,极限电压为 100V;差分放大器外围其他电容的额定电压为 50V。对采样电路进行标称值下的应力分析,标称情况下分压电阻 R1 和 R3 的电压降额达到了 83.8% 和 87.7%。

进一步分析电路最坏情况下 R1 和 R3 电压降额。考虑分压电阻初始公差(0.1%)和老化漂移(0.002959%),R1 和 R3 取漂移后的最大电阻值,R2 和 R4 取漂移后的最小电阻值。经分析,电路最坏情况下分压电阻 R1 和 R3 的电压降额达到了 83.8% 和 87.7%,应力分析结果如表 8-16 所列。

表 8-16　元器件最坏情况应力分析结果

元　器　件	参数名称	参　数　值	应　力　值	许　用　值	降额比例/%
r. r3	vmax	100	87.7	100m	87.7
r. r1	vmax	100	83.8	100m	83.8
c. c5	vrmax	50	12	100m	23.9
c. c4	vmax	50	11.9	100m	23.9
r. r3	pdmax	100m	15.1m	100m	15.1
r. r3	pdavg	100m	15.1m	—	15.1
c. c6	vrmax	50	7.25	100m	14.5
r. r1	pdmax	100m	13.7m	100m	13.7
r. r1	pdavg	100m	13.7m	—	13.7
c. c2	vmax	50	4.64	100m	9.27
c. c1	vmax	50	4.43	100m	8.85
r. r10	vmax	100	7.24	100m	7.24
r. r4	vmax	100	4.64	100m	4.64
r. r2	vmax	100	4.43	100m	4.43
r. r4	pdmax	100m	797u	100m	0.797
r. r4	pdavg	100m	797u	—	0.797
r. r2	pdavg	100m	726u	—	0.726
r. r2	pdmax	100m	726u	100m	0.726
c. c3	vmax	50	211m	100m	0.421
r. r10	pdmax	250m	523u	100m	0.209
r. r10	pdavg	250m	523u	—	0.209

2. 灵敏度分析

对采样电路仿真模型进行灵敏度分析,确定对于输出电压值影响较大的元器件。通过灵敏度分析,分压电阻、倍率电阻和决定 AD624 电压增益的内部电阻对于输出电压的影响比较大,因此电路最坏情况性能分析只考虑分压电阻、倍率电阻和 AD624 内部电阻在最坏情况下造成输出电压变化的情况。

3. 关键性能最坏情况分析

在各仿真元件(分压电阻 R1、R2、R3、R4,倍率电阻 R5,外围其他电路元件,运放 AD624)数值都在标称值的情况下进行仿真,得到标称值下仿真结果 OUT 端的输出电压为 7.25V。

根据元器件资料可知,分压电阻 R1、R2、R3、R4 的初始公差为 0.1%,温度漂移为 10×10^{-6}/℃(温度范围为 -15℃~50℃,最坏情况下为 0.0325%),老化漂移为 0.002959%。

倍率电阻 R5 的初始公差为 0.1%, 温度漂移为 5×10^{-6}/℃ (最坏情况下为 0.01625%), 老化漂移在国内标准下推导得 0.0002152%, 在 ECSS-Q-60-11A 标准下推导得 0.0001614%。

运放 AD624 的输入电压漂移为初始输入偏置电压为 25μV, 温度影响输入偏置电压为 0.25μV/℃, 初始输出偏置电压为 2000μV, 温度影响输出偏置电压为 10μV/℃。初始总输入偏置电压为 83.2524μV, 温度影响总输入偏置电压为 0.54126μV/℃ (温度范围为 -15℃~50℃, 最坏情况下为 17.591μV), 老化影响在国内标准下为 41.6262μV, 在 ECSS-Q-60-11A 标准下为 16.6505μV。

运放 AD624 的电压增益由倍率电阻和运放内部电阻共同决定 (倍率电阻已经考虑)。内部电阻初始公差对电压增益漂移的绝对影响为 ±0.2, 内部电阻温度漂移为 15×10^{-6}/℃ (温度范围为 -15℃~50℃, 最坏情况下为 0.04875%), 内部电阻温度漂移对电压增益漂移的绝对影响为 ±0.01625。

多路开关电路芯片 ADG506A 精度影响约为 0.9mV。12 位模数转换芯片 AD574A 具有 12bit 分辨率, 选择工作在 10V 电压量程, 故 1LSB 为 $10V/2^{12} \approx 2.44mV$。

R1、R2、R3、R4 的总漂移为 0.00002959 (此标准下无此数据, 此处引用 ECSS-Q-60-11A 标准数据), R5 的总漂移为 0.000164652, 内部电阻的总漂移为 0.0004875, 运放 AD624 的总输入偏置电压为 59.21723μV。进行电路最坏情况仿真, 结果如图 8-13 所示。仿真结果表明, 在最坏情况下, 电路输出电压最大值为 7.272V, 最小值为 7.2324V。考虑多路开关电路芯片 ADG506A 和模数转换芯片 AD574A 的精度, 采样电路模块输出电压最大值为 7.27534V, 最小值为 7.22906V。因此, 在国内标准下电路最坏情况采样精度为 (7.27534-7.250134)/7.250134×100% = 0.3477%。

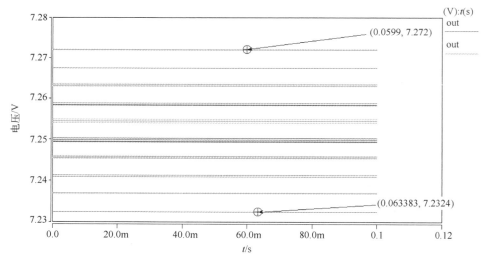

图 8-13　电路最坏情况采样精度分析结果

4. 结果分析

由于去共模电阻的极限电压 100V 与待测电路电压接近, 而且分压电路中电阻比值比较大, 因此电路最坏情况下分压电阻 (去共模电阻) R1 和 R3 的电压降额为 83.8% 和

87.7%,长时间高降额工作可能对电阻使用造成影响。建议对去共模电阻补充开展冲击、拉偏等试验;应对所使用的电阻在当前电压降额因子情况下的使用寿命等进行分析,评估长时间高降额工作的风险。

电路采样精度要求为 $5\mathrm{mV}/4.2\mathrm{V}=0.119\%$,通过仿真分析可知,最坏情况电路采样精度为 0.3477%,超出设计要求。导致采样精度偏低的主要原因为老化漂移因素。如无法通过硬件设计改进的方式满足要求,建议分析当前设计状态下的使用风险,确定是否可以接受并放宽采样精度要求。

8.4　卫星潜在电路分析

潜在电路是指在电子/电气系统设计时无意中引入的,在特定条件下能导致系统产生非期望功能或抑制系统期望功能的电路,一旦被激发,它就以非期望的行为出现。潜在电路可能造成设备损坏,甚至对操作人员造成伤害,对电子/电气系统具有较大危害。

潜在电路分析(Sneak Circuit Analysis,SCA)针对电子/电气系统开展潜在分析,通过识别和解决设计中存在的潜在电路和导致潜在电路的设计缺陷、设计错误,提高产品的可靠性安全性,降低风险。

SCA 是提高航天器电子/电气系统可靠性的重要方法之一,最早由美国波音公司提出。规范的 SCA 工作始于 1967 年底,目的是为了保障美国国家航空航天局(NASA)阿波罗飞船的电子电气设备无故障运行,事先发现并纠正电子/电气系统中可能存在的潜在电路,以最大限度地确保机组人员的安全。20 世纪 70 年代,波音公司将该技术广泛应用于航天器、军用系统及核设施的设计,有效地事先发现复杂电子/电气系统中的潜在电路,提高航天器及武器装备的可靠性和安全性。我国从 1988 年开始研究和应用 SCA 技术,目前在航天器领域逐渐得到广泛应用,且形成了相应标准规范。

8.4.1　潜在电路分析方法

潜在电路分析包括两种比较独立的分析方法:经典分析法、路径分析法。实际应用中,通常结合分析对象电路规模和计算机辅助软件等情况,综合考虑选择适当的方法开展潜在电路分析。

1. 经典分析法

经典分析法采用网络树技术和拓扑识别技术,对电路系统进行划分,生成网络树并识别网络树中的拓扑模式,最后结合线索表对网络树进行分析,识别出系统中存在的潜在状态。经典分析法的数据预处理和网络树生成的工作量较大,但分析更完整、全面。由于其高度复杂性,在开展经典分析法分析前必须先对系统电路进行功能模块划分。

经典分析法的分析内容主要包括网络树生成、拓扑模式识别、结合线索表的网络树分析。

1) 网络树生成

网络树技术是经典分析法的一项重要分析依据,网络树的生成应遵循以下原则:

①从一个功能信号基准点出发,按信号的连通关系进行路径追踪,直到划分的边界点为止;②追踪的过程中需假定所有的开关性器件(如三极管、开关、继电器触点等)为"闭合"状态;③对完成的追踪路径,按照电流从页面的上方流向页面的下方,从左边输入,向右边输出的规则进行重新绘图、布图调整和标注,生成一个拓扑网络树图;④重复上述过程,直至完成从所有功能信号点出发的追踪,生成全部拓扑网络树(也称为网络森林)。

2)拓扑模式识别

生成网络森林后,按照拓扑识别技术方法,对相关的网络树及其组合进行潜在分析。拓扑模式识别遵循的基本原则为:对单棵网络树的拓扑识别,从第一棵网络树的第一种运行模式开始分析,先识别每个网络树在不同运行模式下的所有可能拓扑结构,考察网络树图中包含哪些基本拓扑结构。拓扑结构包括直线形、电源拱形、接地拱形、组合拱形、H形电路模式五类,如图 8-14 所示,其他工程拓扑结构本质上属于这五种基本结构衍生出的复杂结构。在实际分析过程中,若拓扑结构难以识别,应通过 EDA(电子设计自动化)仿真软件,对无法识别的拓扑单独建模分析。

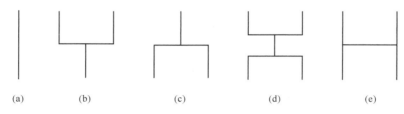

图 8-14 基本拓扑结构

(a) 直线形;(b) 电源拱形;(c) 接地拱形;(d) 组合拱形;(e) H 形。

对系统进行划分生成网络森林后,各网络树之间在连通性及非连通性控制关系上都相互分离,由于系统某电路功能通常由几棵网络树协同完成,因此需要对相关的网络树进行组合分析。网络树之间的组合有三类:电路连通性的组合、非连通性控制的组合及同时包含这两种组合的混合组合。电路连通性的组合须借助于划分边界表,通过划分边界表,可以很容易地在某网络森林中,恢复某网络树与其他相关网络树的电路连通性,使其在各对应的划分边界点恢复连接,成为新的大网络树,完成电路连通性组合。非连通性控制的组合通过非连通性控制交叉参考表来实现,确定网络树中某元器件(或部件)是否受控于某非连通性控制信号(如开关、继电器等),在非连续性交叉参考表中,找出控制该元器件(或部件)的所有网络树,形成网络树集,与待分析网络树一起分析,实现非连通性控制的组合分析。

3)结合线索表的网络树分析

结合线索表的网络树分析原则为:针对每棵网络树、每种运行模式下的拓扑模式,结合线索表中的每个线索内容,逐一分析,以发现所有运行模式下的潜在状态,分析流程如图 8-15 所示。分析过程中需考虑开关类器件的各类状态组合,避免遗漏。

需注意的是,对网络树识别出的拓扑结构应用线索表,有的线索不涉及具体元器件,则应结合电路或元器件实际使用特点,应用与电路或元器件具体特点相关的线索,完成分析。此外,每条线索的分析结果都应与被分析系统的设计意图相比较,以发现实际功能或电气结构与预期目标之间的偏差,若不存在偏差,说明不存在问题,继续下一条线索的应用;否则说明设计可能存在潜在问题。在实际分析中如遇到定量分析的问题,应搜集元器件、电缆等参数的详细设计信息,通过 EDA 仿真软件进行建模、定量分析。

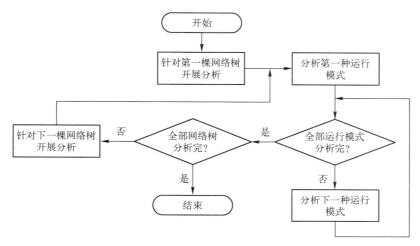

图 8-15　结合线索表的网络树分析流程

2. 路径分析法

路径分析法是一种简化的分析方法,主要对被分析系统的源和目标的选择进行简化,从工程实际角度来限制纳入考虑范围的路径数量。

路径分析法不需要生成网络树,实施较为便捷。其基本思想是首先确定受分析电路的起点和终点,遍历两者之间的全部路径,以查找可能存在的潜在路径。因此,当被分析系统的源和目标的选择不合适时,存在潜在问题漏分析的风险。

路径分析法的工作内容主要包括:功能节点识别、路径追踪、结合线索表的路径分析。

1) 功能节点识别

功能节点是具有源和目标特性的节点。源通常为电路中电信号输入点,目标通常为电路中电信号输出点/回线,典型的源和目标如表 8-17 所列。

表 8-17　典型源和目标

对　象	内　容
源	非期望的电压或信号;功率源
目标	关键设备;关键功能;最终的动作执行部件
路径	源到目标的路径;目标到源的路径;源和目标间的互流路径

功能节点识别主要包括识别系统的运行模式和开关性器件的可能状态,根据系统的功能分析完成对源和目标的识别。通常的实施步骤是:①识别电路操作的阶段及模式,识别每个模式的输入状态,在电路图上为每个运行模式标出正常的电流流向;②识别电

路的每个重要输出,即到执行器件的输出等,特别应考虑输出的非期望或假的功能,以及关键输出的功能丢失情况,作为分析的"目标"。

2）路径追踪

通过路径追踪可识别并遍历出源和目标之间的所有路径。路径追踪首先选定已识别出的源和目标,在其之间找到所有可能的设计期望与非期望的电流路径(包括真实的物理电路,信号传输或人为激励的反应关联),对每条路径找到激励该路径的时刻或条件,将激励条件与正常的运行模式/状态条件相比较。如果激励条件是在正常的运行模式列表中,并且它是非期望的,则存在潜在问题。重复上述过程,直至遍历待分析电路的所有源和目标之间的可能路径。路径追踪可以通过人工分析或计算机辅助软件分析实施。

3）结合线索表的路径分析

结合线索表的路径分析工作在完成路径追踪后开展,判断潜在路径的原则为:①对每条路径,结合系统运行模式和开关元器件状态,识别路径的激发条件;②结合路径的激发条件,识别最终激发的路径;③根据线索表对每个激发路径进行分析,识别潜在状态;④识别在待分析路径中需进一步研究的元器件,应用元器件线索进行分析;⑤继续进行下一条路径的分析,直至完成对所有路径的分析。

8.4.2 潜在电路分析流程

SCA 技术原则上适用于任何电子/电气系统,分析规模可以是一个功能电路、分系统或卫星整个电路系统。由于 SCA 工作量较大,一般仅对影响任务成败的关键电路,尤其是由分立元器件和较少集成电路组成的电子/电气系统实施。

潜在电路包括:①潜在路径。物质流、能量流、数据流或逻辑顺序流沿一个非预计的方向的非期望路径。②潜在时序。事件以非期望或矛盾的时间顺序、或在非期望的时间、或延续一个非期望的时间段发生。③潜在指示。关于系统运行状况的模糊或错误的指示,可能导致系统或操作人员做出非期望的反应。④潜在标志。关于系统功能(如控制、显示)的错误或不确切的标志,可能导致操作人员向系统施加错误的激励。

SCA 不仅可以识别设计缺陷、设计错误,还可以有效地揭示系统中存在的其他设计问题。这里"设计错误"指未能实现某一项设计要求或存在系统性故障模式的设计。"其他设计问题"指对系统中的某一特定部分错用或漏用了某一项设计要求或设计规则而导致的结果。

SCA 流程如图 8-16 所示,分为准备、分析、总结三个阶段。

1. 准备阶段

潜在电路分析准备阶段一般包括:资料收集、资料理解与数据核对、数据预处理。

1）资料收集

资料收集工作需要保证提供分析所需的所有信息,所提供数据的完整性、准确性将直接影响网络森林和整个分析过程的有效性。资料收集的基本原则如下:①提供的全部数据必须是能反映当前设计实际技术状态的数据;②要尽可能全面提供准确表达任务要求和设计意图的资料;③对原理设计进行潜在电路分析时,要提供原理设计意图方面的文字资料;④对物理实现进行潜在分析时,除提供原理设计图外,还要收集直接用于生产

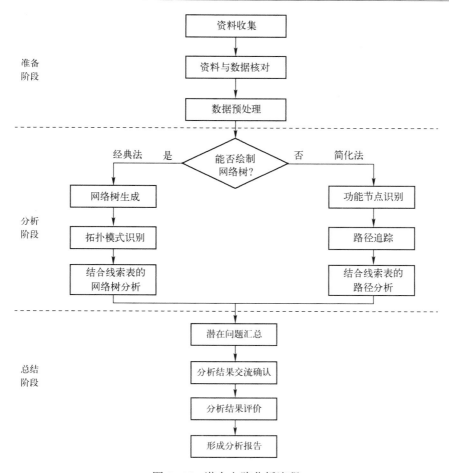

图 8-16　潜在电路分析流程

制造的图纸或物理结构数据以及有关元器件的电气参数。

SCA 需要收集的资料主要包括以下内容。

（1）研制要求和设计意图类资料：分析对象的任务书、技术要求、对外接口等约定和协调文件；反映待分析产品电路和接口的工作原理及操作使用的说明资料，如设计报告、测试大纲等；反映待分析产品测试、发射和飞行等任务状态的相关总体文件等。

（2）原理设计类资料：系统电路原理图或网络表；系统布置图或接线图；供电接口电路图和指令接口电路图；对外接口电路图；元器件目录、参数及使用说明等。

（3）工艺设计类资料：印制版图；导线表；系统电缆网接点表、电缆分支长度与导线参数等。

（4）辅助分析类资料：故障模式与影响分析（FMEA）报告；产品设计薄弱环节线索；其他经验性材料等。

2）资料与数据核对

在对设计意图进行深刻理解的基础上，了解系统设计的所有功能实现原理过程，使分析人员从整个系统的角度来了解被分析电路的功能。

资料理解的原则是全面系统地整理和消化原始资料,据此掌握分析对象所有期望的运行模式、状态和功能,步骤如下:①从任务要求和产品电路原理图入手,对照功能描述文件,理解并标注产品功能;②检查详细电路设计,识别主要的功能部件;③检查多张图纸通过连接器的电气连接;④确定电源点、接地点以及重要的功能信号点;⑤追踪并标注主要的功能信号从输入到输出的传播路径;⑥标注电源供电和接地的网络。

核对数据指在理解和消化电路数据的过程中,核对设计意图与任务要求、各文件的技术状态、各项数据中元器件之间的连接关系、上下级任务要求、接口等相关文件之间的一致性或是否存在差错。具体核对内容包括:①设计意图与任务要求是否一致;②元器件、组件名称是否唯一;③上、下级相关技术要求、接口约定等是否一致;④各设计图纸或资料对相同部分的描述是否一致;⑤接插件是否匹配;⑥物理实现中各元器件之间的连接关系与原理设计是否一致。

3)数据预处理

对已收集数据在连通关系上进行特定的简化、补充等处理,突出反映分析重点,并在一定程度上简化系统连通性信息,便于后续分析工作的开展。数据预处理可采用计算机软件辅助开展分析或人工分析。

2. 分析阶段

潜在电路分析方法主要包括重点关注网络树生成和拓扑模式识别的"经典法"和重点关注功能节点识别和路径查找的"简化法"(即路径分析法),一般情况应优先选择经典法开展工作。

在分析工作获得阶段性成果后,应与产品设计师进行交流,对分析结果进行确认,保证设计修改的及时性。需充分评价潜在状态的危害性,可按严酷度等级的相关规定分析潜在状态的严酷度,必要时可结合 FME(C)A 进行危害性评价。

3. 总结阶段

根据 SCA 分析结果,确定潜在路径、潜在时序、潜在指示、潜在标志方面存在的问题,记录分析过程中发现的可能的设计缺陷及资料错误,并对上述问题进行分析,提出改正建议。在此基础上汇总分析成果,形成潜在电路分析报告及分析简表。

8.4.3 潜在电路分析实例

1. 某星上设备供电输入电路 SCA

以某星上设备的供电输入端浪涌抑制电路为例,采用人工分析与计算机辅助仿真联合的方法开展潜在电路分析,利用线索表分析和识别潜在问题,共识别出一项潜在路径、一项潜在时序问题,具体如下。

1)潜在路径

在浪涌抑制电路中,MOSFET 与滤波电容构成电流通路,由于 MOSFET 自身所带的寄生电容,可能导致潜在路径。

由于 MOSFET 存在"漏-源级"间寄生电容,在"输入正"导通瞬间,由于滤波电容充电,将形成图 8-17 中圆圈内虚线所示的潜在路径,可能对于该路径上的器件造成冲击。随着电源电压的上升,电路中 MOSFET 后端的电容随之充电,因而在回路中产生一个浪涌电流,该电流流过 MOSFET,反映为 MOSFET 的漏极电流 I_d 在达到稳态前出现尖峰。

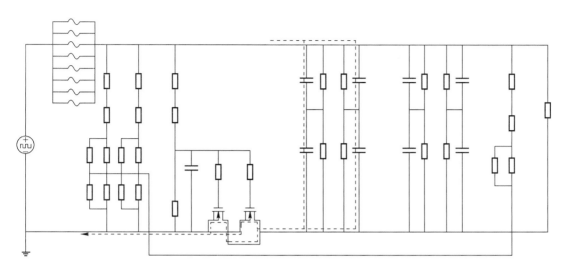

图 8-17　供电输入端浪涌抑制电路图

采用 EDA 软件对此电路进行仿真,结果表明上电的上升沿时间为 10ms(0.01s),该浪涌电流峰值为 15.2A(每个 MOSFET 承受 7.6A),脉冲电流宽度 63ms。稳态工作时每个 MOSFET 漏源电流为 6A,浪涌电流峰值超过稳态值约 26.7%,如图 8-18 所示。电路中 8 只并联的熔断器可承受最大电流 27A(单个熔断器最大承载电流 3.5A),该瞬态浪涌电流未超过熔断器和 MOSFET 允许电流值。

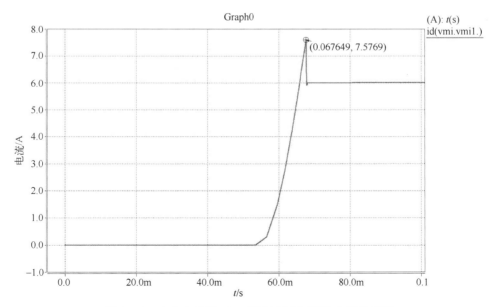

图 8-18　上电上升沿 10ms 时 MOSFET 漏极电流仿真图

通过进一步分析,该浪涌电流对接口电路及后端负载都不产生影响;在该设备后续使用中,应对该潜在路径进行监测。

2)潜在时序

图8-19所示的浪涌抑制电路中两个相同 MOSFET 并联,受制造公差等因素影响,会出现并联 MOSFET 先后导通的潜在时序。

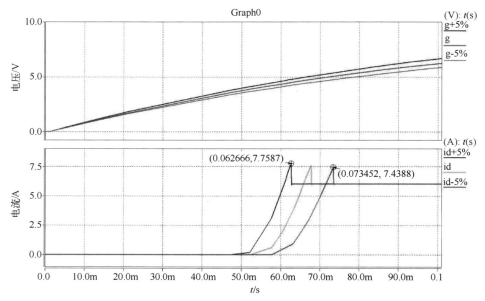

图 8-19　栅极分压电阻值最大偏移时 MOSFET 栅级电压和漏极电流仿真图

进一步通过 EDA 软件进行潜在时序分析,当 MOSFET 栅极分压电路电阻最大阻值偏差±5%时,MOSFET 导通最大时延约为 5ms,如图8-19所示。在最坏情况下,首先导通的单个 MOSFET 承受的浪涌电流峰值约 14.2V,降额因子为 31.5%,波形如图 8-20 所示,满足降额设计要求。

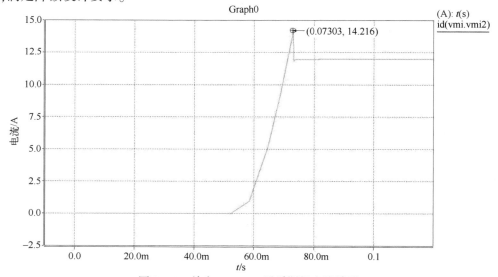

图 8-20　单个 MOSFET 承受漏极电流波形

由于制造公差因素,该潜在时延无法避免;分析认为,MOSFET 先后导通的潜在时延对浪涌抑制电路功能无影响,风险可以接受。在设备后续使用中,应对该潜在时序进行监测。

2. "红石"火箭点火后发动机熄火事故 SCA

1960 年 11 月 21 日,"红石"火箭正准备发射"水星号"飞船,发射指令下达后,火箭点火,但火箭刚离开发射台几英寸,发动机突然熄火,导致火箭落回发射台,"水星号"座舱被弹出降落伞打开,发射失败。

事后对本次事故的调查发现,是由于控制插头比尾插头晚脱落 29ms,意外激发了一条潜在电流路径,使得"红石"火箭刚点火又立即关掉了发动机,导致发射失败。该潜在路径识别采用了人工分析法。

图 8-21 为"红石"火箭助推器的点火控制电路图,包括地面设备和火箭设备有关部分的电路。正常的发射顺序是:发射命令下达后,K1 触点闭合,使电池 +B1 给火箭点火线圈以及地面设备的"点火指示灯 LP1"供电。然而,如果发射过程中,连着接地返回点 −D 和 −B 的"尾插头 P3"在"脱落插头 P1、P2"分离之前分离,则流经"点火指示灯 LP1"的电流会继续流经二极管并且给"发动机关机线圈 L1"供电。在本次发射中,由于尾插头 P3 比插头 P1、P2 意外地早脱落 29ms,激发了该潜在路径。

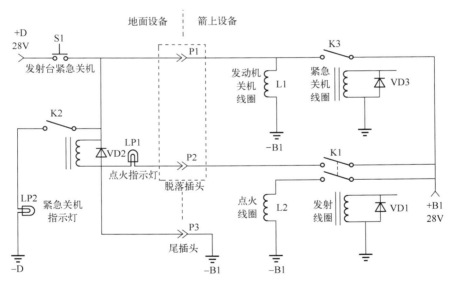

图 8-21　"红石"火箭助推器的点火控制电路简图

为更容易暴露其中的潜在电路,按"供电点在上、返回点在下"布图规则将图 8-21 的电路图重画成图 8-22(在潜在电路分析技术中,这样的图被称为"网络树"图)。从图 8-22 中容易看出,当"尾插头 P3"断开而"插头 P1、P2"闭合的情况下,存在一条流经"K1""点火指示灯 LP1""VD2""发动机关机线圈 L1"的电流路径。而正是由于这条潜在路径的存在,激励了"发动机关机线圈 L1",导致火箭刚起飞就关机的严重后果。

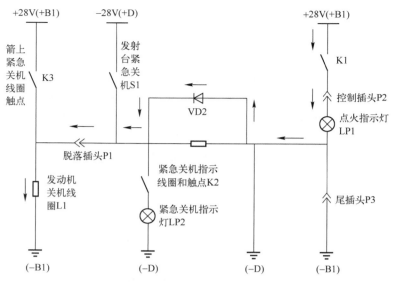

图 8-22　"红石"火箭助推器的点火控制电路网络树图

8.5　卫星概率风险评估

在卫星研制及在轨运行中,总是存在着各种风险。概率风险评估(Probabilistic Risk Assessment,PRA)技术,通过构造风险模型并进行量化评估,为复杂系统研制全过程的风险管理提供了基本工具和手段。尽管 PRA 名称中带有"概率"二字,但概率风险评估技术并不侧重于概率计算,其工作重点是综合各类工程信息,尽可能准确地描述系统各级产品的风险水平及其对系统任务的影响。

PRA 的主要工作内容包括:系统风险模型建立、风险模型概率量化、系统风险排序、结果分析。通过 PRA,可以识别导致任务失败的各种可能事件(包括起因、过程和后果),支持各类工程分析(如故障诊断);还可进行任务风险分析,给出改进有效性排序,支持方案比较和设计改进。

PRA 可应用于卫星全寿命周期的各个阶段,各阶段所需要的信息类型以及所构建的事件链类型不尽相同。由于卫星型号 PRA 所需的数据积累相对不足,绝对风险分析较难开展,通常仅进行相对风险分析,识别出系统中占主导地位的风险因素及其相对值,揭示资源分配的优先排序,在给定可用资源的约束前提下进行结果的优化。

8.5.1　概率风险描述

风险会带来不期望发生的后果或损失,并具有不确定性。PRA 采用概率分布来表达事件的不确定性,这些概率分布可以是连续型的,也可以是离散型的,在某些时候,专家知识用离散分布来表示更为合适。

PRA 按照三个问题来描述风险:①什么事件发生能导致故障(事故)?②故障(事故)的后果是什么?③故障(事故)的可能性有多大?第一个问题的答案是一系列事件

链,第二个则要估计事件链的后果,第三个问题需要评价事件链的可能性。图 8-23 给出了 PRA 中风险的三方面定义的应用过程。

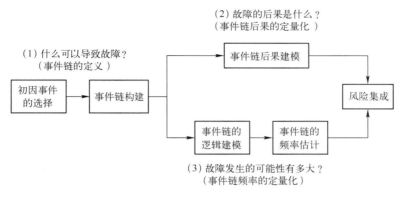

图 8-23　PRA 风险的三个方面定义的应用过程

事件链是一串按时间排列的事件顺序。由某些初因事件引起,通过一个或多个中间事件(也称关键事件)的作用,最终导致特定后果。其发展过程如图 8-24 所示。

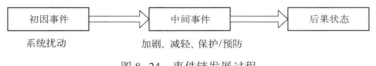

图 8-24　事件链发展过程

在多数 PRA 事件链建模中,一个初因事件就是一个扰动,它引起系统或操作者的特定反应行为。中间事件包括这些反应行为(如加剧、减轻、预防、控制等)的成功或失败,或者是外部条件或某些关键现象能否发生。后果状态根据 PRA 分析所要进行的决策来确定。事件链按照后果的类型和严重度分为若干后果状态,这些后果状态既包括"完全成功"的结果,也包括各种形式的损失(如任务失败、设备损失等)。基本事件(包括初因事件和中间事件)的不确定性会沿着事件链累积传播到最终后果的不确定性,因此可以根据基本事件的概率分布和事件链模型,对最终后果的风险进行定量评估。后果状态须在卫星研制初期进行识别,并反映到风险模型中。

PRA 通过系统地构建事件链并对其进行量化分析,其既关注事故后果的可能性,也考虑事故后果的严重性。与传统可靠性分析方法相比,PRA 的局限性在于应用上的复杂性,需要构建系统在整个任务过程的全面事件链模型;同时,模型输入参数的确定,需要收集大量分散于各信息源的设计信息和性能数据,并运用科学的方法进行整理和分析。

8.5.2　概率风险评估方法

PRA 主要强调综合集成方法,自下而上(如 FMEA)与自上而下(如 FTA)相结合,定性与定量相结合,试验数据(本系统、分系统、单机的直接试验和类似系统的试验数据)、模型计算结果和专家经验相结合。概率风险评估的方法主要有主逻辑图法、事件序列图法、事件树法和故障树法。

（1）主逻辑图法（Master Logic Diagram，MID）

主逻辑图主要用来确定导致事故发生的初因事件。主逻辑图是一种层次结构图，是对顶事件发生的必要条件的一种分级描述。一般来说，上面各级事件是系统顶级或系统单元的功能失效，下面各级事件是子系统或单机的功能失效。

主逻辑图的建立是一个自上而下的过程。例如，可以把卫星失效作为顶事件，将其分解为一组新的下级事件，每个新的下级事件都是导致发生卫星失效的必要条件；然后，对每个新的下级事件继续进行分解，分解后的新事件是导致发生损失卫星的必要条件。由于主逻辑图底层的基本事件是导致发生损失卫星的不可分解的必要条件，所以主逻辑图底层的基本事件就可作为导致发生损失卫星事故的初因事件。此外，初因事件也可以通过 FMEA 确定。

（2）事件序列图法（Events Sequent Diagraph，ESD）

每个初因事件都可形成一个事件序列图，目的是描述初因事件到后果状态的所有可能路径。建立事件序列图采用归纳法，通过回答问题"下一步可能发生什么?"来确定初因事件之后的所有中间事件。因此，事件序列图可以非常详细地刻画 PRA 分析者考虑的所有序列。当要简化模型假设以便于事件树构建及量化时，事件序列图可以说明为什么这些假设是保守的（可忽略的），或者在概率意义上是合理的。例如，对导致卫星故障的每个初因事件可以建立相应的事件序列图，它描述了从初因事件到损失卫星事故发生所经历的全部中间事件。

此外，事故发展也可以用事件序列图的派生形式——事件树来建模。两者都是在 PRA 中采用归纳式逻辑模型，可以提供"系统成功或失败"以及"人为失误或成功"的事件序列的有组织的表示形式，这些事件序列导致特定的后果状态。经典的事故发展分析从事件序列图开始，经完善后转化成事件树。其优点在于：事件序列图从形式上不必像事件树那样严格。因此，事件序列图使初因事件和随后的反应之间的复杂关系更容易表示。

（3）事件树法（Event Tree，ET）

与事件序列图相似，每个初因事件都应形成一个事件树，目的是建立起一个从初因事件到后果状态的重要路径的易处理的模型。事件树逻辑可能比相应的事件序列图更简单。然而，事件树的序列仍然构成布尔逻辑的一部分，它可以进行风险的系统量化。一般来讲，风险量化是通过对事件树中的中间事件构建故障树模型来完成的。事件树和故障树之间的这种联系使每个事件序列都可建立相应的布尔方程。当运用可靠性数据对相应的布尔方程进行数值评估时，就可以得到对事件序列的量化结果。

尽管事件树和事件序列图在逻辑上是等价的，但是，由事件序列图转换过来的事件树，其结构并不完全由事件序列图的结构所决定，它还取决于中间事件之间的关系以及所关注的结果。另外，在多数情况下，事件链上的中间事件之间，或中间事件与初因事件之间并不相互独立，建模时应充分考虑这些约束条件。例如，与系统失效对应的中间事件可能含有一些重要的潜在共因，必须识别出并在事件链模型中包含这些限制条件。

（4）故障树法

对事件树中的关键事件建造故障树时,首先把关键事件的失效状态作为故障树的顶事件,然后找出导致顶事件发生的所有可能的直接因素和原因。故障树通常用来建立事件的层次,可为事件树中的事件提供更多的细节以帮助量化。由于归纳过程和演绎过程的互补性,事件树和故障树经常一起使用,表示从初因事件到故障状态的系统响应。两者结合使用比只使用其中一种能够更加完全、精确、清晰地构造和记录事件链。

8.5.3　概率风险评估流程

典型的 PRA 实施过程包括:定义目标、系统分析、识别初因事件、事件链建模、确定事件的故障模式、数据的收集和分析、模型的量化和集成、不确定性与敏感性分析、评价结果与分析(重要度排序)等环节。

1. 目标定义与系统分析

合理定义评估目标(系统、分系统级、单机级等),确定最终状态所不期望的后果。本环节的实施要点包括:①明确实施 PRA 的目的;②定义任务范围及系统边界,确定事件链及相关分析的详细程度,从而确定分析的范围和深度;③确定所需开展分析的后果类型和严重度,如任务失败等。明确所采用的风险矩阵,以特定后果的概率目标和准则为基础,确定总的风险目标或可接受准则。

在确定 PRA 目标的过程中,应综合其他分析结果来确定风险目标;后果严重度的确定可参考 FMEA 或危险分析结果。

2. 初因事件识别

初因事件是事件链或事件序列的开始,一般是指系统扰动或故障。在完整的事件链中,需要首先正确识别初因事件。本环节的目的是利用各种分析技术,确定激发事件链发生的初因事件。本环节的实施要点包括:①利用经验数据以及主逻辑图、FMEA 等系统分析方法识别初因事件;②初步评估初因事件发生概率,提出发生概率相对较低的初因事件;③将对系统影响相似的初因事件进行分组和合并,并确定其发生概率。

如果是针对现存系统,那么可以根据历史事故或相关运行经验来识别初因事件;如果是针对新研系统,则可利用相似环境、相似任务剖面、相似系统的经验等来识别初因事件。工程应用中还有一类特殊的确定初因事件的方法,就是用单独的入口点代替初因事件,然后用连接起来的事件树对整个任务进行建模。例如,对于某通信卫星的天线展开任务来说,抱环压紧点解锁是首要动作,因此可将抱环压紧点解锁失败作为天线展开风险分析的初因事件。

3. 事件链建模

事件链建模是 PRA 程序中的关键环节,其目的是通过建立事件树或事件序列图模型,推演从初因事件经由一系列中间事件,最终导致后果事件的过程。本环节的实施要点包括:①针对每个初因事件,利用事件序列图或事件树,对其后续事件的先后次序和成败响应进行建模,这些事件即事件链的中间事件,包含了阻碍初因事件发展为潜在不良后果的预防性控制措施;②对那些导致不良后果的事件序列,估计其后果的物理响应特性和严重度。

事件链建模是一个归纳过程,通过为每一类初因事件构建出一个事件序列图或事件树来完成。事件序列图易于理解,便于分析人员与工程设计人员之间进行交流。对于那些涉及操作过程的情形,事件序列图便于反映这些过程,特别是当这些过程对应于某些中间事件时更有效。事件序列图可以转换为事件树。事件树从事件序列图中提取中间事件的详细信息,并以树状结构进行描述,便于按照事件后果对事件链进行分类。

例如,以某"环形天线连接抱环展开过程卡死"引起的事件序列图,如图 8-25 所示。

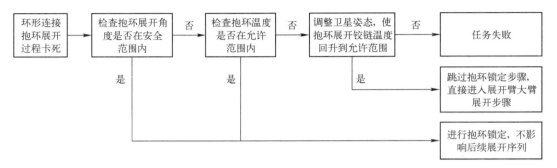

图 8-25 "环形天线连接抱环展开过程卡死"事件序列图

由图 8-25 分析可知,环形天线展开过程中,连接抱环展开过程卡死时,此时应检查抱环展开角度是否在安全范围内,如果已展开的角度在安全范围内,不影响抱环锁定及后续展开序列;相反,如果展开的角度不在安全范围内,此时需进一步检查抱环温度是否在允许范围内,如果在允许范围内,不影响后续展开序列。如果不在允许范围内,则调整卫星姿态使抱环展开铰链的温度回升到允许范围内,如果调整卫星姿态,抱环展开铰链的温度仍不能达到允许范围内,则展开任务失败。相反,如果调整卫星姿态使得抱环展开铰链的温度达到允许范围内,则跳过抱环锁定步骤,直接进入展开臂大臂展开步骤。

4. 关键事件故障模式确定

采用故障树分析方法来确定关键事件的故障模式,对事件链的初因事件和中间事件的故障(或成功)进行建模。确定关键事件故障模式的实施要点包括:①对于事件链上需要进一步分析的各个中间事件,记录其前面的中间事件和对应的初因事件,以确定事件评估的初始边界条件;②利用故障树、贝叶斯网络等适用模型和方法,对事件链上需要进一步分析的各个中间事件(或初因事件)的故障进行建模。根据所建模系统或功能的不同,模型可能有多个层次;③在顶事件的初始边界条件约束下,识别出故障树、贝叶斯网络等模型的底事件或基本事件;④把故障树、贝叶斯网络等模型的顶事件与事件树上相应的事件进行关联。

5. 数据采集与分析

数据采集与分析的目的是为后续参数估计提供数据支持,同时也可以作为后续型号安全性分析等的基础数据。在 PRA 中,需要采集和分析的信息一般包括用来得到各种事件发生概率的参数。重点关注的典型数据包括:内部初因事件频数;部件失效频数;部件检测和维修的无用度;共因失效(CCF)概率;人为失误率;软件失效的概率。

针对卫星研制过程的数据基础,可作为基本事件可靠性评估的数据来源包括:①系统中有可靠性评估结果的单机或组件可直接采用可靠性评估结果,包括可靠度的点估计、置信下限估计及对应的置信度;②有相关试验基础的单机或组件,从其地面可靠性试验及飞行数据中进行筛选;③缺乏可靠性试验和评估基础的,可参考单机或组件的可靠性预计值;④缺乏可靠性试验、评估和预计基础的,某些关键事件故障树的初因事件的故障概率数值,可参考故障模式影响分析报告中故障等级的量化值范围;⑤其他功能事件的失效概率可结合专家经验及蒙特卡罗仿真方法求得。

采集与处理不同类型的数据是卫星应用 PRA 定量分析的基础及难点,往往由于数据有限,使得 PRA 量化分析较难开展。

6. 模型的量化和集成

通过对所获取的基本事件的概率分布进行量化处理,可以得到事件链上的关键事件发生概率。在独立假设条件下,事件树的每个最终状态出现的概率是初因事件和关键事件条件概率的乘积,由此得到各条事件链的发生概率。当确定出各事件链对最终故障状态发生的影响程度后,可对事件链进行排序。

7. 不确定性分析

PRA 不确定性主要来源于模型选择、失效模式的完备性,以及输入参数的不确定性三个方面。应用最广泛的方法是抽样模拟的方法,如蒙特卡罗仿真方法。

灵敏度分析也是不确定性分析的一种,主要评价由不确定性引起的变动对结果所产生的影响。这些变动可能存在于假设、模型、物理参数和基本事件中。在 PRA 实施过程中,要不断进行此类分析,以揭示哪些用以分析的输入或元素的值的变化,能够造成中间的或最终的风险结果的最大变化。灵敏度分析也可用于评估 PRA 结果对于基本事件失效相关性的灵敏度。

8. 结果分析

PRA 最重要的输出就是对主要事件链和初因事件进行排序,以进一步确定可以降低可靠性、安全性风险的措施,同时可以为飞控故障预案制定提供决策依据。

8.5.4　概率风险评估实例

本节以某环形桁架结构天线的展开过程为例开展概率风险评价。环形天线主要由环形可展开反射器、环形连接抱环、展开臂等组成。环形天线组成与展开过程复杂,其展开过程涉及几十个环节,而每个展开环节需要多个单机协同工作才能完成,图 8-26 给出了天线环形桁架结构的展开过程示意图。

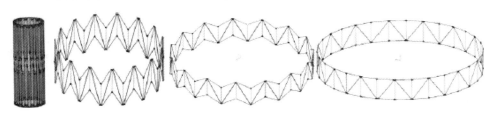

图 8-26　环形天线展开过程示意图

　　环形天线作为卫星的重要载荷部件,其展开过程对整星姿态控制、供电安全及测控链路具有潜在风险。在轨展开过程中发生故障极有可能对整星姿态控制、供电安全和测控安全造成灾难性后果。在环形天线展开过程的 PRA 过程中,定义环天线展开失败、无法实现电性能为最终状态所不期望的后果。考虑到产品实际研制特点,并便于 PRA 工作开展,设计了天线展开过程的 PRA 实施流程,如图 8-27 所示。

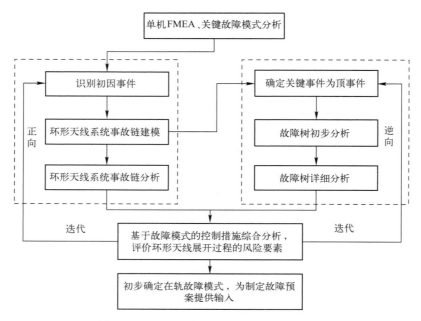

图 8-27　环形天线展开过程 PRA 实施流程

　　首先通过部组件 FMEA 及关键故障模式分析,确定环形天线展开过程不期望的最终状态,然后通过正向和逆向两种方式交叉进行分析。正向分析流程为:识别初因事件;建立环形天线系统事故链模型;进行事故链分析,即后果状态分析及中间关键事件风险分析。逆向分析方法流程为:确定事故链中关键事件为顶事件;进行故障树初步分析;进行故障树详细分析,以确定故障原因的最小割集。基于事故链模型、FMEA 和故障树的定性分析结果,对故障模式的控制措施等进行综合分析,评价环形天线展开过程的风险要素,初步确定在轨故障模式,为制定故障预案提供输入。

　　PRA 具体工作步骤如下。

　　(1) 对环形天线的所有部组件进行 FMEA,分析并确定关键故障模式集以及环形天线展开过程不期望的最终状态:天线展开失败、无法实现电性能。

　　(2) 以环形天线 FMEA 识别出的关键故障模式为系统事故链分析的初因事件集。

　　(3) 围绕初因事件发生后可能导致的后果,对其发展过程进行推演(包括星上自主或地面干预过程),针对环形天线展开过程中的火工品解锁、环形抱环展开及锁定过程、展开臂展开及锁定过程、反射器展开及锁定过程、馈源阵展开及锁定过程进行事件序列图分析,建立环形天线展开过程的系统事故链模型。

例如,对于抱环压紧点解锁失败事件,其故障应对措施为重新发送解锁指令,执行结果有解锁成功和解锁失败两种,执行过程不会发生其他突发事件,因此具体执行过程不详细展开,仅给出两种执行结果导致的最终后果影响。根据天线展开过程,应用事件序列图来描述事故链,如图 8-28 所示。

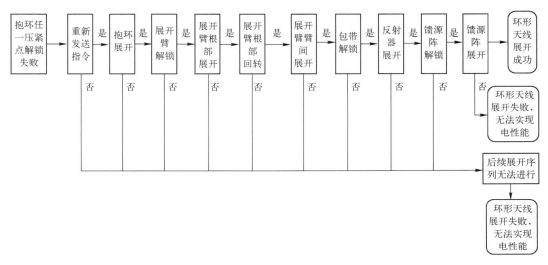

图 8-28　环形连接抱环任一压紧点解锁失败事故链

(4)通过图 8-28 可以发现,由于天线展开过程的时序性,各展开环节均是直接影响天线展开成败的关键事件。针对上述事故链中的抱环展开这一环节,结合 FMEA 分析结果,进行详细事故链分析,如图 8-29 所示。

在环形天线展开过程中,抱环展开失败事件经系统响应分析后,得到不期望的后果状态主要包含:环形天线展开失败,环形天线功能丧失;影响环形天线性能,损伤严重情况下可能导致天线功能丧失;不影响后续展开序列。其中,前两个状态为环形天线不期望的后果状态,经系统事故链分析,得出导致不期望后果状态的关键事件为抱环展开过程卡死。另外,发现"无法确定抱环展开角度是否在安全范围内"为之前抱环设计时未考虑到的薄弱环节。

(5)选定"抱环展开过程卡死"为顶事件进一步开展故障树分析,如图 8-30 所示。

经过故障树的建立和定性分析,发现抱环存在单点故障,这些单点故障均为一阶最小割集底事件,重要度较高,因此这些单点故障在研制生产过程中需采用有效控制措施。

(6)将上述识别出的单点故障作为后续分析及控制的重点。为保证环形天线成功展开,可依据上述事故链及故障树详细分析结果,识别在轨关键故障模式,作为系统保证链的输入。

(7)通过天线展开过程的概率风险分析给出在轨补偿措施建议,结合在轨故障遥测判定方式,为环形天线在轨展开过程中的故障源分析及故障预案制定提供输入。

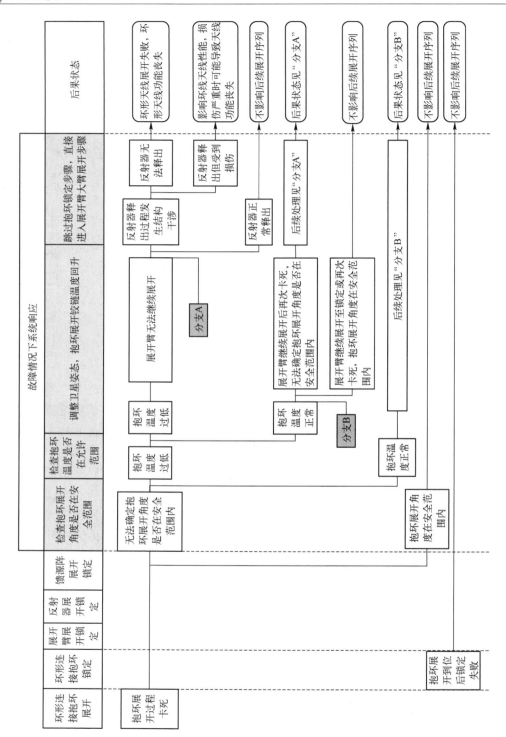

图8-29 环形连接抱环展开失败事故链分析

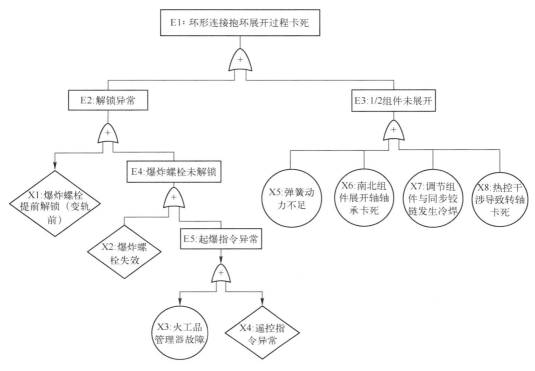

图 8-30　环形连接抱环展开过程卡死故障树

8.6　卫星基于系统逻辑建模的可靠性分析

　　故障树分析已成为常用的可靠性分析方法,但随系统的复杂化,故障树的节点迅速增加,建树难度也随之增大。完整的分系统和系统级故障树极为庞大,节点繁多,分析过程烦琐,且需要多次迭代。而手动故障树建模方法很难完成复杂系统故障树的定性和定量分析,实际工作中通常需要对其进行大量简化,此时极易造成故障树的过度简化而无法有效地发挥其作用。

　　基于系统逻辑建模的可靠性分析技术是综合系统的组成单元、单元状态及单元间逻辑关系、故障数据进行统一建模,然后根据所建的唯一模型开展可靠性分析。基于模型的可靠性分析技术不需要进行手动的故障树和可靠性框图绘制,通过唯一的模型便可生成故障树、可靠性框图、FMEA 结果。

　　在国外航空领域,基于逻辑模型的可靠性分析技术已成为系统总体及单机产品可靠性分析工作的常用技术,已发展和应用得比较成熟。在国外航天领域,基于逻辑模型的可靠性分析技术得到了越来越多地应用,例如在阿丽亚娜火箭、国际空间站、伽利略卫星定位系统等重大航天系统建设任务中都得到了应用。

　　在国内航空领域,已开始了基于逻辑模型的可靠性分析技术的相关研究和应用工作。在国内航天领域,基于逻辑模型的可靠性分析技术还处于初步应用研究阶段。

　　基于 AltaRica 逻辑建模的方法能够建立卫星系统由顶层到底层的,更系统、更准确的系统或分系统级可靠性模型。同时,模型作为知识数据库,有助于不同型号和产品间的共享。基于模型的可靠性分析方法为更全面、更高效开展卫星可靠性分析工作提供了重要手段。

8.6.1　系统逻辑模型建模方法

根据设计需求,系统结构模型可以是仅包含一个或几个单机或部件,或者是包含多层单元的复杂模型。系统建模的过程是不断迭代和细化的过程,各个研制阶段所建模型的细化程度不同。根据系统功能和需求自顶向下不断细化系统的结构,以模型树的方式对模型进行多层级的管理,以方便复杂系统的建模及管理。而且多个子系统可以分别单独构建,最终再汇总成完整的系统,并将可靠性指标分配给系统的子单元块。

基于逻辑关系建模的可靠性分析采用自动状态机原理,一个完整的自动状态机包含以下主要信息:单元块(b)、输入(i)、输出(o)、状态变量(s)、逻辑函数(f),如图 8-31 所示。逻辑关系模型的基本组成单元为单元块,每一个单元块表示一个分系统、单机、模块或零部件,每一个单元块是一个或多个不同层级和复杂程度的自动状态机。

自动状态机的输出结果通过定义特定的逻辑函数来建立输入信息和内部状态变量间的逻辑关系:

$$o = f(i, s) \tag{8-5}$$

式中:i 和 o 分别为单元块的输入和输出;s 为单元块的状态变量。

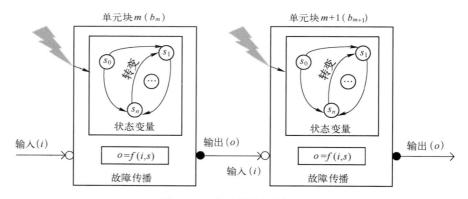

图 8-31　自动状态机原理图

输入、输出接口是不同单元块间信息传递的通道,一个单元块可以定义零个或多个输入,也可以有一个或多个输出,一个输入或输出也可以同时有一个或多个状态,用下式表示:

$$o = [o_1, o_2, \cdots, o_n] \tag{8-6}$$

式中:$[o_1, o_2, \cdots, o_n]$ 为输出的不同状态。

每一个接口需要根据单元块的功能特点和建模需求,定义不同的接口变量,接口变量是反映单元块的输入信息和输出信息状态的参数,可以按需定义任意多种输入或输出状态,即 $[o_1, o_2, \cdots, o_n]$ 的状态可以是正常(Nominal)、失效(Failed)和降级(Degraded)三种类型。

状态变量是表明单元块在寿命周期内自身硬件和功能状态的参数,用下式表示:

$$s = [N, F_1, F_2, \cdots, F_n] \qquad (8-7)$$

式中:N 为单元块的正常状态,其性质为正常;$[F_1, F_2, \cdots, F_n]$ 为所有可能的故障模式,性质可以是失效和降级。

自动状态机内部的状态变量也可以受外部事件的触发而发生转变或转移。在定义单元块状态变量的同时,根据单元块所表征的组件故障特征设定每一种故障概率密度函数的类型和相应参数。

单元块内部的逻辑函数 f 是表示单元块的输入和状态变量对输出结果影响关系的方程,是建立单元块内输出结果与输入、故障模式间联系的关键。单元块的输出状态由各个输入状态和单元块状态共同确定,可采用 AltaRica 脚本和逻辑多项式相结合的方法,来确定单元块内输入信息和状态变量对输出结果的具体影响。

不同单元块之间的逻辑关系通过单元块间的信息传递来建立。单元块 b_{m+1} 之前所有单元块的输出均可能是之后单元块的输入,用下式表示:

$$i_{b_{m+1}} = g(o_{b_1}, o_{b_2}, \cdots, o_{b_m}) \qquad (8-8)$$

式中,通过逻辑函数 g 确定单元块 b_{m+1} 的输入。通过一系列自动状态机间的复杂逻辑函数就建立了整个模型的输出与各单元块间的逻辑关系。

状态转变是指在某一事件发生时,系统、单机或零部件自身的功能由一种状态转变为另一种状态的现象。有些系统、单机或零部件在工作过程中的不同阶段或不同条件下具有不同的功能,而不同功能间的转变需要一定的条件,比如卫星供配电系统中的太阳电池阵和蓄电池组,在光照充足的情况下太阳电池阵为母线供电并为蓄电池组充电,当没有光照时太阳电池阵停止供电,由蓄电池组为母线供电。具有状态转变的系统存在不同事件发生的时序关系,静态模型无法表征时序变化对系统的影响,故需建立动态模型。状态转变只应用于动态模型中,通过定义激发事件、状态转变主体及转变影响的逻辑关系来确定状态转变过程。

8.6.2　系统逻辑模型建模流程

系统逻辑建模过程如图 8-32 所示。

系统逻辑建模过程主要分为以下五步。

(1) 对建模对象进行系统逻辑分析。根据需求分析确定研究对象,将研究对象的功能和硬件组成逐级进行分解,直至模型的底层单元(如单机或部件),进而确定底层单元的故障模式。

(2) 在系统逻辑分析的基础上,分层级(自上而下或自下而上)开展单元块的建模和逻辑定义。单元块的建模一般采用自上而下的方式,即由系统顶层单元逐级分解到功能模块,然后给所建单元块添加输入、输出接口,并对接口属性、状态及本层单元块自身状态进行定义。

(3) 建立单元块输入、状态与输出间的静态逻辑关系,可通过多项式法和 AltaRica 语言脚本两种方法实现。

(4) 建立单元块的动态逻辑关系。根据系统任务剖面设定事件属性,定义该事件发生时单元块状态传递或转变逻辑,然后设定系统初始状态,进行仿真分析。

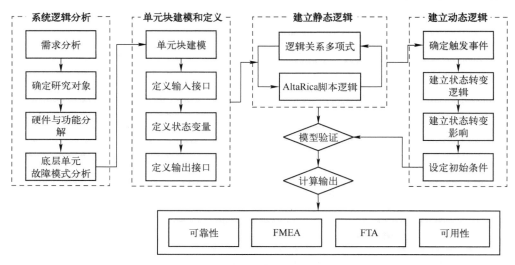

图 8-32　系统逻辑建模流程

（5）模型验证与计算输出。根据建模需求的差异,建模过程和输出结果也不尽相同。对于建立的模型,采用逐步仿真的方法进行验证,在模型中注入已知故障进行逐步传播,来验证是否与故障的实际传播路径一致,从而对模型进行改进。

采用基于系统逻辑建模的方法开展可靠性分析的关键是建立与系统一致的逻辑模型,此模型是一个唯一的、可视化的综合模型。此模型集成了系统内不同层级单元块间的逻辑关系链和模块的可靠性数据,基于此模型内部的逻辑传递关系,可计算并绘制出可靠性框图、故障树、FMEA 表格。在此基础上,通过模型中定义的各单元块可靠性定量数据,可进一步根据可靠性框图计算出系统的可靠度;通过生成的故障树开展指定条件下顶层故障和中间故障的发生概率、故障树最小割集等定量计算。若需关注动态事件对系统功能的影响,需要在静态模型的基础上添加单元块状态传递逻辑建立动态模型,通过设定模型系统的初始状态,可以实现对可用性的仿真计算。

8.6.3　基于系统逻辑的建模实例

以卫星供配电分系统为例,说明系统逻辑模型建模的过程。

1. 分系统级建模与分析

建立卫星供配电分系统模型,模型顶层架构包括南、北蓄电池组,南、北太阳电池阵,南、北太阳帆板驱动机构(SADA),电源控制器(PCU)和母线,如图 8-33 所示。其中,南、北蓄电池组,南、北太阳电池阵以及南、北 SADA 的设计架构为完全相同的对称结构。

PCU 模型架构如图 8-34 所示,包含分流调节模块(SUN)、充放电调节模块(BCDR)和遥测/指令(TM/TC)模块。

在供配电分系统模型中,母线共有两个输入,分别为经过调节的蓄电池组和太阳电池阵。在模型中,太阳电池阵供电与蓄电池组供电为独立事件,不考虑太阳电池阵为蓄电池组充电的功能,两种供电模式均为正常时,母线的供电正常为“Nominal”;太阳电池阵或蓄电池组任一产品无供电时,母线“无电压”,为失效状态;母线“电压降级”为不可接受的降级状态,母线“电压下降”为可接受的降级状态。

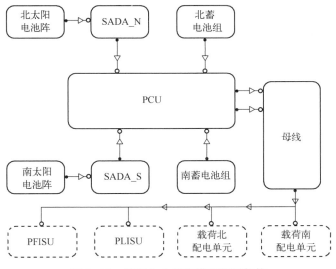

图 8-33   供配电分系统模型顶层架构

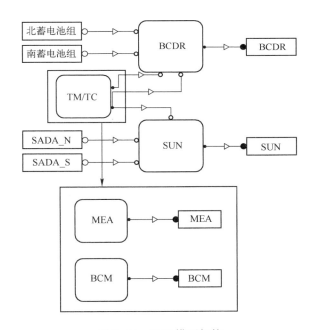

图 8-34   PCU 模型架构

所建供配电分系统模型可以分别生成以"母线无电压""母线电压降级"和"母线电压下降"为顶事件的故障树。以下仅以"母线电压降级"为顶事件进行分析。

通过故障树计算,在工作 131400h 情况下,顶事件"母线电压降级"发生的概率为 6.21×10^{-3}。顶事件在 131400h 的最小割集如表 8-18 所列。由于建模过程中逻辑函数实现的需求,此处计算出的最小割集中包含状态为"Nominal"的底事件。"母线电压降级"为顶事件的故障树共有 1 个 2 阶最小割集和 5 个 3 阶最小割集,其中出现概率最高的 4 个 3 阶最小割集中分别包含了底事件"蓄电池组两个以上 P3 短路"和"太阳电池阵 4 个以上子阵无功率",表明这两个底事件较为重要。

表 8-18　顶事件为"母线电压降级"的最小割集

阶数	最小割集	概率
2	SUN. states. 4 个以上 S3R 故障 & MEA. states. nominal	5.76×10^{-4}
3	MEA. states. nominal & BCM. states. nominal & 北蓄电池组 . states. 两个以上 P3 短路	5.05×10^{-4}
3	MEA. states. nominal & BCM. states. nominal & 南蓄电池组 . states. 两个以上 P3 短路	5.05×10^{-4}
3	SADA_N. states. nominal & 北太阳电池阵 . states. 4 个以上子阵无功率 & MEA. states. nominal	2.32×10^{-3}
3	SADA_S. states. nominal & 南太阳电池阵 . states. 4 个以上子阵无功率 & MEA. states. nominal	2.32×10^{-3}
3	MEA. states. nominal & BCM. states. nominal & BCDR. states. 两个以上 BCDR 故障	7.69×10^{-7}

根据故障树计算出底事件的相对概率重要度如表 8-19 所列。"母线电压降级"为顶事件的相对概率重要度最高的底事件是"太阳电池阵 4 个以上子阵无功率",其次为"SUN 4 个以上 S3R 故障"和"蓄电池组两个以上 P3 短路"。结合底事件在最小割集中的出现频率,"太阳电池阵 4 个以上子阵无功率"对"供配电分系统电压降级"的影响更为重要。

表 8-19　顶事件为"母线电压降级"的底事件相对概率重要度

序号	底事件	重要度
1	北太阳电池阵 . states. 4 个以上子阵无功率	0.77
2	南太阳电池阵 . states. 4 个以上子阵无功率	0.77
3	SUN. states. 4 个以上 S3R 故障	0.45
4	北蓄电池组 . states. 两个以上 P3 短路	0.42
5	南蓄电池组 . states. 两个以上 P3 短路	0.42
6	BCDR. states. 两个以上 BCDR 故障	1.10×10^{-3}

2. 单机级建模与分析

根据分系统级模型的计算结果,"太阳电池阵 4 个以上子阵无功率"对"供配电分系统电压降级"的影响较大,因此对太阳电池阵进行建模及分析。

南、北太阳电池阵模型各设有 16 个子阵 PC,相邻的两个子阵构成一个分阵,第 15 和 16 子阵分别单独形成分阵,如图 8-35 所示。Judge_太阳电池阵是没有实际物理意义和自身状态变量的判定单元块,用于构建 16 个子阵的整体输出情况间的逻辑函数。16 个子阵的输出经 Judge_太阳电池阵的逻辑函数判定,整合为一个 Judge_太阳电池阵全局输出。当所有子阵输出均无功率时,Judge_太阳电池阵输出为"无功率",为失效状态;当有 4 个及以上子阵输出为无功率时,Judge_太阳电池阵输出为"4 个以上子阵无功率",是不可接受的降级状态;当所有子阵输出为功率下降和正常状态的组合时,Judge_太阳电池阵输出为"功率下降",是可接受的降级状态;其余情况下,Judge_太阳电池阵输出均为正常状态"Nominal"。

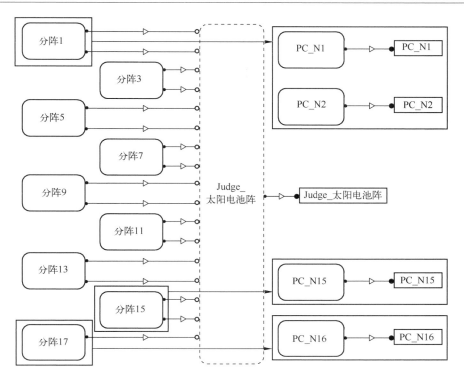

图 8-35　太阳电池阵模型架构

以"太阳电池阵 4 个以上子阵无功率"为顶事件生成故障树,根据生成的故障树计算出 131400h 的顶事件故障概率为 $1.12×10^{-3}$。进一步计算得到"太阳电池阵 4 个以上子阵无功率"为顶事件共有 29120 个 4 阶最小割集,表 8-20 列出了部分阶数最低的最小割集。

表 8-20　单机级故障树最小割集

顶事件	阶数	最小割集	概率
Judge_太阳电池阵 4 个以上子阵无功率	4	PC_ N4. states. 子阵短路 & PC_ N3. states. 子阵短路 & PC_ N2. states. 子阵短路 & PC_N1. states. 子阵短路	$7.16×10^{-17}$
	4	PC_ N4. states. 线缆开路 & PC_ N3. states. 子阵短路 & PC_ N2. states. 子阵短路 & PC_N1. states. 子阵短路	$5.11×10^{-17}$

计算出两个单机级顶事件对应的底事件相对概率重要度,表 8-21 仅列出了编号为 1 的部件所对应的底事件,其他对应部件的情况相同。可以发现,"PC 子阵短路"是造成"太阳电池阵 4 个以上子阵无功率"最重要的底事件,其次为"PC 线缆开路",两者的重要度也较为接近。

表 8-21　单机级故障树底事件相对概率重要度

顶　事　件	底　事　件	重要度
Judge_太阳电池阵 4 个以上子阵无功率	PC_N1. states. 子阵短路	0.57
	PC_N1. states. 线缆开路	0.48

从供配电分系统级计算结果可知，"太阳电池阵 4 个以上子阵无功率"是导致供配电分系统"母线电压降级"的主要事件。进一步对太阳电池阵计算可知，"PC 子阵短路"和"PC 线缆开路"对"太阳电池阵 4 个以上子阵无功率"的影响最为重要，且影响程度接近。因此，要降低供配电分系统"母线电压降级"的发生概率，降低"太阳电池阵 4 个以上子阵无功率"的发生概率最为有效，可以通过降低"PC 子阵短路""PC 线缆开路"两个底事件的失效率来实现。

8.7 卫星安全底线分析

卫星安全底线是指卫星平台各服务功能及有效载荷不发生失效的能力下限。为确保整星在轨安全，需分析确定卫星各系统的能力底线，保证卫星在轨各工作模式和工作状态不超出卫星的安全底线，或者以安全底线作为卫星在轨自主管理控制的阈值。曾有卫星由于没有设定在轨最大姿态旋转角速度的控制阈值，当出现姿态控制逻辑故障时，引起姿态旋转角速度逐渐增大，导致卫星结构解体。

卫星需要考虑的安全底线主要包括：卫星主结构的强度极限、卫星最大自旋角速度、卫星最大能源输出、卫星测控最大覆盖区、卫星最大变轨能力及位保能力等。

1. 卫星主结构的强度极限

卫星一般会根据整星发射重量范围，并考虑一定裕度，确定主结构承载能力，并通过强度试验考核。例如，某卫星平台的主结构承载能力为 6500kg，实际控制卫星发射重量最大不超过 6000kg。

2. 卫星最大自旋角速度

卫星自旋会产生从自旋轴向外的惯性力，使大部件的安装处或连接部位承受较大的拉拔力。考虑星上各大部件产品的实际强度，对卫星的自旋角速度提出一定要求。例如，某卫星综合考虑太阳翼和天线的结构强度，要求卫星自旋角速度不能超过 12°/s。

卫星姿态轨道控制系统将各大部件提出的最大自旋角速度限制作为卫星姿态控制的阈值，并将此换算成各方向推力器连续喷气时间的累计量。当卫星转动角速度超过限值（陀螺有效情况下使用）或者推力器喷气累计数值超过相应限值时，停止推力器喷气，即卫星姿态停控，等待地面进行处理。

3. 卫星最大能源输出

通过分析并利用地面试验数据和相关产品在轨飞行数据，确定太阳电池阵在不同寿命期的最大功率输出能力，分析卫星太阳电池阵实际的功率裕度，确定蓄电池组在不同寿命期的最大输出能量，考虑卫星在发射段、变轨段和在轨不同工作模式下不同的负载开机状态，从而确定蓄电池组最长允许放电时间及裕度。

例如，表 8-22 给出了某 GEO 卫星的输出功率裕度分析结果，可见在寿命末期当 2 串电路失效时仍满足整星功率需求，当一个基板失效时，约有 1155W 的功率缺口，需要关掉部分载荷。某 GEO 卫星的地影期功率需求为 8482.6W，根据最长地影时间、锂离子蓄电池组平均输出功率、串联单体数、单体平均放电电压、内部线路压降，计算得到蓄电池组在寿命末期一节单体电池失效情况下的最大放电深度为 61.77%；在非地影季，当因异常情况导致蓄电池组放电时，如果按放电深度 80%，蓄电池组可以放电 98min；如果按放电深度 100%，蓄电池组可以放电 114min。

表 8-22　太阳电池阵输出功率安全底线分析结果

太阳阵不同状态	秋分	夏　至
光照期整星功率需求（W）	10178	8721
太阳电池阵输出功率预计值（W）	10828	9600
在轨 2 串电路失效时的太阳电池阵功率裕度	6.02%	9.70%
在轨无电池失效时的太阳电池阵功率余量（W）	650	879
故障损失 1 块基板时的输出功率（W）	9023	8000
故障损失 1 个太阳翼时的输出功率（W）	5414	4800

4. 卫星测控最大覆盖区

测控系统实现卫星在变轨姿态和正常运行各姿态情况下，对卫星状态的监视和遥控。因此，必须弄清楚卫星实际的测控覆盖区，在符合指标要求基础上，还有多大余量，保证在卫星异常姿态情况下的正常测控。

为确定卫星测控覆盖区，一般需要首先进行天线合成方向图仿真，在此基础上进行测控天线的方向图紧缩场测试，以进一步确定测控覆盖区。例如，某卫星测控天线组阵的覆盖区仿真结果如图 8-36 所示。

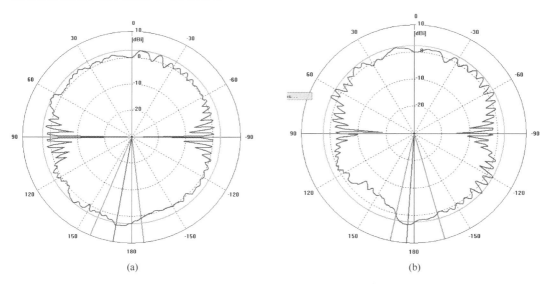

（a）　　　　　　　　　　（b）

图 8-36　某卫星测控天线组阵的方向图仿真结果
（a）XOZ 面；（b）YOZ 面。

参 考 文 献

[1]　胡昌寿 . 航天可靠性设计手册[M]. 北京:机械工业出版社,1998.
[2]　陆廷孝,郑鹏洲 . 可靠性设计与分析(可靠性·维修性·保障性丛书)[M]. 北京:国防工业出版社,1997.

［3］ 龚庆祥．型号可靠性工程手册［M］．北京:国防工业出版社,2007.

［4］ 周正伐．可靠性工程基础［M］．北京:中国宇航出版社,2009.

［5］ 曾声奎．可靠性设计与分析［M］．北京:国防工业出版社,2013.

［6］ 郑恒,周海京．概率风险评价［M］．北京:国防工业出版社,2011.

［7］ 石君友,康锐．基于 EDA 技术的电路容差分析方法研究［J］．北京航空航天大学学报,2001,27(1):121-124.

［8］ 杨青．周边桁架式环形天线展开过程分析［D］．天津:天津大学,2015.

［9］ ECSS-Q-60-11A,Derating and end-of-life parameter drifts — EEE components［S］. 2004.

［10］ Antoine R, Chaire B F. Model-Based Safety Assessment Rational and trends［C］. 10th France-Japan/ 8th Europe-Asia Congress on Mecatronics (MECATRONICS), Tokyo, Japan, November 27-29, 2014.

［11］ 徐文华, 张育平．一种基于航电系统架构模型的故障树自动建模方法［J］．计算机工程与科学,2017, 39(12): 2269-2277.

［12］ Li S J, Li X X. Study on Generation of Fault Trees from Altarica Models［J］. Procedia Engineering, 2014, 80: 140-152.

第9章

星座可靠性设计与分析

9.1 星座概述

卫星星座是由多颗卫星组成、其轨道构成稳定的空间几何构型、卫星之间保持特定时空关系,以完成特定航天任务的卫星系统。星座与单星相比,可提供更为宽广的时空覆盖范围,通过加强卫星间的协同关系,可大幅提升星座功能、提高信息获取的质量,并能使任务完成的模式多样化,因此星座的工作能力远远超过单颗卫星性能的简单累加。

按照星座提供的服务类型,典型的卫星星座有导航卫星星座、通信卫星星座和对地观测卫星星座等,以下主要介绍导航卫星及通信卫星星座。

1. 导航卫星星座

当前,世界上已建成或正在建设的全球卫星导航系统包括美国的 GPS、俄罗斯的GLONASS、欧盟的 Galileo 系统和中国的 BDS。

美国 GPS 于 1973 年启动建设,1995 年建成。系统由均匀分布在 6 个中圆轨道(轨道高度 20200km)上的 24 颗卫星和地面系统组成。从 1996 年开始,GPS 开始实施精度提升计划,采用 Block ⅡR 卫星陆续取代失效的工作卫星。2000 年以后,GPS 开始实施现代化升级改造计划,以大幅提升系统性能。目前,正在进行 GPS Ⅲ 建设。

GLONASS 于 1978 年启动建设,1996 年 1 月完成卫星组网并投入运行。系统由均匀分布在 3 个中圆轨道(轨道高度 19100km)上的 24 颗卫星和地面系统组成。2003 年以来,俄罗斯陆续进行补网发射,并积极实施现代化计划,提升系统性能。

Galileo 系统于 2002 年启动建设,系统空间段由 27 颗工作星和 3 颗备份星组成。30颗卫星分布在 3 个夹角为 120°的轨道面上,每个轨道面均匀分布 10 颗卫星,轨道高度23616km。备用卫星停留在高于正常轨道 300km 的轨道上。

我国北斗全球卫星导航系统(BDS)于 2009 年启动,该系统由 30 颗混合轨道卫星和地面系统组成,24 颗中地球轨道(MEO)卫星采用 Walker 24/3/1 星座构型,另有 3 颗地球静止轨道(GEO)卫星、3 颗倾斜地球同步轨道(IGSO)卫星。2020 年,我国完成了北斗全球卫星导航系统的建设。

美国 GPS 和我国北斗导航星座的构型如图 9-1 和图 9-2 所示。

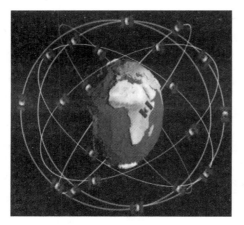

图 9-1　美国 GPS 星座

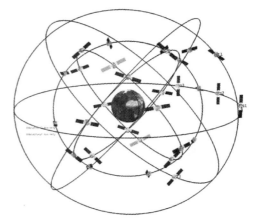

图 9-2　中国北斗导航星座

2. 通信卫星星座

通信卫星星座具有覆盖面广、组网灵活、容量大、不受地理条件限制等优点,在国防及国民经济建设中得到了广泛关注。

目前,已实现应用的通信卫星星座包括 Iridium 系统、Globalstar 系统和 O3B 系统等。随着近几年卫星互联网的兴起,多个国家提出了低轨通信星座计划,例如 Starlink 系统、One-Web 系统、ORBCOMM 系统、Telesat 系统和 Kuiper 系统等。

Iridium 系统是首个低轨通信星座,首次实现了通信终端手持化、个人通信全球化。"铱"星系统采用轨道高度为 780km 的极地圆轨道,包含 6 个轨道倾角为 86.4° 的轨道面,每个轨道部署 11 颗卫星,目前已完成第二代系统的建设。

O3B 星座是目前唯一运行在中轨道的通信星座系统,旨在为全球偏远地区人口提供高带宽、低成本和低延迟的卫星互联网接入服务,目前已发展到第二代。O3B 星座主要包含两类轨道:轨道高度为 8062km 的赤道圆轨道;轨道高度为 8062km、倾角为 70° 的倾斜轨道。

美国太空探索技术公司的 Starlink 通信星座计划将为美国以及全球的消费者和企业提供高速、低时延宽带互联网接入服务。其计划到 2024 年搭建由 1.2 万颗卫星组成的星链系统,构建一个 3 层巨型卫星网络,包含轨道高度 550km、1150km、340km 的 3 类圆轨道。美国探索技术公司后来又提出增加 3 万颗卫星,使星链卫星总量达到 4.2 万颗。

One-Web 公司的非地球同步轨道(Non-geostationaryOrbit,NGSO)通信星座计划,是美国首个获批的新一代低轨星座计划。OneWeb 星座轨道高度为 1200km,包含 18 个轨道面,每个轨道面上部署 40 颗卫星。

9.2　星座可靠性指标与分析

星座是一个动态的、可维护的多星构成的系统,某些星座还包括星间链路。因此,星座和通常意义上的卫星有显著不同。传统的可靠性概念并不普遍适用星座。调研国际上的导航、通信等卫星星座,并没有普遍提出星座可靠性的定义、指标和分析方法。或者说,星座可靠性与产品可靠性有不一样的内涵,也就没有类似星座可靠度这样的指标和计算方法。

以美国 GPS 为例,在《GPS 标准定位服务性能标准》(2008 版)中只定义了空间信号的可靠性:卫星导航空间信号的可靠性是指空间信号在规定的时间内满足所要求的功能的能力,包括连续性和完好性。但 GPS、GLONASS、Galileo 系统均没有直接给出星座可靠性的定义。尽管如此,可靠性仍然是星座服务性能的重要考核因素,在卫星星座建设中必须论证与提出与可靠性有关的指标,并在卫星研制、空间段建设中贯彻实施和验证。

本节以导航卫星星座为例,介绍了星座可靠性的指标体系及分析方法。

导航卫星星座服务性能指标主要包括服务精度和服务可靠性。服务精度主要包括定位精度、授时精度和测速精度,指在给定的服务区域内或在执行航行任务阶段,用户设备确定的位置坐标参数与真实坐标参数之差。服务精度是最基本的性能指标,也是服务可靠性的基础和约束条件。与传统的产品可靠性定义相比,导航卫星星座服务可靠性定义了一个较为广义的可靠性概念,包括了服务可用性、连续性、完好性,是衡量系统提供连续、稳定、可靠服务能力的重要指标。服务可靠性与用户段的使用环境和条件有关,也与空间段星座性能、单星可靠性以及控制段导航业务运行控制、卫星运行管理能力密切相关。

导航卫星星座的可用性可分为空间信号可用性和服务可用性。其中,服务可用性是用户关注的焦点。目前,对于服务可用性尚无统一定义。Galileo 系统将服务可用性定义为:在整个设计寿命期间、服务范围内任一点上服务满足规定的"精度、完好性和连续性"的时间的平均百分比。国际民航组织(ICAO)将服务可用性定义为:在一段时间内,在基于为用户提供的可靠信息基础上,系统能够用于导航的时间占总时间的百分比。这里对所谓的"可靠信息"有不同理解,ICAO 要求只要符合精度和完好性要求即为可靠信息,无须满足连续性要求,而美国联邦航空管理局(FAA)则规定必须同时满足精度、完好性和连续性要求,才能作为可靠信息。

连续性和完好性是卫星导航系统的特殊属性,与系统的生命安全应用密切相关。实际上,连续性和完好性都与任务可靠性密切相关。连续性是指在规定的时间间隔内,健康的空间信号能够持续健康工作而不出现非计划中断的概率,也就是在这段时间内导航信号"连续可用"的能力的描述。完好性是对整个系统所提供信息正确性的信任程度度量,涵盖了当空间信号无法应用时,空间信号能够及时向接收机发出告警信息的能力。完好性常用"完好性风险(IR)"描述,IR 是指发生某种错误的概率,该错误能导致计算位置误差超过最大告警门限(AL),并且未能在规定的告警时间(TTA)内通知用户。

1. 服务可用性

将导航星座的服务可用性定义为在一段时间内,系统提供的卫星无线电导航业务(RNSS)服务满足规定服务性能指标要求的时间百分比,这个百分比也称为可用度。

在不同用户位置、不同观测时间,其可视卫星的几何结构和观测误差不同,则服务可用性也不同。某一位置某一时间点是否可用称为瞬时可用性,同一位置不同时间点是否可用的统计称为单点可用性,某一服务区不同单点可用性的统计称为服务区可用性。以星座运行周期为观测时段,对采样时间点上的瞬时可用性进行统计计算,可得到单点可用性。在服务区范围内按一定的经纬度间隔划分出网格,对所有网格的单点可用性结果进行统计计算,可得到服务区可用性。通常服务可用性特指定位精度可用性。这里的精度指标要求指的是定位可用性精度限值。

定位可用性精度限值与用户等效距离误差(UERE)和精度因子(DOP)相关。当固定UERE,且假设所有卫星的UERE值相同时,该精度限值由DOP限值决定。DOP限值采用某种假设极限状态下的DOP值。

例如,GPS的定位服务可用性标准如表9-1所列。

表9-1　GPS定位服务可用性标准

定位服务可用性标准	条件和约束
① 测站的平面定位服务的平均可用性不小于99% ② 测站的垂直定位服务的平均可用性不小于99%	① 平面定位置信度为95%的限差为17m(仅适用于空间信号) ② 垂直定位置信度为95%的限差为37m(仅适用于空间信号) ③ 正常用户条件下,在任意24h间隔内的定位与授时
① 最差测站的平面定位服务的平均可用性不小于90% ② 最差测站的垂直定位服务的平均可用性不小于90%	① 平面定位置信度为95%的限差为17m(仅适用于空间信号) ② 垂直定位置信度为95%的限差为37m(仅适用于空间信号) ③ 正常用户条件下,在任意24h间隔内的定位与授时

服务可用性通过星座状态概率和星座值(CV)综合计算。

星座状态概率指在星座中出现一定数量卫星信号不可用的概率。对于包含 M 颗卫星的星座,任何时间均存在有 $(M+1)$ 种可能的状态。用 $S_k(k=0,1,\cdots,M)$ 表示星座状态,S_0 表示没有卫星故障的状态,S_1 表示有1颗卫星故障的状态,其他依次类推。则某个状态 S_k 出现的可能性是一个概率值,这一概率定义为 k 颗卫星故障时的星座状态概率 P_k,其大小取决于星座中每颗卫星当时的正常或故障状态及各种可能的组合情况,并且有

$$V = \frac{\sum_{t=t_0}^{t_0+\Delta T} \sum_{i=1}^{L} \text{bool}(\text{DOP}_{t,i} \leqslant \text{DOP}_{\max}) \times \text{Area}_i}{\Delta T \times \text{Area}} \times 100\%$$

$$P_k = \sum_{n=1}^{\binom{M}{k}} \left[\prod_{i=1}^{k} f_{n,i} \cdot \prod_{j=1}^{M-k} (1-f_{n,j}) \right] \tag{9-1}$$

式中:k 为星座中故障卫星的数量;M 为星座中的卫星总数;$f_{n,i}$ 为第 n 种组合中第 i 颗卫星的故障概率;$f_{n,j}$ 为第 n 种组合中第 j 颗卫星的故障概率。

通过式(9-1),可以得到每一时刻的星座状态概率集合 $\{P_0,P_1,\cdots,P_M\}$。

CV是星座的固有特性,指某种星座状态下满足规定性能要求(定位精度等条件)的可用性。将CV具体定义为覆盖区内DOP值小于某一门限的区域占整个服务区的面积百分比在全时段上的平均值。其计算公式为

$$\text{CV} = \frac{\sum_{t=t_0}^{t_0+\Delta T} \sum_{i=1}^{L} \text{bool}(\text{DOP}_{t,i} \leqslant \text{DOP}_{\max}) \times \text{Area}_i}{\Delta T \times \text{Area}} \times 100\% \tag{9-2}$$

式中:ΔT 为总运行时间;t_0 为运行初始时间;L 为格网个数;$\text{bool}(x)$ 为布尔函数;$\text{DOP}_{t,i}$ 为 t 时刻第 i 个格网点对应的DOP值;$\text{DOP}_{\max}$ 为满足服务可用性要求的DOP阈值;Area为服务区域总面积;Area_i 为第 i 个网格的面积。

在此基础上,t 时刻第 l 格网点的服务可用性为

$$A(l,t) = \sum_{k=0}^{M} P_k \cdot \mathrm{CV}(l,t) \tag{9-3}$$

式中:$\mathrm{CV}(l,t)$为t时刻第l格网点的的 CV 值。

星座的服务可用性为

$$A = \sum_{k=0}^{M} \sum_{n=1}^{\binom{M}{k}} P_{k,n} \cdot \mathrm{CV}_{k,n} \tag{9-4}$$

式中:$P_{k,n}$为k颗卫星失效情况下的各种组合中第n种情况的星座状态概率;$\mathrm{CV}_{k,n}$为k颗卫星失效情况下的各种组合中第n种情况的 CV 值。

2. 服务连续性

将导航星座的服务连续性定义为在一段时间内,初始时刻满足精度与完好性指标要求的条件下,在该段时间内持续满足定位精度和完好性指标要求的概率。相应地,不满足定位精度和完好性指标要求的概率称为连续性风险。对应精度和完好性要求,服务连续性又分为定位连续性和完好连续性。通常服务连续性特指完好连续性,即在特定时间段内定位误差小于定位误差保护限的概率。

例如,Galileo 系统的连续性风险如表 9-2 所列。

表 9-2 Galileo 系统不同类型服务的连续性风险指标

服务类型	生命安全服务		公共管制服务
	关键应用	非关键应用	
连续性风险	$10^{-5}/15\mathrm{s}$	$10^{-4} \sim 10^{-8}/\mathrm{h}$	$10^{-5}/15\mathrm{s}$

中断是造成卫星星座可用性、连续性损失的直接原因,是指系统无法执行期望功能的状态,例如导航卫星不能播发导航信号、导航信号质量超限等。卫星星座的中断可能由可恢复的或不可恢复的故障引起,也可能由卫星在轨位置保持、退役后补发卫星等计划性事件引起。根据中断的原因不同,可以将中断分为长期/永久性非计划中断、长期计划中断、短期非计划中断和短期计划中断四类。

服务连续性通过用户初始时刻可见一定数量卫星(假设为v颗)的概率以及在规定时间内有一定数量卫星(假设为x颗)信号中断的概率进行迭代综合计算。

初始时刻可见v颗卫星的概率可通过单星信号可用性进行综合计算。初始v颗卫星在规定时间内有x颗卫星信号中断的概率通过单星信号的连续性进行计算。

服务连续性C_N可以表示为

$$C_N = \sum_{v=m}^{N} P_v \cdot \left(\sum_{x=0}^{v} Q_{v,x} \cdot \frac{1}{\binom{v}{x}} \sum_{n=1}^{\binom{v}{x}} \mathrm{bool}\{A_n(l,t)\} \right) \tag{9-5}$$

式中:N为用户可视的卫星总数;m为满足连续性要求的最低卫星数;P_v为用户可视v颗卫星的概率;$Q_{v,x}$为初始阶段v颗卫星可见的基础上,在规定时间内有x颗卫星中断的条件概率,$Q_{v,x} = \binom{v}{x} \times c^{v-x}(1-c)^x$,$c$为单星信号连续性;$\dfrac{1}{\binom{v}{x}} \sum_{n=1}^{\binom{v}{x}} \mathrm{bool}\{A_n(l,t)\}$为在$v$颗卫星

可见的基础上,在规定时间内有 x 颗卫星中断的平均可用性,其中 $A_n(l,t)$ 表示在 t 时刻,用户 l 位置处的服务可用性。

3. 服务完好性

将导航星座的服务完好性定义为对系统提供的信息的正确性的信任程度,表现为系统在提供的定位服务超过允许限值时及时向用户发出告警的能力。

服务完好性通常用 AL、TTA、IR 三个参数进行描述。

AL:系统通过判断导航误差是否超过规定的某一限值进行告警,这一限值即为 AL。AL 又分为水平告警限值(HAL)和垂直告警限值(VAL)。

TTA:用户的定位误差超过 AL 的时刻到用户接收到告警信息时刻之间的时间差。

IR:系统应向用户发出告警信号但未发出,从而造成用户损失的概率,即定位误差大于 AL(HAL 和 VAL)而未被检测到的概率。

例如,Galileo 系统的完好性指标如表 9-3 所列。

表 9-3 Galileo 系统不同类型服务的完好性指标

服务类型		生命安全服务 (关键应用)	公共管制服务
完好性指标	AL	12m(H);20m(V)	20m(H);35m(V)
	TTA	6s	10s
	IR	$3.5 \times 10^{-7}/150s$	$3.5 \times 10^{-7}/150s$

导航卫星星座服务完好性一般是在故障源定性分析的基础上,通过建立完好性故障树,得到底事件的量化发生概率,综合计算得到完好性风险概率。

基本的完好性故障源如图 9-3 所示,进一步可以给出故障树分解示例,如图 9-4 所示。

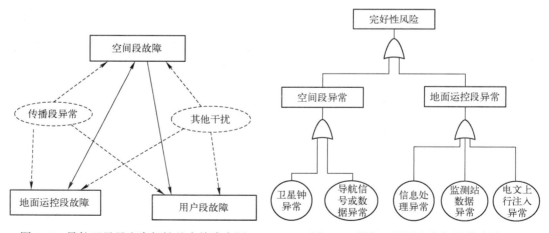

图 9-3 导航卫星星座完好性基本故障来源   图 9-4 导航卫星星座完好性故障树

根据工程分析或在轨实测,可以得到各个底事件的发生概率。当真实的定位误差超过定位告警阈值,系统却没有在告警时间之内给出报警时,将构成完好性风险。因此,通用的完好性风险模型为

$$P_{IR} = \sum P_{Fi} \cdot P_{mdi} \tag{9-6}$$

式中：P_{Fi}为每个底事件的故障概率；P_{mdi}为与底事件对应的故障的漏警概率。

9.3　星座构型可靠性设计

星座可靠性离不开星座服务性能的约束。为实现星座较高的可靠性，除了提高构成星座的单星可靠性之外，星座构型及冗余设计也决定了星座固有的可靠性水平。在星座构型已经确定的条件下，保持星座构型则成为保证星座可靠性的关键因素。传统的面向具体产品的可靠性设计方法，例如热设计、裕度设计、空间环境防护设计等，并不适用星座这样一个复杂系统。本节从星座设计的内容出发，介绍影响星座可靠性的两个重要设计要素，即星座构型冗余设计和星座构型保持设计。

9.3.1　星座构型可靠性指标

星座构型是对星座中卫星的空间分布、轨道类型以及卫星间相互关系的描述，通过把多颗卫星分布在规定的轨道上，以实现整个系统功能的要求。

从星座构型的角度分类，可以将星座分为同构星座和异构星座。所谓同构星座，是指所有卫星的轨道具有相同半长轴、偏心率以及近地点角距，相对于参考平面有相同的轨道倾角，每个轨道面上卫星数目相同且均匀分布，如铱系统就属于同构星座；而由多种轨道卫星组成的星座成为异构星座，如美国的"Ellipso"星座就属于异构星座，它包含了倾斜椭圆轨道和赤道轨道两类轨道。

为了获得全球多重导航卫星信号的均匀覆盖，全球导航星座基本构型通常采用Walker 星座。Walker 星座是一种同构星座，其特点是所有的卫星轨道都是圆轨道，且具有相同的高度和轨道倾角。轨道面几何均匀地分布在空间内，轨道面内的卫星也是几何均匀地分布，相邻轨道平面内卫星间有恒定的相位差。

我国的北斗导航卫星星座设计采用了异构星座形式，由 GEO、IGSO 和 MEO 三种轨道的卫星构成，MEO 轨道卫星采用了 $N/P/F$（卫星数目/轨道平面数/相位因子）的Walker 星座体系。

星座构型直接影响了星座可靠性的固有水平。与星座可靠性有关的星座性能指标一般包括以下三个。

1. 连续覆盖指标

连续覆盖指标是各类星座的重要指标之一。例如，导航卫星星座的覆盖性指标为对指定服务覆盖区域不间断地提供 4 重以上信号覆盖的能力。覆盖重数是指某一时刻地面上固定的位置上可以同时观测到卫星信号的数量。从工程应用角度，连续覆盖指标被定义为造成卫星导航信号或卫星导航定位服务丢失的概率。连续覆盖是导航星座构型设计的约束之一。

2. 冗余维持指标

卫星星座实际上不可能是理想星座，卫星产品在轨运行过程中可能出现各种故障，包括长期故障、短期故障或轨道位置保持机动引起的服务中断等，这些操作或故障都会不同程度地影响系统的可靠性。因此,星座的设计必须具有一定的在轨卫星冗余。当星座中某一卫星出现问题或故障时,系统能够保证对指定服务区域不间断地提供多重覆盖,确保卫星星座的服务可靠性要求。

通常对于卫星星座的冗余维持指标,主要评价在一颗或几颗卫星出现故障的情况下,星座对应能提供满足或降级服务的连续覆盖、空间构图和服务性能等指标要求的能力。

3. 构型保持指标

由于卫星的入轨误差,以及在轨运行过程中存在的轨道长期摄动影响,致使卫星相对于系统设计的轨道相对位置发生漂移,难以保持星座所要求的基本构型,致使星座覆盖性能下降。

星座构型保持指标主要包括卫星轨道相对位置容许偏差和轨道相对位置保持周期。星座中卫星轨道相对位置保持周期与星座稳定性有关,表现为卫星轨道共振问题。轨道相对位置保持期间,由于卫星的位置发生变化,地面观测量发生突跳,导致上注的星历参数不可用,此卫星将中断服务,成为不可用卫星。轨道相对位置保持周期对于星座服务的可用性有着较大的影响。

9.3.2 星座构型冗余设计

一般情况下,星座构型的设计结果是一个满足用户需求的理想星座,通常称之为基本星座,这是一个单星可用性为1和摄动为零的数学计算结果。但是,真实的卫星星座不可能是理想星座,计划中断和非计划中断会不同程度地影响系统的可靠性。因此,卫星星座必须具有一定的冗余性能。星座构型冗余设计的任务就是:设计比理想星座更多的卫星,使得当星座中1颗或几颗卫星不可用时,系统具有一定的降级服务的能力,能够提供满足最低需求服务的能力。星座构型冗余设计的目的是为了提高整个星座的可靠性,在有限的冗余条件下,确保卫星星座的可靠性满足要求。

1. 设计输入

星座构型冗余设计的输入主要有:①在用户使用约束下设计的基本星座;②星座构型保持指标要求(构型保持引起的短期计划中断导致可用性降低);③单星可靠性指标;④单星短期非计划中断指标(非计划中断带来可用性降低)。

2. 设计约束

星座构型冗余设计的约束主要有:①在满足工程使用约束下投入最少的在轨冗余卫星;②系统建设要求的最低服务的需求;③星座性能的修复要求;④卫星在轨轨道机动能力;⑤卫星发射窗口限制。

3. 设计方法

以基本星座为对象,以是否能满足最低服务需求为衡量标准,仿真分析一颗或者多颗卫星不可用对星座可靠性的影响。以导航卫星星座为例,实施步骤如下。

(1)综合考虑星座构型保持指标要求下卫星轨道维持机动的频度、单星可靠性、单星中断指标约束等,分析获得星座及同一轨道面最大可能的卫星中断状态,这一分析结果作为下一步冗余设计的输入条件。

(2)根据导航卫星星座可用性定义(当星座的某个特征参数值不超过某个特定值时

的统计数对星座覆盖区和总时间求得的平均百分比),在全球覆盖区域范围内,按经纬线划分网格,计算每个网格点在一个仿真周期内的 DOP,从而统计计算得到每个网格点的最大 DOP、DOP 可用性以及覆盖区域星座可用性等。其中,星座单个网格点 DOP 可用性和覆盖区域 DOP 可用性可分别表示为

$$A_i = \frac{N_i^T(\text{DOP}_n)}{N_i^T(\text{DOP})} \times 100\% \tag{9-7}$$

$$A_R = \frac{N_R^T(\text{DOP}_n)}{N_R^T(\text{DOP})} \times 100\% \tag{9-8}$$

式中:A_i 为指定网格点 i 的 DOP$<n$ 的星座可用性;$N_i^T(\text{DOP}_n)$ 为网格点 i 在一个卫星轨道周期 T 内采样计算所有符合 DOP$<n$ 的 DOP 统计数;$N_i^T(\text{DOP})$ 为网格点 i 在一个卫星轨道周期 T 内采样计算所有 DOP 统计数;A_R 表示指定覆盖区域的 DOP$<n$ 的星座可用性;$N_R^T(\text{DOP}_n)$ 为覆盖区域在一个卫星轨道周期 T 内采样计算所有符合 DOP$<n$ 的 DOP 统计数;$N_R^T(\text{DOP})$ 为覆盖区域在一个卫星轨道周期 T 内采样计算所有 DOP 统计数;n 的取值可以根据具体系统的性能指标进行确定。其中的 DOP 可以代表多种精度因子,如 PDOP、水平精度因子(HDOP)、垂直精度因子(VDOP)等。

(3)设置不同的冗余卫星位置,重复计算,直到获得最优的冗余卫星数目和位置为止。

(4)根据仿真结果,结合设计输入,考虑设计约束综合最优,确定冗余设计方案。

4. 设计验证

通常情况下,星座构型冗余设计完成后,通常以星座可用性为评价标准,进行仿真分析来验证星座构型冗余设计的效果。一般考虑以下几种情况。

(1)假定一颗星不可用的情况下,仿真分析星座可用性的损失。

(2)假设一颗星异常,异轨一颗星计划中断,仿真分析星座可用性的损失。

(3)假设一颗星异常,同轨一颗星计划中断,仿真分析星座可用性的损失。

以基本星座构型为 Walker24/3/1 的某 MEO 全球导航星座方案为例,进行星座可用性分析,结果如表 9-4 所列。其冗余设计结果为:在三个轨道面各备份一颗 MEO 卫星,即使两颗卫星不可用时,星座仍然满足最低需求服务要求。

表 9-4　星座可用性分析结果

MEO 星座卫星数量	全球 PDOP/%	
	<3	<5
24 颗 MEO 卫星	100	100
23 颗 MEO 卫星	90	99
22 颗 MEO 卫星(一颗星异常,异轨一颗星计划中断)	84	98
22 颗 MEO 卫星(一颗星异常,同轨一颗星计划中断)	83	96
21 颗 MEO 卫星	78	95

由表 9-4 可见,当一颗或者多颗 MEO 卫星不可用时,全球覆盖范围内星座可用性发生了不同程度的下降,星座 PDOP<3 的区域大幅减少。随着不可用卫星数目的增加,星

座可用性不断降低。MEO 卫星是否可用是影响全球导航星座性能的关键因素,有必要对 MEO 卫星进行备份,一般是在一个轨道面备份一颗卫星。

9.3.3 星座构型保持设计

卫星星座中每颗卫星由于其初始入轨误差以及在轨运行期间所受轨道摄动(主要是大气阻力摄动,地球非球形摄动,日、月三体引力摄动和太阳辐射压力摄动)的微小差异,经过一段时间以后,卫星会逐渐偏离星座的设计轨道,使星座的结构失衡,如果不进行星座轨道控制,最终会导致星座失效,甚至卫星之间发生碰撞。为此需要进行星座构型保持设计。星座构型保持设计就是按照既定的指标要求定期对星座中的卫星进行轨道控制,维持星座中卫星的绝对位置或相对位置,从而将星座的几何构型以最长时间间隔保持在一定精度范围内,防止星座可用性降低,有效提高整个星座的可靠性。

1. 设计输入和约束

以导航卫星星座为例,星座构型保持设计输入主要有:①星座构型设计结果;②星座构型保持指标要求,即为了保持星座几何构型稳定的轨道保持要求;③连续性指标要求。

星座构型保持设计的约束有:①同轨道面一定时间内(如 72h)只能有一颗卫星实施保持机动;②最大机动量约束;③共位对轨道保持控制的约束;④动量轮卸载周期约束;⑤轨道保持控制与卸载同步实施;⑥星上敏感器的使用约束。

根据星座构型保持设计输入和星座构型保持设计约束,结合星座构型演化特点进行设计分析,可最终确定构型保持策略。

2. 轨道保持设计方法

以北斗导航 MEO 卫星为例,MEO 卫星轨道保持控制主要包括轨道面间的相位保持和轨道面内的相对相位保持。根据轨道摄动运动的特点,通过对标称升交点赤经进行一定的偏置,可以将轨道面间的相对相位在卫星寿命期内保持在要求的精度范围内。

轨道面内的相对相位保持设计如下。

MEO 任意相邻卫星相对相位角维持在标称值±5°范围内,由相位相对摄动运动方程可知,MEO 相对相位变化率主要由 MEO 卫星轨道半长轴捕获误差、偏心率和倾角射入误差(入轨后升交点和倾角不进行控制)引起的,设半长轴捕获误差为 Δa,偏心率偏差 Δe,倾角射入误差 Δi,则相位角相对漂移率方程:

$$\Delta\dot\varphi = -\frac{3}{2}\left(\frac{n^*}{a^*}\right)\Delta a+\left(\dot\omega\left(\frac{4e}{1-e^2}\right)+\dot m\left(\frac{3e}{1-e^2}\right)\right)\Delta e+2\dot\Omega\sin(i)\Delta i \qquad (9-9)$$

对 MEO 标称轨道 $a^*=27905.0, i^*=54.74°, e=0.0, n^*=\frac{2106.357711}{\pi}$(度/天),$\dot\Omega=-\frac{0.103102}{\pi}$(度/天),$\dot m=n-\dot M=0, \dot\omega=\frac{0.059555}{\pi}$(度/天)。则对 MEO 轨道,相位角相对漂移率方程为

$$\Delta\dot\varphi = \left(-\frac{0.113224747}{\pi}, 0.0, -\frac{0.2916194124}{\pi}\right)\begin{pmatrix}\Delta a\\\Delta e\\\Delta i\end{pmatrix} \qquad (9-10)$$

通过倾角调整相位角消耗过多的燃料,因此,可以采用调整半长轴,兼顾倾角偏差的策略进行必要的相位维持。设当前时刻 T_0,MEO 任意双星相位差为 $\Delta\varphi_0$,要求当 T_f 时刻,双星相位差达到控制目标 $\Delta\varphi_f$,则星座相位角漂移率控制量为

$$\Delta\dot{\varphi} = \frac{(\Delta\varphi_f - \Delta\varphi_0)}{(T_f - T_0)} \tag{9-11}$$

半长轴的控制量为

$$\Delta a = \Delta\dot{\varphi} \cdot \frac{\pi}{0.113224747} \tag{9-12}$$

以上设计结果在结合设计约束进行修正和调整,最终获得星座构型保持设计结果。

3. 卫星轨道维持约束下的可靠性设计原则

为了尽可能地减少轨道控制对星座可靠性尤其是服务可用性的影响,需要在早期设计阶段和系统运行维护阶段围绕"如何减少轨控频次,延长轨控周期"这一原则开展轨道控制设计和优化。

(1)卫星在轨运行期间,由于受到空间环境摄动力的影响,卫星会逐渐偏离星座的设计轨道,使星座的结构失衡,不满足系统的服务性能,为此需要定期进行轨道控制。不同类型的轨道,其摄动力的特点不同,因此需要选择轨道摄动力较小,轨道变化稳定的类型。

(2)在满足系统覆盖服务性能指标、安全运行的前提下,按轨道控制周期最大化的原则,分析设计合适的轨道控制指标要求。当卫星的轨道类型确定后,卫星的轨道控制周期与轨道控制指标密切相关;通常,轨道控制指标范围越大时,允许轨道参数偏离标称参数的范围越大,轨控的周期相对越长,轨控引起的短期计划中断就越少。

(3)同一轨道面内的多颗卫星应尽量避免出现两颗或两颗以上的卫星同时进行轨控。同一轨道面内的两颗或两颗以上卫星同时出现不可用时,星座几何构型将变差,系统服务性能将大幅下降。

(4)星座中任意两颗卫星的最小轨道控制间隔应尽可能延长,确保系统在全星座配置的性能最优的工作状态下运行的时间能够最长。

9.4　星座备份策略

卫星设计的固有因素和复杂恶劣的空间环境都会造成卫星故障,导致星座服务性能下降,使星座不能满足特定用户的要求。因此,为规避系统服务性能下降带来的用户使用风险,卫星星座通常需要具有冗余,配置地面备份卫星或在轨备份卫星。

在一些大型星座中,考虑卫星在星座组网过程中可能出现的发射任务失败,以及在星座长期运行过程中可能出现的卫星重大故障,对星座进行必要的备份是确保星座连续稳定运行的必要条件。GPS 的标称星座包括 24 颗卫星,但自 1993 年满星座运行以来,实际卫星数量一直维持在 27 颗以上,当工作卫星出现故障时,通过在轨备份卫星正常播发导航电文,从而有效地保证了服务性能。GLONASS、Galileo 系统在标称星座基础上,每个轨道面均部署一颗备份卫星,当某个工作卫星失效后,该备份卫星可完成补位。

为了保证星座按期组网和提供连续可用的服务,需要在工程研制阶段提前制定备份

策略,并投产备份星。

9.4.1 备份星数量分析

备份星数量分析和卫星星座的备份方式有关。在轨备份(包括内部冗余备份和停泊轨道备份)卫星的数量和星座服务可靠性需求密切相关,可以利用星座可靠性或可用性分析的方法进行备份星数量分析。地面投产备份星的数量和卫星自身的可靠性与寿命密切相关,在考虑发射成功率的情况下,还和运载火箭的可靠性相关,可以采用数理统计方法进行分析。

本节以一个由 8 颗 IGSO 卫星和 4 颗 MEO 卫星(两类卫星状态基本一致)构成的卫星混合星座为例,说明星座地面备份星数量分析的过程。

1. 组网阶段备份星需求分析

星座组网阶段备份星需求和"星座组网成功率"密切相关。"星座组网成功率"可定义为:在规定的组网时间内,对应一定的运载火箭发射成功率和卫星入轨成功率以及备份策略,成功组成规定星座的概率。星座组网成功率只考虑单次发射成功或失败事件,它是一个关于卫星单次发射成功率的单因素函数。

记卫星单次发射成功率为 R_{S1},则有

$$R_{S1} = R_j \times R_{x1} \tag{9-13}$$

式中:R_j 为运载火箭发射成功率;R_{x1} 为卫星入轨成功率。假设 R_j 为 0.94,R_{x1} 为 0.97。

该星座的组网策略为:IGSO 卫星采用一箭一星发射,总计 8 次发射;MEO 卫星采用一箭双星发射,共有 4 颗卫星及 2 次发射。

利用解析法或仿真法均可求解不同备份策略下的星座组网可靠性。尽管解析法更为精确,但随着备份星数量增加,解析法需考虑的状态成倍增长,因此本书利用可靠性数学仿真方法进行分析。

以运载火箭发射结果(成功或失败)和单星入轨结果(成功或失败)为输入事件,建立仿真模型分析星座组网时出现 n 颗卫星发射失败的可能性,其结果如表 9-5 所列。

表 9-5 星座组网出现 n 颗卫星发射失败的概率

卫星发射失败数	对应概率	卫星发射失败数	对应概率
0	0.380	4	0.023
1	0.333	5	0.005
2	0.184	6	0.001
3	0.074	7 颗以上	0

可见,尽管 12 颗卫星全部发射成功的可能性最大,但也仅有 38% 的可能性,说明不进行发射备份存在较大风险。

根据目标星座要求,建立仿真模型对不同备份星数量下的星座组网成功率进行计算,其结果如表 9-6 所列。计算过程中考虑了备份星再次发射失败的情况。

表 9-6 不同备份星数量对应的星座组网成功率

备份星数量	组网成功率	相对于无备份星情况,组网成功率提升程度	对应的需求概率
1	0.683	1.8 倍	0.333
2	0.866	2.3 倍	0.184
3	0.950	2.5 倍	0.074

可见,1 颗备份星的需求最大,备份 1 颗卫星可使星座组网成功率达到 68.3%;备份 2 颗卫星可使星座组网成功率达到 86.6%,提升性价比最高。因此,星座组网阶段备份星数量需求为 1~2 颗。

2. 运行阶段备份星需求分析

在以下假设的前提下,开展星座运行阶段的备份星需求分析:①卫星寿命服从指数分布,其在轨工作可靠度为 0.72(8 年);②12 颗卫星的故障发生次数具有统计特征;③星座服务时间自第 12 颗卫星交付使用起计算。

1)备份星数量的决定因素

如果将星座可靠性定义为"在规定空间环境条件下星座运行寿命期内完成规定功能和性能的能力",则根据该导航星座基本可靠性模型和单星可靠性指标,在不考虑补网情况下,星座的基本可靠性变化曲线如图 9-5 所示。

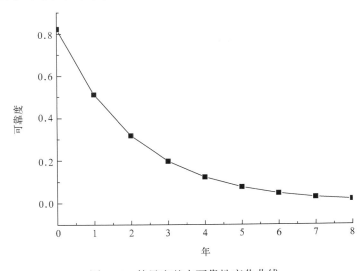

图 9-5 某星座基本可靠性变化曲线

由图 9-5 可见:①星座完全建成后基本可靠性迅速下降并在 5 年后下降到 0.1 以下,这说明星座运行期间不出现卫星失效几乎是不可能的,因此星座运行阶段对备份星需求远大于星座组网阶段。②基于传统定义的"星座运行可靠性"并不适合描述星座可靠性和指导工程设计,例如,若保持星座可靠性在 0.6 以上将不得不频繁增加备份星,显然这是不可能的,也是不必要的。对于该星座而言,在单星可靠性提高有限的情况下,必须通过在轨故障纠正和发射备份星等措施保证星座服务性能。因此,星座运行阶段备份星需求主要取决于该阶段可能失效的卫星数量。

2）卫星失效数分析

一个星座系统运行过程中可能的卫星失效数量，可以通过计算星座状态概率的方式获得。针对本节给定的 12 颗卫星的星座，其状态概率可以定义为

$$P_{12,r}(t) = \sum_{i=1}^{\binom{12}{r}} P_{12,r,i}(t) \qquad (9-14)$$

式中：$P_{12,r}(t)$ 为星座在某时刻 t 有 r 颗卫星失效、$(12-r)$ 颗卫星正常的星座状态概率；$P_{12,r,i}(t)$ 为星座在某时刻 t 有 r 颗卫星失效状态的子状态，其中 $i=1,2,\cdots,C_{12}^r;r=1,2,\cdots,12$。

根据该星座的发射部署策略，该星座总计有 10 次发射，每次发射间隔 2 个月，在 20 个月内将所有卫星发射完毕。

由此，以单星失效时间为自变量，按指数分布进行抽样，建立蒙特卡罗仿真模型，通过计算不同时间段的星座状态概率，可以分析得到该星座正式运行期间至少有 n 颗卫星失效的概率，结果如表 9-7 所列。

表 9-7　某星座不同时间段至少 n 颗卫星失效的概率

至少 n 颗卫星失效	星座正式运行时间/年								
	0	1	2	3	4	5	6	7	8
1	0.166	0.481	0.678	0.800	0.875	0.922	0.953	0.971	0.982
2	0.012	0.131	0.294	0.454	0.593	0.704	0.787	0.850	0.896
3	0.000	0.023	0.086	0.182	0.296	0.414	0.522	0.621	0.704
4	0.000	0.003	0.017	0.053	0.109	0.183	0.270	0.361	0.453
5	0.000	0.000	0.002	0.012	0.030	0.062	0.107	0.164	0.231

由表 9-7 可见：①星座正式运行 1 年后，出现卫星失效的概率超过星座完好的概率，且 1 颗卫星失效的概率迅速增加，并在 4 年后达到 0.9 以上；②星座正式运行 3 年后，出现 2 颗卫星失效的概率高出 0.5，且在第 8 年初达到 0.85 的高概率；③3 颗卫星失效的概率较低，到第 7 年才超过 0.5。多于 3 颗卫星失效的概率更低，基本可忽略。

可见，星座运行阶段备份卫星以高概率需求 1~2 颗。

3. 备份星综合需求分析

前文就星座组网和星座运行两个阶段独立进行了备份星数量分析，此处综合考察星座组网和运行两个阶段，在建立一个全过程仿真模型的基础上，计算总的备份星数量需求概率，结果如表 9-8 和图 9-6 所示。

表 9-8　某星座总的备份星数量需求概率

备份星需求	星座正式运行时间/年							
	0	1	2	3	4	5	6	7
0	0.316	0.197	0.123	0.077	0.047	0.030	0.018	0.012
1	0.334	0.304	0.252	0.200	0.150	0.108	0.079	0.056
2	0.211	0.253	0.266	0.254	0.228	0.197	0.164	0.131

（续）

备份星需求	星座正式运行时间/年							
	0	1	2	3	4	5	6	7
3	0.096	0.149	0.190	0.218	0.231	0.232	0.216	0.200
4	0.032	0.065	0.103	0.139	0.172	0.194	0.208	0.215
…	…	…	…	…	…	…	…	…

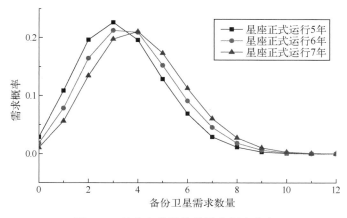

图 9-6　星座备份星数量需求概率分布

由图 9-6 可知,该星座需求 3~4 颗备份星的概率最高。综合前文分析结果,对星座备份星的数量建议为:①在组网阶段至少备份 1 颗卫星,最好备份 2 颗卫星,这样既可以大幅提高星座组网成功率,也可以在组网完全成功的情况下作为运行阶段的备份卫星;②运行阶段的备份卫星可以在组网阶段准备,也可以在星座正式运行后准备,如果组网阶段备份卫星用完,则运行阶段至少备份 1 颗卫星,最好备份 2 颗卫星。

9.4.2　备份星应用策略

星座系统在轨备份卫星的应用策略主要有两种。

（1）将备份星引入星座系统,以提高系统服务性能。

（2）在工作卫星故障后,采用备份星进行替换,以维持星座正常运行。

地面备份卫星的应用策略也有两种。

（1）根据预计的在轨卫星故障时间进行发射,又称预防性发射。该方式是根据对在轨卫星健康状态的监控信息,预测卫星可能出现故障的时间或卫星剩余寿命,根据预测结果提前发射卫星。这种方式可以避免在轨卫星一旦失效造成的覆盖连续性损失和覆盖漏洞,但需要较为准确地预测卫星健康状态。

（2）当某颗在轨卫星失效后再进行发射,又称修复性发射。该方式可以避免预先发射的判断错误,但必定导致星座可用性损失。

预防性发射和修复性发射各有优势,具体采用何种方式取决于卫星工程进度、成本、服务需求和星座运行状态等多方面因素的综合考虑。

根据 9.4.1 节的分析结果,较为经济的备份星应用策略如下。

（1）在星座组网过程中先期投产 2 颗备份星,最多可备份 2 次发射。如果 10 次发射全部成功,则备份星将全部用于星座运行阶段;如果有 1 次或 2 次发射失败,可利用备份星进行替换,并在进行故障纠正的同时,面向星座运行阶段继续投产 1~2 颗备份星。

（2）在星座运行阶段,考虑到卫星失效后修复性发射对星座运行性能的影响,可以根据卫星健康状态适时预先发射卫星作为在轨备份。

具体的备份星应用策略如图 9-7 所示。

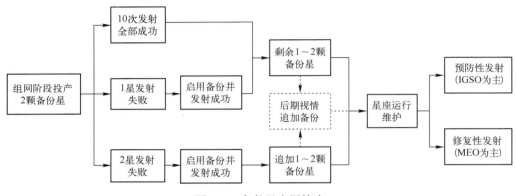

图 9-7　备份星应用策略

参 考 文 献

[1]　Department of Defense of U. S. A. Global Positioning System Standard Positioning ServicePerformance Standard:2020［OL］. https://www. gps. gov/technical/ps/2020-SPS- performance-standard. pdf
[2]　林来兴,张小琳. 迎接"轨道革命"——微小卫星的飞速发展[J]. 航天器工程,2016(4):97-105.

第 10 章 卫星可靠性研制与寿命试验

10.1 卫星可靠性试验概述

产品可靠性是设计出来的,也是试验出来的。可靠性试验是为了了解、分析、评价和提高产品的可靠性而进行的各种试验的总称。可靠性试验的目的是发现产品在元器件、材料、设计和工艺方面的缺陷,确认是否符合可靠性定量要求。通过可靠性试验,可以暴露产品设计中存在的问题,经问题分析和设计改进,使产品可靠性逐步得到提高,最终达到预定的可靠性水平;通过可靠性试验,还可验证产品的可靠性指标是否达到规定的要求。

根据试验目的,可靠性试验可分为环境应力筛选、可靠性研制试验、可靠性增长试验和可靠性验证试验,如图 10-1 所示。

图 10-1 可靠性试验分类

1. 环境应力筛选

环境应力筛选是对产品施加规定的环境应力(机械应力、热应力等)和工作应力(电压、电流、力、力矩等),促进产品内部的缺陷加速成为故障,从而发现并剔除材料、元器件及制造工艺缺陷的一种方法。环境应力筛选试验主要适应于电子、电气和机电产品,不适应于机械产品。在产品初样研制阶段,环境应力筛选可作为可靠性增长试验和可靠性鉴定试验的预处理手段,用以剔除产品的早期故障并提高这些试验的效率和结果的准确性;在产品正样研制阶段,环境应力筛选作为产品验收试验的一部分,用以剔除产品交付前的早期故障。

典型的筛选环境应力主要有热循环、随机振动、恒定高温、电应力、热冲击、正弦振动、低温、机械冲击等,筛选效果依次递减,热循环的筛选效果最佳,其次是随机振动。

对卫星产品来说,环境应力筛选一般与产品验收试验结合在一起进行,而不单独开展。这是因为卫星产品的验收试验与环境应力筛选的目的一致,而且卫星产品验收试验采用的环境应力包括模拟环境应力和激励环境应力,可覆盖环境应力筛选的环境应力。

2. 可靠性研制试验

在产品研制阶段,为了保证产品具有一定的可靠性水平或提高产品的可靠性,需要通过可靠性研制试验暴露产品的缺陷,进而进行分析并采取有效的纠正措施,使产品的可靠性得到保证或提高。

可靠性研制试验的目的是通过对产品施加适当的环境应力和工作载荷,暴露产品中存在的问题,寻找产品中的设计缺陷,以改进设计,提高产品的固有可靠性水平,使产品达到规定的可靠性要求。可靠性研制试验是一个试验—暴露问题—分析—改进—再试验的过程。

可靠性研制试验包含结合性能试验和环境试验开展的可靠性研制试验、可靠性拉偏摸底试验、可靠性强化试验等。

在产品研制过程中应尽早开展可靠性研制试验,以提高产品的可靠性。可靠性研制试验是产品研制试验的组成部分,应尽可能与产品的研制试验结合进行。

3. 可靠性增长试验

可靠性增长试验是为暴露产品的薄弱环节,有计划、有目标地对产品施加模拟实际环境的综合环境应力及工作应力,以激发故障,分析故障和改进设计与工艺,并验证改进措施有效性而进行的试验,其目的是暴露产品中的潜在缺陷并采取纠正措施,使产品的可靠性达到规定值。可靠性增长试验是一个试验—分析—改进的过程。

从试验目的上来看,可靠性增长试验是一种特定的可靠性研制试验。而可靠性增长试验主要是在产品经过各项功能性能试验、环境应力筛选试验和其他可靠性研制试验的基础之上,即在产品研制后期进行的;有些产品化产品在初步应用之后为进一步提升可靠性,也会开展可靠性增长试验。可靠性增长试验有明确的增长目标,试验后要根据试验结果定量评估试验结束时产品的可靠性水平是否达到增长目标。

型号总体及产品研制单位应把可靠性增长试验看作是提升型号产品可靠性的有效手段,持续推进卫星系统、分系统及关键产品的可靠性增长工作。

4. 可靠性验证试验

在产品设计状态确定和正样产品交付前,需要开展可靠性验证试验,验证或确认产品可靠性指标是否达到规定的要求。初样鉴定阶段开展的试验为可靠性鉴定试验,其目的是判定产品的可靠性是否达到规定的指标要求,为产品正样状态确定提供依据;正样产品交付前开展的试验为可靠性验收试验,其目的是对正样产品的可靠性进行验证,进一步验证产品的可靠性设计,确认正样产品研制过程是否带来不可靠因素。

可靠性验证试验与可靠性研制试验既有联系又有区别。它们之间可以相互转化,如果可靠性研制试验在试验过程中一直未发生故障,验证了产品的可靠性,该试验就转化为可靠性验证试验;而如果可靠性验证试验中暴露了产品设计缺陷,进行了设计改进,该试验就转化为可靠性研制试验。可靠性验证试验的目的是验证产品可靠性水平,而不是暴露问题;而可靠性研制试验的主要目的是暴露问题并采取改进措施。

对于同一类试验项目,在不同的研制阶段,利用不同类型的试验件、在不同的应力水平下进行,试验目的也会变化。例如,在方案阶段或初样研制初期,利用试验件或模样件,在正常或加严条件下开展的环境应力试验为可靠性研制试验;在初样或正样研制阶段,利用鉴定件或正样件在鉴定级、准鉴定级或验收条件下开展的环境适应性试验则为可靠性验证试验。

5. 可靠性试验发展

根据试验应力水平,可靠性试验可分为常规应力试验和加速试验。常规应力试验是模拟任务剖面的真实环境、在正常应力水平下开展的试验,是最早发展起来的可靠性试验技术。随着可靠性试验应用的深入,常规应力可靠性试验需要的试验时间、样本量在工程上往往越来越难以承受,因此催生了加速试验技术。1967 年,美国罗姆航空发展中心提出了加速寿命试验(Accelerated Life Testing,ALT),1988 年美国 HOBBS 博士提出了高加速寿命试验(Highly Accelerated Life Testing,HALT)和高加速应力筛选(Highly Accelerated Stress Screening,HASS)。这三项加速试验分别与常规的可靠性验证试验、可靠性增长试验、环境应力筛选相对应,构成了加速试验技术体系。

图 10-2 给出了可靠性试验的发展路线图,高加速寿命试验(后来演化为可靠性强化试验)与高加速应力筛选采用应力加速方法高效激发潜在缺陷,属于工程试验范畴,前者主要用于产品早期研制阶段,通过消除缺陷提高产品的固有可靠性;后者主要用于设计定型后,通过剔除故障产品提高产品使用过程中的可靠性。加速寿命试验和加速退化试验(Accelerated Degradation Test,ADT)是由可靠性验证试验中的寿命试验发展而来的,主要对寿命和可靠性指标进行验证,属于统计试验范畴。高加速应力抽检则是在高加速应力筛选基础上,结合统计学理论发展出的一种快速抽检技术。

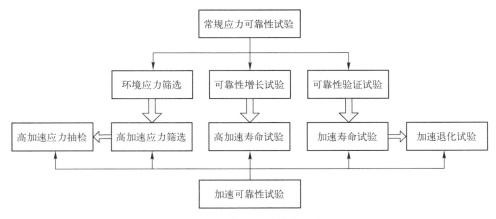

图 10-2　可靠性试验技术的发展

本章主要对卫星研制试验中的拉偏试验、可靠性强化试验,以及属于可靠性验证试验的寿命试验方法进行总结和阐述。属于可靠性验证试验的卫星环境适应性试验将在第 11 章进行专门论述。环境应力筛选最常用的热循环试验和随机振动试验也将在第 11 章进行介绍,可靠性增长试验可参考相关书籍。

拉偏试验和可靠性强化试验是通过提高环境或工作应力,暴露设计缺陷,进而通过设计改进提高产品可靠性。这两种试验方法是暴露产品缺陷、提升可靠性的有效手段。两者相比,拉偏试验侧重于产品耐环境或工作应力能力的验证;可靠性强化试验侧重于产品耐环境或工作应力能力的极限摸底。

寿命试验主要用于验证产品在规定条件下的寿命,属于可靠性验证试验。寿命试验一般在状态确定的产品鉴定件或正样件上进行。

10.2　卫星拉偏试验

星上产品拉偏试验是指在鉴定级工作条件之上,施加更大幅度的环境或工作应力进行的耐环境或工作应力试验,主要目的是验证产品在拉偏的环境或工作应力下的工作性能和裕度,暴露产品设计的薄弱环节,为改进设计提供依据。

10.2.1　拉偏试验一般要求

1. 产品技术状态要求

拉偏试验原则上应采用与当前最终状态一致的研制试验件进行,当受试验成本等因素制约时,也可利用鉴定件在鉴定试验完成开展拉偏试验。对于受试产品不能直接加真实负载连续通电工作的情况,应加模拟负载进行考核。

2. 拉偏试验项目

拉偏试验项目和试验内容应针对产品的敏感因素和薄弱环节确定,并由产品使用单位和承制单位共同确定具体的试验剖面。拉偏试验项目一般包括环境拉偏和工作负载拉偏两类,试验项目设置的一般原则如表 10-1 所列。

表 10-1　产品拉偏试验项目设置原则

产品类型	环 境 拉 偏	工作负载拉偏
电子设备	至少进行热循环试验和随机振动试验; 如设备对真空环境敏感,还需进行热真空试验; 高低温断电启动试验	主要工作负载拉偏项目见 10.2.3 节,可根据产品特点对工作负载拉偏项目进行剪裁
机电设备	至少进行热循环试验和随机振动试验; 如设备对真空环境敏感,将热循环试验改为热真空试验; 其他敏感环境拉偏试验	
机械设备	至少进行正弦振动、随机振动或压力试验; 其他敏感环境拉偏试验	
光学设备	至少进行力学环境、热环境拉偏试验; 相关敏感环境拉偏试验,具体试验项目由产品使用单位、承制单位依据产品特点确定	

3. 拉偏试验流程

拉偏试验流程的设置一般应遵循以下原则。

(1) 环境拉偏试验流程参照产品的验收级/鉴定级环境试验流程。

(2) 对于既需开展环境拉偏试验也需开展工作负载拉偏试验的产品,试验流程以环境拉偏试验流程为主线,在环境应力拉偏至设定值时安排工作负载拉偏试验项目。

(3) 在工作负载拉偏试验流程的设计上,原则上先安排非破坏拉偏项目,再安排破坏拉偏项目。

4. 试验结果分析

(1) 在拉偏试验中和试验后,通过产品的功能性能监测和外观检查结果来分析其功能性能指标是否满足要求、产品有无输出规定外的状态变化,从而确定产品是否具备承受拉偏试验环境的能力,并确认产品设计余量。

(2) 试验中如果发现功能故障、性能超差、产品损坏,应结束试验,记录失效工况,查找故障原因,进行失效分析,确定薄弱环节,提出改进建议,并研究确定后继试验项目。

(3) 试验后的测试如发现故障,按上一条处理,如试验前后的性能变化超出允许范围,应按故障情况进行分析和处理;试验完成后,应对产品进行开盖检查,对其损坏隐患进行确认,识别薄弱环节。

10.2.2　环境拉偏试验

1. 环境拉偏试验项目

环境拉偏试验项目主要包括如下几个。

(1) 热循环拉偏试验:主要针对重点选取功耗大、对温度敏感的产品,对其在拉偏高、低温下的设备工作能力进行考核。

(2) 热真空拉偏试验:主要针对真空敏感的产品,对其在拉偏高、低温真空环境下的工作能力进行考核。

(3) 正弦振动拉偏试验:主要针对太阳翼、天线等面积大、基频小于 100Hz 的产品,对其承受正弦振动拉偏载荷的能力进行考核。

(4) 随机振动拉偏试验:主要针对上升段工作或对随机振动载荷敏感的产品,对其承受随机振动拉偏载荷的能力进行考核,原则上只选取对随机振动最敏感的方向进行拉偏试验。

(5) 其他敏感环境拉偏试验:分析产品特点,确定产品的敏感环境因素,进行特定敏感环境的拉偏试验。

2. 环境拉偏试验条件

(1) 热循环/热真空拉偏试验条件包括试验温度、循环次数和温度变化速率。为了达到拉偏目的,试验的高、低温度通常在鉴定条件基础上各至少拉偏 5℃,每次循环在最高和最低温度端,待产品温度稳定后连续工作不少于 4h。

(2) 正弦振动拉偏试验条件包括振动幅值和加载扫描率。振动试验幅值在鉴定级环境试验条件基础上一般拉偏到 1.4 倍以上。

(3) 随机振动拉偏试验条件包括功率谱密度、总均方根加速度值和持续时间,振动试验总均方根加速度值在鉴定级试验条件基础上至少拉偏+2dB,加载持续时间一般不小于 3min。

(4) 对于其他敏感环境拉偏试验,应针对产品特有的敏感环境因素(如 CCD 相机的光照强度等),制定专门的拉偏试验条件。

10.2.3　工作负载拉偏试验

1. 工作负载拉偏项目

工作负载拉偏测试项目主要包括以下几个。

(1) 接口容差拉偏测试:对接口电压(或电流)拉偏(例如分别拉偏±15%),监测主要输出参数,验证接口拉偏条件下的产品正常工作能力,并对接口过压(或过流)能力进行拉偏考核。接口容差拉偏主要针对输入接口异常情况下的产品工作能力进行考核,验证产品在收到异常信号时是否产生误操作,需要进行拉偏测试的接口包括遥控指令接口(包括开/关指令、串行注入接口)、程控指令接口、遥测接口、通信接口等。

(2)驱动能力拉偏测试:对产品负载参数进行拉偏,考核产品带载驱动能力,例如针对太阳翼展开机构的驱动能力进行拉偏测试。

(3)性能指标拉偏测试:由产品承制单位确定需进行拉偏试验的性能指标(如推力器推力、转发器输入电平等),具体拉偏量级由产品承制单位制定并应经产品使用单位确认。

(4)供电电压拉偏测试:对产品的供电电压拉偏(例如分别拉偏±15%),监测主要输出参数。如有可能,对产品进行二次供电拉偏(一般在电路板级进行,可考验电子设备对DC/DC性能变化的适应能力)。

(5)供电电压瞬间掉电摸底测试:对供电电压的掉电间隔进行考核(例如以50ms为基准递增至500ms),检测产品工作状态。

(6)电源产品高、低温启动摸底测试:在高、低温断电情况下对电源产品的启动温度(对应于空载、10%负载、30%负载、50%负载和满载)进行检测,考核高、低温环境下的启动特性和带载能力。

(7)指令电压/宽度摸底测试:对指令电压、指令宽度进行拉偏,分别取指令电压的上、下限,输入不同的指令宽度,监测主要输出参数。

(8)总线指令密集度摸底测试:由上位机(或模拟器)向负载设备输出一定时间间隔的密集总线指令,考核产品接收总线指令的能力。

(9)主承力结构拉偏试验:对于卫星的主承力结构,进行静力试验和超载拉偏试验,考核结构设计裕度。

(10)压力容器设备:对压力容器需进行爆破试验,以确定压力容器爆破极限。

(11)转发器设备:过激励拉偏试验。

根据工程经验,典型的卫星设备负载拉偏试验项目如表10-2所列。

表 10-2　典型卫星设备负载拉偏试验项目

序号	产品类型	负载拉偏试验项目
1	结构类(整星结构、太阳翼结构等)	结构强度拉偏
2	机电类(太阳帆板驱动机构、动量轮、天线驱动机构等)	驱动能力拉偏
3		轴承承载能力拉偏
4		电源拉偏
5	电子类(低频类)	接口容差拉偏:电源拉偏、指令和总线信号特性拉偏等
6	电子类(射频类)	接口容差拉偏:电源拉偏、指令和总线信号特性拉偏等
7		接收信号电平范围拉偏,接收频率带宽拉偏
8		信号过激励拉偏
9		微放电拉偏
10	压力容器类(贮箱、气瓶、推进剂管路等)	爆破压力试验
11	蓄电池	充电终止电压拉偏、放电终止电压拉偏
12		单体爆破压力试验

（续）

序号	产品类型	负载拉偏试验项目
13	发动机/推力器	点火工作时间拉偏（启动次数、一次最长连续点火时间、累次点火时间）
14		输入压力拉偏
15		电磁阀工作电压拉偏

2. 工作负载拉偏项目与环境拉偏试验项目的关系

工作负载拉偏试验可在研制试验件上单独开展，也可结合环境拉偏试验同步开展，通常采用后者。在试验内容和试验流程设置上应注意以下事项。

（1）供电电压拉偏测试可影响单机热耗，并对单机内的元器件施加电应力，因此，在热循环、热真空、正弦振动、随机振动等环境拉偏试验项目中，须对供电电压进行拉偏。

（2）接口容差拉偏测试、供电电压瞬间掉电测试、指令电压/宽度摸底测试、总线指令密集度摸底测试对单机热耗、器件电应力等影响较小，因此这些测试可仅在常温验收级热循环/热真空试验中进行，无需在热循环、热真空、正弦振动、随机振动等环境拉偏试验项目进行。

（3）驱动能力受单机及其负载的温度等影响较大，因此，在热循环、热真空拉偏环境试验项目中，须对驱动能力进行摸底测试。

（4）设备性能指标拉偏测试：根据产品特点具体分析确定。

通过上述分析，表 10-3 给出了拉偏环境试验项目与工作负载拉偏的关系。

表 10-3　拉偏环境试验项目与工作负载拉偏的关系

测试项目 ＼ 环境试验	热循环	热真空	正弦振动	随机振动
供电电压	C、Y、L	C、Y、L	C、Y、L	C、Y、L
供电电压瞬间掉电	C、Y	C、Y	/	/
指令电压/宽度	C、Y	C、Y	/	/
总线指令密集度	C、Y	C、Y	/	/
驱动能力	C、Y、L	C、Y、L	/	/
接口容差	C、Y	C、Y	/	/
备注：C 表示常温下工作负载拉偏测试；Y 表示验收级环境条件下工作负载拉偏测试；L 表示拉偏环境条件下工作负载拉偏测试				

10.2.4　拉偏试验实例

以霍尔电推力器为例介绍拉偏试验的方案设计。

霍尔电推力器通过内外电磁线圈在放电室内形成径向分布的磁场，与此同时，阳极和阴极之间的电势降产生轴向电场。阴极是霍尔推力器的电子发射源，其发射的电子一部分进入放电室，在正交的径向磁场与轴向电场的共同作用下向阳极漂移，在漂移过程中与从阳极（工质气体分配器）出来的中性推进剂原子（通常采用氙）碰撞，使得氙原子电离。由于存在强的径向磁场，电子被限定在放电通道内沿周向做漂移运动，也称霍尔

293

漂移。而离子质量很大,其运动轨迹基本不受磁场影响,在轴向电场作用下沿轴向高速喷出从而产生推力。与此同时,阴极发射的另一部分电子与轴向喷出的离子中和,保持了推力器羽流的宏观电中性。图 10-3 为霍尔推力器工作原理示意图。

霍尔推力器主要由阴极组件、阳极组件、磁路组件、气路组件和安装组件等组成。其结构示意图如图 10-4 所示。

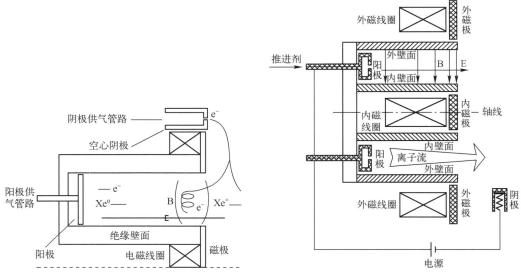

图 10-3　霍尔电推力器工作原理示意图　　　图 10-4　霍尔电推力器结构示意图

1. 试验矩阵

以霍尔电推力器为例,分析其环境拉偏试验和工作负载拉偏试验项目及主要试验条件。表 10-4 给出了霍尔电推力器的拉偏试验矩阵。

表 10-4　霍尔电推力器拉偏试验矩阵

序号	试验类型	试验项目
1	环境拉偏	电磁导线高温拉偏
2		阳极连接导线高温拉偏
3		软磁合金高温磁性能拉偏
4		阳极导线玻璃纤维绝缘套管高压拉偏
5		绝缘器高压拉偏
6		触持极电压拉偏
7		电连接器高压拉偏
8	工作负载拉偏	阳极电压拉偏
9		阳极电流(阳极流量)
10		阴极流量拉偏
11		内外磁线圈电流拉偏
12		阳极电压、阳极流量联合拉偏
13		工作电压、内外磁线圈电流联合拉偏

2. 环境拉偏试验

（1）电磁导线高温拉偏：电磁导线高温额定工作温度为 350℃，短期试验温度高达 500℃，就此需要开展电磁导线在 500℃ 下稳定工作的试验，测试电磁导线长时间高温工作条件下的拉偏性能。

（2）阳极连接导线高温拉偏：霍尔推力器使用的导线额定工作温度为 260℃，为验证连接电缆的高温工作可靠性，开展额定工况及拉偏工况下的推力器底座内部导线的工作温度测试，以确定选用的耐高温导线能否满足温度降额要求。

（3）软磁合金高温磁性能拉偏：软磁合金的居里温度为 980℃，在常温磁性能试验基础上，开展高温（800~1000℃）条件下的磁性能测试试验。

（4）阳极导线玻璃纤维绝缘套管高压拉偏：试验样件由裸露导线外套 2 层耐高温玻璃纤维绝缘套管组成，将试验样件安装于推力器底座进行推力器点火试验，以此验证玻璃纤维绝缘套管的耐高压绝缘性能。

（5）绝缘器高压拉偏：其工作时两端最高电压为 500V，进一步提高绝缘器的可靠性，开展 500V 以上电压的绝缘性能拉偏试验。试验内容包括：①冷态条件下的高压绝缘性能试验：绝缘器两端电压覆盖 500~1500VDC，最高达到额定工作电压的 3 倍；②热态（推力器点火时）条件下的高压绝缘性能试验：绝缘器两端电压覆盖 500~1500VDC，最高达到额定工作电压的 3 倍。

（6）触持极电压拉偏：其工作电压一般为 300V，拉偏电压范围为 300~1000V。

（7）电连接器高压拉偏：与绝缘器高压拉偏试验同步开展，在阳极绝缘器与推力器联合拉偏试验中安装电连接器同时开展试验。

3. 工作负载拉偏试验

工作负载拉偏试验包括单参数拉偏和双参数组合拉偏，可选择在模块级或整机级开展。

单项拉偏的试验参数包括阳极电压、阳极电流（阳极流量）、阴极流量、内外磁线圈电流，拉偏范围为额定值的 5%~10%，测量模块或推力器的性能。

在单项拉偏基础上，进行参数组合拉偏试验，试验参数包括阳极电压和电流、内磁和外磁线圈电流，具体参数组合如表 10-5 所列。

表 10-5　双项拉偏试验参数

序号	参数 1		参数 2	
	参数名称	拉偏值	参数名称	拉偏值
1	阳极电压	5%	阳极电流	5%
2	阳极电压	5%	阳极电流	10%
3	阳极电压	10%	阳极电流	5%
4	阳极电压	10%	阳极电流	10%
5	外磁线圈电流	5%	内磁线圈电流	5%
6	外磁线圈电流	5%	内磁线圈电流	10%
7	外磁线圈电流	10%	内磁线圈电流	5%
8	外磁线圈电流	10%	内磁线圈电流	10%

10.3 卫星强化试验

可靠性强化试验是通过系统地施加工作应力和逐步增大的环境应力(可能远远超过正常使用水平),快速激发产品潜在缺陷,使其以故障形式表现出来,并通过故障原因及失效模式分析,采取改进措施以消除缺陷,从而提高产品可靠性。可靠性强化试验是暴露产品薄弱环节的有效手段。通过可靠性强化试验还可以估计产品的工作极限和破坏极限,评估产品在实际使用条件下的可靠性。

10.3.1 可靠性强化试验理论基础

可靠性强化试验遵循"链条理论",该理论认为一个链条的可靠性取决于构成链条最薄弱的一环,即产品中最薄弱的环节一旦出现故障,整个产品就会出现故障,又称为薄弱环理论。可靠性强化试验就是寻找产品中的最薄弱环节,根据失效物理(Physics of Failure,PoF)技术分析导致故障的根本原因,制定纠正措施排除故障,提高设计裕度,通过反复迭代,最终实现产品的可靠性提高。

图10-5说明了可靠性强化试验中各种应力量级的关系,各种应力量级定义如下。

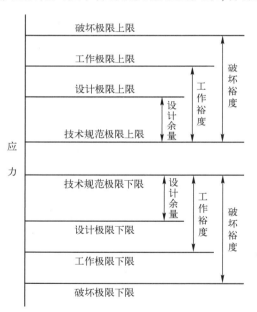

图10-5 可靠性强化试验中各种应力量级的关系

(1)技术规范极限:由产品使用者或制造者规定的应力极限,产品在该极限内工作。

(2)设计极限:产品在该极限内能够完成规定的功能,是设计要求值,设计极限与技术规范极限之差称为设计余量。

(3)工作极限:产品在该极限内能够完成规定的功能,是设计极限的具体实现值,可通过可靠性强化试验测定,工作极限与技术规范极限之差称为工作裕度。

（4）破坏极限：产品可在该极限内工作但不能完成规定的功能，出现的相关故障是可恢复的，应力降至工作极限内故障会自动消除，可通过可靠性强化试验测定，破坏极限与技术规范极限之差称为破坏裕度。当环境应力超过破坏极限时，产品破坏，即使恢复到正常条件，产品也不能再正常工作。

一般来说，产品寿命期内受到的环境应力和工作极限呈正态分布，如图 10-6 所示。如果环境应力分布与工作极限分布有重叠的部分，那么在重叠的部分，环境应力大于工作极限，失效就会发生。在可靠性强化试验中，采用步进应力不断激发产品缺陷并进行设计改进，使产品的工作极限不断提高，即曲线 $f_S(s)$ "右移"，减小 $f_S(s)$ 曲线与 $f_E(e)$ 的重叠区域，降低失效发生的可能性，提高产品可靠性。

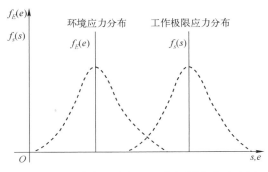

图 10-6　环境应力分布和工作极限分布示意图

10.3.2　可靠性强化试验特点及要求

1. 可靠性强化试验特点

可靠性强化试验有如下技术特点：①不要求模拟环境的真实性，而是强调环境应力的激发效应，能快速暴露产品缺陷；②采用步进应力试验方法，施加的环境应力递增变化，应力超出技术规范极限甚至达到破坏极限；③可对产品施加三轴六自由度振动（以下简称全轴振动）应力，也可对产品施加单轴随机振动应力，以及高温变率应力；④原则上应采用与当前最终状态一致的研制试验件以保证试验有效性，并且应尽早实施以便及时进行设计改进。需要注意的是，在远高于正常使用水平的环境应力下激发出来的产品故障可能在正常工作状态下不会出现（与正常工作状态下的故障机理不同），应在具体分析后，确定是否采取纠正措施。

在试验效率方面，可靠性强化试验效率远远高于常规试验。Smithson 在《效率与经济性》中以温度循环为应力，在温变率 5℃/min 和 40℃/min 开展了热疲劳寿命试验，疲劳寿命比达到 4400:1，这体现了可靠性强化试验的高效率。除了试验效率，可靠性强化试验与常规可靠性研制试验在开展时机、试验应力水平、产品可靠性提升效果等方面存在较大区别，如表 10-6 所列。

表 10-6　可靠性强化试验和常规可靠性研制试验区别

试验类型	可靠性强化试验	常规可靠性研制试验
适用阶段	设计阶段，越早越好	设计阶段

（续）

试验类型	可靠性强化试验	常规可靠性研制试验
试验目的	迅速暴露产品潜在缺陷,增强产品可靠性	暴露产品潜在缺陷,提高产品可靠性
试验应力	步进施加远超出产品规范的应力	技术要求规定的最高应力
试验时间	很短,几小时或几天	较短,取决于设计人员
试验效果	使用中几乎不出故障,有非常大的裕度	可靠性满足任务书要求

可靠性强化试验和加速寿命试验均属于加速试验,都是通过加大试验应力来提高试验效率,缩短试验周期,但在试验目的、试验应力水平、试验周期等方面也存在区别。

可靠性强化试验属于工程试验,主要目的是激发故障,暴露潜在的设计和工艺缺陷,不要求对产品可靠度或寿命进行评价;为了快速激发故障,施加的应力水平一般从技术规范极限或低于技术规范极限的应力水平(如正常应力水平)起步,试验终止时的应力水平一般高于加速寿命试验的最高应力水平,试验周期仅需数天。

加速寿命试验属于统计试验范畴,主要目的是对产品可靠性或寿命指标进行评估或验证,为此需要根据目标可靠度或寿命、要求的置信度、费用约束等进行试验设计,确定试验条件(包括施加应力类型、方式和大小等)、样本量、试验持续时间、加速因子等试验参数;加速寿命试验的基本条件之一是保持失效机理不变,施加的应力水平一般高于技术规范极限、低于工作极限,试验周期控制在可接受的范围内即可,一般需几周到几个月。

由于可靠性强化试验普遍用时较短,无法揭示依赖于时间的失效模式特别是长期累积效应造成的失效(耗损型失效)。因此,这类故障需要在寿命试验或加速寿命试验中考核。

2. 可靠性强化试验一般要求

可靠性强化试验主要适用于星上电子类、机电类产品及内部模块或部组件,例如电源控制器、蓄电池接口管理单元、配电器、中心计算机、综合业务单元、测控固放、姿轨控制计算机、帆板驱动机构、电源处理器、接收机、天线控制器等。

可靠性强化试验要求主要包括以下几个方面。

(1) 试验层次:可靠性强化试验应按照产品层级由低到高的顺序开展试验。对于电子产品,可靠性强化试验可以按照元器件级、印制电路板级或模块级、设备级的层次顺序开展。元器件级别产品的潜在缺陷纠正后,再在电路板级或模块级开展试验,该层次潜在缺陷纠正后,再开展设备级强化试验。这种自下而上的层次开展方式有利于缺陷的准确定位和纠正,能够达到极佳的试验效果,从根本上保证产品的可靠性。一般来说,元器件级别产品在研制阶段开展的试验较为充分,星上产品可靠性强化试验主要在电路板级、模块级和设备级开展。对于复杂单机产品,出于试验成本控制,可在模块级开展试验,并可考虑仅对关键模块进行。

(2) 试验件技术状态:试验件技术状态应当与上星状态一致,特别是将单机产品拆分成模块产品进行试验时,模块产品的试验接口应与其在单机内的实际接口状态相符。

(3) 试验件数量要求:可靠性强化试验的目的在于潜在缺陷的识别,只要能够暴露出缺陷即可,同时为了保证试验暴露的故障模式具有代表性,而非个例现象,一般需要4~6个试验样本。对于整机产品或成本较高的模块及部组件,试验件可以缩减至 1~3 个。

（4）试验设备及试验环境:应在满足可靠性强化试验要求的设备上进行。可靠性强化试验系统一般由高变温率温度箱+三轴六自由度振动台组成,变温速率要求达 60℃/min 以上,振动频率的范围最高可到 10kHz 左右。

（5）试验项目及试验顺序:为了获得尽可能多的信息,应合理安排试验项目及各试验的顺序,将破坏性试验安排在最后进行。在应力施加顺序上,应先安排破坏性比较弱的应力类型,再安排破坏性较强的应力类型。对于常用的热应力和振动应力,强化试验顺序为:低温、高温、快速温度变化、振动,然后是温度和振动综合应力。

10.3.3　可靠性强化试验流程和方法

可靠性强化试验的最终目的是提高产品的设计裕度,基本方法是通过施加步进应力,加速激发产品的潜在缺陷,并进行改进和验证,使产品的可靠性不断提高,同时使产品耐环境能力提高,直到认为产品的工作极限和破坏极限足够大,或故障机理发生改变为止。

可靠性强化试验的基本过程如下。

（1）通过施加逐步提高的应力,激发产品的潜在故障。

（2）确定产品设计极限、工作极限和破坏极限。

（3）进行失效分析直至找到故障的原因,确定所有故障模式和相关设计问题。

（4）进行改进并通过试验验证改进措施的效果。

可靠性强化试验通常包括温度应力步进、高速温度循环步进、随机振动步进、温度和振动综合应力步进等试验项目。首先需要开展可靠性强化试验之前的准备工作,包括可能的故障原因分析、产品测试、样品的代表性分析等,试验前一般需要对受试产品的温度分布情况进行测试。可靠性强化试验的一般技术流程如图 10-7 所示。

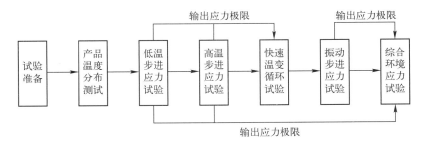

图 10-7　可靠性强化试验一般技术流程

1. 试验准备工作

试验准备工作主要包括以下几个方面。

（1）产品测试准备:可靠性强化试验在应力步进的每一个应力水平上都要求进行测试,试验前需要做好电气测试设备及机械安装设备的设计、研制、测试试验及调试工作。

（2）试验应力选择:由于不同产品对不同环境应力激励的敏感程度不同,只有确定合适的试验应力才能保证可靠性强化试验的有效性。试验应力可根据产品故障原因分析,结合工程经验确定。

（3）试验件选择：按可靠性强化试验相应要求准备试验件。

2. 产品温度分布测试

温度分布测试可以在常压或真空下进行，重点考察试件中发热量大的关键元器件或模块的温度特性，以及试件中最大热惯性部件达到设定温度后的温度稳定时间。

3. 试验应力施加

可靠性强化试验最常用的试验应力包括温度应力、高速温度循环、随机振动、温度和振动综合应力等，一般包含低温步进试验、高温步进试验、快速温度变化试验、振动步进试验、振动步进+快速温度变化综合试验等。如果可能，应在试验中确定每种激励的工作极限和破坏极限，并根据产品实际情况施加其他应力（如通断电及电压拉偏等），加速缺陷暴露过程。

（1）温度应力试验：其包括高温步进应力试验和低温步进应力试验。前者施加递进增加的恒定温度应力终止于较高的温度，后者施加递进降低的恒定温度应力终止于较低的温度。两者试验过程类似，在此以高温工作试验+70℃为例进行简单介绍。设定起始温度为+30℃，待设备完全热透后保持10min再进行测试，如果测试结果正常，则温度升高5℃；当温度稳定后持续10min，之后至少进行一次功能性能测试，如果一切正常则将温度继续升高5℃；当温度稳定后维持10min后测试，依次类推直至达到工作极限或破坏极限或试验方案中规定的试验终止条件。

（2）高速温度循环试验：将温度应力试验所得到的低温和高温工作极限作为高、低温试验界限，以70℃/min的快速温度变化率在此温度区间内进行高速温度循环；在每个循环的高、低温区停留时间都要满足设备冷透、热透时间要求，并满足功能性能测试的时间要求，以检测产品是否发生可恢复性故障；如果发现产品发生可恢复性故障，则将温度变化率减小5℃/min再继续温度循环，直至无可恢复性故障发生，则此时的温度变化率即为试验的工作极限。

（3）随机振动试验：传统的随机振动是在三轴向以规定的加速度、时间进行，之后恢复到常态。可靠性强化随机振动试验是在6自由度即3个垂直的轴向及转动方向进行，将振动的加速度自5g开始，每次以2~5g递增，并保持10min后，在持续的振动条件下进行功能性能测试，以判断其是否达到工作极限或破坏极限。

（4）温度与振动综合应力试验：同时施加高速温度循环及随机振动两项应力，使用先前的高速温度循环温度的上下限以及温变速率，同时随机振动应力自5g开始施加，每个循环递增2~5g，并使每个循环的最高及最低温度持续10min，待温度稳定后进行功能性能测试，如此重复至达到工作极限或破坏极限为止。

对于单个试验项目，实施流程如图10-8所示。

试验剖面图是可靠性强化试验工作的核心，指导整个试验过程的开展，其涉及应力类型的选择、应力施加方式、应力施加顺序和试验停止原则等，如图10-9所示。

（1）试验应力类型选择。没有哪一种缺陷对所有的环境应力激励都敏感，在试验过程中必须根据不同的试验对象和目的选择相应的应力类型。因此，对具体产品进行可靠性强化试验时，必须深入研究产品可能存在的缺陷、有效激发这些缺陷的应力类型及应力综合方法。特别要注意参照同类型产品成功的可靠性强化试验方法，依据历史经验和实际情况将其改进，选择适用于该产品的有效应力类型和应力综合方式。

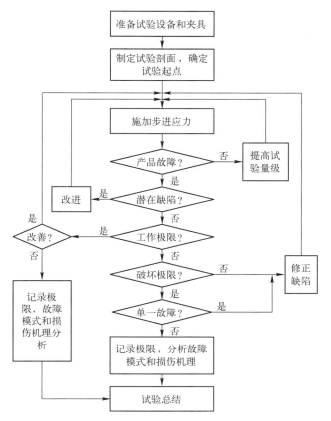

图 10-8　可靠性强化试验实施流程

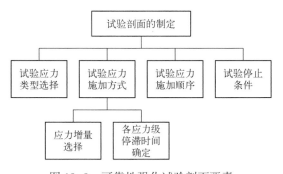

图 10-9　可靠性强化试验剖面要素

（2）试验应力施加方式。在可靠性强化试验中,采用步进式应力施加方式,这些应力可以是环境应力,如温度或振动;或者是工作应力,如电压;也可以是这些应力的组合。步进应力的台阶表示在试验过程中所施加应力的水平;各台阶的长度表示在试验过程中各应力量级作用时间的长短。第一级应力通常处于或低于规范应力极限,这一步完成后将失效的零件、元器件、模拆除并进行分析改进,改进完成后可继续在该应力量级进行试验,直至改进成功,然后再逐步增大应力等级,重复“试验—改进—再试验”过程。因此,在应力步进施加过程中,应力增量和各应力量级停滞时间的确定是试验设计的重要内容。

① 试验应力增量确定:在应力步进施加过程中,各种应力每步增加的幅度对可靠性强化试验非常重要,这是因为不仅应力类型对不同的失效模式有不同的影响,而且其大小对不同的失效模式又有着不同的加速指数。设置步进应力增量的一般方法是:参照同类产品确定试件在各应力作用下的破坏极限,将其与实际应用中所承受的应力值之差分成10等份,把各等份值作为步进应力的增量。这种方法有两大优点:一是易于实施;二是在假设各种环境应力对试件造成破坏的机会是均等的前提下,它能保证产品在各应力作用下各种形式的破坏是均等发生的(这种假设是合理的,因为合理的产品设计应该使产品遭受各种应力的累积损伤是均等的)。

② 各应力量级停滞时间确定:各量级应力作用于试件的时间长短取决于应力水平、试件类型、可能出现的失效模式。其直接影响着可靠性强化试验的有效性。如果在较低的应力量级持续太长时间,将会导致产品产生累积损伤和疲劳损伤,而不能准确地确定出其破坏极限。尽管在较低应力量级下持续较长时间,同样可以暴露产品薄弱环节,但这与可靠性强化试验的基本准则——用最短的时间得到最好的试验结果是不相符合的;如果在相应应力水平下持续时间较短,有可能使缺陷得不到充分激发,而在较高的应力量级下才表现出来,并在过高的应力量级下出现不相关的失效形式,由此确定出偏高的产品工作极限和破坏极限。一般情况下,对振动应力试验来说,在各步进应力量级停留5~10min就足够确定产品破坏极限和工作裕度;对热试验来说,在端点温度停留的时间主要根据具体的产品来决定,如果温度循环是为了产生极大应力来激发故障,端点温度停留时间不要等到产品完全达到温度平衡(最多达到90%);如果温度循环试验是为了确定产品的工作裕度和破坏极限,则在温度端点停留的时间至少要保证产品达到100%的温度平衡为止。

(3)试验应力施加顺序。试验应力施加顺序的一般要求见10.3.3节。

(4)试验停止条件。可靠性强化试验是不断增加应力量级,不断重复"试验—改进—再试验"的过程,直到出现下述情况之一:全部零件都失效;应力等级已经达到或远远超过为验证产品设计所要求的水平;更高的应力等级引入新的失效机理,不相关失效开始出现。

除了试验剖面图,故障处理及回归验证在可靠性强化试验中也非常重要,直接决定了可靠性强化试验对产品可靠性提升的效果。

(1)故障处理。当受试产品在可靠性强化试验中出现异常或故障时,故障处理应按以下的规定进行:①当确认发生故障时,应立即停止试验,现场人员应详细记录故障现象、发现时机、试验应力等情况。②故障发生后,注意保护故障现场,进行故障定位。故障定位后应尽量利用试验现场条件验证定位的正确性。③故障分析清楚并准确定位后,应进行故障机理分析。若确认故障是由元器件引起的,应进行元器件失效分析。④根据故障机理分析结果和产品实际情况,确定是否对已定位的故障采取纠正措施。若采取纠正措施,应对纠正措施的有效性进行验证;若由于当前技术水平限制,或出现故障的应力水平远高于产品的设计极限且确保已有足够的安全余量,可就此结束试验。

(2)回归验证。当受试产品在可靠性强化试验后进行了设计和工艺更改,为验证改进措施的有效性,应进行可靠性强化回归验证试验。可靠性强化回归验证试验的目的是为了验证改进措施的有效性及其对受试产品的影响,例如改进措施是否有效,或是否消除了之前可靠性强化试验中发现的缺陷,是否引入了新的问题和缺陷等。

4. 可靠性强化试验结果处理

可靠性强化试验完成后,要建立保存试验信息的数据库,主要信息包括以下几方面:

(1)可靠性强化试验中所施加的应力类型、应力量级、步进增量以及在试验中这些参数的优化过程;

(2)试验过程中的故障监测方式(目测、实时监测、诊断等);

(3)试验所得到的产品工作极限、破坏极限、失效类型;

(4)试验后对产品缺陷所采取的改进措施以及通过可靠性强化试验实现产品可靠性增长的过程总结等。可靠性强化试验数据的全面记录,对开展产品可靠性影响分析及产品改进,以及后续同类产品的强化试验具有重要意义。

10.3.4　可靠性强化试验实例

为进一步说明可靠性强化试验的方法,本节给出了某蓄电池旁路开关可靠性强化试验的实例。

旁路开关用于对卫星锂离子蓄电池组中故障电池进行切除与旁路保护。旁路开关主要包括接触系统和释放装置,接触系统部分采用压簧储能驱动、密绕线簧插孔,释放装置部分采用可分线轴结构,通过熔断合金触发。未触发时 T1、T2 通,T1、T3 断,释放装置约束推杆,使推杆不能动作;施加触发电流后,熔丝熔断,释放装置解除对推杆约束,推杆在压簧驱动下向右动作,实现 T1、T3 先接通,T1、T2 后断开,完成接触系统的切换。旁路开关的结构如图 10-10 所示,旁路开关原理见图 5-9。

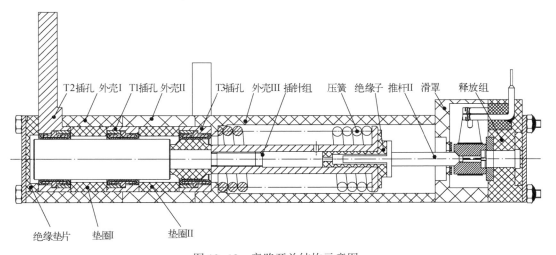

图 10-10　旁路开关结构示意图

根据 FMEA 分析结果,旁路开关的主要故障模式为误动作和不动作,本试验通过施加步进的环境应力(振动、低温、高温、温度循环等),暴露导致旁路开关误动作和不动作的潜在缺陷,并通过设计改进,提高产品的工作极限和破坏极限,提高旁路开关的可靠性,降低产品故障风险。

1. 试验目的

旁路开关的可靠性强化试验目的为：通过施加比技术要求更加严酷的步进环境应力（包括步进随机振动应力、步进低温应力、步进高温应力、步进温度循环应力、步进综合应力试验），暴露旁路开关的薄弱环节与设计缺陷，并通过设计改进，确定和提高产品在相应环境应力下的工作极限和破坏极限，提高旁路开关可靠性，降低产品故障风险。

2. 试验项目及状态

旁路开关的可靠性强化试验项目包括：步进随机振动试验、步进低温试验、步进高温试验、综合应力试验（随机振动+温度循环）。

其中，随机振动试验针对可能导致旁路开关误动作的潜在缺陷进行激发，并通过设计改进提高抗振动应力工作极限；温度试验针对可能导致旁路开关不动作的潜在缺陷进行激发，并通过设计改进提高抗温度应力工作极限；综合应力试验对旁路开关的综合性能进行考核，提高并确定其综合环境应力下的工作极限。

旁路开关可靠性强化试验存在两个并行试验过程：①随机振动试验；②低温试验、高温试验、快速温度循环试验。两个并行试验过程，结束后根据试验结果开展综合应力试验。

可靠性强化试验的初始技术状态为：旁路开关未触发状态，即 T1 与 T2 接通，T1 与 T3 断开，触发电路不通电。

产品工作极限（包含随机振动应力极限、低温工作极限、高温工作极限、温变率极限）的确定方法为：低一试验量级能够正常触发且接触电阻测试结果满足技术指标要求，高一量级不能正常触发或接触电阻测试结果不能满足技术指标要求，则低一试验量级为旁路开关的低温工作极限；试验终止的前一量级即为旁路开关的破坏极限。

3. 步进随机振动试验条件及要求

（1）试验条件：随机振动初始试验条件如表 10-7 所列，试验方向为开关三个相互垂直轴线（X、Y 和 Z）方向；每步振动稳定后，停留 15min；加速度谱密度在初始条件加速度的基础上每次递增步长 $0.1g^2/Hz$，其余参数不变。

表 10-7　随机振动试验条件

频率/Hz	量级（三向）
10~60	6.7dB/oct
60~150	$0.3g^2/Hz$
150~180	6dB/oct
180~446	$0.7g^2/Hz$
446~600	−6dB/oct
600~2500	$0.244g^2/Hz$
总均方根	27g

（2）测试要求：试验过程中实时监测旁路开关触发特性，包括闭合触点断开时间、断开触点闭合时间等；在每个加速度谱密度档的试验结束后进行目视检查，试验件应无零部件的破碎、松动、变形及位移等现象，并在常态下测试接触电阻、熔丝电阻（T4/T5）、介质耐压和绝缘电阻；全部试验完成后，在常态下测试接触电阻、熔丝电阻（T4/T5）、介质耐压、绝缘电阻、熔丝熔断时间、先通后断过渡时间、动作时间、触点弹跳时间。

4. 步进低温试验条件及要求

（1）试验条件：试验起始温度为验收试验温度下限；步长为 5~10℃。

（2）测试要求：每个应力水平下待试验件降至规定温度后，保温 1h 再随机选取 1~2 个试验件进行触发，记录触发情况，测量触发前后的接触电阻（触发前 T1/T2、触发后 T1/T3）。

5. 步进高温试验条件及要求

（1）试验条件：试验起始温度为验收试验温度上限；步长为 5~10℃。

（2）测试要求：每个应力水平下待试验件升至规定温度后，保温 1h 再随机选取 1~2 个试验件进行触发，并测量触发前后的接触电阻（触发前 T1/T2、触发后 T1/T3）

6. 步进温度循环试验条件及要求

（1）试验条件：上下限试验温度可选择高温工作极限减 5℃，低温工作极限加 5℃；温变率选择 40~80℃/min；步长选取 5℃/min；达到上下限温度后，保温 1h；温度循环次数根据选择的温变率确定，原则上温变率越高，所需试验次数越少，试验循环次数如表 10-8 所列。

表 10-8　温变率与循环次数的关系

温度变化率/（℃/min）	循环次数/次
40	11
45	10
50	9
55	8
60	7
65	6
≥70	5

（2）测试要求：每个温度变化率量级的温度循环试验结束后，随机选取 1~2 个试验件进行触发，并测量触发前后的接触电阻（触发前 T1/T2、触发后 T1/T3）。

7. 综合应力试验条件及要求

（1）试验条件：温度循环应力的施加方法同步进温度循环试验，温变率为步进温度循环试验确定的温变率工作极限；根据步进随机振动试验结果确定随机振动应力加载步长及工作极限。

（2）测试要求：振动过程中实时监控触点的抖动情况以及旁路开关触发特性（包括闭合触点断开时间、断开触点闭合时间等）；每个量级试验结束后，随机选取 1~2 个试验件进行触发，并测量触发前后的接触电阻（触发前 T1/T2、触发后 T1/T3）。

10.4　卫星寿命试验

寿命试验是指为验证产品在规定条件下的寿命（包括使用寿命和贮存寿命）所进行的试验。通过寿命试验还可发现可能存在的耗损性故障，确定其根本原因并制定纠正措施。

10.4.1　寿命试验分类

按试验场所,寿命试验可分为现场寿命试验和实验室寿命试验。现场寿命试验是在实际使用的工作和环境条件下所进行的寿命试验,也称外场寿命试验。实验室寿命试验是在实验室模拟实际使用的工作和环境条件所进行的寿命试验,也称内场寿命试验。两者相比,外场寿命试验条件真实,最能说明产品的寿命特征,但是试验场所范围大,试验条件(环境和负载)复杂多变且不可控,在数据采集和分析、故障定位等方面存在多种困难。为了弥补现场寿命试验的不足,实验室寿命试验将现场的重要应力条件搬到实验室内,在可控的实验室条件下,模拟典型应力条件进行寿命试验。

按验证对象,寿命试验可分为使用寿命试验和贮存寿命试验。使用寿命试验验证的是产品的使用寿命,是指模拟使用状态进行的寿命试验。贮存寿命试验验证的是产品的贮存寿命,是模拟贮存状态的寿命试验。

按试验终止方式,寿命试验分为完全寿命试验和截尾寿命试验。完全寿命试验是指试验到全部试验件均失效为止的试验,得到的是完全样本。截尾寿命试验又称为不完全寿命试验,可分为定时截尾寿命试验和定数截尾寿命试验。定数截尾寿命试验是指试验到预定的故障数就停止的试验,此时故障数是固定的,而试验停止时间是随机的;定时截尾试验是指试验到预定时间就停止的试验,试验停止时间是固定的,而试验中发生的故障数是随机的。

按试验应力强度,寿命试验可分为常规寿命试验和加速寿命试验。常规寿命试验模拟实际的使用应力条件进行寿命试验;加速寿命试验则是在不改变故障机理的条件下,采用高于实际使用应力的条件进行的寿命试验。对于某些产品,它们必须工作在特定条件下否则可能无法工作(如电推力器、行波管等)或者故障机理可能发生改变(如油润滑机构等),只能开展常规寿命试验,但是可以尝试通过退化试验缩短试验时间。

按试验观测对象,寿命试验分为一般寿命试验和退化试验。一般寿命试验在试验过程中仅观测故障是否发生,退化试验则对故障发生演化过程的性能参数进行观测。按试验应力强度,退化试验又可进一步分为常规退化试验和加速退化试验。如果不做特殊说明,寿命试验指狭义的一般常规寿命试验,退化试验指常规退化试验。

按照试验应力情况,寿命试验可以分为单一应力试验和综合应力试验,并可按试验应力类型进一步细化分类,例如高温试验、温度循环试验、机械疲劳试验、热疲劳试验、振动试验、湿度试验等。

星上产品普遍具有高可靠、长寿命、成本高的特点,常规寿命试验往往意味着漫长的试验时间和庞大的试验经费,工程中难以实施。目前退化试验、加速寿命试验和加速退化试验已在星上产品的寿命和可靠性验证中获得了较好的应用。表10-9给出了部分应用情况。

表 10-9　星上产品寿命试验应用情况

序号	试　验　类　型	应用单机/模块/部组件
1	寿命试验/退化试验	电推力器、行波管放大器、阴极、动量轮、陀螺等

（续）

序号	试 验 类 型	应用单机/模块/部组件
2	加速寿命试验	太阳帆板驱动机构、天线电机等转动机构类产品,固放、低噪放等功率放大类产品,电源模块等电子产品
3	加速退化试验	蓄电池、太阳电池片等

10.4.2　常规寿命试验

1. 适用对象

常规寿命试验的对象首先是有寿命要求的产品,以机械类或机电类产品为主。这类产品在使用过程中会发生如磨损、腐蚀或老化等耗损性故障,且故障机理在现有技术条件下难以进行加速或加速模型未知,例如电推力器离子溅射腐蚀、阴极发射体材料挥发等。

从产品重要度考虑,关键新研产品应开展寿命试验。同时鉴于试验设备、试验成本等因素限制,常规寿命试验主要在单机级及以下层次开展,对于某些简单的小型系统在条件允许情况下也可以进行。

2. 试验前分析

常规寿命试验前应制定试验方案,明确受试产品的状态与数量、试验条件(应力水平和施加方式等)、测试周期等。另外,还需对产品寿命特性和寿命试验要求进行仔细分析,尽早收集产品的故障数据并在试验前进行分析,否则可能会导致试验反复。分析内容一般包括以下几个。

(1) 研制现状分析:试验前首先对产品的研制现状进行分析,了解产品目前寿命现状,明确产品改进后期望达到的寿命水平;对于寿命验证试验,应分析是否能达到产品寿命指标要求。

(2) 薄弱环节分析:分析影响产品寿命的薄弱环节及相关模块/部组件,明确主要故障模式及其机理。

(3) 试验产品层级分析:常规寿命试验前,要明确进行试验的产品层级是整机级还是模块/部组件级。为了节约试验成本,建议在模块/部组件级开展试验,特别是整机内部存在多个相同或相似模块的情况。为了验证更充分,也可以采取模块/部组件级与整机级相结合的方式,选取关键模块/部组件级投入较多样本进行试验,整机级仅投入 1~2个样本进行补充验证。对于某些产品,拆解为关键模块/部组件后无法工作或无法模拟工作状态,则只能进行整机级试验,如离子推力器的栅极组件只能组装在整机中进行试验。

(4) 试验条件分析:产品实际使用中会经历各种自然环境和诱发环境,还要承受工作载荷,同时接受使用维护(如定时刷新等)。试验前应对产品环境条件、工作条件和使用维护条件进行分析,明确对产品寿命有影响的要素,考虑现有的试验设施可能提供的试验条件,确定试验应力及其施加方式。

3. 试验剖面制定

常规寿命试验剖面应尽可能真实模拟产品的实际使用条件,保证试验结果更真实反映产品实际情况。卫星产品常规寿命试验剖面的制定应考虑以下方面。

（1）试验剖面应根据产品的寿命剖面和任务剖面来制定。

（2）应对产品使用条件进行分析，确定影响产品寿命的主要工作应力和环境应力。如产品寿命主要取决于工作应力，与环境应力关系不大，则试验剖面中可只保留对产品寿命影响较大的工作应力；反之亦然。

（3）应优先选用产品在实际使用中的实测应力数据来制定试验剖面。如无法得到实测应力，可根据处于相似位置、具有相似用途的产品在执行相似任务时测得的数据，经过分析处理后确定的估计应力。在无法得到实测应力或估计应力的情况下，也可以使用参考应力。对于产品使用位置等不确定的产品（特别是产品化产品），可根据技术规范中的技术指标按照最大能力进行考核。

（4）充分借鉴以往类似产品寿命试验的方法和条件。

（5）在满足试验要求的条件下，试验剖面应尽可能简化，忽略对产品寿命影响较小的应力或应力量值，以便试验的实施。

10.4.3　加速寿命试验

美国罗姆航空发展中心在1967年首次提出了加速寿命试验的定义：其是在合理工程及统计假设的基础上，利用与物理失效规律相关的统计模型，对超出正常应力水平的加速环境下获得的可靠性信息进行转换，得到试件在额定应力水平下可靠性特征的可复现的数值估计的一种试验方法。加速寿命试验采用加速应力开展试件的寿命试验，能够有效缩短试验时间，提高试验效率，降低试验成本，有力支撑了高可靠长寿命产品的可靠性验证工作。20世纪70年代初，加速寿命试验技术引入我国，引起了统计学界与可靠性工程界的广泛关注，目前加速寿命试验技术已成功用于卫星产品的寿命和可靠性验证。

按照试验应力的加载方式，加速寿命试验可分为恒定应力试验、步进应力试验和序进应力试验。恒定应力试验把试验样品分组，每组样品在某个恒定加速应力水平下进行寿命试验。步进应力试验是把全部样品先在某个较低的加速应力水平下进行寿命试验，到达预先规定的截止条件（定时截尾或定数截尾）时，把试验应力提高到更高的应力水平继续试验，如此循环，直至达到总截尾时间或总截尾数时结束试验。序进应力试验和步进应力试验类似，只是施加的加速应力是一个随时间连续上升的函数。上述三类加速寿命试验中，恒定应力试验发展最早、最成熟，应用最广；步进应力试验相对成熟，有一定的工程应用；序进应力试验以研究为主，应用较少。

1. 试验前准备

（1）试验产品层级分析：加速寿命试验前，要明确进行试验的产品层级是整机级还是模块/部组件级。一般来说，模块或部组件比较容易建立表示失效率与使用应力间函数关系的加速模型。更高级别的产品由于其设计复杂、层次多，往往多个失效机理并存，导致加速应力可能出现多样化，加速模型建立困难。因此，一般选取决定产品寿命的关键模块/部组件开展试验，这样也有利于节约试验成本。对于拆解为关键模块/部组件后无法工作或无法模拟工作状态的产品，只能进行整机级试验。

（2）产品可加速性分析：开展加速寿命试验有两个基本条件，一是产品可靠性和寿命随着应力条件的严酷而降低,二是加速试验应力下的故障机理与正常应力下的故障机理一致。产品可加速性分析就是分析是否能够满足以上两个基本条件。需要注意的是,有时候加速应力下的故障模式虽然与正常应力下的故障模式相同,但故障机理已经发生了变化,那么该加速应力是不可取的,例如临界润滑问题,增大载荷极有可能改变润滑状态,虽然故障模式都是磨损失效,但是机理不同。另外,当加速应力施加困难或成本较高时,产品的可加速性也不好,应综合分析确定产品是否适于开展加速试验。

（3）确定故障判据和测试项目:为检测和确认试验过程中产品是否故障,需明确故障判据,并针对故障判据给出测试项目及测试时机。对于不能即时判断是否故障的情况,通常采取定期测试的方式,此时应明确测试间隔。

（4）确认试验设备情况:包括试验设备的应力控制精度、控制稳定时间、应力场的分布情况等,以便为后续的应力极限确认试验和加速寿命(退化)试验的试验方案制定和实施提供依据。

2. 加速模型

加速模型可分为物理加速模型、经验加速模型和统计加速模型,如图 10-11 所示。物理加速模型是基于对产品失效过程的物理化学解释而提出的,如阿伦尼斯(Arrhenius)模型和艾林(Eyring)模型。经验加速模型是基于对产品性能长期观察提出的,如逆幂律模型(Inverse Power Model)、Coffin-Manson 模型等。统计加速模型是基于统计分析方法给出的,常用于分析难以用物理化学方法解释的数据,又分为参数模型和非参数模型。参数模型中参数的个数及其特性都是确定的,但是需要预先确定产品的寿命分布形式;非参数模型是一种无分布假设的模型,模型参数的个数及其特性是灵活的,不需要预先确定。

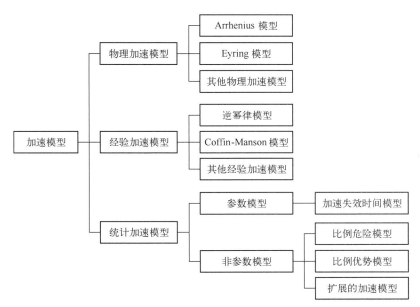

图 10-11　加速模型分类

下面主要介绍常用的 4 种加速模型：Arrhenius 模型、Eyring 模型、逆幂律模型和 Coffin-Manson 模型。

1）Arrhenius 模型

温度是最常见的一种加速应力，这是因为高温能使产品（如电子元器件、绝缘材料等）内部加快化学反应，促使产品提前失效。阿伦尼斯（Arrhenius）在 1880 年研究了这类化学反应，将激活能（Activation Energy, Ea）和玻耳兹曼分布律（Boltzmann distribution law）相结合，得到 Arrhenius 模型：

$$\frac{\partial P}{\partial t} = \text{rate}(t) = A\exp\left(-\frac{E_a}{RT}\right) = A\exp\left(-\frac{E_a}{kT}\right) \tag{10-1}$$

式中：P 为产品某特性值或退化参数；$\text{rate}(t)$ 为绝对温度 T 下的反应速率；A 为常数；R 表示气体常数，数值为 $8.31446\text{J}/(\text{K}\cdot\text{mol})$；$k$ 表示玻耳兹曼常数，数值为 $8.617\times10^{-5}\text{eV/K}$；$RT$ 可看作平均动能；E_a 为激活能，或称为活化能，单位是电子伏特 eV。

当温度恒定时，反应速率为定值，产品由初始时刻正常状态 P_1 到故障状态 P_2 所需的时间即为产品寿命，则有

$$t = \frac{P_2-P_1}{A}\exp\left(\frac{E_a}{kT}\right) = A^*\exp\left(\frac{E_a}{kT}\right) \tag{10-2}$$

加速因子为

$$AF_a(T) = \exp\left[\frac{E_a}{k}\left(\frac{1}{T_0}-\frac{1}{T}\right)\right] \tag{10-3}$$

式中：T_0 为产品正常工作温度。

从广义上来看，激活能表征了产品从正常未失效状态向失效状态转换过程中存在的能量势垒。激活能越大则发生失效的物理过程进行得越缓慢或越困难，反之则更快更容易。激活能对基元反应才有较明确的物理意义。对复杂反应，实验测得的是各基元反应激活能的组合，即表观激活能。

工程实际中测得或计算得到的都是宏观表现出来的激活能，即表观激活能。由于激活能来源于化学反应速率，因此它主要用来描述非机械（或非材料疲劳）的、取决于化学反应、腐蚀、物质扩散或迁移等过程的失效机理。MIL-HDBK-338 和 ECSS-Q-30-1 给出了典型元器件激活能参考值，如表 10-10 和表 10-11 所列。

表 10-10　MIL-HDBK-338 提供的各种硅半导体器件失效机理的激活能

产品	失效机理	相关因子	加速因子	激活能
硅氧化物	表面电荷聚集	自由离子 电压、温度	温度	两极：$E_a = 1.0\sim1.5\text{eV}$ 金属氧化物半导体 $E_a = 1.2\sim1.35\text{eV}$
	介质击穿	电场、温度	电场	$E_a = 0.3\sim2.0\text{eV}$
硅-硅氧化物界面	电荷注入	电场、温度	电场、温度	$E_a = 1.3\text{eV}$（慢俘获） $E_a = 1.2\text{eV}$（P 沟道） $E_a = 1.05\text{eV}$（N 沟道）

（续）

产品	失效机理	相关因子	加速因子	激活能
金属化	电荷迁移	温度、电流密度、温度和电流密度梯度	温度、电流密度	$E_a = 0.5 \sim 1.2\text{eV}$
		晶粒度		$E_a = 0.3\text{eV}$ 小晶粒 0.5eV 典型铝 0.9eV 接触窗
	化学腐蚀	污染、湿度	湿度、电压、温度	强湿度影响 $E_a = 0.3 \sim 0.6\text{eV}$（对于电压可能有门限值 $E_a = 0.9\text{eV}$）
	电流电解	电压、温度		
键合及其他机械接口	金属内部疲劳增大	温度、杂质键合强度	温度	铝-铜：$E_a = 1.0 \sim 1.05\text{eV}$
		温度	循环温度极限	$E_a = 0.3 \sim 1.0\text{eV}$

表 10-11　ECSS-Q-30-1 提供的典型激活能值

产品	种类	激活能/eV
半导体	砷化镓	1.4
	硅	1.1
电阻	金属膜电阻	1.35
	碳电阻	1
	绕线电阻	1
电容	陶瓷电容	1.67
	玻璃薄膜、云母电容	1.1
	塑料薄膜电容	3.4
	钽电容	0.43

　　大部分产品的表观激活能通常无法直接确定。当试验样品充足时,可以在多个加速应力水平下开展试验,根据各个应力水平下的故障数据估计表观激活能。但是,对于多数卫星产品而言,试验样品有限,难以通过多应力加速寿命试验等常规方法获取其激活能。对此,可依据薄弱环理论,基于工程经验确定激活能。首先,根据 FMEA、可靠性预计以及历史试验和在轨工作情况,将产品中固有失效率较大、工作应力较为严酷、地面试验或在轨飞行过程中发生过失效的元器件列为关键元器件,作为产品的薄弱环节。然后,根据 MIL-HDBK-338 和 ECSS-Q-30-1 给出的典型元器件激活能参考值或其他可靠的激活能数据源确定各关键元器件的激活能,取最小值作为整个产品的激活能。

　　2）Eyring 模型

　　亨利·艾林（Eyring）最早将量子力学和统计力学用于化学,发展了绝对速率理论和液体的有效结构理论,并于 1935 年提出了 Eyring 模型:

$$\text{rate}(t) = \frac{kT}{h}\exp\left(-\frac{\Delta G}{RT}\right) = A'\frac{kT}{h}\exp\left(-\frac{E_a}{kT}\right) \tag{10-4}$$

式中：$\text{rate}(t)$ 为绝对温度 T 下的反应速率；A' 为常数；k 为玻耳兹曼常数；h 为普朗克常数；R 为气体常数；ΔG 为吉布斯活化能/自由能。

当温度恒定时，反应速率为定值，产品寿命与温度的关系可由下式描述：

$$t = A^* T^{-1} \exp\left(\frac{E_a}{kT}\right) \tag{10-5}$$

加速因子为

$$AF_e(T) = \frac{T}{T_0}\exp\left[\frac{E_a}{k}\left(\frac{1}{T_0} - \frac{1}{T}\right)\right] \tag{10-6}$$

工程中实际的应力往往包含多种，比如电应力、机械应力、湿度应力等，对此 Mcpherson 在 1986 年提出了广义 Eyring 模型，见式（10-5）。式中，S_i 为第 i 种非温度应力函数，比如电压（V）可表示为 $S = \ln V$，相对湿度（RH）可表示为 $S = \ln RH$ 等；A，B_i 和 C_i 均是常数。

$$
\begin{aligned}
\text{rate}(t) &= AT\exp\left[-\frac{E_a}{kT} + \sum_{i=1}\left(\frac{B_i}{kT} + C_i\right)S_i\right] \\
&= AT\exp\left(-\frac{E_a}{kT}\right)\exp\left(\sum_{i=1}\frac{B_iS_i}{kT}\right)\exp\left(\sum_{i=1}C_iS_i\right)
\end{aligned} \tag{10-7}
$$

3）逆幂律模型

对于某些产品，加速试验可用电应力（如电压、电流、功率等）、机械应力、湿度应力作为加速应力。例如，加大电压能促使产品提前失效。试验数据表明，这类产品的寿命与应力之间的关系一般称为逆幂律模型，可用下式表示：

$$t = AV^{-C} \tag{10-8}$$

式中：t 为寿命；V 为应力；A 和 C 均为常数。

加速因子为

$$AF(V) = \left(\frac{V_0}{V}\right)^{-C} \tag{10-9}$$

4）Coffin-Manson 模型

Coffin-Manson 模型主要用来描述低周疲劳引起的产品失效规律，适合塑性变形较大的疲劳问题，比如温度循环引起的低周热疲劳等，用下式表示：

$$N = C\ (\Delta\varepsilon_p)^{-\alpha} \tag{10-10}$$

式中：N 是循环次数，小于 10^6 次；$\Delta\varepsilon_p$ 为低周疲劳的应变幅，比如温度循环上下限温度分别为 80℃ 和 -40℃，则 $\Delta\varepsilon_p = 80 - (-40) = 120$℃；$\alpha$ 和 C 都是常数，与材料、试验方法、试验循环都有关；一般塑性材料 $\alpha = 1 \sim 3$，高强硬质材料 $\alpha = 3 \sim 6$，脆性材料 $\alpha = 6 \sim 9$。

加速因子为

$$AF(\Delta\varepsilon_p) = \left(\frac{\Delta\varepsilon_{p0}}{\Delta\varepsilon_p}\right)^{-\alpha} \tag{10-11}$$

对于以温度循环为试验应力的试验，Coffin-Manson 模型可用下式表示：

$$t(f, \Delta T, T_{\max}) = \frac{A}{f^{\alpha} \cdot \Delta T^{\beta}} \exp\left(\frac{E_a}{kT_{\max}}\right) \quad\quad (10\text{-}12)$$

式中：f 为循环频率；$\Delta T = T_{\max} - T_{\min}$，为温度循环的温变范围；$T_{\max}$ 和 $T_{\min}$ 为温度循环的最高温度和最低温度；A 为常数；α、β 为修正系数，根据工程经验确定，星上电子设备可取 $\alpha = -1/3, \beta = 2$；E_a 为激活能；k 为玻耳兹曼常数。

加速因子为

$$AF = \left(\frac{f}{f_0}\right)^{\alpha} \left(\frac{\Delta T}{\Delta T_0}\right)^{\beta} \exp\left[\frac{E_a}{k}\left(\frac{1}{T_{\max,0}} - \frac{1}{T_{\max}}\right)\right] \quad\quad (10\text{-}13)$$

3. 试验方案

加速寿命试验方案应明确以下内容。

1）试验样本量

加速寿命试验是一种基于失效物理并结合数理统计方法，外推预测产品寿命、估计产品可靠性的试验方法，需要较大的样本量。对于恒定应力加速寿命试验，通常每个应力水平的试样样本量一般应大于 10 个，最少不低于 5 个。对于步进应力加速寿命试验，通常试验样本量不得少于 12 个，并且一般应保证每个应力水平下至少有 1~2 个故障。在加速模型和分布参数有一定先验信息的情况下，也可利用加速寿命试验优化设计方法来确定试验样本量。

但是，考虑卫星产品极小子样的特点，上述原则往往很难满足，特别是在模块和设备级等较高层级产品上。一般来说，如果仅以验证产品寿命指标为目标，也可采用单应力单水平的加速寿命试验形式，采用 1~2 个产品进行试验，加速因子根据工程经验给出，进而确定试验时间。

2）应力水平的选择

恒定和步进应力加速寿命试验的应力水平选择原则如下。

（1）应力水平应在 3~5 个之间。加速模型中一般有 2 个或以上待定参数，如果应力水平过少，模型参数估计误差较大。而应力水平过多，一方面会增加试验成本和数据处理难度，另一方面，在可加速区间有限时，应力水平会出现分布过密的情况，导致相邻水平间加速效果不明显，故障分布分界不明显，模型参数估计误差较大。从工程可操作性和统计评估的角度来说，应力水平在 3~5 个是比较合适的。

（2）应力水平分布区间尽可能宽，即最低和最高应力水平尽可能间隔远一些。这样加速模型参数估计更准确，外推到正常应力水平的误差更小。

（3）最高应力水平不应超出产品的工作极限。否则故障机理极有可能会改变，如果使用这样的数据进行分析评估，可能得到错误的结论。

（4）最低应力水平应适当接近正常应力水平，以提高外推评估结果的可信性。但是，距离正常应力水平过近可能导致试验时间过长。

（5）应力水平应合理散布。从试验效率上考虑，较低应力水平可以间隔远一些，较高应力水平可以间隔近一些，这样可以避免低应力水平偏多，有效压缩试验时间。但是，从以上常用的加速模型来看，对数寿命一般与应力的倒数或对数应力满足线性关系，较高应力水平密集会导致应力的倒数或对数应力过于密集，会影响加速模型的估计精度。因此，工程实际应用时经常等间隔分布。

3）试验时间的确定

出于加速模型统计分析的需要,每个应力水平下一般应保证至少有 1~2 个故障,特别是低应力水平下的故障数据,以提高模型外推的可信性。对于恒定应力加速寿命试验,应保证在试验时间内,每个应力水平下有 30% 以上的产品发生故障。对于步进应力加速寿命试验,应保证每个应力水平都有产品发生故障,且多数应力水平下的失效数最好达到 4 个或以上。无论是恒定应力加速寿命试验还是步进应力加速寿命试验,低应力水平的试验时间都应长于高应力水平的试验时间,这与保证故障数量的基本要求是相协调的。在加速模型和分布参数有一定先验信息的情况下,也可以利用加速寿命试验优化设计方法来确定试验时间。

对于卫星产品常见的单应力单水平加速寿命试验,可根据寿命验证要求、加速因子参考值来估算试验时间。

10.4.4　加速退化试验

某些产品的性能随着工作时间的增加会逐渐劣化,当性能参数劣化到特定值(称为失效阈值)时产品失效。如果这些性能可观测并且劣化过程不可逆,则可通过性能参数退化反映产品寿命期内的失效过程。对于这类产品,在寿命试验过程中对具有退化特征的性能参数进行观测,称之为退化试验。当退化试验在加速应力条件下进行时,称之为加速退化试验。

加速退化试验是在故障机理不变的基础上,通过提高应力水平来加速产品性能退化,获取产品在高应力水平下的性能退化数据,以此来估计产品可靠性及预测产品在正常应力下寿命时间的加速试验方法。在加速退化试验中,"故障"一般定义为性能参数退化至不能满足给定的工程指标(即退化阈值)。产品性能参数随测试时间退化的数据称为退化数据,是可靠性分析中除故障数据外的一类重要数据。利用加速退化数据,可以分析加速退化轨迹与寿命分布、加速方程之间的关系,建立基于伪失效寿命的可靠性模型;也可以通过分析性能退化量分布随时间的加速变化规律,建立基于性能退化量分布的可靠性模型;进而对正常应力水平下的产品寿命和可靠性进行评估。

加速退化试验和加速寿命试验本质相同,都是在保证故障机理不变的前提下,通过提高应力水平加快产品故障进程,缩短试验时间,区别在于观测对象。加速寿命试验直接对故障进行观测,对故障时间进行统计分析,试验时间上一般需要观测到数个故障真实发生,否则无法进行统计分析或分析误差较大;加速退化试验不直接观测故障,而是观测故障进程即性能退化的过程,对性能退化过程进行统计分析,不要求观测到故障真实发生,即可进行统计分析。因此,加速退化试验为解决高可靠长寿命产品小子样无失效问题提供了有效的技术途径,是对加速寿命试验的有力补充。

但是,加速退化试验也有其局限性。首先,它们要求产品性能具有退化性,即可观测的性能随着试验时间的增加具有不可逆的变化。对于突发性故障、性能变化可逆的故障、退化不可观测的故障,加速退化试验并不适用。对于加速退化试验,还要求具有可加速性,即应力的提高会加速退化过程。

对于星上功率放大类产品(如固放、行波管放大器、低噪放、接收机、发射机)、机构类产品(如动量轮、太阳帆板驱动机构、可动天线机构等),等具有在轨明显性能衰退特点的产品,在初样研制中,均应开展加速退化试验。

（1）试验前准备

除了加速寿命试验前准备列出的各项工作,加速退化试验还需要进行退化性分析,确认是否具有退化特征、退化过程是否可观测;测试项目应明确测试参数（能够表征产品可靠性的具有退化特征的参数）和测试间隔。

（2）加速模型

加速寿命试验的加速模型同样适用于加速退化试验。

（3）性能退化模型

除了加速模型,还需建立描述退化过程的退化模型。根据对产品性能退化机理的了解程度,可以将退化模型分为以下两种基本类型:①基于物理或经验的退化模型,适用于对产品的退化机理有清晰认识的情况。②基于统计数据的退化模型,直接利用统计模型来描述退化数据,在工程中适用性更广,如基于线性回归理论的退化轨迹模型、随机过程模型等。

（4）试验方案制定

加速退化试验一般采用恒定应力方式实施。试验样本量相比加速寿命试验可适当减少,但每个应力水平下一般应不低于 2~3 个。应力水平选择可参照加速寿命试验的相关原则执行。在试验时间确定上,无须观测到真实故障,但应尽可能观测到部分产品发生故障为止,以对产品全寿命期的退化过程进行摸底。如对全寿命期退化过程有可靠的认知,无摸底需求,可进一步缩短试验时间,但为保证外推精度,应尽量观测到产品寿命的一半以上（可根据试验数据外推判断）。

10.4.5　寿命试验实例

1. 电源控制器加速寿命试验方案

（1）试验目的:验证电源控制器能否满足 GEO 卫星 15 年在轨工作寿命要求。

（2）试验件状态:采用电源控制器的鉴定件作为试验件,鉴定件已通过了全部鉴定级试验。选取电源控制器的关键模块 BDR（放电模块）和 BCR（充电模块）为试验对象。

（3）试验项目:BDR 模块加速寿命试验;BCR 模块加速寿命试验。

（4）试验条件:为缩短试验时间,采用加速寿命试验方法,选取温度作为加速应力,采取恒定应力法在单一水平下进行试验,加速模型采用 Arrhenius 模型。

根据鉴定件环境试验及热平衡试验的结果,综合权衡试验时间、试验设备的能力及试验件内部器件对温度的适用能力,选取电源控制器加速试验温度为 72℃。参考 MIL-HDBK-338《电子设备可靠性设计手册》,考虑整机热分析及元器件分析结果,激活能取值为 0.6eV。电源控制器的在轨使用温度按照 45℃ 考虑,利用式（10-3）则计算得到加速因子为 5.55。

BDR 模块在卫星进入地影期间工作,用于蓄电池放电管理。根据工作轨道,15 年内进入地影 1350 次,单次最长地影时间为 72min,则 BDR 模块寿命期内工作时间不超过 1620h。采用 1 个试验件,试验时间为 1620÷5.55＝292h（约 13 天）。

BCR 模块在卫星出地影后工作,用于出影后蓄电池充电管理。15 年内需工作 1350

次,被管理的蓄电池组容量为 80A·h,蓄电池地影期放电深度按照 60% 计算,平均充电电流按照 10A 计算,则 BCR 模块寿命期内工作时间约为 80×0.6/10×1350＝6480h。采用一个试验件,试验时间为 6480÷5.55＝1166h(约 49 天)。

2. 锂离子蓄电池组旁路开关压簧加速退化试验方案

(1)试验目的

验证旁路开关抗蠕变能力能否满足 15 年在轨工作寿命要求。

(2)试验件状态

试验件技术状态与正样产品一致。

(3)试验项目

加速应力为温度,在不同温度下进行连续应力松弛测试。模拟实际工况将压簧安装在夹具上,在常温下及高温箱中模拟旁路开关未触发时的状态位置进行耐久性试验。试验过程中不得拆卸压簧,对压簧的应力松弛特性进行实时测量。试验装置应满足连续、带温、自动测量的功能。

(4)加速模型

应力松弛过程可认为是位错等的热激活过程,位错在外力作用下,经过热激活而发生运动,在运动中要与阻碍位错运动的杂质、第二相或缺陷等发生交互作用而使系统内能增加。应力松弛率 ν_s 与温度 T 及位错通过障碍所需激活能 Q 的关系用 Arrhenius 方程描述:

$$\nu_s = \gamma \exp(-Q/kT) \tag{10-14}$$

式中:$\nu_s = \dfrac{d(\Delta P/P)}{d(\ln t)}$;$\gamma$ 为常数;P_0 为弹簧初始状态承受的负载;ΔP 为弹簧负载损失量;k 为玻耳兹曼常数。

(5)性能退化模型

根据工程经验,压簧的负载损失率 $\Delta P/P_0$ 与加载时间的自然对数具有较好的线性关系,可用下式描述。

$$\Delta P/P_0 = A + v_s \cdot \ln t \tag{10-15}$$

如果取应力松弛时间 $t=1$h,则 $A = \Delta P_{(1h)}/P_0$。因此,可将常数 A 理解为弹簧应力松弛 1h 后的负载损失率,那么 $A = \int_0^1 \nu_s dt = \int_0^1 \gamma \exp(-Q/KT)dt = \gamma \exp(-Q/KT)$。两边取对数,得到

$$\ln A = \ln \gamma - \frac{Q}{K} \cdot \frac{1}{T} \tag{10-16}$$

(6)试验与分析步骤

① 利用动态应力松弛测试装置,在一系列加速试验温度下做应力松弛试验,获得温度与负荷损失率的关系。

② 以应力松弛率的自然对数为纵坐标,松弛温度的倒数为横坐标作图,确定应力松弛速率,遵循 Arrhenius 定律的温度范围,计算应力松弛激活能 Q。

③ 选择任一加速试验温度,计算加速试验所需要的时间,然后计算工作温度下松弛不同时间后的负荷损失率。

3. 锂离子蓄电池寿命试验方案

锂离子蓄电池组由蓄电池单体以一定的串并联形式组成,是星上储能部件,负责地影期为卫星供电。例如,某 GEO 卫星锂离子蓄电池组由 4 个模块组成,每个模块由 3 并 11 串共 33 只单体组成,南 A 与南 B 模块串联组成南电池组,北 A 与北 B 串联组成北电池组。电池组配置框图如图 10-12 所示。

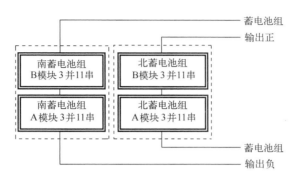

图 10-12　卫星锂离子蓄电池组配置框图

(1)试验目的

①验证锂离子电池组是否满足 15 年在轨工作寿命要求(1350 次充放电循环);②获得锂离子电池组的性能退化数据,尤其是寿命末期的性能变化情况,为在轨使用及寿命模型建立提供依据。

(2)试验项目

①全加速寿命试验;②半加速寿命试验;③真实寿命试验。

(3)试验件状态

每项试验均在 3 并 3 串小组件(3 组单体串联,每组 3 只电池并联)状态下进行。

(4)试验方法

每项试验均在各自规定的试验条件下,按规定的充放电步骤开展试验,每次循环记录电池的放电电压,当电池的放电电压连续 3 次达到预定的终止电压(如 3.0V)时,视为寿命终止,不再进行充放电循环,记录电池的充放电循环次数。

(5)全加速寿命试验

试验条件:在常温(20±3℃)常压环境下,按照 GEO 轨道的最长放电时间 72min 进行充放电循环,按恒定放电深度(DOD)80% 进行放电,不模拟全光照季搁置情况。

充放电循环基本步骤:①以充电倍率 C/10A 恒流充电至 4.1V;②以 4.1V 恒压充电至电流降为 C/100A;③一般搁置 30min;④以负载电流放电 72min;⑤搁置 30min;⑥按 1~5 步循环至单体电池放电截止电压 $\leqslant V_0$(预定终止电压,如 3.0V)时停止试验,记录充放电循环次数。

(6)半加速寿命试验

试验条件:在常温(20±3℃)常压环境下,按照 GEO 轨道的运行周期(放电时间如表 10-12 所列)进行地影季 45 次充放电,最大 DOD 为 80%,继续进行下一个地影季充放电,依次循环。

表 10-12　GEO 轨道放电时间(单个地影季)

阴影期周次	上半周次	1	2	3	4	5	6	7	8	9	10	11	12	13	14	15	16	17	18	19	20	21	22	23
	下半周次	45	44	43	42	41	40	39	38	37	36	35	34	33	32	31	30	29	28	27	26	25	24	
放电时间/min		5	20	34	41	46	50	54	56	58	60	62	64	68	69	70	71	72	72	72	72	72	72	72

充放电循环基本步骤：①以充电倍率 C/10A 恒流充电至 4.1V；②以 4.1V 恒压充电至电流降为 C/100A；③搁置 30min；④以负载电流，按表 10-12 中的放电时间进行放电；⑤搁置 30min；⑥按 1~5 步循环至单体电池放电截止电压 $\leq V_0$(预定终止电压，如 3.0V)时停止试验，记录充放电循环次数。

（7）真实寿命试验

试验条件：在常温(20±3℃)常压环境下，完全按照卫星在轨期间工况进行试验，包括阴影期的充放电循环以及全光照期的搁置，即：按照 GEO 轨道的运行周期(放电时间如表 10-12 所列)进行地影季 45 次充放电，最大 DOD 为 80%；然后模拟全光照期搁置 135天；再进行下一个地影季充放电循环和光照季搁置，依次循环，直至单体电池放电截止电压达到预定的试验终止电压时停止试验，记录充放电循环次数。

参 考 文 献

[1] 茆诗松,王玲玲. 加速寿命试验[M]. 北京:科学出版社,2000.
[2] 姜同敏. 可靠性与寿命试验[M]. 北京:国防工业出版社,2012.
[3] 姚立真. 可靠性物理[M]. 北京:电子工业出版社,2004.
[4] 周正伐. 航天可靠性工程[M]. 北京:中国宇航出版社,2007.
[5] 孙楚桥. 真空度对霍尔推力器性能的影响[D]. 哈尔滨:哈尔滨工业大学,2015.
[6] CUI H. Accelerated Temperature Cycle Test and Coffin-Manson Model for Electronic Packaging[C]. RAMS,2005.
[7] ELSAYED E A. Reliability Engineering[M]. Massachusetts:Addison-Wesley,1996.
[8] COX D R. Regression Models and Life-tables[J]. Journal of the Royal Statistical Society, Series B (Methodological),1972,34(2):187-220.
[9] BRASS W. On the Scale of Mortality[M]. London:Taylor &Francis Ltd,1971.
[10] BRASS W. Mortality Models and Their Uses in Demography[J]. Transactions of the Faculty of Actuaries,1974,33:122-133.
[11] ZHANG H. Modeling and Planning Accelerated Life Testing with Proportional Odds[D]. NJ:Rutgers University,2007.
[12] WANG X. An Extended Hazard Regression Model for Accelerated Life Testing with Time Varying Coefficients[D]. NJ:Rutgers University,2001.
[13] KALBFLEISCH J D,PRENTICE R L. Statistical Analysis of Failure Time Data[M]. New York:Wiley,1980.
[14] LEBLANC M, CROWLEY J. Step-function Covariate Effects in the Proportional-hazards Model[J].

The Canadian Journal of Statistics,1995,23(2):109-129.

［15］   HASTIE T,TIBSHIRANI R. Generalized Additive Models［J］. Statistical Science,1986,1(3):297-310.

［16］   HASTIE T, TIBSHIRANI R. Varying-coefficient Models［J］. Journal of Royal Statistical Society (Series B),1993,55(4):757-796.

［17］   ETEZADI-AMOLI J,CIAMPI A. Extended Hazard Regression for Censored Survival Data with Covariates:A Spline Approximation for the Baseline Hazard Function［J］. Biometrics,1987,43(1):181-192.

第 11 章　卫星环境适应性试验

卫星在地面研制过程中,必须对发射和在轨长期运行经历的各种环境适应性设计进行试验验证。环境适应性试验是验证产品在机械应力、热应力、电应力以及空间辐射等规定的环境条件下完成规定功能和满足规定性能指标的能力。按照卫星发射环境、轨道空间环境、返回环境的顺序,一般先进行发射段力学环境试验,再进行热环境试验,对于涉及返回或再入的卫星,最后进行返回或再入力学环境试验。

环境适应性试验分为整星级的试验和单机级的试验。单机产品的环境适应性试验大多数应在单机产品上进行,有少数产品由于试验边界条件模拟困难,允许随整星进行试验,如推进管路、电缆的振动试验等。

整星级的环境适应性试验包括:力学环境适应性试验、热环境适应性试验、表面放电模拟试验、低气压放电试验、EMC 试验等。力学环境适应性试验包括静力试验、振动试验、噪声试验、星箭分离冲击试验等。热环境适应性试验主要包括热真空试验。卫星系统级的环境适应性试验项目如表 11-1 所列。

表 11-1　卫星系统级环境适应性试验项目

	静力试验	正弦振动试验	噪声或随机振动试验	星箭分离冲击试验	热真空试验	表面放电模拟试验	低气压放电试验	EMC 试验
初样星	√	√	√	√	—	√	√	√
正样星	—	√	√	√	√	—	√	√

注:初样星包括结构星、热控星和电性星,结构星用于力学试验,热控星用于热试验,电性星用于表面放电模拟试验、低气压放电试验和 EMC 试验等

单机级的环境适应性试验包括:力学环境适应性试验、热环境适应性试验、空间辐射环境适应性试验、表面放电模拟试验、低气压放电试验、EMC 试验等。力学环境适应性试验包括加速度试验、正弦振动试验、随机振动试验(星外大部件做噪声试验)、冲击试验等。热环境适应性试验包括热真空试验、热循环试验。空间辐射环境适应性试验主要针对单机内部的芯片、电路、材料和部件,包括电离总剂量效应试验、单粒子效应试验、位移损伤效应试验、紫外辐照试验、真空冷焊试验等。

星上单机产品的环境适应性试验项目如表 11-2 所列。

表 11-2　星上主要单机的环境适应性试验项目

产品类型		加速度试验	正弦振动试验	噪声试验	随机振动试验	冲击试验	热真空试验	热循环试验	表面放电试验	低气压放电试验	微放电试验	EMC试验
电子、机电、有源微波设备	初样产品	√	√	—	√	√	√	√	√	√	注1	√
	正样产品	—	—	—	√	—	√	√	—	√	注1	—
太阳翼	初样产品	注2	√	—	√	—	—	√	—	—	—	—
	正样产品	—	—	√	—	—	—	√	—	—	—	—
天线	初样产品	—	√	注3	注3	—	√	—	—	—	注4	—
	正样产品	—	√	注3	注3	—	—	—	—	—	注4	—
发动机、推力器	初样产品	√	√	—	√	—	√	√	—	—	—	—
	正样产品	—	—	—	√	—	√	√	—	—	—	—

注1：大功率微波单机均需开展真空微放电试验。
注2：初样太阳翼基板结构开展静力试验。
注3：天线反射面进行噪声试验；独立的天线馈源进行随机振动试验。
注4：发射天线馈源进行微放电试验

环境适应性试验一般分为鉴定级试验、准鉴定级试验和验收级试验，量级由高到低。鉴定试验是验证产品设计的试验，在鉴定产品上完成。验收试验是考核产品设计、工艺、材料、加工缺陷的试验，在飞行产品上完成。鉴定级条件高出验收级的余量保证了产品的在轨寿命时间。准鉴定试验是对飞行产品进行的低于鉴定级而高于验收级的试验，主要是用于状态变化较大产品的考核试验。

11.1　卫星力学环境适应性试验

力学环境适应性试验包含准静态载荷试验、振动试验、噪声试验和冲击试验等。准静态试验包括整星结构的静载荷试验、星上单机的恒加速度试验。对于尺寸较小的电子设备，一般采用离心机来模拟加速度环境；而对于尺寸较大的卫星主结构，一般采用静载荷试验考核其在模拟的稳态加速度惯性载荷作用下的强度和刚度。准静态载荷试验一般只在产品鉴定件上进行。

振动试验包括整星和单机的正弦振动试验、整星（微小卫星和小卫星）和单机的随机振动试验。噪声试验包括整星和星外大部件产品的噪声试验。单机设备一般只在鉴定件上进行正弦振动试验，正样产品一般不再进行正弦振动试验。微小卫星和小卫星一般采用随机振动试验代替噪声试验。

冲击试验包括整星级的星箭分离冲击试验、星上火工起爆冲击试验和单机产品的冲击试验。单机产品一般只在鉴定件上进行冲击试验。

11.1.1　卫星恒加速度试验

恒加速度试验的目的是验证单机承受相应量级加速度载荷并能正常工作的能力。

恒加速度试验一般在鉴定件上开展,施加鉴定级载荷。

1. 恒加速度试验设备及试验方法

用于恒加速度试验的设备主要有离心试验机和直线恒加速度试验机两类。因离心试验加速度值控制方便、准确,试验费用低,因此星上设备主要采用离心机开展恒加速度试验。

离心机实质上是一在平面内绕固定轴转动的长臂。试验件装在臂的一端,另一端加配重以保持平衡。当该臂以某一角速度 ω 转动时,试验件受指向轴心的加速度 $r\omega^2$ 的作用,r 为试验件质心到离心机轴心的距离,这时试验件受到离开轴心的惯性载荷。

通过控制离心机转速来获得加速度值,试验要求的加速度值按以下公式计算。

$$G = KRN^2 \qquad (11-1)$$

式中:G 为试验要求的加速度值(g);K 为常数(1.12×10^{-3});R 为试验控制点至离心机旋转轴中心线的距离(m);N 为离心机转速(r/min)。

离心机试验产生的加速度场与卫星实际经受的加速度环境存在差异。离心机试验中试验件做圆周运动,而不是直线运动。这时试验件上每个质点的加速度与该质点到离心机轴心的距离成正比,试验件上各点将因加速度不同而产生加速度梯度。环境试验标准规定,加速度试验应保证试验件质心处经受的加速度值等于试验加速度值,试验件或其考核部分任意一点的加速度应在试验规定值的 90%~110% 之间。离心机转动时,试验件上各点加速度的方向不平行,而是呈辐射状指向离心机轴。这时,试验件上各点承受一附加的侧向加速度。如果试验件很宽,试验加速度值高,该附加加速度值就很大,但对尺寸较小的试验件,影响一般不大。

离心机是由安装试验件的吊篮、转臂、平衡配重、转台、减速装置、电机、汇流环和测控系统等组成。典型的离心试验机主体结构如图 11-1 所示,在电机的拖动下,吊篮做等速圆周运动。

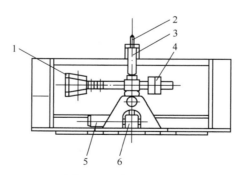

图 11-1 离心试验机
1—吊篮;2—旋转接头;3—汇流环;4—配重;5—电机;6—减速齿轮

2. 恒加速度试验条件

恒加速度试验的试验条件包括加速度量级、试验方向、试验持续时间、试验加卸载速率等。

加速度试验量级一般取运载火箭纵向最高预示加速度值×安全系数,安全系数一般取 1.5。

单机的加速度试验需要分别沿单机机械坐标的 X 向、Y 向和 Z 向各进行一次试验，沿每个方向的试验时间至少 5min。

例如，采用 CZ-3B 火箭发射的某卫星，其飞行极限载荷条件如表 11-3 所示，其最大纵向静态载荷为 6.1g，因此单机的加速度试验条件为 6.1g×1.5=9.15g。

3. 恒加速度试验要求和流程

离心机臂长度一般应大于产品沿臂长方向长度的 5 倍。产品在离心机上的受力方向，应与卫星在发射阶段实际受力方向一致；在支架上安装的产品，应带支架进行试验。

加速度试验中，电子设备（包括全部冗余电路）应尽量加电，通过监测遥测参数，判断设备是否出现异常。

试验件通过试验夹具安装在离心机上，在离心机转臂的另一端安装平衡质量，达到动态平衡。

单机恒加速度试验流程如下。

（1）试验前对试验件进行外观检查和功能检测，安装并调平衡。

（2）离心机低速试运行，启动离心机，加载，达到要求的转速。

（3）试验过程中监视对加速度环境敏感的元器件（如继电器）。

（4）在规定的时间内使离心机保持稳定转速，进行卸载。

（5）更换试验方向，重复以上试验程序。

（6）试验结束后，对试验件做外观检查及功能检测。

11.1.2　卫星静载荷试验

静载荷试验的目的为通过不同工况下的鉴定级静力试验，验证卫星结构设计是否满足要求，暴露设计中的薄弱环节，为改进设计提供依据。静载荷试验通过加载系统对卫星结构的若干部位加载，产生适当的应力分布，从而考核卫星结构在模拟的稳态加速度惯性载荷下的强度和刚度。

整星级的静载荷试验主要在卫星初样结构星上开展，一般只包含卫星主结构（例如，中心承力筒+卫星结构板），不安装星上设备或模拟件，有时针对卫星关键部位的结构试件开展静载荷试验。

1. 试验加载载荷

对于整星结构的静载荷试验，首先由运载火箭飞行极限载荷条件乘以鉴定系数得到卫星的设计静载荷，然后再由设计载荷确定静力试验工况。静载荷试验工况应包括卫星发射段承受的各静载荷工况、卫星地面起吊、地面运输及地面振动试验中承受的最大静载荷工况。

卫星发射过程中承受的设计载荷按下式进行计算：卫星设计载荷=极限载荷×安全系数。安全系数一般取 1.5。

例如，CZ-3B 火箭以卫星质心过载形式给出的卫星设计极限载荷条件如表 11-3所列。

表 11-3   CZ-3B 火箭的飞行极限载荷条件

飞行条件		跨音速和最大动压状态	助推器分离前状态	一、二级分离后状态
纵向过载	静态	+2.2g	+5.3g	+1.0g
	动态	±0.8g	+0.8g -3.6g	+2.7g -3.6g
	组合	+3.0g	+6.1g	+3.7g -2.6g
横向过载		—	+1.5g	+1.0g

注:① 横向载荷表示作用于垂直于卫星纵向的任一方向。
② 纵向和横向载荷同时存在。
③ 纵向载荷中"+"表示压缩

卫星起吊工况一般根据吊车的最大加速度进行考虑,如取 1.3g,安全系数一般取 2.0,因此起吊静载荷按纵向拉伸 2.6g 进行考虑,未超出卫星发射过程运载施加的静载荷。

对于运输工况,试验载荷=设计载荷×安全系数,例如空运状态纵向最大压缩静载荷不超过 2.3g,安全系数一般取 2,因此试验静载荷为 4.6g,未超出卫星发射过程运载施加的静载荷。

综合发射过程静载荷、起吊和运输中承受的最大静载荷,形成静载荷试验工况,如表 11-4 所列,共 6 个试验工况。

表 11-4   卫星静力试验工况

试验工况		载荷条件		
		X 向	Y 向	Z 向
横向最大	1-XZ	2.25g	—	-4.5g
	1-YZ	—	2.25g	-4.5g
轴向压缩最大	2-XZ	1.5g	—	-9.15g
	2-YZ	—	1.5g	-9.15g
轴向拉伸最大	3-XZ	1.5g	—	3.9g
	3-YZ	—	1.5g	3.9g

对于地面正弦振动试验,如果振动试验时卫星局部结构载荷不能被以上静力试验工况覆盖时,需要增加静力试验工况进行验证。

2. 静载荷试验加载及测量方法

卫星结构静载荷试验多采用杠杆加载系统进行加载,该类静载荷试验包括:轴向拉压静载荷试验、侧向力载荷试验、纯弯矩载荷试验、纯扭矩载荷试验、集中载荷试验、分布载荷试验和多种载荷联合试验。

静载荷试验中用到作动筒、加力帽和测力计,作动筒是杠杆加载系统的驱动装置,静载荷试验的加载和卸载通过作动筒的往复直线运动实现。

卫星的局部结构一般采用单向拉或压载荷进行考核;整星结构或主承力结构(中心

承力筒等)一般采用多种载荷联合加载的方式进行考核。

将卫星结构承受的静载荷合理分配到卫星相应部位,按照载荷分配情况通过杠杆系统实现联合加载。图 11-2 为某卫星主承力结构进行纵向和横向联合加载的静力试验示意图。

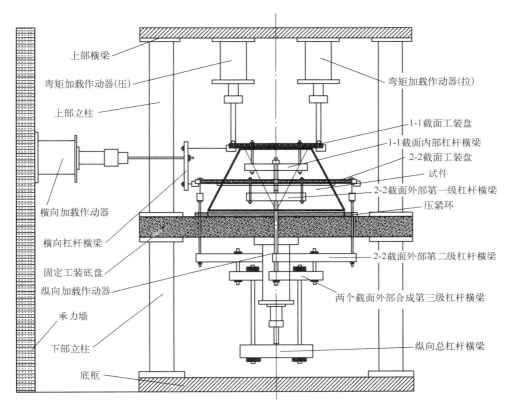

图 11-2　某卫星主承力结构静力试验示意图

卫星结构静载荷试验系统包括加载系统和测量系统。加载系统的功能是产生规定的静载荷作用在卫星结构上,主要由载荷加载设备、载荷加载控制系统和载荷测量系统组成。测量系统主要实现结构应变测量和位移测量,由应变测量系统、位移测量系统和数据采集系统组成。

静载荷试验中,需对卫星结构的主要部位进行应变测量和位移测量。通过应变测量获得卫星结构相应部位的受力情况。应变片粘贴位置主要选在各结构部件连接处、载荷集中区、结构截面几何尺寸突变处、工艺薄弱区域等具有代表性的部位。

位移测量目的是获取试验基座以及卫星结构各加载截面的纵向和径向绝对位移,监测载荷加载方向是否存在偏心造成的加载不对称,检验试验基座的刚度是否满足要求。位移计的安装支架应有足够的刚度,以保证测量过程中的变形误差小于位移计误差;位移计的安装支架应与加载工装分开,以免试验过程中受到干涉。

3. 静载荷试验要求及流程

一般要求试验件的安装固定应模拟正确的试验边界条件。

加载载荷应按试验要求进行分级,试验过程应单调平稳地逐级加载,如图 11-3 所示。因载荷传递有滞后,所以每级载荷应保持一段时间后再进行测量。加载到规定的试验量级后,进行卸载。卸载过程与加载过程对应,载荷应单调、平稳地减小。

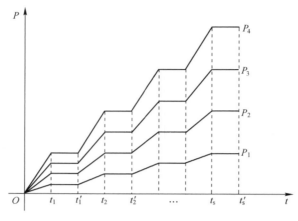

图 11-3　加载控制过程示意图

根据载荷加载情况,合理设计各载荷试验工况的先后顺序。对每个试验工况,按照预试验、验收级试验、鉴定级试验的顺序开展试验。

一般情况下,卫星结构完成鉴定级静力试验后,开展超载试验对结构的承载能力进行摸底。

11.1.3　卫星振动试验

卫星的振动环境一般指正弦振动环境和随机振动环境,前者由重要的飞行瞬态事件或是旋转机械的周期激励、POGO、颤振和燃烧的不稳定引起的正弦振动环境,以及地面运输期间车辆轮胎和悬挂系统的谐振响应产生的正弦振动环境,后者由声环境激励及火箭发动机工作过程燃烧不稳定引起的卫星随机振动环境,通常在运载火箭起飞段和跨音速段卫星随机振动最大。

1. 整星振动试验

整星振动试验分为初样振动试验和正样振动试验。初样振动试验主要利用结构星进行试验,一般进行鉴定级试验,目的是对卫星结构设计进行验证,为制定星上单机的振动试验条件提供数据。正样振动试验主要是针对正样星状态的试验,一般进行验收级条件或准鉴定级条件试验,主要验证卫星经受验收级或准鉴定级振动环境正常工作的能力,实现对正样卫星结构、星上各单机、卫星总装经受发射振动环境的考核。

对于结构紧凑、质量密集的小卫星,施加通过卫星星箭对接面的振动激励比声激励更有效,因此可以用随机振动试验代替声试验。

1) 卫星振动试验设备

卫星振动试验设备包括振动台系统、振动控制系统、振动测量系统及辅助设备等,原理框图如图 11-4 所示。

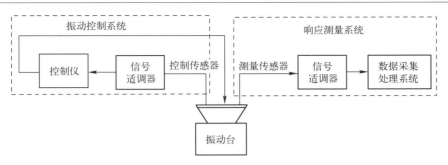

图 11-4　振动试验系统组成框图

　　振动台系统由振动台、水平滑台、垂直支撑装置等组成,如图 11-5 所示。振动台的额定推力应大于由运动部分(振动台+卫星)总质量和试验加速度过载估算的推力;振动台系统的额定静载荷能力应大于卫星、夹具及加强台面的质量之和。水平滑台用于实现卫星横向振动,水平滑台的抗倾覆力矩大于横向振动产生的倾覆力矩;振动台面应具有平直的频响特性及较大的抗弯刚度,滑台台面各点的响应应均匀。

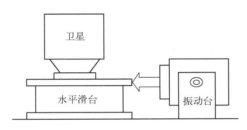

图 11-5　卫星在水平滑台上安装图

　　卫星通过刚性夹具与振动台或水平滑台连接。卫星与试验夹具间可通过与飞行状态相同的分离包带或爆炸螺栓点式连接;对于星箭间包带连接方式,实际上,多采用圆形压环,将卫星的对接框与试验夹具刚性连接。对采用包带进行星箭连接的卫星,试验夹具一般采用上下接口面为圆形的正锥构型,选用铸铝材料;压环一般由两瓣或四瓣组成。例如,图 11-6 为某 1194A 接口的卫星振动试验用试验夹具和压环图。

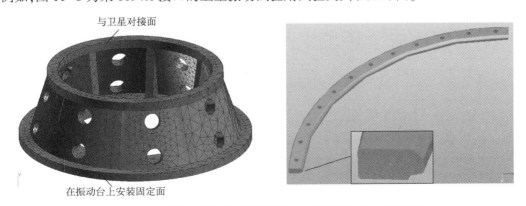

图 11-6　卫星正弦振动试验用试验夹具和压环(1/4 部分)图

试验夹具的刚度质量比应尽量大,应有足够的强度和阻尼;试验夹具的频响特性应尽可能平直,当低于 150Hz 时,垂直激励方向的响应一般不大于主振方向振动量级的 1/3。

振动控制系统包括加速度传感器、信号调节系统、振动控制仪等。振动控制仪应具有多点平均、多点响应限值控制及滤波处理等功能。

振动测量系统由振动加速度传感器、适调放大器和数据采集处理系统组成,如图 11-7 所示。振动传感器将加速度值变换成电信号,再通过适调放大器进行信号适调和电压放大,送数据采集处理系统进行采集、存储和分析。振动加速度传感器一般采用压电式加速度计,加速度计粘接在卫星上,浮地安装。

图 11-7　振动测量系统组成框图

2）卫星振动试验状态

卫星振动试验状态按照卫星发射起飞状态进行设置,星内外设备、星外天线和太阳翼、电缆网、推进管路、星外热控多层等均按照正样发射状态进行安装和设置。

对于正样卫星,推进剂贮箱不装模拟工质,贮箱和气瓶充高纯氦气,贮箱一般按照在轨实际压力进行充压,气瓶一般按照在轨最大压力的 0.7 倍进行充压,推进管路充 0.2MPa 的保护氦气。可展开天线和太阳翼一般安装真实火工品,振动试验后进行火工品起爆和展开试验。推进系统的电爆阀一般安装工艺电爆管。

对于初样结构星,需要进行贮箱充液（充等密度的模拟工质）和空箱两种状态的振动试验,贮箱充液状态振动试验主要对卫星结构在真实发射状态下的受力情况进行验证,空箱状态振动试验主要对正样卫星的空箱状态试验受力情况进行初步验证,为正样星的空箱状态振动进行预先验证,为正样星的空箱状态振动模型修正提供数据。

3）卫星振动试验条件

卫星的振动试验条件由相应运载火箭手册或星箭接口文件规定。例如,表 11-5 与表 11-6 分别列出了 CZ-3B 火箭的正弦振动试验条件与 CZ-2C 火箭的随机振动试验条件。

表 11-5　CZ-3B 火箭发射的卫星正弦振动试验条件

	频率/Hz	试验量级	
		验收级	鉴定级
纵向	5~8	3.11mm	4.66mm
	8~100	0.8g	1.2g
横向	5~8	2.33mm	3.5mm
	8~100	0.6g	0.9g
扫描速率/（倍频程/分钟）	—	4	2

表 11-6　CZ-2C 火箭发射的卫星随机振动试验条件

频率/Hz	验　收　级	鉴定试验
20~100	+3 dB/oct.	+3dB/oct
100~600	$0.025g^2/Hz$	$0.05g^2/Hz$
600~2000	−6dB/oct	−6dB/oct
总均方根值	4.93grms	6.91grms
加载时间/min	1	2
振动方向	三个正交轴向	

在卫星振动试验中,允许在整星基频处及某些重要设备的特征频率处进行适当下凹,但需保证不出现过试验和欠试验。振动试验条件的下凹多采取预先下凹和响应控制自动下凹相结合的方式。

预先下凹:一方面,在卫星一阶频率 $f\pm3Hz$ 范围内预先下凹,下凹值根据特征级振动试验中卫星主结构上测点的响应值进行确定,同时要求下凹谷底不低于星箭耦合计算值的 1.25 倍;另一方面,考虑关键单机的振动响应,以响应不超过单机准鉴定级试验条件为原则,将振动试验条件进行预先下凹。具体的下凹频率和数值需要在试验现场,根据特征级振动试验结果,并结合单机自身的振动试验情况进行确定。

响应控制自动下凹:自动下凹是运用星上关注点加速度响应控制的方法,在谐振频率处限制响应加速度不超过规定值。根据特征级振动试验响应,现场确定响应控制点、控制频率范围,控制量级不应超过单机准鉴定级试验条件。

在整星振动试验条件制定时,应遵循以下准则。

(1) 卫星主结构振动试验中的受力不大于静载试验中的最大受力。

(2) 振动试验量级不小于星箭耦合分析结果。

(3) 关键设备安装面的响应不超过其单机级正弦振动试验量级(或响应限幅控制量级);关键设备上(天线、太阳翼等)的主要控制点响应不超其单机试验时的最大振动响应值。

一般情况下,确定振动下凹量级时,以星箭耦合分析结果作为下限,以静载试验中的最大受力作为上限,兼顾准则(3),在中间区域合理取值。

图 11-8 给出了 CZ-3B 火箭发射的某卫星横向鉴定级正弦振动试验条件。在 CZ-3B 火箭给出的正弦振动试验条件基础上,基于特征级振动试验响应结果,考虑卫星横向基频以及太阳翼、天线、动量轮等的响应及其单机试验条件,进行了预先下凹,但下凹谷底均高于星箭耦合分析结果。

图 11-9 给出了 CZ-2C 火箭发射的某卫星纵向验收级随机振动试验条件。在 CZ-2C 火箭给出的随机振动试验条件基础上,基于预振试验响应结果,考虑卫星纵向基频以及相关单机的响应及其试验条件,进行了预先下凹,但下凹谷底均高于星箭耦合分析结果。

4) 卫星振动试验加载控制和响应测量

卫星振动加载多采用四点加速度平均控制方法,四个控制加速度计一般布置在卫星与试验夹具对接面的四个象限线附近,采用峰值、有效值或跟踪滤波的方法进行控制。

只采用加速度控制可能存在过试验的情况,近些年引入了力限控制,或者采用四点

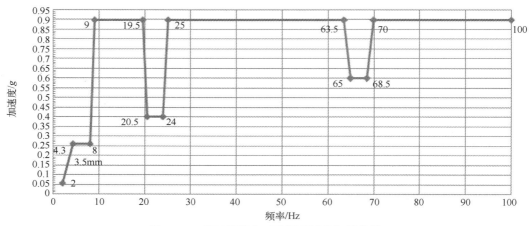

图 11-8　某卫星横向正弦振动试验加载条件

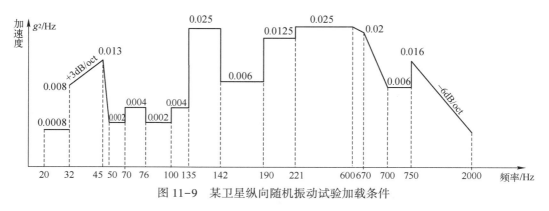

图 11-9　某卫星纵向随机振动试验加载条件

加速度平均控制和力限控制相结合的双重控制方式。

对卫星结构主要部位和某些设备上安装振动传感器,对振动响应进行测量。星上除了安装振动加速度计外,还可粘贴或安装应变片、位移传感器,有时还采用高速摄像机测量星外大部件的位移。采用力限控制时,需要增加力传感器。

5) 卫星振动试验测试及测量

卫星振动试验开始前,卫星单机按照卫星发射状态进行加电设置,卫星采用自身蓄电池供电。振动试验过程中,采用卫星地面测试系统,通过星上无线测控方式连续监视卫星遥测参数状态,观察卫星在振动试验过程中是否工作正常。

每个方向的振动试验前和试验后,分别进行卫星电性能的健康检查,确认各方向的振动试验是否对卫星带来损伤。

在整个力学试验(振动试验和噪声试验)前,进行星上敏感器等设备的精度测量、推进系统检漏,以及可展开天线和太阳翼的展开试验,保证卫星在振动试验前功能性能正常。

在整个力学试验(振动试验和噪声试验)后,再次进行星上敏感器等设备的精度测量、推进系统检漏,以及可展开天线和太阳翼的展开试验。确认卫星力学试验中,卫星是否工作正常。

6) 振动试验流程

卫星振动试验一般在卫星 X、Y、Z 三个方向分别进行。

每个方向的正弦振动试验顺序一般为:预振级正弦振动试验→特征级正弦振动试验→全量级正弦振动试验→特征级正弦振动试验。

开展正弦振动试验+随机振动试验的卫星,一般按以下顺序开展试验:预振级正弦振动试验→特征级正弦振动试验→全量级正弦振动试验→特征级正弦振动试验→预振级随机振动试验→全量级随机振动试验→特征级正弦振动试验。

预振级试验:预振级试验一般为正弦振动试验,用于检查振动控制、测量及激励系统工作是否正常,同时进行控制系统参数的选择以达到最佳精度,振动量级小于特征级试验量级。

全量级试验前后的特征级振动试验:一般采用较小的振动量级进行特征级振动试验,表 11-7、表 11-8 为某卫星的特征级正弦振动和随机振动试验量级。对全量级试验前后的特征级试验响应曲线进行比对,观察全量级振动之后是否出现响应峰频率漂移情况。一般情况下,当卫星主结构基频或局部频率值出现明显变化时,说明卫星结构或设备连接可能出现了如裂纹、连接松动等异常情况。

表 11-7 特征级正弦振动试验条件

振动方向	频率范围/Hz	振动量级	频率扫描率
X 向、Y 向、Z 向	5~120	0.1g	4oct/min

表 11-8 特征级随机振动试验条件

振动方向	频率范围/Hz	振动量级	加载时间/min
X 向 Y 向 Z 向	20~100	+3dB/oct	1
	100~600	0.0015625	
	600~2000	−6dB/oct	
	总均方根值	1.23grms	

全量级振动试验:正样星一般进行验收级或准鉴定级振动试验,批产星或装备星一般进行验收级振动试验,状态变化较大的正样卫星一般进行准鉴定级振动试验。初样结构星需要进行鉴定级试验。

对于初样结构星,一般先进行贮箱充液状态下的振动试验,再进行空箱状态下的振动试验,分别进行 X、Y、Z 三个方向的振动试验。

卫星贮箱充液状态每一方向的振动试验按以下顺序进行:预振→定频标定试验→特征级试验→验收级试验→特征级试验→鉴定级试验→特征级试验。

卫星空箱状态下的振动试验一般进行准鉴定级试验,每一方向的振动试验按以下顺序进行:预振→特征级试验→验收级试验→特征级试验→准鉴定级试验→特征级试验。

2. 单机振动试验

单机振动试验包括正弦振动试验和随机振动试验。

单机级鉴定级正弦振动试验的目的是验证星上单机能承受火箭主动段飞行过程中 100Hz 以下的低频振动,并具有足够的鉴定余量。一般仅要求基频小于 100Hz 的星上单机(如太阳翼、天线)做验收级正弦振动试验,试验目的是通过对单机正样件施加验收级正弦振动环境应力,检验星上单机在生产制造过程中是否存在潜在的工艺或制造缺陷,是否满足飞行试验要求。

除太阳翼、大口径天线反射面、可展开式热辐射器等对声环境敏感的卫星组件以外，其余各类卫星组件均应开展随机振动试验。鉴定级随机振动试验的目的是验证星上单机能承受火箭主动段飞行过程中 20~2000Hz 的中高频振动，并具有足够的鉴定余量；验收级试验目的是通过对星上单机正样件施加验收级随机振动环境应力，检验星上单机在生产制造过程中是否存在潜在的工艺或制造缺陷，是否满足飞行试验要求。

单机正弦振动试验和随机振动试验的试验设备及方法、试验要求与整星振动试验类似，不再赘述。以下仅对单机振动试验条件制定方法及试验要求进行介绍。

1）单机振动试验条件

单机振动试验条件包括试验频率范围、振动量级（随机振动试验为加速度谱密度谱型及量级）、试验时间或扫描速率、试验方向等。单机的正弦振动试验频率范围一般为 5~100Hz，单机的随机振动试验频率范围一般为 20~2000Hz。

单机振动试验量级包括鉴定级、准鉴定级和验收级，初样产品一般进行鉴定级试验，正样产品一般进行准鉴定级或验收级试验。

对于单机正弦振动试验，准鉴定级试验条件为鉴定级条件除以 1.2，验收试验试验条件为鉴定级条件除以 1.5；鉴定级试验的频率扫描速率一般采用 2oct/min，准鉴定级和验收级试验频率扫描速率一般采用 4oct/min。

对于单机随机振动试验，准鉴定级试验条件为鉴定级谱密度除以 1.58（总均方根加速度除以 1.25），验收级试验条件为鉴定级谱密度除以 2.5（总均方根加速度除以 1.58），谱形不变；鉴定级试验时间一般为 2min/轴向，准鉴定级和验收级试验时间一般为 1min/轴向。

单机鉴定级试验条件应覆盖卫星地面环境、发射环境、在轨环境甚至返回/进入及着陆力学环境的全部统计预示谱值并具有一定余量。鉴定试验用的极限预示环境值是指用 90%置信度估计在至少 99%的飞行次数中不会被超过的量值（P99/90）。验收试验用的最高预示环境值是指用 50%置信度估计在至少 95%的飞行次数中不会被超过的量值（P95/50）。

卫星总体单位制定单机的振动试验条件，作为各单机抗力学设计的依据和力学试验的输入条件。单机的振动试验条件制定方法如下。

（1）通过卫星的频响分析和卫星振动试验，获取卫星各部位在各方向振动激励下的正弦振动响应特性。

（2）通过卫星噪声试验或随机振动试验，获取卫星各部位的噪声或随机振动响应特性。

（3）考虑一定的余量，通过曲线包络获取单机的正弦振动或随机振动试验条件，例如图 11-10 为某卫星某结构板上单机的正弦振动试验条件包络曲线，卫星振动试验后对原试验条件进行了修正。

（4）有时需要综合卫星某结构板上各测点响应曲线进行包络分析，形成某结构板上所安装单机的试验条件。

（5）单机级振动试验条件应按单机安装处的预示环境值设计，试验条件的谱形设计应便于试验实施。

（6）一般情况下，单机级振动试验条件不应主动下凹或响应限幅，一般仅允许太阳翼、天线反射面等星上大型柔性部件在振动试验时进行下凹和响应限幅处理。

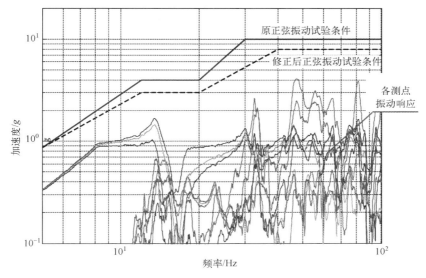

图 11-10　某卫星某结构板上单机的正弦振动试验条件包络曲线

卫星的振动试验条件一般按照各结构板给出,例如载荷舱南/北板及隔板区、服务舱南/北板区、推进舱中板区、推进舱背地板及东/西下中板区等。对于特殊产品,例如控制敏感器、动量轮、SADA、发动机和推力器、贮箱、气瓶、太阳翼、天线等,一般单独给出试验条件。

例如,表 11-9、表 11-10 给出了某卫星的振动试验条件示例。

表 11-9　某卫星载荷舱南/北板单机的振动试验条件

(a) 鉴定试验条件

	垂直安装面方向		平行安装面方向	
	频率/Hz	量级(o-p)	频率/Hz	量级(o-p)
正弦	5~17	10.3mm	5~14	10.1 mm
	17~100	12g	14~100	8g
随机	10~200	+6dB/oct	10~200	+6dB/oct
	200~1500	0.16g²/Hz	200~1500	0.1g²/Hz
	1500~2000	−12dB/oct	1500~2000	−12dB/oct
	总均方根加速度	16.1g	总均方根加速度	12.8g

(b) 验收试验条件

	垂直安装面方向		平行安装面方向	
	频率/Hz	量级	频率/Hz	量级
随机	10~200	+6dB/oct	10~200	+6dB/oct
	200~1500	0.064g²/Hz	200~1500	0.04g²/Hz
	1500~2000	−12dB/oct	1500~2000	−12dB/oct
	总均方根加速度	10.2g	总均方根加速度	8.1g

表 11-10　某卫星控制飞轮振动试验条件

（a）鉴定试验条件

	垂直安装面方向		平行安装面方向	
正弦	频率/Hz	量级（o-p）	频率/Hz	量级（o-p）
	5～16	10mm	5～16	10mm
	16～100	10g	16～100	10g
随机	20～100	+6dB/oct	20～100	+6dB/oct
	100～180	$0.09g^2/Hz$	100～1000	$0.1g^2/Hz$
	180～400	$0.05g^2/Hz$	1000～2000	−6dB/oct
	400～600	$0.3g^2/Hz$		
	600～1000	$0.09g^2/Hz$		
	1000～2000	−6dB/oct		
	总均方根加速度	12.7g	总均方根加速度	12.0g

（b）验收试验条件

	垂直安装面方向		平行安装面方向	
	频率/Hz	量级	频率/Hz	量级
随机	20～100	+6dB/oct	20～100	+6dB/oct
	100～180	$0.04g^2/Hz$	100～1000	$0.044g^2/Hz$
	180～400	$0.022g^2/Hz$	1000～2000	−6dB/oct
	400～600	$0.13g^2/Hz$		
	600～1000	$0.04g^2/Hz$		
	1000～2000	−6dB/oct		
	总均方根加速度	8.5g	总均方根加速度	8.0g

2）单机振动试验要求

单机振动试验时,应采用刚性试验夹具将单机固定在振动台上,试验控制点应选在单机与试验夹具连接面上。

对于带有安装支架的单机,尽量带支架做振动试验。如果不能带支架做试验,单机振动试验条件应为单机安装面的条件,而且振动控制点应选在产品安装面上;支架需要单独进行振动试验考核,试验时应带模拟负载。

有源单机振动试验前后应进行电性能测试和外观检查。振动试验过程中,单机应加电并监视状态变化,试验中单机的主备份模块加断电状态应尽量与卫星在轨状态一致。

应在单机上设置振动响应测量点,并在振动试验前后做小量级振动扫频试验,振动试验前后对比响应测量点处的响应曲线是否吻合。

11.1.4　卫星声试验

声环境一般指由运载火箭起飞、发射段飞行期间在卫星外表面产生的脉动压力环境引起的卫星外部和内部的声环境,又叫噪声环境。卫星在声环境激励下的环境效应(声疲劳寿命、失效模式和工艺故障)相当复杂,难以用理论分析的方法预估,一般通过声试验来考核产品结构强度和可靠性,验证整星或单机对声环境的适应性。

需要开展声试验的对象除了整星外,还有星外对声敏感的如太阳翼、大口径天线反射面、可展开式热辐射器等面积质量比较大的部件。整星声试验的目的是验证卫星经受声环境并能正常工作的能力;验证星上单机随机振动试验条件的合理性。初样结构星开展鉴定级噪声试验;正样星开展验收级或准鉴定级噪声试验,状态变化较大的正样星一般进行准鉴定级试验。

单机鉴定级噪声试验的目的是验证星上单机能承受火箭主动段飞行过程中整流罩内 20~10000Hz 的噪声环境,并具有足够的鉴定余量;验收级试验目的是通过对星上单机正样件施加验收级声环境,检验星上单机在生产制造过程中是否存在潜在的工艺或制造缺陷,是否满足飞行试验要求。

1.　卫星声试验设备

卫星采用模拟的噪声源,在专门的声试验室内进行声试验。声场环境模拟装置主要有混响声场或行波声场两种,混响声场是在混响室内用宽带声源激励产生的扩散声场,可模拟火箭整流罩的内声场;行波声场是用宽带声源激励使声波沿管状试验装置向前传播的声场,可模拟火箭整流罩的外声场。目前主要采用混响声场进行声试验。声试验系统包括混响室、声源、声环境控制系统、响应测量系统等,混响声试验系统的组成如图 11-11 所示。声试验系统的基本工作原理为:具有一定压力的气源(液氮气化的气体或空气),经气流调制器(电声换能器)调制产生高声强、宽频带的噪声源;噪声源经喇叭辐射激励混响室,形成模拟的扩散声场;扩散声场的脉动压力各向均匀地激励试验件;混响声场的总声压级和声压级谱通过声传感器测量,按试验条件要求由控制系统对系统进行闭环控制。

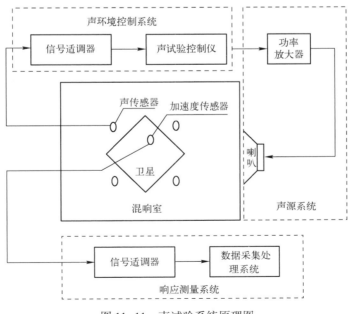

图 11-11　声试验系统原理图

混响室多采用具有较好扩散特性的矩形混响室。混响室的容积大于卫星体积的10倍。声源产生高强度宽带随机噪声,声源系统一般包括声发生器(如气电式换能器等)、喇叭、功率放大器等;控制系统包括声试验控制仪、信号适调器、声传感器等;测量系统包括数据采集处理系统、信号适调器、加速度传感器等,测量系统应具有平坦的频响特性。

2. 卫星声试验状态

卫星声试验的技术状态与振动试验状态相同,按卫星发射状态安装星内外设备、部件和电缆等。

噪声试验时,将卫星安装在支架车上,采用减振装置将卫星浮起,保证卫星与支架车系统的一阶谐振频率低于试验频率下限值。试验时,将卫星置于混响声室中心位置。图 11-12 为某卫星在混响室进行噪声试验时的状态图。

图 11-12　某卫星噪声试验状态图

进行部件的声试验时,部件可用弹性支撑或吊挂的方式进行安装,应避免其主平面与混响室的内表面平行。

3. 卫星声试验条件

声试验条件包括鉴定级、准鉴定级和验收级条件,鉴定级和验收级条件分别对应于极限和最高预示声环境。鉴定级声试验条件比验收级条件高 4dB,鉴定级声试验时间一般为验收级试验时间的 2 倍。

卫星及星外大部件(收拢状态下的太阳翼、天线等)的声试验,采用相同的试验条件。表 11-11 为 CZ-3B 火箭提出的卫星声试验条件。

初样结构星及初样产品一般进行鉴定级声试验,正样结构星及正样产品一般进行验收级或准鉴定级声试验。

表 11-11　CZ-3B 火箭声试验条件

倍频程 带宽中心频率/Hz	鉴定级 /dB	准鉴定级 /dB	验收级 /dB	允差 /dB
31.5	128	126	124	-2/+4
63	133	131	129	
125	138	136	134	
250	142	140	138	
500	137	135	133	
1000	133	131	129	
2000	132	130	128	
4000	131	129	127	-5/+4
8000	126	124	122	-5/+5
总声压级	145.5	143.5	141.5	-1/+3
试验时间/s	120	60	60	

注:0dB 参考声压为 2×10^{-5} Pa。

4. 卫星声试验加载控制和响应测量

声试验控制传声器一般设置 4 个,控制传声器在每个滤波器带宽中进行实时平均控制,如果不能实时平均,应通过声压级测量来确定合适的传声器作为控制点。部件的声试验控制传声器应不少于 3 个。控制传声器一般应放在试验件表面与最近的声室墙壁之间距离的 1/2 处,但距卫星表面和声室墙壁均不小于 0.5m。

星上布置振动传感器和应变片来测量卫星结构和设备安装点处的声振响应和应变,当验证卫星声设计时,应测量卫星内部的声场。

5. 卫星声试验测试

卫星声试验开始前,卫星单机按照卫星发射状态进行加电设置,卫星采用自身蓄电池供电。声试验过程中,采用卫星地面测试系统,通过星上无线测控方式连续监视卫星遥测参数状态,观察卫星在声试验过程中是否正常。

声试验前和试验后,分别进行卫星电性能的健康检查,确认声试验是否对卫星带来损伤。

6. 卫星声试验流程

正样星及星上正样产品的声试验流程为:预振级试验→特征级试验→全量级试验→特征级试验的顺序进行。正样星及星上正样产品一般进行验收级或准鉴定级声试验,批产星、装备星以及技术状态变化不大的星上产品一般进行验收级声试验,状态变化较大的正样卫星及星上产品一般进行准鉴定级声试验。

对于初样结构星,一般先进行贮箱充液状态下的振动试验,再进行空箱状态下的振动试验。

卫星贮箱充液状态下的噪声试验顺序为:预试验→特征级试验→验收级试验→特征级试验→鉴定级试验→特征级试验。

卫星空箱状态下的噪声试验顺序为:预试验→特征级试验→验收级试验→特征级试

验→准鉴定级试验→特征级试验。

11.1.5 卫星冲击试验

卫星所经受的冲击来源于星箭分离、太阳翼和天线解锁时火工装置的起爆过程。卫星上所用的火工装置种类繁多,如火工切割器、爆炸螺栓、分离锁帽、拔销器等,这些火工装置工作时由于能量高速释放而产生爆炸冲击,不同类型和不同设计的火工装置产生的冲击载荷特性有所不同。火工起爆冲击环境的特点是:载荷幅值高,持续时间短,一般在20ms 内衰减到零。在火工装置附近,冲击加速度范围为 $1000 \sim 100000g$,以应力波的形式传到卫星的各部位,加速度值随传播距离的增加而逐渐减小。

火工起爆冲击载荷主要对星上电子设备、光机电设备产生影响,会引起继电器误动作、晶体碎裂、导线断开及污染物移位、电子零部件损坏等。因此,星上单机应该开展火工起爆冲击试验,验证经受冲击环境并能正常工作的能力。

系统级冲击试验包括星箭分离冲击试验、太阳翼解锁冲击试验、天线解锁冲击试验、电推力器矢量调节机构解锁冲击试验等。以下重点对较为复杂的星箭分离冲击试验进行介绍。

1. 星箭分离冲击试验

星箭分离冲击试验的目的是测量星箭分离面及星上相应部位的冲击响应,验证卫星承受星箭火工分离冲击环境并能正常工作的能力,以及星上设备冲击试验载荷制定的合理性。

1)星箭分离冲击试验状态

星箭分离冲击试验过程中,卫星按发射实际状态进行设置,除推进剂外,其他状态与发射起飞状态相同;卫星支架、星箭连接释放机构(分离包带和爆炸螺栓)、星箭脐带电缆等采用实际用于型号飞行的正式产品;星箭包带连接或爆炸螺栓连接的预紧力按照实际飞行要求进行施加,并按要求进行一定时间的静置。

在卫星结构上靠近星箭对接面的部位安装冲击测量传感器。例如,某卫星在对接框内侧的 4 个对称部位、卫星背地板的 4 个对称部位、远地点变轨发动机安装法兰面上分别粘贴 3 通道冲击传感器。传感器测量范围、传感器频率响应范围应满足冲击试验要求,例如,某卫星冲击试验要求传感器测量范围为 $-5000g \sim +5000g$,频率响应范围为 $50 \sim 10000Hz$。

2)星箭分离冲击试验方法

星箭分离冲击试验地面测量及控制设备包括:地面发火控制装置、冲击响应测量系统、卫星地面测试系统、高速摄像系统等。地面发火控制装置实现对星箭分离控制信号的生成及发送。

分离冲击试验前,卫星加电,并按发射起飞状态进行星上所有设备的加断电设置,地面测试系统采用无线测控方式进行卫星遥测参数接收和监测。

将卫星及卫星支架组合体起吊至海绵垫上方 600mm 处,启动发火控制装置供电、启动高速摄像系统、冲击测量系统,然后发出星箭起爆解锁信号,完成星箭解锁分离,高速摄像系统记录整个包带解锁和星箭分离过程,冲击测量系统测量记录各传感器的冲击响应数据。

图 11-13 为某卫星星箭分离试验示意图。

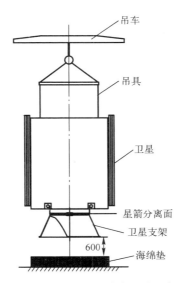

图 11-13 星箭分离冲击试验示意图

2. 单机冲击试验

星上各类电子设备、光电设备等均应在初样件上进行鉴定级冲击试验,以验证星上产品承受星箭分离冲击、太阳翼和天线解锁等冲击事件产生的冲击环境,并具有足够的鉴定余量。对于带有火工品解锁装置的太阳翼、可动天线、电推力器矢量调节机构等大部件,应开展火工解锁冲击试验。正样产品一般不进行冲击试验。

与卫星振动环境相比,卫星冲击环境的分析预示较为困难。这是因为卫星冲击环境主要受以下几个因素的影响,使得冲击特性十分复杂。

(1) 冲击源的影响:冲击源的冲击特性直接决定着卫星各处的冲击环境,且同一种类冲击源的冲击特性离散性也较大。

(2) 传递路径的影响:冲击响应会随着传播距离的增加而迅速减小。

(3) 部组件质量的影响:如果在其传递路径上存在质量较大的部组件,冲击响应也会因部组件质量的增加而减小。

(4) 结构连接形式的影响:在冲击波传播过程中,如果跨越不同构件连接处时,冲击响应会大幅度衰减。

因此,用分析方法很难准确描述卫星冲击环境,目前主要采用试验方法获得卫星冲击环境,并采用冲击响应谱(SRS)描述组件冲击试验条件。冲击试验条件制定基本方法如下。

(1) 由于冲击响应测量数据样本数通常小于 5 个,故采用冲击谱包络方法进行冲击试验条件的制定,其中计算冲击谱时一般取 $Q=10$。

(2) 冲击试验鉴定余量为+6dB,确保冲击试验完全包络冲击响应结果,并具有余量。

(3) 验收试验量级不要求完全包络冲击响应结果,允许实测的冲击响应在较窄频段稍微超过验收试验条件。

图 11-14 给出了某卫星载荷舱南北板的冲击响应测量曲线和冲击试验条件。图中，原冲击条件为 $400g$（$400\sim4000$Hz），鉴定级每个方向做 2 次，验收级 1 次；修正后的冲击试验条件为鉴定级 $1600g$（$1500\sim4000$Hz），验收级 $800g$（$1500\sim4000$Hz），鉴定级每个方向做 3 次，验收级 1 次。

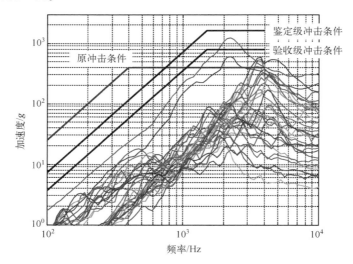

图 11-14 某卫星载荷舱南北板冲击响应测量曲线和冲击试验条件

有时，根据与冲击源的距离大小分为近场冲击条件、中场冲击条件和远场冲击条件。例如，表 11-12 给出了某卫星星上产品的冲击响应谱条件，近场条件为 $4200g$，中场条件为 $2000g$，远场条件为 $1200g$。根据卫星布局位置确定星上各单机的具体冲击试验条件。

表 11-12 某卫星星上产品冲击响应谱条件

频率/Hz	鉴 定 级		
	近场（150mm ≤ R<300mm）	中场（300mm ≤ R<500mm）	远场（R≥500mm）
100~2500	+9dB/oct	+9dB/oct	+9dB/oct
2500~10000	$4200g$	$2000g$	$1200g$
注：R 表示与冲击源的距离			

冲击响应谱模拟设备一般采用谐振板式冲击模拟装置（或摆锤式水平冲击试验机）。国外单机冲击试验常采用真实火工装置进行，试验件固定在悬吊着的铝板上。

在冲击试验过程中，所有电子设备应尽可能加电监测若干敏感参数是否有间歇性故障。

11.2 卫星热环境适应性试验

热环境适应性试验包括以验证卫星高低温工作性能为目的的热真空试验和热循环试验，分为整星级热试验和单机级热试验。

热真空试验主要验证星上产品在真空高低温循环应力下的工作性能,暴露产品中的设计、材料、元器件、工艺和制造质量问题。

热循环试验主要验证星上电子设备在常压高低温循环应力下的工作性能,暴露设备中的设计、材料、元器件、工艺和制造质量问题。

具有以下特点的星上产品需要开展热真空试验:性能对真空敏感的微波产品;性能对压力敏感的产品;容易出现电晕或微放电的产品;正常工作温度范围较小(如 3℃)的产品;在最坏情况下,热耗大于 50W 的产品;供配电产品。

以下产品只需开展热真空试验,不需要进行热循环试验:在轨环境温度较低的产品,如太阳翼和天线等;对于湿度敏感的产品,如太阳帆板驱动机构 SADA、地球敏感器、星敏感器等。

卫星热真空试验是以性能考核为主并兼具筛选功能的试验,热循环试验主要实现星上产品筛选。

11.2.1　卫星热真空试验

1. 整星热真空试验

整星热真空试验是卫星总装集成后必须要进行的验证试验。热真空试验是在真空环境条件下对卫星施加比正常工作环境温度更加苛刻的高低温循环应力,检验卫星在所施加的环境条件下正常工作的能力,获取卫星在热真空环境下的电性能数据,同时暴露卫星中的设计、材料、元器件、工艺和制造质量问题。

1)卫星热真空试验技术状态

卫星试验技术状态、试验设备技术状态等与卫星热平衡试验相同,见 4.2.5 节。

卫星结构、星上设备、电缆网均为正样产品;舱外天线和太阳翼等一般不安装;推进剂贮箱、气瓶均充 0.2MPa 氦气;舱外安装工艺热控多层隔热组件。

2)热真空试验温度

热真空试验的高低温取值,主要基于卫星热平衡试验获取的高低温平衡试验温度,并考虑设备准鉴定试验温度范围。一般是在热平衡试验温度范围基础上外扩 10℃,并不超设备的验收级试验温度范围。一般按以下方法进行热真空试验温度取值。

(1)热真空高温温度

如果验收温度 $T_r > (T_{BH}+10℃)$,则 $T_{BH}+10℃ \leqslant T_{VH} \leqslant T_r$。

如果验收温度 $T_r < (T_{BH}+10℃)$,则 $T_{BH} \leqslant T_{VH} \leqslant T_r$。

式中:T_r 为星上设备验收温度;T_{BH} 为星上设备热真空平衡高温温度;T_{VH} 为星上设备热真空试验高温温度。

(2)热真空低温温度

如果验收温度 $T_r < (T_{BL}-10℃)$,则 $T_r \leqslant T_{VL} \leqslant T_{BL}-10℃$。

如果验收温度 $T_r > (T_{BL}-10℃)$,则 $T_r \leqslant T_{VL} \leqslant T_{BL}$。

式中:T_{BL} 为星上设备热真空平衡低温温度;T_{VL} 为星上设备热真空试验低温温度。

除此之外,一般还要求星上 80% 设备的高低温温度变化范围大于 32℃。热真空试验为具有筛选作用的考核试验,因此在不超星上单机准鉴定温度的情况下,高低温试验温度应适当外扩。

3）热真空试验流程

整星热真空试验一般安排 4 个高低温循环，当卫星各设备温度升温或降温到要求温度后，待温度波动小于 1℃/h 时，视为温度稳定，即维持外热流和加热器状态，使卫星温度保持平衡。一般在温度平衡 2h 后，开始卫星电性能测试。某卫星的热真空试验实际温度循环曲线如图 11-15 所示。

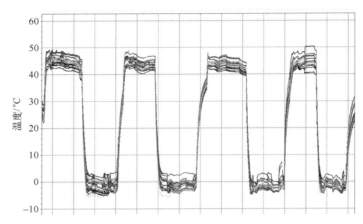

图 11-15　某卫星热真空试验高低温度循环曲线

一般先进行热平衡试验，对整星的热设计进行验证，同时获取卫星的热平衡温度。然后，紧接着进行热真空试验。在卫星抽真空的过程中，进行卫星低气压放电试验。

卫星热真空试验一般结束于高温，由高温回至常温。回温过程中，需保证卫星温度高于热沉温度，当热沉温度回到 0℃ 以上时，卫星断电。先向真空罐充高纯氮气到 5000Pa 以上，当热沉温度均升到 20° 后，再均温 24h，向真空罐通氮气到大气压，然后真空罐开大门。真空罐整个回温复压过程中，需保证卫星不结露。

4）卫星电性能测试要求

测控、数传、通信等微波分系统的测试，一般通过地面同轴电缆或地面波导连接到罐外的地面测试设备，进行有线射频测试。

为进行热试验数据的比较，一般在卫星进入真空罐后、热试验前，在常温常压下进行一次卫星电性能测试；热试验完成后，卫星在出真空罐前的常温常压下，进行一次卫星电性能测试。

在每一个热循环的高、低温端都应进行卫星各工作模式下的电性能、功能测试。在测试配置和测试项目的安排上，一般应保证每个测试配置的测试项目至少要覆盖两个循环的高低温状态。

在整星热真空试验中，单机问题多发生在升降温过程中，因此应做好卫星在升降温过程中的遥测参数监视；对于转发器分系统、数传分系统、跟踪子系统等，应做好卫星升降温过程中的射频信号监视，而且对每个射频链路，应进行至少两次射频信号监视。

在卫星热真空试中，为避免材料放气引起大功率微波设备的低气压放电，一般在微波设备（如转发器设备等）加电前，进行高温真空静置，星上微波设备温度的保持在 40℃，真空度低于 $6.65×10Pa$，静置 48h。

2. 单机热真空试验

热真空试验是星上光机电设备、天线、太阳翼等在交付前必须要开展的验证试验。单机热真空试验的目的为:验证单机在真空环境和热循环应力环境下的工作性能,暴露单机的材料和工艺质量问题。

1) 单机热真空试验条件

(1) 试验环境压力要求:不大于 $6.65×10^{-3}$ Pa。

(2) 试验温变速率要求:温度平均变化率不小于 1℃/min。

(3) 试验温度。

验收试验温度:试验最高温度为单机的最高工作温度加 10℃,如果低于 60℃,则取 60℃;试验最低温度为单机的最低工作温度减 10℃,如果高于-25℃,则取-25℃。

准鉴定试验温度:试验最高温度为单机的最高工作温度加 15℃,如果低于 65℃,则取 65℃;试验最低温度为单机的最低工作温度减 15℃,如果高于-30℃,则取-30℃。

鉴定试验条件试验温度:试验最高温度为单机的最高工作温度加 20℃,如果低于 70℃,则一般取 70℃;试验最低温度为单机的最低工作温度减 20℃,如果高于-35℃,则一般取-35℃。

星上一般电子设备的工作温度范围为[-15℃,50℃],验收试验温度范围为[-25℃,60℃],鉴定试验温度范围为[-35℃,70℃]。

2) 单机热真空试验剖面

单机验收级和准鉴定级热真空试验的循环次数一般为 3.5 次;单机鉴定级热真空试验的循环次数一般为 6.5 次。

单机热真空试验第一个循环和最后一个循环应该进行完整的性能测试,并分别进行三次冷热启动,如图 11-16 所示。中间的循环只进行重要的性能测试,升降温过程中进行性能监视。每个循环的高温端和低温端应该进行温度保持,保持时间一般根据试验件的质量大小确定,以保证产品内部的零部件冷透或热透。温度保持时间按表 11-13 规定,高、低温端持续工作时间不少于 4h。

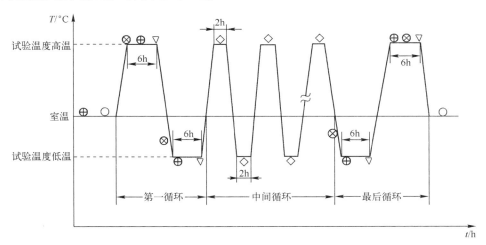

图 11-16　热真空试验循环剖面图

⊕—通电;○—室温性能测试;⊗—断电;▽—全面的性能测试;◇—简化的性能测试。

表 11-13 不同质量单机的热真空试验和常压热循环试验温度保持时间

试验单机质量/kg	温度保持时间 T_d/h
≤2	0.5
>2~8	1
>8~15	1.5
>15	>1.5(具体按温度稳定判据确定)

对于太阳翼、天线等星外大部件以及行波管放大器等特殊产品,热真空试验循环次数及试验温度根据在轨实际温度设定,循环次数也根据产品特点进行设定。例如:

某太阳电池板的热真空试验条件为:试验温度范围-170~80℃,循环次数 4.5 次。

某天线的热真空试验条件为:试验温度范围-160~115℃,循环次数 6.5 次。

某行波管放大器的热真空试验条件为:EPC 和 TWT 分区控温,EPC 控温温度-10~+60℃,TWT 控温温度-15~+80℃;循环次数 20.5 次。

3)单机热真空试验方法及要求

单机的热真空试验技术状态、试验方法同热平衡试验,真空模拟设备采用真空罐,与整星试验用的真空罐组成及功能相同,只是尺寸小。电子设备的热真空试验外热流模拟方法同热平衡试验,太阳翼、天线等复杂设备的热真空试验多采用红外灯阵、红外笼等来模拟。

在热真空试验设备的热沉和支撑结构、试验件上最高或最低表面温度或对其性能有影响的位置上布置测温传感器。如果试验件的热交换方式以传导为主,传感器应布置在底板上;如果热交换方式以辐射为主,测温传感器安装在试验件外壳有代表性的位置,一般选在单机安装底板耳片附近的非热源处,以保证测出的是单机的典型温度。光、机、电单机等复杂产品可考虑选择多个控制点,位置尽量与遥测温度点一致;太阳电池板、天线等大部件单机应设置多个温度参考点。

在整个试验过程中,试验单机应通电工作,含有主、备份电路的单机在第一个循环和最后一个循环应各做三次热启动和冷启动;主、备份电路需要测试各工作模式和工况;单机内主、备份电路的开机工作时间应合理分配。

运动机械产品需要监测性能参数(如电流、阻力矩或阻力、启动时间、速度或加速度),鉴定试验时要在极端温度下确定运动机械产品的力和力矩余量。

对于不能按一般电子单机要求开展热真空试验的单机,其内部的电子部件先进行热真空试验,组装成整机后再按整机的试验条件进行热真空试验。

试验单机应带真实负载或模拟负载进行热真空试验。

11.2.2 星上单机热循环试验

热循环试验主要是验证星上电子设备及其内部元器件在常压、热循环温度范围内工作的性能,暴露单机中的设计、材料、元器件、工艺和制造质量问题,提高可靠性。

单机热循环试验条件与热真空试验条件的主要区别在于试验环境压力和升降温速率,热循环试验采用正常环境压力,升降温速率高于单机热真空试验。

1. 单机热循环试验条件

热循环试验的环境压力为正常环境压力。热循环试验的升、降温平均变化速率为3~5℃/min。对于微波有源单机,为充分暴露单机内部微波器件及组件的装配连接质量,需有 2 个热循环的升降温速率保持在 0.1~0.2℃/min。热循环试验的验收级、准鉴定级和鉴定级热循环试验温度同热真空试验温度,见 11.2.1 节。

2. 单机热循环试验剖面

一般电子单机的验收级和准鉴定级热循环试验次数一般为 12.5 次;鉴定级热循环试验次数一般为 25.5 次。热循环试验的最后半个循环应为高温半循环。

单机热循环试验第一个循环、中间循环和最后一个循环应该进行完整的性能测试,并在第一个循环和最后一个循环分别进行三次冷热启动,这与热真空试验要求相同,如图 11-16 所示。中间其他循环及升降温过程一般只进行主要参数的监测。每个循环的高温端和低温端温度稳定后应该进行温度保持,温度保持时间如表 11-13 所列,高、低温端持续工作时间不少于 4h。

3. 热循环试验要求

热循环试验一般在高低温箱里进行,单机的热循环试验技术状态、在高低温箱里的安装状态与热真空试验相同。正样件的热循环试验应为产品交付前的最终状态,鉴定件的热循环试验应为鉴定件的最终状态。

在热循环试验中,需要在试件上粘贴热电偶等测温传感器,用于控制和监视试验产品温度。测温传感器应安装在试验件外壳有代表性的位置,一般选在单机安装底板耳片附近的非热源处,以保证测出的是单机的典型温度。

在热循环试验过程中,应充入高纯氮气避免设备表面或内部出现结霜或结露。

在整个试验过程中,试验设备应通电工作,含有主、备份电路的设备在第一个循环和最后一个循环应各做三次热启动和冷启动;主、备份电路需要测试各工作模式和工况;设备内主、备份电路的开机工作时间应合理分配。

对于不能按一般电子设备要求开展热循环试验的单机,其内部的电子部件先进行热循环试验,组装成整机后再按整机的试验条件进行热循环试验。

试验设备应带真实负载或模拟负载进行热循环试验。试验设备在装进试验箱前、后进行完整的性能测试。

热循环试验如果因异常问题而继续试验时,应保证至少最后 4 个循环为无异常循环。

4. 温度循环老炼试验

为提高产品可靠性,星上正样电子设备通常会进行温度循环老炼试验,在规定的温度应力和电应力条件下,剔除产品早期失效、使特性达到稳定。

电子设备的温度循环老炼试验与热循环试验的试验要求及试验方法是一致的,温度循环老炼试验是针对正样电子产品进行的环境应力筛选试验。一般在单机的热循环试验后,紧接着进行温度循环老炼试验,一般要求温度循环老炼试验累计时间不小于 300h。

11.3　卫星空间辐射效应试验

卫星长期在轨运行中,所有元器件和原材料必须能经受住空间辐射环境的影响。为此,地面必须开展相应空间辐射模拟试验,以获取星上设备的抗辐射能力数据,作为元器件和原材料选择及设备防护设计的依据。地面常开展的空间辐射试验包括电离总剂量效应模拟试验、单粒子效应模拟试验、位移损伤效应模拟试验。

11.3.1 卫星电离总剂量效应试验

空间辐射包括多种粒子,且能谱较宽,在试验室中不可能完全做出空间辐射粒子谱。研究发现,元器件总剂量效应与器件吸收的辐射剂量有关,与辐射粒子的种类无关,这就是电离总剂量试验的等效性原理。基于电离总剂量等效性原理,采用适当粒子进行辐照试验,可以模拟空间连续谱粒子的辐射效应。

以下介绍电离总剂量效应试验相关的几个概念。

辐射源:国内外辐照试验标准均规定用60Co γ射线进行电离总剂量辐射效应模拟试验。理论上,辐射场中任意和点源等距离位置的辐射强度都相同。实际上辐射源大都不是点源,而是板源,即是由多个钴源棒排列成板形,这样的辐射源场均匀性差一些,使用这样的辐射源需要准确计量。

辐照评估试验:以获取器件的抗辐射能力为目的的辐照试验。

辐照验证试验:以验证器件的抗辐射能力是否达到规定值为目的的辐照试验。

移位测试:将器件从辐照位置移开后进行的电参数和功能性测试。

辐照失效判据:器件辐照后失效分为参数失效和功能失效。通常功能失效剂量大于参数失效剂量。应根据试验目的,确定辐照失效判据。对于器件鉴定考核试验,应根据产品详细规范规定的电参数测试条件和判据进行辐照前后的电参数测试,同时进行功能测试。辐照后允许器件电参数发生的漂移量即为辐照失效判据,可见失效判据与产品设计有关。针对应用系统的辐照评估试验,可根据产品使用要求,确定失效判据。

辐照偏置:指辐照试验过程中,器件的加电情况。辐照偏置对辐射产生的退化有很大的影响,为了确保器件满足所有系统要求,必须在最恶劣偏置下进行辐射试验。对于MOS器件,通常认为最大电源电压为最恶劣偏置;对于双极器件,有时不加偏置辐照时,器件的退化最严重。对于不清楚最恶劣偏置的器件,最恶劣辐照偏置需要通过辐照摸底试验获得。

退火试验:许多器件辐射响应呈现与时间相关的效应(时变效应),有时也称为辐照后效应。用远高于空间环境辐射的剂量率进行辐照试验,辐照试验结束后,即使在贮存条件下,器件在相当长的时间内可能恢复或进一步退化。如果不充分考虑时变效应,会得出错误的结论。因此,目前的辐照试验标准规定了辐照后的室温退火试验要求。

低剂量率增强效应:在低剂量率下(小于1rad(Si)/s),器件辐射损伤更加严重的效应。

1. 电离总剂量效应模拟方法

空间复杂的辐射环境是由能谱连续的多种粒子(电子、质子、重离子)和光子组成的,其强度随时间动态变化,空间辐射粒子穿过卫星结构进入卫星内部后,其能谱和强度会发生变化。空间辐射剂量是长时间累积的,实验室无法完全模拟空间多种粒子的连续谱,也无法采用空间低的剂量率进行长时间辐照。空间辐射剂量率一般在10^{-3}rad/s量级以下。在实验室只能获得几种能量的辐射粒子束,且设备所放射出的剂量率常常难以改变。在实验室通常采用单一能量的辐射粒子、短时间辐照来模拟空间辐射环境中的辐射效应,需要考虑与时间有关的剂量率效应。因此,应对短时间的模拟试验结果进行修正。

1)剂量率选择

空间辐射剂量率一般低于 10^{-3} rad(Si)/s,用如此低的剂量率进行器件抗辐射能力评估,试验时间很长,工程上不可行。通常采用高剂量率辐照加辐照后退火来模拟低剂量率的辐射效应。美军标 MIL-STD-883F-1019.7 规定的典型剂量率范围为 50~300rad(Si)/s,ESA/SCC 22900 规定的高剂量率范围为 1~10rad(Si)/s。

双极器件可能存在低剂量率增强效应,即低剂量率辐照退化更加严重。低剂量率增强效应无法用辐照加辐照后退火的办法来等效模拟。对存在低剂量率增强效应的器件,应在低剂量率下进行辐照试验。美军标规定的低剂量率为不高于 0.01rad(Si)/s,ESA/SCC 2290 规定的低剂量率范围为 0.01~0.1rad(Si)/s。

2)剂量增强效应

辐照试验中的辐射环境(如墙壁)会散射低能光子,这些光子叠加在正常辐射的光子上,造成剂量增强,但是由于该部分低能散射光子能量低,因此不能有效在半导体器件中产生辐射效应。为了消除低能散射光子引起的剂量增强效应,辐照试验标准规定,应考虑将试验样品放在铅/铝屏蔽容器中,以去除低能散射光子的影响。

3)样品选择

电离总剂量辐照试验为破坏性试验,因此辐照试验是抽样进行的。

一般来说,电子元器件的电离总剂量辐射效应与生产工艺有关,任何工艺的改变都有可能对总剂量效应产生较大影响。因此,总剂量效应一般按批次进行考核。

美军标 MIL-PRF-38535 规定抽样样品的数量为 22 只/批(B 级),或 4 只/芯片(S 级)。ESA 标准 ESCC 22900 规定试验样品数为 11 只。试验样品数与试验目的有关,为了评估不同偏置的辐射响应,样品数相应增加。

试验样品必须是合格品。有的器件在高温老炼后进行辐照试验,损伤更大,即存在辐照前高温老炼效应。通常要求采用进行了高温老炼试验的器件作为辐照试验样品。电离总剂量辐照试验中,通常要求有对比样品,对比样品不进行辐照。

4)辐射效应测量

电离总剂量辐照试验是将样品暴露在电离辐射环境中,并在各种工作条件下测量其电性能。可采用移位测试法或原位测试法(即辐照中测试)进行样品响应特性的测量。

移位测试时先测定样品的电性能,然后让其在电离辐射环境中辐照到固定累积剂量,停止辐照,将样品从辐照位置取出,测定其电参数,以确定样品的电性能变化;再将其放在电离辐射环境中,辐照到固定累积剂量,停止辐照,取出并测定其电参数;如此循环下去。为确定样品对总剂量的响应,试验中要用同一型号的样品在若干个累积剂量点下进行多次测量。

原位测试是在样品被辐照时,持续测量样品的响应情况。移位测试法可利用标准的大规模器件电参数测试系统,实现对样品的全参数测试和功能测试,试验方便,因此移位测试法的应用更加广泛。原位测试实时检测样品的辐射响应,通常难以实现全参数测试。原位测试应对系统中的辐射敏感器件进行充分屏蔽,避免非被试器件受到辐射损伤,影响对被试器件的测试。

移位测试应限制为测试目的而中断的辐照时间。美军标规定,从停止辐照到开始测试的时间应小于 1h,从停止辐照到完成测试后又重新开始辐照的时间应在 2h 以内。限制时间的目的是减少辐照效应退火的影响。由于高温会加速氧化层陷阱电荷的退火,因此辐照试验标准均规定测试应在室温下进行。

室温退火:理论上,辐射产生的氧化层陷阱电荷具有产生速率较快、退火也较快的特点。辐照相同的累积总剂量,低剂量率辐照时间长,而高剂量率辐照时间短。低剂量率辐照,由于辐照时间长,部分氧化层陷阱电荷发生退化。高剂量率辐照的时间短,和低剂量率辐照相比,氧化层陷阱电荷退火相对较少。对于一些非加固器件,氧化层陷阱电荷主导辐射效应,高剂量率辐照氧化层陷阱电荷的影响显著,用高剂量率辐照试验结果代表低剂量率辐照试验结果存在高估氧化层陷阱电荷的情况。为了减少高剂量率辐照高估氧化层陷阱电荷的作用,可以对这样的器件进行辐照后室温退火。室温退火时间一般设为 168h。

高温退火:和氧化层陷阱电荷不同,界面态产生速率慢。有试验表明,辐照后界面态仍长时间生长,甚至 10 年后仍有界面态的生长。对于界面态,高剂量率辐照的时间短,界面态可能还未完全生长出来,用高剂量率辐照试验结果代表低剂量率辐照试验结果,可能低估界面态的影响。试验表明,高温退火处理可加速界面态的生长,100℃、168h 的退火,大致等效室温 10 年时间界面态生长情况。因此,标准规定 MOS 器件应进行高温退火处理。

对最恶劣偏置,由于辐照失效判据的不确定以及高温退火过程中辐射缺陷等原因,为了不低估界面态的影响,在高温退火之前需要增加 0.5 倍的额外辐照剂量。

2. 辐照试验设备

1) 60Co γ 射线源

γ 射线引起的电离可以模拟空间辐射环境中的电子和质子引起的电离效应,对于所关注的氧化层陷阱电荷和界面态的产生来说,γ 射线累积 1rad(Si) 剂量与空间高能质子、电子和韧致辐射累积 1rad(Si) 剂量在 SiO_2 膜中产生等量值的辐射响应。地面常用 60Co γ 射线源来模拟半导体器件和材料的空间电离辐射效应。

通过在反应堆中对非活性的 59Co 进行重中子辐照可产生 60Co,它发射出能量为 1.73MeV 和 1.332MeV 的光子,半衰期为 5.27 年。在一个典型的辐照设备中,密封在钢筒中的 60Co 棒放置在厚铅或混凝土屏蔽室中,排列在电路板插座上的大量电子器件可以放置在接近辐射源的四周位置,它们的辐射响应可以通过长线在辐照室外面进行监控。

2) X 射线源

和 γ 射线类似,X 射线通过电离可以模拟空间环境电离辐射效应,只要 X 射线能够进入器件的有源区,并且剂量估算准确,即使低能 X 射线也是有效的。X 射线是由电子束轰击高原子序数金属(如钨、铜等)靶所产生的。X 光机辐照试验需要解决剂量的准确获得问题。为使 X 光机产生可重复的穿透功率,电源电压和管电流必须稳定,滤波材料的角度必须维持常数,因其控制着 X 光机的光子能谱,而 X 射线穿透封装和剂量响应的程度均对能谱很敏感。

3）电子加速器

所有电子束都能起到电离辐射源的作用。但是只有高能设备（粒子能量大于 0.1MeV）才能在半导体中产生辐射损伤。

目前常用的电子加速器是范德格拉夫加速器，其能产生 0.1~10MeV 的任意能量粒子。电子束由大地（靶）和充电到很高静电势的电极之间所形成的电场加速，通常可产生 1000 万 V 的静电势。在电极头释放的电子被加速进入真空管，通过钽真空窗口射出，形成 2cm 直径的射束，试验样品放在束流下进行辐照。由于 1MeV 的电子在空气中可穿越几厘米而没有太大的能量损失，所以辐照可以在空气中进行。通过选择束电流、束聚焦或采用扫描束可以改变剂量率，20mm 直径的电子束电流可以从 10nA 到 10μA，输出的粒子注量率大约在 $2 \times 10^{10} \sim 2 \times 10^{13}/cm^2 \cdot s$，该注量率相当于 $600 \sim 600000rad(Si)/s$ 的剂量率。

11.3.2　卫星单粒子效应试验

空间的带电粒子主要通过两种方式在半导体器件中释放电荷：一是通过入射粒子的直接电离；二是通过入射粒子和器件的原子碰撞后产生的二级粒子的间接电离，这些能量沉积是导致半导体器件单粒子效应的根本原因。

高能粒子在半导体材料中传输时，由于电离和激发作用不断损失能量，最后停留在材料中。重离子在单位路径上损失的能量常用线性能量传输 LET 表示：

$$LET = \frac{dE}{dx \cdot \rho} \tag{11-2}$$

式中：ρ 为材料密度（mg/cm^3）；LET 单位为 $MeV \cdot cm^2/mg$。

一般来讲，单粒子效应模拟试验研究的主要目的有三个方面：①促进对高能带电粒子和半导体器件材料相互作用过程的理解和基本特性数据的获得；②支持开展单粒子效应引起器件或电路发生失效或故障的机理研究，即效应特征研究；③支持开展加固设计评估和验证试验，主要考核单个器件或电路在辐射环境中的可用性和加固设计指标是否达到，以便确定电子设备或系统在辐射环境中的使用寿命和发生故障的概率等。

1. 单粒子效应模拟试验方法

单粒子效应模拟源主要有加速器提供的重离子、252Cf（锎）放射性同位素源的裂变碎片和脉冲激光模拟源。加速器是单粒子效应模拟试验研究中应用最普遍的重离子模拟源，其能够提供各种不同能量、不同种类的高能重离子。252Cf（锎）是实验室模拟试验中广泛采用的模拟源，主要是利用 252Cf（锎）放射性裂变碎片来模拟高能重离子。激光单粒子效应模拟源是一种简便、安全可靠的实验室单粒子效应模拟试验设备，利用激光和半导体材料相互作用产生的电离过程来模拟研究重离子诱发的单粒子效应，利用激光模拟试验系统可以研究单粒子效应的基本过程和进行加固设计验证评估。

在单粒子效应模拟试验中，一般选用重离子作为主要模拟源。在重离子单粒子效应试验中，根据被测器件的特点和测试要求，合理选取重离子种类和能量。一般情况下，离子种类和能量的选取要使 LET 值可在一定范围内取值，至于首先用高 LET 值还是用低

LET 值的重离子做试验要视具体情况而定。选好重离子种类之后,应当对重离子在硅材料中的 LET 值和穿透深度进行计算分析,便于在试验过程中及时了解测试数据,使试验能够获得最好的结果。在重离子与硅材料相互作用计算分析方面,已有专门的计算分析软件,如 TRIM 系列软件包。

单粒子试验的基本过程如下。

(1)将被试器件放置到辐照位置。

(2)用选定 LET 值的离子,以合适的注量率辐照器件,检测并记录器件的单粒子错误。

(3)当检测的错误总数达到设定值,或入射离子达到设定的注量时,停止辐照。

(4)改变入射离子的 LET,重复进行试验,一般要求至少用 5 个 LET 值进行试验。

针对半导体器件和集成电路的单粒子效应试验相关规范主要包括:ASTM F1192—2006 重离子辐射诱发半导体器件单粒子现象测量方法;ESA-SCC 25100(1995)单粒子效应的测试方法和指南;MIL-STD-750D 方法 1080 单粒子烧毁和单粒子栅击穿试验方法;QJ 10005—2008 宇航用半导体器件重离子单粒子效应试验指南。

2. 试验样品

单粒子效应模拟试验中选用的试验样品最好是选用同一厂家、同一批次的产品。在试验中发现,即使同一厂家的同一型号的产品,出厂批次不一样,其抗单粒子效应能力也有一定的差异。对于试验中用到的电子器件,ESA/SCC Basic Specification 25100《单粒子效应的测试方法和指南》中规定,入射离子能量必须足以打到微电子芯片上。如果不对试验样品开帽或离子能量偏低,则不足以穿透封装外壳,无法达到试验目的。为了保证入射离子能量必须足以达到芯片上,对于试验样品一般进行开帽或开盖处理,以保证芯片完全暴露在重离子辐射环境下。每个器件均应做单独试验并进行辐照前后的一致性比较。样品准备好后将其装入真空靶室的 DUT 板上,并调整器件与束流夹角的方向,使束流能入射器件表面的敏感部位,然后密封真空靶室。

3. 模拟试验设备

空间辐射环境中的质子和重离子的能量可高达几 GeV/A,在 Si 中具有很长的射程($100g/cm^2$ 量级),而单粒子效应的敏感区相对较薄(厚度约为几微米),因此单粒子效应的研究可以用具有较低能量、LET 值相近的离子来进行。地面单粒子效应模拟试验主要依赖于辐射模拟源,常用模拟源包括重离子加速器和脉冲激光模拟源等。

1)重离子加速器

采用重离子加速器提供的高能量、高 LET 值的重离子进行单粒子效应模拟评估试验是空间单粒子效应评估的最直接手段。重离子模拟源主要包括回旋加速器和直线加速器,它们能产生不同能量的高能重离子,在半导体材料中,具有不同的 LET 值和穿透深度。通常随着入射离子 LET 值和能量的增加,诱发各种单粒子效应的几率就大。如在单粒子烧毁重离子模拟试验中发现,随着入射离子 LET 值和能量的增加,样品发生单粒子烧毁的临界电压明显随之降低,且样品的烧毁截面也显著增大。各类加速器及其提供离子及设备的主要特点如表 11-14 所列。

表 11-14　用于单粒子效应地面模拟试验的加速器

加速器名称	LET 值/ (MeV/μm)	优　　点	缺　　点
直线串列静电加速器	0~10	更换离子转换快,能达到较低的 LET 值,费用低	不能得到具有足够射程的高能离子
回旋加速器	10~100	能量高,提供离子种类较多,离子具有足够射程	更换离子需要占用大量时间,费用高
同步加速器	100~1000	离子能量可与空间环境相比	费用高,难以操作
高能质子加速器	10~150	能量可与空间环境相比	数量少

2)激光单粒子效应模拟试验系统

由于光子和离子与半导体材料相互作用都可以产生电荷,因此可以利用激光模拟研究单粒子效应。激光单粒子效应模拟试验系统是一种简便、经济、安全的实验室模拟单粒子效应试验设备,可以用于单粒子效应机理研究、单粒子效应导致的错误在逻辑电路中的传递规律研究、集成电路单粒子效应分析与测试、集成电路的单粒子翻转敏感区确定、宇航元器件及电子线路加固性能的评估等。

4. 单粒子试验测试系统

单粒子效应模拟试验的实验装置主要有三大部分,分别是模拟源主体设备、束流测试和诊断系统、单粒子效应测试设备。电子器件或集成电路的单粒子效应测试,因被测对象及其单粒子效应的不同而有不同的测试方法,如针对静态存储器的单粒子翻转和多位翻转,其测试方法及系统实现上有较大差异。一般来说,单粒子效应测试系统主要由被测器件单元(DUT)、测控器、主控计算机以及相关的辅助设备等几部分组成,其构成如图 11-17 所示。

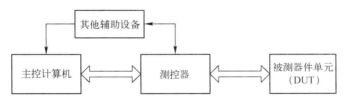

图 11-17　单粒子效应测试系统组成图

DUT 主要由被辐照器件和相关电路(如开关选择电路)组成。原则上讲,DUT 应当只是被辐照器件,但是有些复杂的集成电路在测试时需在 DUT 单元上附加其他器件(如模拟器件测试中电容电阻设计)。DUT 应包含尽量多的辐照器件,以便实验过程中取得尽可能多的有用数据。测控器的功能主要是进行有关命令的操作、测试数据的获取、存储及向主控计算机传输数据等,其一般放置在辐照终端附近。主控计算机是整个测试系统的操作控制台,其主要功能是测试过程控制的实现、数据存储和处理等。

5. 试验数据分析

利用单粒子效应模拟试验数据,可计算得到翻转截面 σ,其计算公式为

$$\sigma_i = N_i / \Phi_i \qquad (11-3)$$

式中：σ_i 为第 i 种能量质子（LET_i）的单粒子事件截面，单位为 cm^2/器件或 cm^2/位；N_i 为第 i 种能量质子测得的单粒子事件数；Φ_i 为第 i 种能量质子的总注量。

由试验数据，可以制作出单粒子事件截面与入射能量间的 σ-LET 曲线，再结合空间辐射环境模型，可以预估器件在各种质子空间环境中的单粒子事件率，目前已有成熟的计算仿真软件，如 Space Radiation、CRÈME 软件包等。

11.3.3　卫星位移损伤效应试验

1. 位移损伤效应模拟试验方法

在空间辐射环境中，卫星内部元器件的位移损伤主要是质子引起的。电子由于质量小，不容易产生位移损伤，并且电子能量小，随着距离的增加，进入卫星内部的电子注量迅速减少。因此，卫星内部通常不考虑电子引起的位移损伤。但是卫星舱外的太阳电池阵是特例，由于不存在卫星外壳的屏蔽，太阳电池受到的电子辐射注量很高，太阳电池必须考虑电子引起的位移损伤。质子、电子加速器都可以用于空间电子、质子辐射环境的地面模拟。另外，虽然实际空间辐射环境中不存在中子，但是由于中子容易获得，常被选作位移损伤地面模拟源。

空间辐射粒子具有宽的、连续的能谱。研究发现，器件因位移效应出现的性能退化与总的非电离能量损失（Non-ionizing Energy Loss，NIEL）有关。基于这一点，可将能谱连续的空间辐射的非电离能量损失计算出来，在地面用一种粒子产生相同的非电离能量损失进行位移损伤模拟评估试验。与用 LET 表示离子引起电离辐射能力类似，辐射引起半导体材料电学或光学性能的衰退与其非电离能量损失存在正相关关系。

利用地面质子/电子辐照试验数据评估光电器件、太阳电池等在空间环境抗位移效应能力的基本方法如下。

根据卫星的轨道参数（包括高度、倾角、发射时间、寿命期等），计算出卫星内部位置的质子能谱 $\Phi(E)$ 或者穿过太阳电池玻璃盖片后的质子和电子能谱 $\Phi(E)$。

利用质子/电子能谱 $\Phi(E)$ 和质子/电子的非电离能损 NIEL(E)，计算出轨道中卫星内部器件处或者穿过太阳电池玻璃盖片后的质子和电子总的质子/电子位移损伤剂量 DDD$_{总}$：

$$DDD_{总} = \int NIEL(E) \cdot \phi(E) dE \qquad (11-4)$$

式中：NIEL(E) 为能量为 E 的质子的非电离能损，NIEL(E) 与辐射粒子的种类、能量、被辐射材料的种类等有关；$\Phi(E)$ 为轨道中卫星内器件处或者穿过太阳电池玻璃盖片后的质子和电子的总的微分能谱。

将式（11-4）中计算出的器件处的总质子/电子位移损伤剂量 DDD$_{总}$ 换算成单一能量的等效质子注量 Φ_{eff}，即 DDD$_{总}$ 除以该能量下的质子非电离能损 NIEL(E)。

在辐照试验中，器件不加偏置，辐照后进行电参数测量。对于太阳电池阵采用两个及以上不同能量和通量的质子或电子进行辐照，辐照后测试电池光伏参数。利用位移损伤剂量计算方法，计算出电池在空间某一轨道、一定任务期内的光伏参数衰减情况。

目前还未形成高能质子位移损伤辐照试验规范,但已形成利用中子进行位移损伤试验的规范,如美军标 MIL-STD-883 方法 1017、欧洲 ESA/SCC 22900。其中, MIL-STD-1017 均规定采用反应堆中子进行位移损伤评估试验,而 ESA/SCC 22900 规定用电子进行位移损伤试验。

2. 模拟试验设备

位移损伤效应地面模拟试验设备通常包括质子加速器、中子反应堆、中子加速器及电子加速器等。如上文所述,只有能量大于 0.1MeV 的电子才能产生位移损伤,通常用范德格拉夫加速器产生 0.1~10MeV 之间的任意能量的电子。

1) 质子加速器

质子在硅器件中引入位移损伤。15MeV 质子在铝中的射程约为 1.5mm,低能质子无法穿透微电子芯片表面的涂层,进行位移试验用的质子能量通常要在 10MeV 以上。

而在通常情况下,地面可以得到的实验条件中,质子的能量一般小于 10MeV,因此地面模拟中,质子适合进行总剂量效应模拟试验。由于器件的敏感电路封装在金属或陶瓷壳内,等效铝厚度在 2mm 左右,要进行器件的模拟试验,必须将器件封装壳打开,露出器件的电路敏感区域进行辐照试验。

要将质子能量加速到 15MeV 以上,最常用的设备是回旋加速器。一般典型加速器的能量为 20MeV,注量率在 $10^{13}/cm^2/h$。随着能量的降低,质子在硅中的损伤效率降低。20MeV 能量适合于器件试验,进入空间飞行器仪器舱的空间辐射在这一能量范围内最为强烈,大部分低能成分被吸收片吸收。

目前多采用 10MeV、16.8MeV、22MeV、40MeV、100MeV 质子对器件进行位移损伤效应研究。采用较高的质子能量不仅要考虑射程问题,还应考虑不同能量粒子辐射效应等效性问题。

2) 中子源

中子辐照产生的体缺陷结构与高能质子和电子产生的体缺陷相似。带有束流管、液压管或具有水池设计的材料反应堆可用于对样品进行快中子辐照。

中子由 235U(铀)裂变产生,能量范围为 0.1~3MeV。通过轰击慢化材料或冷却材料,中子能量可以减少到 0.025eV,而能量大于 10keV 的中子产生的位移效应较弱,进行器件辐照试验时,一般不希望出现这种情况。反应堆核心发出的全向快中子注量率一般超过 10^{15} 核子/cm^2/h,伴随的同位素 γ 射线剂量大约为 10^6rad/h。在中子产生位移损伤的同时,γ 射线还产生电离效应。

由几千电子伏的氘氚(D-T)粒子聚焦产生 14MeV 中子可以由氘粒子加速到 200keV 的静电加速器产生,也可以用各种试验用的等离子发生器产生。一般采用 D-T 反应产生的 14MeV 中子,用加速的氘离子轰击吸附于钛金属的氚,中子的注量率取决于吸附于钛金属的氚的含量。

3) 电子加速器

与电离总剂量效应使用的高能电子模拟源一样,位移损伤电子加速器有线性加速器、范德格拉夫加速器、谐振变压器加速器等。能量大于 0.1MeV 的电子在材料中即可产生位移损伤。通常位移损伤模拟试验使用的电子能量是 1MeV,用高能电子辐照试验样品,电子通过物质时,受到原子核库仓场的作用发生弹性散射。在弹性散射过程中,入射电子和原子核的总动能保持不变,入射电子的能量在散射电子及靶原子间分配,电子将部分能量传递给靶原子,当靶原子获得的能量大于原子的位移阈值能量时,原子就会发生位移,产生位移过程能量沉积。利用电子做位移损伤效应地面模拟试验有相对损伤系数法、非电离能量损失法(位移损伤剂量)等。

11.4　卫星表面放电效应试验

GEO、MEO 等轨道的卫星在轨运行期间会遭遇千伏量级的热等离子体环境,热等离子体会使卫星表面发生静电积累。由于卫星表面的材料特性、光照条件、几何状态等因素不同,可能使卫星表面之间、表面与卫星地之间产生电位差,当电位差达到一定程度时,将产生电晕、电弧或介质电场击穿等静电放电现象,并辐射出电磁脉冲,称为静电放电(ESD)。这些电磁脉冲可能会对星上电子设备的正常工作产生干扰,严重时会导致电路故障。因此,星上单机及整星都应进行表面放电效应模拟试验考核,由于此试验可能损伤产品,因此一般在单机鉴定件和卫星初样电性星上进行。

一般采用高压电弧放电模拟空间等离子体引发的卫星表面放电现象,产生的电磁脉冲以辐射方式通过各电子设备电连接器,对处于正常工作状态的电子系统进行干扰,同时监测电子设备在干扰过程中能否保持正常工作、是否发生故障。

卫星表面放电效应模拟试验中,一般采用高压电弧放电模拟器作为放电模拟源,其由放电电极、电源与控制机箱、连接电缆组成,如图 11-18 所示。放电电极内置升压电路,形成脉冲高压输出至放电电极,产生放电电弧;电源与控制机箱主要实现模拟器供电电压的转换,放电电压、放电时间、放电频率的控制。高压电弧放电模拟器的放电电压、峰值电流、放电频率、放电脉宽和放电时间应满足试验要求。

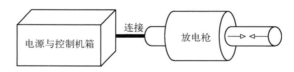

图 11-18　表面放电效应模拟器组成示意图

1. 表面放电效应模拟试验状态

1) 整星表面放电效应模拟试验状态

整星表面放电效应模拟试验主要是考核在整星状态下,星上各电子设备承受空间等离子体引起的卫星表面放电干扰的综合能力,检验卫星表面放电对卫星工作性能的影响。

为确保卫星表面充放电效应模拟试验的有效性,卫星表面放电效应模拟试验的技术状态应尽量模拟卫星入轨后的正常工作状态,且便于试验操作。一般选择在整星状态下(即卫星平台和载荷舱对接之后的状态)进行表面放电效应模拟试验。

要求所有参加试验的星上设备的工作状态应按卫星入轨后的正常工作状态进行设置。具有冷备份的星上设备,在主、备份状态下都应进行卫星表面放电效应模拟试验。要求对星上所有电子设备,逐一进行放电试验。要求卫星的测试系统能检测出卫星表面放电干扰引起的设备故障。

2）单机级表面放电效应模拟试验状态

单机级的表面放电效应模拟试验是为了检验电子设备和微波设备承受星上可能出现的表面放电脉冲干扰的能力。

为避免产品损伤，一般在初样件上进行表面放电效应模拟试验。试验时，要求试验设备加电正常工作。

2. 表面放电效应模拟试验条件

整星和单机级的表面放电效应模拟试验一般在常温常压下进行，均要求脉冲源击穿放电电压 10kV，峰值电流≥80A，放电电流上升时间 5~40ns，放电脉宽 30~400ns。

进行表面放电效应模拟试验时，放电电极置于垂直距离试验设备的电连接器或电缆 30cm 位置处，连续放电若干次，放电频率一般为 1 次/s。

在试验过程中，试验设备应加电并调节到对干扰最敏感的条件，在最恶劣情况下开展表面放电效应试验。

11.5　卫星低气压放电试验

星上设备内某些高压电路或器件在低气压环境下可能会发生气体放电或击穿，造成电路和器件损伤。根据帕邢定率，电路电极间存在一个 $P \cdot d$ 值（气压与电极之间的距离的乘积），使得电极间起晕放电电压（CIV）最低，图 11-19 给出了不同气体的帕邢放电曲线。星上单机从发射到在轨运行过程中，必定存在 $P \cdot d$ 值正好与 CIV_{min} 对应：当电子部件的工作电压高于 CIV_{min} 时，存在切实的放电风险。两电极间的击穿电压随气压呈现 V 形的变化关系，在 1kPa 到 1Pa 间的低气压环境下，电极的耐压出现最低值，起晕放电电压远低于大气环境下或者高真空环境下的放电阈值。电晕放电是一种由于导体上存在超过某一临界值的电场强度，导致周边气体电离，从而产生发光的放电现象。

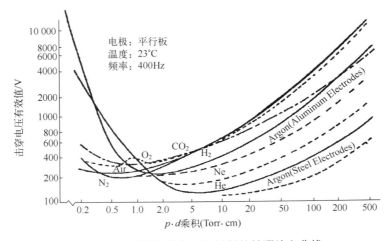

图 11-19　不同气体与电极材料的帕邢放电曲线

卫星发射过程中会经历 1kPa 到 1Pa 这一低气压环境；对于密闭性好的单机，由于内部气压降低需要较长时间，因此在卫星入轨后，也可能会出现这一低气压环境；有些单机在卫星入轨后,由于材料或器件放气,也会使某些部件周围出现这一低气压环境。因此,在卫星发射过程中和卫星入轨后,都可能会发生低气压放电现象。

为验证各单机的低气压放电防护设计性能,要求卫星发射过程中开机的电子设备,以及在卫星入轨后存在低气压放电风险的电子设备,在产品交付前都要进行低气压放电试验;同时要求整星在总装集成完成后,结合卫星热平衡试验或热真空试验,开展整星级的低气压放电试验。

1. 整星低气压放电试验

整星低气压放电试验主要验证整星状态下,在模拟卫星发射过程气压变化情况下,星上各单机是否发生低气压放电现象。

整星低气压放电试验一般与卫星热平衡试验或热真空试验结合起来进行。在卫星热平衡试验或热真空试验开始时,在真空罐抽真空的过程中,进行卫星低气压放电试验。

卫星热平衡试验开始时,卫星加电,按照卫星起飞状态设置星上单机的加断电状态,使发射阶段工作的单机加电处于工作状态。然后,真空罐开始抽真空并进行热沉预冷,至建立真空背景(即真空度达到 6.65×10^{-3} Pa,热沉温度达到 100K)期间,当星内设备(部件)真空度降至 $1300 \sim 1.3$Pa 范围时,密切监视卫星各单机的遥测参数,确定卫星有无发生低气压放电现象。有些单机由于放气缓慢等原因,在真空罐后续继续抽真空过程中,仍需继续监视各单机的状态,观察是否有低气压放电现象发生。而且需要注意的是,真空度测量数据多为真空罐内星外的数据,由于星体热控多层包覆的影响,星内及设备内的真空度下降明显滞后于星外真空度的下降。

在整星热真空试验完成后,进行真空罐复压过程中,再次进行卫星低气压放电试验,重点从升压到 1.3Pa 到 1300Pa 过程中,密切监视星上各单机的遥测参数,判读是否发生低气压放电现象。

2. 单机级低气压放电试验

单机级低气压放电试验主要是检验电子和微波单机在低气压环境中工作时是否会发生低气压放电现象及承受低气压电晕、飞弧和介质击穿放电影响的能力。

1)试验条件

在真空罐内压力由正常环境压力逐渐下降到 1.3Pa 过程中,进行低气压放电试验。一般重复 3 次降压过程,进行 3 次试验。试验环境压力从常压下降到 1.3Pa 的时间不少于 10min。试验中采用正常环境温度,一般为 15~25℃。

2)试验要求

低气压放电试验的产品应为交付前的正样件最终状态或鉴定件最终状态。

对从卫星发射时开始工作的电子和微波单机应进行低气压放电试验;在卫星发射过程中不工作,但在常压下密封、入轨后允许缓慢漏气而导致其真空度逐渐上升的单机,也应进行低气压放电试验。

低气压放电试验可以与单机的热真空试验一起进行;试验时单机应在额定电流、电压下工作。

在降压过程中,当压力在 758Pa 附近时,最容易发生低气压放电,因此应放慢降压速度。

在试验过程中,在卫星发射期间不工作和不允许经受电晕损伤的部件,应在真空度达到热真空试验要求后再加电。

11.6　卫星真空微放电试验

微放电是电子在真空条件下的外加电磁场加速下,在两金属表面或单个介质表面上激发的二次电子发射与倍增效应,又称二次电子倍增效应。电子在微波电场作用下运动时,当电子在电极间的渡越时间与电场交变周期具有一定的同步关系时,电子在电场作用下撞击电极板产生的二次电子刚好被后半周的电场驱动到另一电极板,产生更多的二次电子,如此按照微波电场的频率在两电极间以倍增的方式交替产生二次电子,最终会导致电极间的击穿。

微放电是在真空条件下,发生在微波器件内部的射频击穿现象。工作在大功率状态下的微波器件,当功率、频率和器件内部结构缝隙尺寸满足一定关系时就会发生微放电效应,这种现象的产生又取决于真空压力、加工工艺、表面处理、材料、污染等因素。微放电会导致微波传输系统驻波比增大、反射功率增加、噪声电平抬高,甚至会造成电极击穿及部件永久性破坏,导致通信通道丧失工作能力。

影响真空微放电阈值的主要因素有所使用的表面材料和金属间隙,不同材料的二次电子发射系数不同,二次电子发射系数较小的材料微放电阈值相对较高;增大金属表面间隙,可提高微放电的阈值。设备的微放电性能常用间隙峰值电压 V 来表示,图 11-20 给出了不同材料波导腔体的微放电间隙电压峰值曲线。

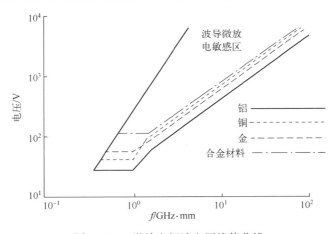

图 11-20　微放电间隙电压峰值曲线

微波电路一般要求鉴定级微放电设计余量 6dB,验收级微放电设计余量 3dB。

输出多工器、输出滤波器、分路器、输出微波开关、可动天线的输出旋转关节、天线馈源等大功率微波单机或部件均需开展真空微放电试验。

微放电试验一般结合微波设备的功率耐受试验进行,功率耐受试验完毕后,进行微放电试验。功率耐受试验是通过连续波加载方式,考核微波设备可承受最大连续微波功率的能力。

1. 微放电试验方法

微放电测试方法一般采用调零检测法、正向反向功率检测法、输出频谱检测法、二次或三次谐波检测法,其中优先选用调零检测法。

微放电试验框图如图 11-21 所示。信号源发出射频连续波,经过微波信号调制单元形成高电平和低电平可调的脉冲信号,通过微波功率放大器放大后,经过双定向耦合器,再经过密封波导窗(或密封同轴接头)进入真空罐内,通过波导(或同轴电缆)馈入被测产品。

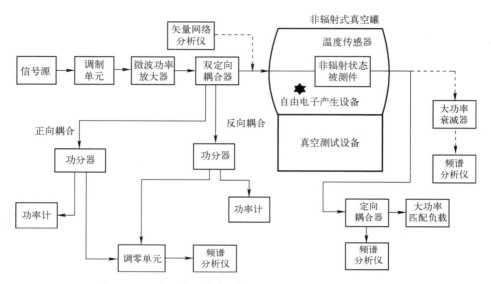

图 11-21 采用非透波真空罐的非辐射式测试方法示意图

将双定向耦合器耦合的正向、反向信号同时输入调零单元,通过调零单元的调整使两路信号等幅反相,微放电现象发生时,调零状态破坏,可由频谱分析仪检测。

2. 微放电试验条件

一般采用真空罐进行微放电试验,罐内压力应优于 6.65×10^{-3}Pa,并通过罐内静置保证设备或部件内部的真空度也达到 6.65×10^{-3}Pa。一般在常温和设备最高工作温度处,进行微放电试验。

电子源一般放置在设备微放电敏感区域的正上方位置。采用脉冲功率进行微放电试验,一般先施加额定功率加 3dB 的脉冲功率进行微放电试验,再施加额定功率加 6dB 的脉冲功率进行试验。

微放电试验脉冲周期一般取 1ms,脉冲宽度一般应大于 100μs。试验部件或设备达到试验功率后应保持至少 30min,观察是否有微放电异常现象发生。

应在试验设备上温度变化较大的部位安装测温点,监测试验过程中的温度变化情况;同时,对试验设备的实时入射功率(平均入射功率和峰值入射反射)、反射功率进行监测。

11.7　卫星电磁兼容性试验

星上单机在交付前必须进行设备级电磁兼容性试验,确认满足总体下达的电磁兼容性指标要求;整星在 AIT 阶段也需开展相应电磁兼容性试验,确认满足卫星系统内电磁兼容性,以及与运载火箭等大系统间的电磁兼容性。卫星 EMC 试验包括单机级和整星级试验,单机级 EMC 试验包括:通用设备试验、电源控制器试验及离子电推力器等特殊单机的 EMC 试验。系统级 EMC 试验包括:射频系统装星后的电磁泄漏试验,整星辐射发射和敏感度试验,与运载火箭、发射场及在轨相邻卫星间的电磁兼容性试验。

11.7.1　卫星 EMC 试验基础

1. EMI 测量接收机的检波方式

EMI 测量接收机是频域测试设备,其将被测干扰信号放大,经几级混频,进入中频放大器,放大后的中频信号进入检波器。由于检波器对中频放大器输出包络的影响不同,检波方式也不同。不同检波器的根本差异是充电、放电时间常数不同。应针对 EUT 类型,选择合适的检波方式,保证测量结果的准确性。

一般采用峰值检波方法,峰值检波器要求检波电路充电足够快,而放电足够慢,适合快速扫描。峰值检波器读出的是包络的最大值,它只取决于信号幅度。实际上,许多人为的窄带干扰信号(如载波、本振、谐波等连续正弦波干扰信号或单个脉冲,或重复频率很低的脉冲)适合采用峰值检波方式。

2. 频域测量带宽选择

由于不同电磁干扰的周期、强度、波形等差异很大,因此测量干扰仪的通频带、线形度、检波回路的充放电时间常数等对测量结果会产生影响。为使不同测试设备对同一 EUT 的测量结果有可比性,对测量带宽作以下规定:对 EMI 测量接收机来说,指测量接收机的中频带宽;对频谱分析仪来说,指分辨率带宽(RBW),它是最窄的中频带宽。

MIL-STD-461F 规定了发射杂散测试在不同频率下的中频带宽,如表 11-15 所列。

表 11-15　不同频率下发射杂散测试中频带宽

频率	6dB 带宽/kHz	驻留时间/s	最小测量时间 (模拟式测量接收机)
25Hz~1kHz	0.01	0.15	0.015s/Hz
1kHz~10kHz	0.1	0.02	0.2s/kHz
10kHz~150kHz	1	0.02	0.02s/kHz
150kH~30MHz	10	0.02	0.02 2s/MHz
30MHz~1GHz	100	0.02	0.2s/MHz
>1GHz	1000	0.02	20s/GHz

对于频谱分析仪类型的测量接收机,分辨率带宽(RBW)与测量扫描速度相关,一般满足下式:

$$v = \frac{B_W^2}{K_1} \qquad (11-5)$$

式中：v 为扫描速度（Hz/s）；B_W 为频谱分析仪的分辨率带宽（Hz）；K_1 为分辨率带宽滤波器的形状因子（一般定义为 3dB 带宽与 60dB 带宽的比值）。

EMC 测试前，需先确定测量带宽。对 EMI 测量接收机来说，小的带宽可提供较高灵敏度，但会延长扫描时间，由此会带来新的测量问题。因此带宽选择应兼顾灵敏度和测试速度两个方面。

3. 测量接收机灵敏度

一般来说，把测量接收机能测出的最小绝对变化量称为接收机灵敏度，用 dBm 表示。如果把测量接收机内部的噪声折算到输入端，则噪声功率为

$$N = kTB \qquad (11-6)$$

式中：N 为噪声功率（W）；k 为玻耳兹曼常数，为 1.38×10^{-23} J/K；T 为接收机输入端等效噪声温度；B 为接收机带宽（或频谱分析仪分辨率带宽）（Hz）。

工程上常把 T 看成两部分组成，一部分是接收机内部噪声影响，可用噪声系数 F_{dB} 描述，另一部分是环境温度影响。假设环境温度为 20℃，则测量接收机的灵敏度计算公式为

$$N_{dBm} = -114 + F_{dB} + 10 \lg B_{MHz} \qquad (11-7)$$

式中：N_{dBm} 为测量接收机灵敏度（dBm）；F_{dB} 为测量接收机自身噪声系数（dB）；B_{MHz} 为测量接收机测量带宽（MHz）。

接收机灵敏度与接收机本底噪声有关，本底噪声由接收机的带宽、输入衰减以及内部混频器转换效应和中频放大器噪声系数决定。

4. 测量天线系数

天线系数是用来表征测试天线接收特性的重要参数，直接关系到电磁兼容性测试的准确性。此系数包含了天线有效长度、失配和传输损耗的影响，天线有效长度指天线的开路感应电压与被测电场强度分量之比，天线感应电压是指天线开路两端子间所测得或算出的电压。

以辐射干扰测量为例，测试天线处于接收状态，天线系数可用下式表示：

$$AF = \frac{E}{U} \qquad (11-8)$$

式中：E 为被测量的电场强度（V/m）；U 为测量天线的输出端电压（V）；AF 为天线系数（1/m）。

将式（11-8）用对数表示为

$$E(dB\mu V/m) = AF(dB/m) + U(dB\mu V) \qquad (11-9)$$

天线系数是一个频率相关的函数，一般由测试天线生产厂家提供。在电磁干扰的具体测试应用时，还应考虑测试天线与测量仪表连接电缆的损耗，以 dB 形式，可用下式表示：

$$EMI = 测量仪系数表读数 + 天线系数 + 电缆损耗 \qquad (11-10)$$

式中：假定测量仪表输入阻抗、同轴电缆阻抗均为 50Ω，即整个系统阻抗相匹配。

由于 EMC 试验中测量值指视在场强，测试天线系数一般是在试验现场利用互易原

理测试得到。工程上常根据天线增益来计算天线系数：

$$AF = 20\lg\left(\frac{9.76}{\lambda\sqrt{G}}\right) \qquad (11-11)$$

为计算方便，还可写成以下形式：

$$AF = -29.75 + 20\lg f - 10\lg G \qquad (11-12)$$

式中：f 单位为 MHz。

11.7.2　卫星 Sniff/Spray 试验

卫星通信、导航、数传、测控等微波系统链路中的波导和射频电缆连接后，需要测试其连接状态是否完好，是否存在超指标要求的电磁泄漏。如果存在超指标的电磁泄漏，会在同频率的相关射频信道上产生电磁干扰，影响其正常工作。在复杂的射频系统链路连接时，由于射频设备多，连接操作复杂，常出现电磁泄漏超差情况。因此，在射频链路系统安装连接后，必须开展专门的电磁泄漏测试。

针对射频系统不同部位的射频泄漏，可分别采用以下两种方法。

一种是嗅探法，又称 Sniff，用于测试发射信道（从行波管放大器或固放等功率放大器的输出口到天线入口）的信号泄漏情况。依次将各功率放大器推至饱和状态，采用近场探头和频谱分析仪测量射频输出链路上各波导连接面和电缆接头处的射频泄漏信号强度。

另一种是天线辐照法，又称 Spray，用于测试接收链路（从最后一级接收机或变频器的输出口到功率放大器入口间）受外部信号的干扰情况，从而确定接收链路的连接状态。用已知频率和强度的信号照向射频接收链路外侧（电缆接头、波导连接面等），用频谱分析仪在接收通路的输出口测量可能漏进的信号频率和幅度。为避免 Spray 信号过大而损坏接收机，一般情况下，从接收机输出口之后开始进行 Spray 测试；但有时接收机的入口处存在连接不好情况，容易受到干扰信号影响，出现明显杂波，因此这时需要从接收机入口处开始做 Spray 测试。

Sniff 和 Spray 方法针对的测试部位如图 11-22 所示。

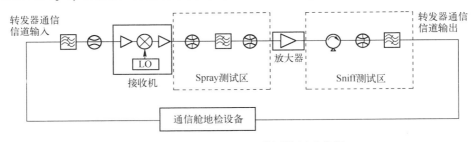

图 11-22　Sniff 和 Spray 检测位置示意图

在正式测试前，一般先用场强仪对卫星舱内的射频系统进行预测试，考察舱内场强的大小，使场强控制在一定限值内，确保电磁信号对测试人员的辐射伤害降到最低，同时确定卫星舱内信号泄漏较大的区域。

Sniff 测试前，若场强结果大于 5V/m，则降低放大器输出功率，再进行测试。测试信号一般采用单频无调制信号，测试时其余相邻信道应关闭。整个测试过程中，监测环境场强,确保环境场强幅度及场强波动不影响场强探头的检测值,一般要求环境场强或场强波动不超过 3V/m。

Spray 测试时,设置信号源频率为被测信道下行中心频率,设置信号源输出电平,使场强仪读数为 $E = 2 * E_{max}$(E_{max} 为 Sniff 测试最大值)。

当 Sniff 和 Spray 测试结果不满足要求,存在相应信号泄露超差时,一般采取以下措施进行处理:松开波导或电连接器连接,检查连接面,并重新拧紧;在连接处涂导电胶;如果涂导电胶效果不理想,通常采取包覆钼丝等相应材料进行屏蔽。

11.7.3 卫星辐射发射及敏感度试验

卫星辐射发射及敏感度试验包括卫星发射段的辐射发射(RE)试验、卫星在轨段的辐射发射试验、卫星辐射敏感度试验以及发射场系统间联合 EMC 试验,主要对卫星的辐射发射特性、辐射承受能力及系统级的 EMC 性能进行试验。

1. 卫星发射段辐射发射试验

为保证卫星与运载火箭在发射主动段兼容工作,需要在双方签署的《卫星系统与运载火箭系统接口控制文件》中,明确卫星和火箭在星箭界面上的辐射发射频谱,包括有用发射和不希望有的发射,以确保星箭间的电磁兼容性。

在主动段 RE 试验中,卫星设置为发射状态,平台设备加电,载荷不开机。测试时,要求在星箭对接面距星体 1m 远处架设测试天线,记录 30MHz~18GHz 频段的电磁环境曲线。测试完成后,将所测结果与运载火箭要求相比较,以确定卫星的无意发射是否都在限制范围之内。图 11-23 给出了某运载火箭对卫星的辐射发射要求,作为卫星发射段辐射发射测试结果符合性的判据。

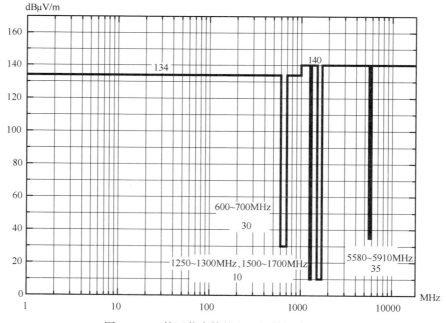

图 11-23　某运载火箭的电磁辐射敏感度特性

试验中应注意使用外置衰减器以保护信号预放器和接收机的安全。如有辐射发射信号超出限值要求,且卫星转自身蓄电池供电方式后仍然存在,则需补充环境背景测试,确定干扰信号来自星上还是外界环境。

2. 卫星在轨段辐射发射试验

本项试验属于卫星系统自兼容测试。试验前,应对卫星测控、通信、数传等设备的工作频率进行分析,获取各射频设备间可能存在的谐波干扰和互调干扰。试验时,需要覆盖卫星在轨各种工作模式,射频设备需要同时开机,如果受条件所限不能同时开机,但经干扰分析可能存在干扰的设备必须同时开机。

本项试验与发射段的辐射发射试验相似,在指定的测试面,距星体 1m 远处架设测试天线,测试 30MHz~18GHz 频段的电磁环境。

由于卫星在轨段的有意辐射发射较大,试验中应使用外置衰减器以保护信号预放器和接收机的安全;同时注意测试天线的位置不能影响卫星上行和下行通信。若测试中出现超差频谱,应与星上的上行和下行频率进行比对,以确认是否属于杂波信号。

将所测结果与测试大纲中规定的各个工况限值进行比较,以判断是否存在超出限值的信号。图 11-24 给出了某 GEO 卫星在轨段辐射发射的参考限值曲线。

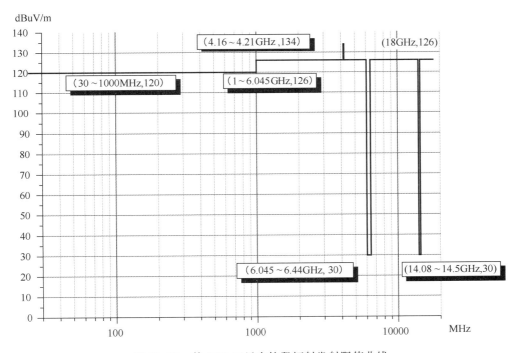

图 11-24　某 GEO 卫星在轨段辐射发射限值曲线

3. 卫星辐射敏感度试验

卫星的辐射敏感度试验主要是为了验证卫星在发射前和发射飞行中是否能承受发射场和运载火箭的辐射电磁环境干扰。

因敏感度类试验具有一定的损伤性,因此 RS 试验一般在电性星上进行,正样星一般不再进行 RS 试验。如果因运载火箭或发射场辐射电磁环境有变化,或其他原因而必须在正样星上进行进行 RS 试验时,必须控制试验量级,同时密切监测卫星状态,一旦发生受扰问题,应立即暂停试验并进行相关处理。

RS 试验时,为保证测试天线辐射场覆盖卫星,一般在距离卫星 3m 远处架设测试天线。调试地面测试系统信号源和功率放大器的输出,保证星箭分离面处的场强达到规定值。测试时,设计测试程序的驻留时间不小于卫星的最大响应时间。RS 测试系统原理图如图 11-25 所示。

图 11-25　RS 测试系统原理图

为保证测试安全性,在测试前应调试校准好测试程序,测试过程中,采用校准程序进行测试,并在星箭分离面处架设场强探头,监测实时场强值。同时,应密切监视测试状态,一旦发现受扰情况,应立即暂停测试。

4. 发射场联合 EMC 试验

大系统联合 EMC 试验一般在发射场的技术区总装测试厂房和发射区塔架地区进行。在厂房的 EMC 试验主要监测厂房内的电磁环境在卫星的射频接收、发射带内是否有电磁干扰,是否会影响卫星的正常工作。在塔架地区的星—箭—地三方 EMC 试验,主要监测在各系统均工作时,在卫星和运载的射频接收、发射带内是否有电磁干扰,大系统是否能正常工作。

对于厂房地区的电磁环境监测,将测试天线置于厂房内,卫星不加电。

对于塔架地区的 EMC 试验,将测试天线置于塔架上靠近测控天线位置,测试时机选择在卫星上塔架后的总检查期间,在总检查前进行背景测试,在总检查期间进行电磁环境测试。测试试验系统原理框图如图 11-26 所示。

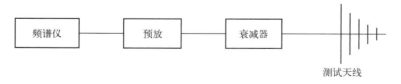

图 11-26　大系统联合 EMC 试验原理图

11.7.4　卫星电源母线发射试验

卫星一次电源各种工作状态具有不同的电磁发射特性,大功率用电设备的稳态工作及工作状态切换也会引起电源母线的电磁特性发生变化,为掌握各种工况下的电磁发射对电源母线特性的影响,需进行相应的电源母线发射试验。

1. 母线瞬态发射试验

大功率设备开关机瞬间或者状态切换时产生的瞬态信号会对敏感设备带来影响,使敏感设备受扰,轻则出现性能指标波动或异常,重则直接导致关机。因此,需要测量星上大功率设备开关机或状态切换瞬间产生的峰值电流,并根据测量结果采取相应控制措施。

母线瞬态发射试验的连接状态如图 11-27 所示,用电流钳卡在设备电源正线上,电流钳方向为电流实际流向,正电压由配电器流向设备端。电流钳信号经直流电源转接头与示波器相连接,示波器设为触发状态,对设备加电瞬间的浪涌电流进行捕获。

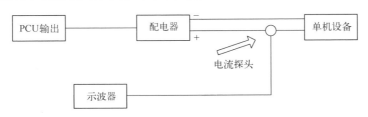

图 11-27　母线瞬态发射试验连接状态图

在对卫星试验结果进行评价时,可依据卫星建造规范中对设备浪涌的限值要求,也可依据星上敏感负载所能承受的瞬态干扰幅值,或者单机电磁兼容性试验要求。

2. 母线时域稳态发射试验

当用电设备稳态传导发射较大时,对母线可能产生如下影响:使母线电源畸变率变大,影响电源的稳定输出;传导电流会通过共电源的耦合,传导至其他设备的电源端或信号输入端,引起其他设备工作异常;通过配电器的电缆和空间辐射的耦合使超低频接收机受扰。因此,有必要结合载荷的各种典型工作状态,测量母线时域稳态传导发射。

母线时域稳态发射试验连接状态如图 11-28 所示,在配电器与单机设备之间(或在配电器的输入端)串入转接盒,将转接盒上所有点设置为导通状态,示波器由信号线连至转接盒。

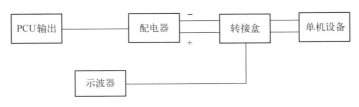

图 11-28　母线时域稳态发射试验连接状态图

在对试验结果进行评价时,可依据卫星建造规范中对母线纹波的限值要求,也可依据星上敏感负载所能承受的稳态纹波干扰幅值,或者单机电磁兼容性试验要求。

3. 母线频域稳态发射试验

母线频域稳态发射试验可获取用电设备稳态传导发射在频域的表现及一次电源各种工作模式下的母线纹波数据,其测试目的是通过获取星上一次母线传导扫频测试数据,将测试结果与卫星各单机的抗传导干扰特性(或 EMC 规范 CS101、CS114 要求)进行比较,从而判断卫星各分系统间的传导电磁兼容特性。试验工况应包含卫星地影和光照两种状态。

母线频域稳态发射试验的连接状态如图 11-29 所示,在 PCU 和配电器之间电缆上安装电流探头,通过接收机进行信号接收和处理。一般分以下三种工况进行测试:在 PCU 和配电器之间的正线上测量正线传导发射、在电缆负线上测量回线的传导发射、同时在电缆正负线上测量传导发射。

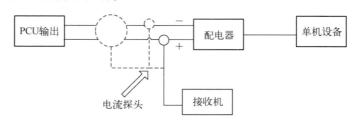

图 11-29　母线频域稳态发射试验连接状态图

11.7.5　星上单机 EMC 试验

本节主要介绍星上电子设备的通用 EMC 试验项目,还对电推力器的 EMC 试验要求进行简要介绍。

1. 通用 EMC 试验

卫星设备及电缆为保证其电磁辐射和敏感特性满足相应要求,需要开展相应 EMC 试验,主要包括:辐射发射(RE)测试、传导发射(CE)测试、辐射敏感度(RS)测试、传导敏感度(CS)测试。单机的主要 EMC 试验项目及适用范围如表 11-16 所列。电磁敏感度试验由于可能会对被测设备造成损伤,因此一般只在鉴定件上进行。

表 11-16　卫星设备 EMC 试验项目和适应性

项　目	项　目　名　称	适　用　范　围
CE101	25Hz~10kHz 电源线传导发射	动量轮、陀螺等机电设备的电源线和回线,不包括设备电源的输出端导线
CE102	10kHz~10MHz 电源线传导发射	所有电子设备的电源线和回线,不包括设备电源的输出端导线
CE106	10kHz~40GHz 天线端口传导发射	发射机、接收机和放大器等的天线端口
CE107	电源线尖峰信号(时域)传导发射	含内置继电器开关的电子设备
CS101	25Hz~150kHz 电源线传导敏感度	设备电源线,不包括回线
CS102	25Hz~50kHz 地线传导敏感度	所有电子设备的地线
CS103	15kHz~10GHz 天线端口互调传导敏感度	接收机和放大器等接收设备
CS104	25Hz~20GHz 天线端口无用信号抑制传导敏感度	接收机和放大器等接收设备
CS105	25Hz~20GHz 天线端口交调传导敏感度	处理调幅射频信号的接收机

（续）

项　目	项 目 名 称	适 用 范 围
CS106	电源线尖峰信号传导敏感度	设备电源线,不包括地线和回线
CS112a	静电放电敏感度	工作在易产生人体静电放电的环境中,并与人体可能接触的设备
CS114	10kHz～200MHz 电缆束注入传导敏感度	设备所有的互连电缆和电源电缆
CS115	电缆束注入脉冲激励传导敏感度	设备所有的互连电缆和电源电缆
CS116	10kHz～100MHz 电缆和电源线阻尼正弦瞬态传导敏感度	设备所有的互连电缆和电源电缆
RE101	25Hz～100kHz 磁场辐射发射	对交变磁场辐射有限制要求的设备,如卫星的磁力矩器、低频接收机等设备壳体及其电缆接口的辐射发射
RE102	10kHz～40GHz 电场辐射发射	适用于设备和壳体、所有互连电缆以及永久性安装在 EUT(接收机和处于待发状态下的发射机)上天线的电场辐射发射
RE103	10kHz～40GHz 天线谐波和乱真输出辐射发射	适用于天线不可拆卸的发射机,并可替代 CE106。本项目不适用于发射机的基频发射信号带宽或基频的±5%频率范围(取大者)
RS101	25Hz～100kHz 磁场辐射敏感度	设备壳体和互连电缆
RS103	10kHz～40GHz 电场辐射敏感度	设备壳体和互连电缆
SE	电磁泄漏评估	微波无源设备

按星上不同部组件的类别,其对应的 EMC 试验项目分别为:

（1）设备电源:CE101、CE102、CE107、CS101、CS102 和 CS106。

（2）设备天线端口:CE106、RE103、CS103、CS104 和 CS105。

（3）设备互连电缆:CS112、CS114、CS115、CS116、RS101、RS103。

（4）设备机箱:RE101、RE102、RS101、RS103 和射频泄漏。

2. 离子电推力器 EMC 试验

通信卫星等越来越多地配置离子电推力器用于在轨位置保持和变轨任务。离子电推力器工作产生由等离子体组成的羽流,可能会对卫星通信产生电磁干扰,因此必须对电推力器工作时产生的影响进行试验。

受限于离子电推力器的工作环境要求,离子电推力器无法在暗室中测试,必须工作在真空罐内,这就要求真空罐必须具备透波特性。

离子电推力器工作时产生的电磁辐射测试项目包括以下几项。

（1）透波舱透波率测试:测试得到的透波舱透波率结果,用于对离子电推力器电磁辐射测试结果进行修正。

（2）离子电推力器稳态电磁辐射测试:离子电推力器工作在稳定工作状态,采用接收机对离子电推力器产生的电磁辐射进行测试。

（3）离子电推力器瞬态电磁辐射测试:离子电推力器工作在状态切换过程,采用频谱仪最大保持模式对离子电推力器产生的瞬态电磁辐射进行测试。

对于离子电推力器工作过程中产生的羽流对通信电磁波的影响测试原理框图如图 11-30 所示,通过矢量网络分析仪,分别接一副发射天线和一副接收天线,两副天线分置于透波罐两侧并紧贴透波罐,保证电磁波穿越羽流区中心位置。分别在电推力器工作和不工作两种状态,即产生和不产生羽流两种状态,从矢量网络分析仪上读取 S21 参数并进行对比,得到羽流对通信电磁波幅度和相位的影响。

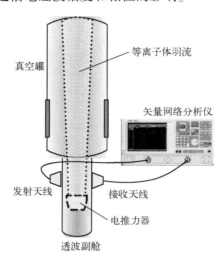

图 11-30　电推力器羽流对通信电磁波影响试验原理

参 考 文 献

[1] 向树红. 航天器力学环境试验技术[M]. 北京:中国科学技术出版社,2010.

[2] 马兴瑞,韩增尧. 卫星与运载火箭力学环境分析方法及试验技术[M]. 北京:科学出版社,2014.

[3] 陈邦媛. 射频通信电路[M]. 北京:科学出版社,2004.

[4] LM-3A Series Launch Vehicle User's Manual Issue 2011. 北京:中国运载火箭技术研究院,2011.

[5] 张华. 航天器电磁兼容性技术[M]. 北京:北京理工大学出版社,2018.

[6] ECSS-E-ST-20-07C,Space engineering Electromagnetic compatibility.

[7] AIAA S-121A-2017,Electromagnetic Compatibility Requirements for Space Equipment and Systems.

[8] 高士峰,向宏文,张计业,等. 卫星表面放电效应模拟器研制[J]. 航天器环境工程,2012(5):561-565.

[9] 张华,宗益燕,信太林,等. 航天器单机产品通用低气压放电试验条件[J]. 航天器环境工程,2016(6):643-648.

[10] 孙勤奋. 星载大功率器件微放电问题及测试方案[C]. 中国电子学会微波分会微波电磁兼容第四届全国学术会议,2000:108-111.

[11] 苏兆忠,孔旭. 微波器件低气压放电的机理分析与防护[J]. 电子质量,2019(5):74-76.

[12] 申胜起,张强. 数传发射机中腔体滤波器的微放电设计研究[J]. 舰船电子对抗,2013(1):100-102.

第 12 章　卫星可靠性评估

可靠性评估是利用产品寿命周期各阶段形成的可靠性数据,包括同类/相似产品或产品组成单元的可靠性预计/分析数据、特定试验的试验数据、使用数据等,以概率论为理论基础,运用数理统计方法,给出产品在某一特定条件下可靠性特征量的估计值的活动,属于定量分析的范畴。评估输出一般为给定置信度下的产品可靠性参数,如 MTBF、可靠度、可靠寿命等的置信下限估计。

可靠性评估在产品方案论证、研制、生产和使用过程中均有应用,是可靠性工程的重要活动之一,可为产品设计方案确定、薄弱环节识别、设计定型、产品验收、维修与保障方案制定及修订等提供依据。

卫星产品的可靠性验证样本量通常较小、试验周期较短,在研制阶段很难有效开展可靠性评估活动。目前,卫星产品可靠性评估主要应用于地面试验和(或)在轨飞行经历较充分、继承性较好、成熟度较高的产品,在某些情况下通过合理的试验设计也可应用于发动机、火工装置等新研产品中。卫星产品可靠性评估目前以经典估计方法为主,本章主要介绍适合小样本、高精度评估要求的经典估计方法及其衍生方法。

卫星可靠性信息来源多样,一个来源的可靠性数据可能同时包含多个特征量,这时需要进行综合评估,将特征量视为单元,根据各个特征量之间的可靠性逻辑关系,建立系统模型,先单元后系统,对这个系统进行可靠性评估。这里特别需要说明的是,本章中的单元、系统针对可靠性模型的上下级层次而言,与产品系统、分系统、单机、模块、部组件/元器件等产品层次无严格的对应关系。

本章介绍单元可靠性评估方法及系统可靠性评估方法,对每一种评估方法均给出了卫星实际的可靠性评估实例。

12.1　单元可靠性评估

1. 可靠性数据类型

根据可靠性数据的统计特征和来源试验性质,可将可靠性数据分为成败型、性能型(含正态型、应力强度型、性能退化型、加速退化型)、寿命型(含指数寿命型、威布尔寿命型、正态寿命型、加速寿命型)。

对于成败型数据,可靠度 $R=P(X=1)$,其中 $X\in(0,1)$,$X=0$ 和 1 分别表示任务失败和成功。成败型数据通常用二项分布来描述,但当试验样本量 n 与其抽样母体量 N 相比较大($n>N/10$)时,属于有限母体问题,应采用超几何分布来描述。当产品质量稳定、批次性差异小时,批次之间的母体差异可忽略,此时也可采用二项分布近似处理。一般来说,当样本量 n 较大时,两者给出的可靠性评估结果相差较小。另外,对于以可靠性验证而非验收为目的的可靠性试验,有时仅投产用于试验的样本量,而不存在抽样的问题,这时也可采用二项分布处理。因此,下面不再对有限母体问题做深入讨论,直接采用二项分布来描述成败型可靠性数据。

对于性能型数据,可靠度函数 $R(t)=P(X(t)\geqslant Y(t))$,其中 $X(t)$ 和 $Y(t)$ 分别为性能和性能阈值,当性能及其阈值均与时间无关时,可靠度退化为与时间无关的常数。这里假设性能大于性能阈值为任务成功,对于性能小于阈值、落入阈值区间内、落入性能阈值区间外为任务成功的情况,可以同理推知。通常采用正态分布描述性能和性能阈值的随机特性。

对于寿命型数据,可靠度函数 $R(t)=P(\xi>t)$,其中 ξ 为产品故障前的工作时间,t 为规定的时间。寿命型数据常用指数分布、威布尔分布(本章仅考虑双参数威布尔分布的情形)和正态分布描述产品失效分布。其中指数分布用于描述故障随机偶然发生的产品(随机故障特征,失效率基本恒定),如电子类产品或系统组成复杂的产品。威布尔分布(形状参数 $m>1$)和正态分布用于描述故障主要集中在后期发生的产品(耗损故障特征,失效率随时间增大),如 10N 推力器、机构活动部件等,但以威布尔分布应用更多,正态分布一般只用于因磨损而导致故障的产品。

2. 成败型单元可靠性评估

成败型可靠性数据主要来自功能试验(仅给出成功与否的判断结果),如火工装置的发火试验等。该类数据可按成败型单元可靠性评估方法进行分析处理。

设产品可靠度为 R,投入 n 个产品进行独立试验,失败数 X 服从二项分布,f 为其实现值,则 R 的极大似然估计 $\hat{R}$ 及其置信度 $\gamma=1-\alpha$ 的单侧置信下限 R_{L} 由式(12-1)给出,$\hat{R}$ 的方差估计 $D(\hat{R})$ 由式(12-2)给出。

$$\hat{R}=\frac{n-f}{n}, \quad \sum_{r=0}^{f} C_n^r R_{\mathrm{L}}^{n-r}(1-R_{\mathrm{L}})^r \leqslant \alpha \tag{12-1}$$

$$D(\hat{R})=\frac{\hat{R}(1-\hat{R})}{n} \tag{12-2}$$

特别地,当 $f=0$ 时,R 的点估计 $\hat{R}$ 和置信下限 R_{L} 由下式计算:

$$\hat{R}=0.5^{1/n}, \quad R_{\mathrm{L}}=\alpha^{1/n} \tag{12-3}$$

$\hat{R}$ 的方差估计仍由式(12-2)计算。

以下给出成败型单元可靠性评估方法的应用实例。

某型火工品切割器各个批次累计完成 4991 发发火试验,无一失效。根据式(12-3),该火工品切割器的发火可靠度点估计为

$$\hat{R} = 0.5^{1/n} = 0.5^{1/4991} = 0.999861$$

置信度 $\gamma = 0.95$ 下发火可靠度的置信下限为

$$R_L = \alpha^{1/n} = (1-0.95)^{1/4991} = 0.999400$$

3. 正态分布型单元可靠性评估

正态分布型可靠性数据一般来自性能试验,根据性能参数是否超出规定的容许限(性能阈值)作为故障判据。性能参数通常服从正态分布,当容许限为固定值时,性能型可靠性数据可按正态分布型单元可靠性评估方法进行分析处理。

设产品性能参数 $X \sim N(\mu, \sigma^2)$, X_i 为第 $i(i=1,2,\cdots,n)$ 次独立性能试验获得的性能参数观测值,$\overline{X}$ 和 s 分别为样本均值和样本标准差,由下式计算:

$$\overline{X} = \frac{1}{n}\sum_{i=1}^{n} X_i, \quad s^2 = \frac{1}{n-1}\sum_{i=1}^{n}(X_i - \overline{X})^2 \tag{12-4}$$

(1) 当仅给定单侧容许上限 U 时,产品可靠度点估计 $\hat{R}$ 由式(12-5)给出,其置信度 $\gamma = 1-\alpha$ 的单侧置信下限 R_L 根据 K_U 由 GB 4885—1985 查表差值计算得到,$\hat{R}$ 的方差估计 $D(\hat{R})$ 由式(12-6)给出。其中 $K_U = (U-\overline{X})/s$ 为容许限系数,κ 为修正系数,由式(12-7)计算。

$$\hat{R} = \Phi(K_U) \tag{12-5}$$

$$D(\hat{R}) = \phi^2(K_U)\left[\frac{1}{n} + \frac{\kappa^2-1}{\kappa^2}K_U^2\right] \tag{12-6}$$

$$\kappa = \sqrt{\frac{n-1}{2}} \frac{\Gamma\left(\dfrac{n-1}{2}\right)}{\Gamma\left(\dfrac{n}{2}\right)} \tag{12-7}$$

当 $n \geqslant 5$ 时,置信下限 R_L 和方差估计 $D(\hat{R})$ 可由式(12-8)和式(12-9)近似给出,其中 u_γ 为标准正态分布的 γ 分位点。

$$R_L \approx 1 - \Phi\left(-K_U + u_\gamma\sqrt{\frac{1}{n} + \frac{K_U^2}{2(n-1)}}\right) \tag{12-8}$$

$$D(\hat{R}) \approx \phi^2(K_U)\left[\frac{1}{n} + \frac{1}{(2n-1)}K_U^2\right] \tag{12-9}$$

(2) 当仅给定单侧容许下限 L 时,产品可靠度点估计 $\hat{R}$ 由式(12-10)给出,其单侧置信下限 R_L 根据 K_L 由 GB 4885—1985 查表差值计算得到,$\hat{R}$ 的方差估计 $D(\hat{R})$ 由式(12-11)给出。其中 $K_L = (\overline{X}-L)/s$ 为容许限系数。

$$\hat{R} = \Phi(K_L) \tag{12-10}$$

$$D(\hat{R}) = \phi^2(K_L)\left[\frac{1}{n} + \frac{\kappa^2-1}{\kappa^2}K_L^2\right] \tag{12-11}$$

当 $n \geqslant 5$ 时,置信下限 R_L 和方差估计 $D(\hat{R})$ 可由式(12-12)和式(12-13)近似给出。

$$R_L \approx \Phi\left(K_L - u_\gamma\sqrt{\frac{1}{n} + \frac{K_L^2}{2(n-1)}}\right) \tag{12-12}$$

$$D(\hat{R}) \approx \phi^2(K_L)\left[\frac{1}{n}+\frac{1}{(2n-1)}K_L^2\right] \qquad (12-13)$$

（3）当给定双侧容许限 $[L,U]$ 时，产品可靠度点估计 $\hat{R}$ 及其单侧置信下限 R_L 由式（12-14）和式（12-15）给出，$\hat{R}$ 的方差估计 $D(\hat{R})$ 由式（12-16）给出。其中 $R_L(K_U)$ 和 $R_L(K_L)$ 分别根据 K_U 和 K_L 由 GB 4885—1985 查表差值计算得到。

$$\hat{R} = \Phi(K_U) + \Phi(K_L) - 1 \qquad (12-14)$$

$$R_L = R_L(K_U) + R_L(K_L) - 1 \qquad (12-15)$$

$$D(\hat{R}) = \frac{1}{n}\left[\phi(K_L)-\phi(K_U)\right]^2 + \frac{\kappa^2-1}{\kappa^2}\left[K_L\phi(K_L)+k_U\phi(k_U)\right]^2 \qquad (12-16)$$

当 $n \geqslant 5$ 时，方差估计 $D(\hat{R})$ 可由式（12-17）近似给出。

$$D(\hat{R}) \approx \frac{1}{n}\left[\phi(K_L)-\phi(K_U)\right]^2 + \frac{1}{2n-1}\left[K_L\phi(K_L)+k_U\phi(k_U)\right]^2 \qquad (12-17)$$

以下给出正态分布型单元可靠性评估方法的应用实例。

某太阳翼共计 12 个产品根据铰链力矩和摩擦阻力矩实测数据开展了展开过程静力矩裕度分析，最恶劣工况下静力矩裕度的样本均值和样本标准差分别为 2.05569 和 0.08822。根据设计要求，展开过程静力矩裕度不得小于 1。按照仅给定单侧容许下限 L 的情形进行评估，容许限系数 $K_L = (\bar{X}-L)/s = (2.05569-1)/0.08822 = 11.96673$，根据式（12-10），该型机械太阳翼展开过程静力矩裕度的可靠度点估计为

$$\hat{R} = \Phi(K_L) = \Phi(11.96673) = 1 - 2.65 \times 10^{-33}$$

置信度 $\gamma = 0.7$ 下，采用查表法，$n=12$，$K_L = 5.54175$ 对应的 $R_L = 0.999999$，$K_L = 6.05829$ 对应的 $R_L = 0.9999999$，线性插值得到 $K_L = 11.96673$ 对应的置信下限 R_L 为

$$R_L = 0.9999999 + \frac{0.9999999-0.999999}{6.05829-5.54175} \times (11.96673-6.05829) = 1.000010195$$

由于插值误差较大，上述评估结果不合理。鉴于样本量 $n \geqslant 5$，采用近似法根据式（12-14）计算置信下限 R_L 为

$$R_L = \Phi\left(K_L - u_\gamma\sqrt{\frac{1}{n}+\frac{K_L^2}{2(n-1)}}\right) = \Phi\left(1196673 - 0.52440\sqrt{\frac{1}{12}+\frac{1196673^2}{2(12-1)}}\right)$$

$$= \Phi(10.62028) = 1 - 1.20 \times 10^{-26}$$

GB 4885—1985 给出了 $n = 2(1)50(10)120$、$0.01 \leqslant \gamma \leqslant 0.99$、$0.5 \leqslant R_L \leqslant 0.9^7$ 范围内单侧容许限的 K_L 和 K_U 系数表，以及 $n = 2(1)50(10)120$、$0.5 \leqslant \gamma \leqslant 0.99$、$0.00001 \leqslant p \leqslant 0.15(0.7 \leqslant R_L \leqslant 0.99998)$ 范围内的双侧容许限的 K_L 和 K_U 系数表。根据上述示例，当产品可靠性极高时，根据 GB 4885—1985 查表计算需要外插，插值误差极有可能导致可靠度置信下限估计结果不合理的现象。因此，当样本量 n 较大时，一般可以直接采用近似方法计算可靠度的置信下限。

4. 应力—强度型单元可靠性评估

应力—强度型可靠性数据一般来自性能试验，根据性能参数是否超出规定的容许限（性能阈值）作为故障判据，但容许限是随机的。应力—强度型可靠性数据源于机械领域的应力—强度干涉理论，在结构和机构产品可靠性评估中常常遇到，目前已推广到其他

工程领域,其中强度泛指阻止产品失效的因素,应力泛指引起产品失效的因素。例如,机构阻力矩与驱动力矩就构成一组应力—强度数据,应力为阻力矩,强度为驱动力矩。

假设应力 X 和强度 Y 服从正态分布,且有 $X \sim N(\mu_X, \sigma_X^2)$,$Y \sim N(\mu_Y, \sigma_Y^2)$,则产品可靠度为 $R = P(Y \geq X)$。对于这类数据可按应力—强度型单元可靠性评估方法进行分析。根据应力和强度数据是否同时观测得到,分别采用以下方法进行分析处理。

(1)对于应力和强度数据同时观测的情况,应力和强度数据不相互独立,属于成对数据。令强度余量 $MS = Y - X$,则 $R = P(MS \geq 0)$,应力—强度型单元转化为给定单侧容许下限的正态分布型单元,其中性能参数为 MS,单侧容许下限为 0,可按照本节第 2 条方法进行处理。特别的,对于明确规定 $Y \geq kX$ 的情况,应取 $MS = Y - kX$。

(2)对于应力和强度数据分别观测的情况,可认为应力和强度数据相互独立。设 X_i 为第 $i(i=1,2,\cdots,n_X)$ 次独立性能试验获得的应力观测值;Y_j 为第 $j(j=1,2,\cdots,n_Y)$ 次独立性能试验获得的强度观测值,$\overline{X}$、s_X 和 $\overline{Y}$、s_Y 分别为应力和强度数据的样本均值和样本标准差,由下式计算:

$$\overline{X} = \frac{1}{n_X}\sum_{i=1}^{n_X} X_i, s_X^2 = \frac{1}{n_X-1}\sum_{i=1}^{n_X}(X_i - \overline{X})^2 \tag{12-18}$$

$$\overline{Y} = \frac{1}{n_Y}\sum_{j=1}^{n_Y} Y_j, s_Y^2 = \frac{1}{n_Y-1}\sum_{j=1}^{n_Y}(Y_j - \overline{Y})^2 \tag{12-19}$$

产品可靠度点估计 $\hat{R}$ 及其置信度 $\gamma = 1-\alpha$ 的单侧置信下限 R_L 由式(12-20)给出,$\hat{R}$ 的方差估计 $D(\hat{R})$ 由式(12-21)给出。其中 κ_X 和 κ_Y 为修正系数,W、s_w、κ_X 和 κ_Y 由式(12-22)~式(12-25)计算。

$$\hat{R} = \Phi(W), \quad R_L = \Phi(W - u_\gamma s_w) \tag{12-20}$$

$$D(\hat{R}) = \frac{\phi^2(W)}{s_X^2+s_Y^2}\left[\frac{s_X^2}{n_X}+\frac{s_Y^2}{n_Y}+\frac{W^2}{s_X^2+s_Y^2}\left(\frac{\kappa_X^2-1}{\kappa_X^2}s_X^4+\frac{\kappa_Y^2-1}{\kappa_Y^2}s_Y^4\right)\right] \tag{12-21}$$

$$W = \frac{\overline{Y}-\overline{X}}{\sqrt{s_X^2+s_Y^2}} \tag{12-22}$$

$$s_w = \sqrt{\frac{1}{s_X^2+s_Y^2}\left[\frac{s_X^2}{n_X}+\frac{s_X^2}{n_X}+\frac{W^2}{2(s_X^2+s_Y^2)}\left(\frac{s_X^4}{n_X-1}+\frac{s_Y^4}{n_Y-1}\right)\right]} \tag{12-23}$$

$$\kappa_X = \sqrt{\frac{n_X-1}{2}}\frac{\Gamma\left(\frac{n_X-1}{2}\right)}{\Gamma\left(\frac{n_X}{2}\right)} \tag{12-24}$$

$$\kappa_Y = \sqrt{\frac{n_Y-1}{2}}\frac{\Gamma\left(\frac{n_Y-1}{2}\right)}{\Gamma\left(\frac{n_Y}{2}\right)} \tag{12-25}$$

当 $n_X, n_Y \geq 5$ 时,方差估计 $D(\hat{R})$ 可由式(12-26)近似给出。

$$D(\hat{R}) \approx \frac{\phi^2(W)}{s_X^2+s_Y^2}\left[\frac{s_X^2}{n_X}+\frac{s_Y^2}{n_Y}+\frac{W^2}{s_X^2+s_Y^2}\left(\frac{s_X^4}{2n_X-1}+\frac{s_Y^4}{2n_Y-1}\right)\right] \tag{12-26}$$

产品可靠度置信下限 R_L 也可根据二维单侧容限系数方法计算,本节不再展开讨论。

以下给出应力—强度型单元可靠性评估方法的应用实例。

某型火工分离螺母为评估执行机构可靠性,分别进行了 50 个产品的有效燃气压力和 50 个产品的气动解锁阻力测试,有效燃气压力 X_S 的样本均值和样本标准差分别为 44.5824MPa 和 3.0818MPa,气动解锁阻力 X_L 的样本均值和样本标准差分别为 18.0900MPa 和 1.8618MPa。按照应力和强度数据分别观测的情形进行评估,根据式(12-22)和式(12-23)有

$$W = \frac{\overline{Y} - \overline{X}}{\sqrt{s_X^2 + s_Y^2}} = \frac{44.5824 - 18.0900}{\sqrt{3.0818^2 + 1.8618^2}} = 7.357924$$

$$s_w = \sqrt{\frac{1}{s_X^2 + s_Y^2}\left[\frac{s_X^2}{n_X} + \frac{s_X^2}{n_X} + \frac{W^2}{2(s_X^2 + s_Y^2)}\left(\frac{s_X^4}{n_X - 1} + \frac{s_Y^4}{n_Y - 1}\right)\right]}$$

$$= \sqrt{\frac{1}{3.0818^2 + 1.8618^2}\left[\frac{3.0818^2}{50} + \frac{1.8618^2}{50} + \frac{7.357924^2}{2 \times (3.0818^2 + 1.8618^2)}\left(\frac{3.0818^4}{50 - 1} + \frac{1.8618^4}{50 - 1}\right)\right]}$$

$$= 0.596662$$

根据式(12-22),该型火工分离螺母执行机构的可靠度点估计为

$$\hat{R} = \Phi(W) = \Phi(7.357924) = 1 - 9.34 \times 10^{-14}$$

置信度 $\gamma = 0.95$ 下执行机构可靠度的置信下限为

$$R_L = \Phi(W - u_\gamma s_w) = \Phi(7.35924 - 1.645 \times 0.596662) = 1 - 9.06 \times 10^{-11}$$

5. 指数型单元可靠性评估

指数型可靠性数据主要来自寿命试验,可按照指数型单元可靠性评估方法进行分析。

设产品寿命 t 服从指数分布,平均寿命为 θ,总试验时间为 T,共有 r 个产品失效,则 θ 的点估计 $\hat{\theta}$ 及其置信度 $\gamma = 1 - \alpha$ 的单侧置信下限 θ_L 由式(12-27)给出(包含中止数据的情况按定时截尾试验情况处理),$\hat{\theta}$ 的方差估计 $D(\hat{\theta})$ 由式(12-28)给出,其中 $\chi_\gamma^2(\mathrm{df})$ 为 $\chi^2(\mathrm{df})$ 的 γ 分位点。

$$\hat{\theta} = \frac{T}{r}, \theta_L = \begin{cases} 2T/\chi_\gamma^2(2r), & \text{定数截尾试验的情况} \\ 2T/\chi_\gamma^2(2r+2), & \text{定时截尾试验的情况} \end{cases} \tag{12-27}$$

$$D(\hat{\theta}) = \frac{\hat{\theta}^2}{r} \tag{12-28}$$

特别地,当 $r = 0$ 时,θ 的点估计 $\hat{\theta}$ 和置信下限 θ_L 由式(12-29)计算,$\hat{\theta}$ 的方差估计 $D(\hat{\theta})$ 由式(12-30)计算。

$$\hat{\theta} = 2T/\chi_{0.5}^2(2), \quad \theta_L = 2T/\chi_\gamma^2(2) \tag{12-29}$$

$$D(\hat{\theta}) = \hat{\theta}^2 \tag{12-30}$$

在给定任务时间 t_0 下,产品可靠度 R 的点估计 $\hat{R}$ 及其置信下限 R_L 由式(12-31)给出,$\hat{R}$ 的方差估计 $D(\hat{R})$ 由式(12-32)给出。

$$\hat{R} = \exp\left(-\frac{t_0}{\hat{\theta}}\right), R_\mathrm{L} = \exp\left(-\frac{t_0}{\theta_\mathrm{L}}\right) \tag{12-31}$$

$$D(\hat{R}) = \left(\frac{\hat{R}\ln\hat{R}}{\hat{\theta}}\right)^2 D(\hat{\theta}) = \begin{cases} \hat{R}^2 \ln^2 \hat{R}/r, & r \geqslant 1 \\ \hat{R}^2 \ln^2 \hat{R}, & r = 0 \end{cases} \tag{12-32}$$

以下给出指数型单元可靠性评估方法的应用实例。

某型测控接收机为评估单机可靠性,采集了地面试验和在轨飞行数据,经分析,等效累积总试验时间为 407253h(分析过程中使用了加速因子,见本节第 7 条示例),地面试验和在轨飞行阶段未发生不可恢复故障,失效数为 0。该产品故障表现为内部元器件失效导致的功能性能不符合规范要求,属于典型的随机失效,产品寿命可采用指数分布描述。

根据式(12-27),产品平均寿命的点估计 $\hat{\theta}$ 和置信度 $\gamma = 0.7$ 的置信下限 θ_L 分别为

$$\hat{\theta} = 2T/\chi^2_{0.5}(2) = \frac{2 \times 407253}{1.386294} = 587541.88(\mathrm{h})$$

$$\theta_\mathrm{L} = 2T/\chi^2_\gamma(2) = \frac{2 \times 407253}{2.407946} = 338257.64(\mathrm{h})$$

给定任务时间 $t_0 = 70080\mathrm{h}$ 下,产品可靠度 R 的点估计 $\hat{R}$ 及其置信下限 R_L 分别为

$$\hat{R} = \exp\left(-\frac{t_0}{\hat{\theta}}\right) = \exp\left(-\frac{70080}{587541.88}\right) = 0.8876$$

$$R_\mathrm{L} = \exp\left(-\frac{t_0}{\theta_\mathrm{L}}\right) = \exp\left(-\frac{70080}{338257.64}\right) = 0.8129$$

6. 威布尔型单元可靠性评估

威布尔型可靠性数据主要来自寿命试验,可采用最佳线性无偏估计(BLUE)、极大似然估计(MLE)和 Weibayes 等方法进行分析。

当特征寿命和形状参数均未知时,BLUE 和 MLE 方法一般应用于失效数较多(不少于 3 个)或失效比例较大(到达半数或以上)的情况,否则精度较差。BLUE 的线性估计系数与样本量、失效数有关,现行文献一般仅提供样本量较小(小于 20)下的估计系数。与之相比,MLE 在应用便利性方面优于 BLUE,且当样本量较大时两者估计精度相近。

对于失效数极少甚至无失效的情况,上述方法精度较差或者无法分析。此时,可根据工程经验或历史数据分析结果,将形状参数取为某个保守的固定值,视为形状参数已知只对特征寿命进行估计后,对产品可靠性进行评估。Weibayes 方法就属于形状参数已知情况下的 MLE 方法。

设产品寿命服从威布尔分布,其形状参数和特征寿命分别为 m 和 η,投入 n 个产品进行寿命试验,共有 r 个产品失效,失效时间分别为 $t_1, t_2, \cdots, t_r$,其他产品的试验截止时间分别为 $t_{r+1}, t_{r+2}, \cdots, t_n$,则 m 和 η 的 MLE 可求解式(12-33)给出的非线性方程组得到,$\hat{m}$ 和 $\hat{\eta}$ 的方差、协方差估计由式(12-34)给出。在给定任务时间 t_0 下,产品可靠度 R 的点估计 $\hat{R}$ 由式(12-35)给出,$\hat{R}$ 的方差估计 $D(\hat{R})$ 由式(12-36)给出。根据 MLE 的渐近正态性,R 置信度 $\gamma = 1-\alpha$ 的单侧置信下限 R_L 近似由式(12-37)给出。当 n 较小时,根据渐近正态性得到的可靠度近似置信下限可能误差较大,此时,推荐采用 BLUE 方法进行可靠性

评估,考虑到卫星产品失效数通常很少甚至无失效,本节不再针对 BLUE 详细展开,具体分析方法参见相关文献。

$$\begin{cases} \dfrac{1}{m} + \dfrac{1}{r}\sum_{i=1}^{r}\ln t_i - \dfrac{\sum_{i=1}^{n} t_i^m \ln t_i}{\sum_{i=1}^{n} t_i^m} = 0 \\ \eta^m = \dfrac{1}{r}\sum_{i=1}^{n} t_i^m \end{cases} \tag{12-33}$$

$$\begin{bmatrix} D(\hat{m}) & \mathrm{Cov}(\hat{m},\hat{\eta}) \\ \mathrm{Cov}(\hat{m},\hat{\eta}) & D(\hat{\eta}) \end{bmatrix} = \begin{bmatrix} \dfrac{r}{\hat{m}} + \dfrac{1}{\hat{\eta}}\sum_{i=1}^{n} t_i^{\hat{m}}\ln^2 t_i & -\dfrac{1}{\hat{\eta}^2}\sum_{i=1}^{n} t_i^{\hat{m}}\ln t_i \\ -\dfrac{1}{\hat{\eta}^2}\sum_{i=1}^{n} t_i^{\hat{m}}\ln t_i & -\dfrac{r}{\hat{\eta}^2} + \dfrac{2}{\hat{\eta}^3}\sum_{i=1}^{n} t_i^{\hat{m}} \end{bmatrix}^{-1} \tag{12-34}$$

$$\hat{R} = \exp\left[-\left(\dfrac{t_0}{\hat{\eta}}\right)^{\hat{m}}\right] \tag{12-35}$$

$$D(\hat{R}) = \left(\dfrac{\partial \hat{R}}{\partial \hat{m}}\right)^2 D(\hat{m}) + \left(\dfrac{\partial \hat{R}}{\partial \hat{\eta}}\right)^2 D(\hat{\eta}) + \dfrac{\partial^2 \hat{R}}{\partial \hat{m}\partial \hat{\eta}}\mathrm{Cov}(\hat{m},\hat{\eta})$$
$$= \left(\hat{R}\ln\hat{R}\ln\dfrac{t_0}{\hat{\eta}}\right)^2 D(\hat{m}) + \left(\dfrac{\hat{m}}{\hat{\eta}}\hat{R}\ln\hat{R}\right)^2 D(\hat{\eta}) -$$
$$\dfrac{1}{\hat{\eta}}\hat{R}\ln\hat{R}\left(1+\hat{m}\ln\dfrac{t_0}{\hat{\eta}}+\hat{m}\ln\hat{R}\ln\dfrac{t_0}{\hat{\eta}}\right)\mathrm{Cov}(\hat{m},\hat{\eta}) \tag{12-36}$$

$$R_L = \left\{1+\dfrac{1-\hat{R}}{\hat{R}}\exp\left[u_\gamma\dfrac{\sqrt{D(\hat{R})}}{\hat{R}(1-\hat{R})}\right]\right\}^{-1} \tag{12-37}$$

当 $r<3$ 时,可采用 Weibayes 方法进行分析。根据已知的形状参数 m,将威布尔分布数据转换为指数分布数据,变化关系如下: $t^m \sim \mathrm{Exp}(\eta^m)$。变换后采用指数型单元可靠性评估方法进行分析,$\eta$ 的点估计 $\hat{\eta}$ 及其置信下限 η_L 由式(12-38)给出,其中 $T^* = \sum_{i=1}^{n} t_i^m$。当 $r=0$ 时 $\hat{\eta}$ 和 η_L 由式(12-39)计算。在给定任务时间 t_0 下,产品可靠度 R 的点估计 $\hat{R}$ 及其置信下限 R_L 由式(12-40)给出,$\hat{R}$ 的方差估计 $D(\hat{R})$ 式(12-41)给出。对于 $r\geq3$ 但是失效占比较小的情况,如果形状参数可靠,也可采用 Weibayes 方法进行分析。

$$\hat{\eta} = \left(\dfrac{T^*}{r}\right)^{1/m}, \eta_L = \begin{cases} \left[2T^*/\chi_\gamma^2(2r)\right]^{1/m}, & \text{定数截尾试验的情况} \\ \left[2T^*/\chi_\gamma^2(2r+2)\right]^{1/m}, & \text{定时截尾试验的情况} \end{cases} \tag{12-38}$$

$$\hat{\eta} = \left(\dfrac{2T^*}{\chi_{0.5}^2(2)}\right)^{1/m}, \eta_L = \left(\dfrac{2T^*}{\chi_\gamma^2(2)}\right)^{1/m} \tag{12-39}$$

$$\hat{R} = \exp\left[-\left(\dfrac{t_0}{\hat{\eta}}\right)^m\right], R_L = \exp\left[-\left(\dfrac{t_0}{\eta_L}\right)^m\right] \tag{12-40}$$

$$D(\hat{R}) = \begin{cases} \hat{R}^2 \ln^2 \hat{R}/r, & r \geqslant 1 \\ \hat{R}^2 \ln^2 \hat{R}, & r = 0 \end{cases} \quad (12\text{-}41)$$

以下给出威布尔型单元可靠性评估方法的应用实例。

某型推力器为评估单机脉冲点火可靠性,采集了地面寿命试验和在轨飞行数据,地面试验和在轨飞行阶段失效数为 0。根据工程经验,发动机类产品寿命采用威布尔分布描述,形状参数保守取为 2。经分析,$T^* = 131700$,根据式(12-38)产品寿命尺度参数的点估计 $\hat{\eta}$ 和置信度 $\gamma = 0.6$ 的置信下限 η_L 分别为

$$\hat{\eta} = \left(\frac{2T^*}{\chi^2_{0.5}(2)}\right)^{1/m} = \left(\frac{2 \times 131700}{1.386294}\right)^{1/2} = 435.8933(万次)$$

$$\eta_L = \left(\frac{2T^*}{\chi^2_{\gamma}(2)}\right)^{1/m} = \left(\frac{2 \times 131700}{1.832581}\right)^{1/2} = 379.1196(万次)$$

给定任务时间 $t_0 = 50$ 万次下,推力器脉冲点火可靠度 R 的点估计 $\hat{R}$ 及其置信下限 R_L 分别为

$$\hat{R} = \exp\left[-\left(\frac{t_0}{\hat{\eta}}\right)^m\right] = \exp\left[-\left(\frac{50}{435.8933}\right)^2\right] = 0.9869$$

$$R_L = \exp\left[-\left(\frac{t_0}{\eta_L}\right)^m\right] = \exp\left[-\left(\frac{50}{379.1196}\right)^2\right] = 0.9828$$

7. 加速寿命试验可靠性评估

加速寿命试验通过提高环境或工作应力加速产品失效过程,在较短时间内获得产品的失效数据。卫星单机加速寿命试验通常采用恒定应力方式,而且受限于试验成本常常仅在单一应力水平下进行。对于这种情况,传统的多应力水平加速寿命统计分析方法无法进行分析处理,一般通过经验模型等确定加速因子,将加速应力水平下的寿命数据等效到正常应力水平下,然后采用指数型、威布尔型单元的可靠性评估方法对正常应力水平下的产品可靠性进行评估。加速因子的获得通常有以下几种途径。

(1)当加速应力采用恒定温度时,加速模型一般采用 Arrhenius 模型,具体见 10.4.3 节。

(2)当加速应力采用温度循环时,加速模型一般采用 Coffin-Manson 模型,具体见 10.4.3 节。

(3)当加速应力采用机械振动应力、电压、电流等非热应力时,加速模型一般采用逆幂率模型,具体见 10.4.3 节。

(4)当加速应力采用环境温度和非热应力等多种复合应力时,可分别求解温度加速因子和非热应力加速因子后相乘得到总的加速因子。

(5)当加速模型无法确定时,可根据工程经验等确定经验加速因子。

有时,某些产品通过提高工作频率等来缩短试验时间,"加速"体现在试验时间的减少上,产品寿命并未因应力提高而减小,称这类试验为"准加速寿命试验"。准加速寿命试验本质仍属于常规寿命试验,采用常规寿命数据分析方法进行可靠性评估。例如,太阳帆板驱动机构连续运转试验中提高转动频率缩短试验时间,但其实际转动次数并未减少,采用常规寿命数据分析方法,根据实际转动次数进行驱动机构的可靠性评估。

以下给出加速寿命试验可靠性评估方法的应用实例。

某型测控接收机技术要求规定在轨工作温度为 −5 ~ +50℃，地面研制阶段开展了高温加速寿命试验和热真空/热循环试验等，根据 Arrhenius 模型和 Coffin-Manson 模型计算得到各个试验条件下的加速因子，如表 12-1 所列。对于恒定高温试验条件，T_0 取产品技术要求规定的工作温度上限即 323K。E_a 根据产品失效率较高或地面试验/在轨飞行发生过失效的关键元器件参考 MIL-HDBK-338 和 ECSS-Q-30-1 给出的典型元器件激活能参考值，与产品设计师协商确定为 1.0eV。对于温度循环试验条件，ΔT_0 取产品技术要求规定的工作温度范围的温变范围即 55K，$T_{max,0}$ 取产品技术要求规定的工作温度上限即 323K；该产品应用于地球同步轨道卫星，可认为温度循环以 1 天为周期，即 $f_0 = 1/24$(1/h)；激活能仍取 1.0eV；修正系数 α、β 按照工程经验取 $\alpha = -1/3$，$\beta = 2$。

根据加速因子等效到正常应力水平下，得到等效累积总试验时间为 407253h，后续分析过程见本节第 5 条示例。

表 12-1 测控接收机地面研制试验加速因子

试 验 条 件	试验温度/℃	单个循环时间/h	加速因子
热真空 1	−30 ~ +65	11	19.0600
热真空 2	−25 ~ +60	11	9.1122
热循环 1	−30 ~ +65	9	20.3785
热循环 2	−15 ~ +55	9	3.8843
热循环 3	−25 ~ +60	9	9.7426
热循环 4	−10 ~ +55	9	3.34926
高温加速寿命试验	70	—	8.1250

8. 退化/加速退化试验可靠性评估

退化/加速退化试验无须观测到真实失效发生即可对产品可靠性进行评估，在无失效数据处理方面具有很强的优势，可以大大缩短产品寿命试验时间。基于退化试验数据，可采用以下思路开展产品可靠性评估。

（1）采用回归分析、随机过程分析等方法建立性能退化模型，并根据失效阈值估计各个试验样本的寿命（称为伪寿命），然后采用寿命数据分析方法进行产品可靠性评估。

（2）采用回归分析、随机过程分析等方法建立性能退化模型，并估计给定任务时间下的性能参数分布，然后根据失效阈值采用正态分布型单元（失效阈值固定时）或应力—强度型单元（失效阈值随机时）可靠性评估方法等进行产品可靠性评估。

一般来说，回归分析方法操作简单，多用于性能参数变化规律较为显著、性能参数采集比较稀疏、外推较远（退化过程观测时间在寿命期内占比较小）的情况；随机过程分析方法操作相对复杂，多用于性能参数数据采集比较密集、外推较近的情况，对性能参数变化规律是否显著要求相对较低。但是，从可靠性评估精度的角度来说，性能退化数据应尽量在数据规律明显、采集跨度较大、外推较近的情况下使用，否则容易出现较大的分析误差。

对于加速退化试验数据,可首先对加速应力条件下的产品伪寿命进行估计,然后按照加速寿命试验数据分析方法进行产品可靠性评估。

以下给出退化/加速退化试验可靠性评估方法的应用实例。

某型卫星动量轮采用油膜润滑滚珠轴承,经分析轴承供油系统是否能够持续稳定的供给润滑剂是决定轴承组件寿命的关键,为验证产品可靠性开展了轴承组件和动量轮整机 1:1 寿命试验,试验过程中定期测定贮油室的剩余油量,其中整机贮油室剩余油量测定需进行产品拆解,每台动量轮仅可获取一个贮油室剩余油量数据(拆解在装配无法复原拆解时刻的润滑状态)。图 12-1 给出了各个试验件的贮油室剩余油量比率,从中可见,试验初期贮油室润滑剂耗损较快,随后耗损速率变缓,可采用模型 $y=1-\beta t^{\alpha}$ 描述,其中 y 为贮油室剩余油量比率,t 为试验时间,α、β 为待定常数。根据轴承组件寿命试验数据(1#),通过线性回归分析建立贮油室剩余油量比率退化模型为 $y=1-0.003531 \cdot t^{0.7517}$,线性模型误差的标准差 σ_{ε} 的点估计为 $s_{\varepsilon}=0.06202$,相关系数达到 0.9899,模型拟合效果很好。根据该模型对该试验件贮油室剩余油量比率进行预测,并与动量轮整机寿命试验件剩余油量比率观测值进行对比,结果表明该模型与整机观测结果吻合度较好,并且贮油室剩余油量比率对数值的标准差与工作时间无显著相关关系,在此假设下得到不同样本贮油室剩余油量比率对数值的标准差 σ_{D} 的融合估计为 $s_{\mathrm{D}}=0.19444$。

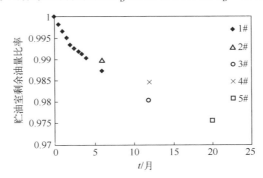

图 12-1　贮油室剩余油量比率变化曲线

综上所述,建立该型轴承组件贮油室剩余油量比率的退化模型如下:
$$\ln[1-y(t)] \sim N(\ln\beta+\alpha\ln t, \sigma_{\varepsilon}^2+\sigma_{\mathrm{D}}^2)$$
其中 σ_{D} 和 σ_{ε} 分别反映了某一时刻下单个样本性能参数的随机性和不同样本之间性能参数的分散性,分析结果表明 $\sigma_{\mathrm{D}} \gg \sigma_{\varepsilon}$。在给定任务时间 t_0 下,轴承组件的可靠度点估计为 $\hat{R}(t_0)=\Phi([z_f-\hat{z}(t_0)]/s)$,其中 $\hat{z}(t_0)=\ln\hat{\beta}+\hat{\alpha}\ln t_0$,$s^2=s_{\varepsilon}^2+s_{\mathrm{D}}^2$,$z_f=\ln(1-y_f)$,$y_f$ 为贮油室剩余油量比率失效阈值。$\hat{R}(t_0)$ 置信度为 γ 的置信下限估计由下式计算,其中 $s_{\mathrm{s}}^2=(s_{\varepsilon}^4/f_{\varepsilon}+s_{\mathrm{D}}^4/f_{\mathrm{D}})/2s^2$,$s_{\mathrm{z}}^2=D[\hat{z}(t_0)]$ 可根据轴承组件可靠性试验数据采用线性回归得到。

$$R_{\mathrm{L}}(t_0)=\Phi\left(-\frac{1}{u_{\gamma}^2 s_{\mathrm{s}}^2-s^2}\left\{s[z_f-\hat{z}(t_0)]-\sqrt{u_{\gamma}^2 s_{\mathrm{s}}^2[z_f-\hat{z}(t_0)]^2-(u_{\gamma}^2 s_{\mathrm{s}}^2-s^2)u_{\gamma}^2 s_{\mathrm{z}}^2}\right\}\right)$$

工程经验表明,当轴承组件贮油室含油量低于初始含油量的 60% 时,轴承将无法获得充足的润滑油,发生润滑失效导致动量轮失效,即取 $y_f=0.6$。根据该型动量轮技术要求,给定任务时间为 15 年,则根据上述诸式计算得到轴承组件的可靠度点估计为 $\hat{R}(t_0)=$

0.99997,其置信度为0.7的置信下限为0.99965。

9. 可靠性评估数据收集及预处理

1）可靠性评估数据收集

卫星产品可靠性预计、地面研制试验和在轨飞行数据是产品可靠性评估的主要数据来源。同时，由于卫星产品大都具有良好的继承性，其自身或组成模块/部组件的相同/相似产品的可靠性数据也是产品可靠性评估数据的重要来源。

卫星产品可靠性评估的主要数据来源有以下几方面。

（1）可靠性预计结果，必要时包括产品组成模块/部组件的可靠性预计结果。

（2）地面研制试验数据，主要包括能够反映产品可靠性的功能/性能试验、寿命试验、加速寿命试验、热真空/热循环试验、性能退化试验、加速退化试验等，必要时包括产品组成模块/部组件及相似产品的地面研制试验数据。

（3）在轨飞行数据，主要包括能够反映产品可靠性的功能/性能数据、在轨工作时间等，必要时包括产品组成模块/部组件及相似产品的在轨飞行数据。

产品可靠性数据收集与产品可靠性评估方案密切相关，产品可靠性特征量和评估方法确定后，针对评估需求明确可靠性数据收集的对象（产品、组成模块/部组件、相似产品等）、数据来源，并制定详细的数据采集卡保证所采集数据的规范性。

2）可靠性评估数据预处理

对于收集得到的可靠性原始数据，一般还要进行预处理方可用于产品可靠性评估。可靠性数据预处理工作主要包括以下几个。

（1）数据一致性分析。对可靠性原始数据应进行一致性分析，确定原始记录中的工作条件、技术状态等与被评估对象是否一致。对于不一致的情况，应根据两者之间的差异，确定是否可视为相似产品数据引入可靠性评估。

（2）关联故障与非关联故障的判别。关联故障是指可靠性评估时计为故障的故障，关联故障以外的其他故障均计为非关联故障。

以下故障应计为关联故障：设计缺陷或制造工艺缺陷造成的故障；零部件及元器件缺陷造成的故障；故障原因不明的故障。但是，对于经设计改进后消除缺陷的情况，若改进前状态下的可靠性数据可用，则对改进后状态进行可靠性评估时改进前状态下的故障可计为非关联故障。

以下故障应计为非关联故障：产品试验/应用过程中，由于使用不当、试验/监测设备、意外事故或误操作、其他产品等外部因素造成的故障；同一部件第二次或相继出现的间歇故障；在筛选、寻找故障、修复验证中发生的故障；已采取有效纠正措施并有足够证据证明纠正措施完全有效的故障。

对于关联故障，一般按照如下原则统计故障次数：同一故障间歇出现只计为一次故障；在有多个零部件或单元同时故障的情况下，当不能证明是一个故障引起了另一些故障时，每个故障均计为一次独立的故障；已经报告过的故障由于未能真正修复而又再次出现的，应和原来报告过的故障合计为一次故障；由于独立故障引起的从属故障不计入产品故障次数。

（3）异常数据的判别。以下数据视为异常数据不可用于产品可靠性评估：由于使用不当、试验/监测设备故障、意外事故或误操作、其他产品等外部因素造成的数据异常，且无法修正的;由于生产环节出现异常情况导致的数据异常;由于安全性故障造成的数据异常;其他情况导致的试验数据不协调、异常的情况。

对于不能明确为异常数据的情况,可通过统计假设检验对数据一致性进行分析,剔除其中的异常值。但是统计假设检验存在弃真风险,应慎重使用。

(4) 分布类型假设检验。当产品可靠性数据较为充分时,应对可靠性数据的分布类型进行假设检验,为可靠性评估方案的合理性提供依据。

12.2　系统可靠性评估

1. 系统可靠性评估基本方法

系统可靠性评估一般采用金字塔式系统评估方法,其原理是根据已知的系统结构函数,利用系统以下各级的试验信息,自下而上直到全系统,逐级进行各级系统可靠性评估,得到全系统的可靠度置信下限。金字塔式系统可靠性评估方法适用于系统所有组成单元的可靠性数据均较丰富的情况。

系统各个组成单元之间的可靠性关系以串联为主,对于局部的并联、储备、表决等冗余结构,可先对冗余结构进行可靠性评估,然后按照主线的串联结构进行系统可靠性综合评估。如果系统层次还存在可靠性数据,则可将组成单元可靠性综合评估结果进行等效处理后,与系统层次的可靠性数据作为同一母体进行综合评估,给出最终的可靠性评估结果。

目前常用的系统可靠性评估方法有 LM、MML(修正极大似然估计法)、SR(逐次压缩法)和 CMSR(MML-SR 综合法)等。这些方法的评估模型一般假设各个组成单元的可靠性数据类型相同(均为成败型单元或指数型单元),可靠性结构主要为串联、并联、冷储备和表决结构。对于多分布型单元组成的复杂系统,通常首先将各类信息近似折合为同一类信息(成败型或指数型)再进行系统可靠性的综合评估。

LM 法主要用于成败型单元系统的可靠性评估,评估结果偏于保守;CMSR 法综合了MML 法和 SR 法的优势,评估结果偏于冒进。卫星产品可靠性评估中的系统组成单元以指数型为主,成败型较少,通常采用 CMSR 法。

2. 系统可靠度点估计及其方差估计

设某系统由 N 个单元组成,第 $i(i=1,2,\cdots,N)$ 个组成单元的可靠度为 R_i,其点估计为 $\hat{R}_i$,$D(\hat{R}_i)$ 为 $\hat{R}_i$ 的方差估计,则:

(1) 对于串联系统,系统可靠度 R 的点估计 $\hat{R}$ 及其方差估计 $D(\hat{R})$ 的计算公式分别为

$$\hat{R} = \prod_{i=1}^{N} \hat{R}_i \tag{12-42}$$

$$D(\hat{R}) = \sum_{i=1}^{N} \left(\frac{\hat{R}}{\hat{R}_i}\right)^2 D(\hat{R}_i) \tag{12-43}$$

(2) 对于并联系统,系统可靠度 R 的点估计 $\hat{R}$ 及其方差估计 $D(\hat{R})$ 的计算公式分别为

$$\hat{R} = 1 - \prod_{i=1}^{N} (1 - \hat{R}_i) \tag{12-44}$$

$$D(\hat{R}) = \sum_{i=1}^{N} \left(\frac{1-\hat{R}}{1-\hat{R}_i}\right)^2 D(\hat{R}_i) \tag{12-45}$$

特别地,当系统组成单元完全相同时,$\hat{R}$ 和 $D(\hat{R})$ 的计算公式分别为

$$\hat{R} = 1-(1-\hat{R}_i)^N \tag{12-46}$$

$$D(\hat{R}) = N^2 (1-\hat{R}_i)^{2N-2} D(\hat{R}_i) \tag{12-47}$$

(3) 对于由完全相同单元组成的 k/N 冷备系统,系统可靠度 R 的点估计 $\hat{R}$ 及其方差估计 $D(\hat{R})$ 的计算公式分别为

$$\hat{R} = \hat{R}_i^k \sum_{i=0}^{N-k} \frac{(-k\ln \hat{R}_i)^i}{i!} \tag{12-48}$$

$$D(\hat{R}) = \left[\frac{k(-k\ln \hat{R}_i)^{N-k}\hat{R}_i^{k-1}}{(N-k)!}\right]^2 D(\hat{R}_i) \tag{12-49}$$

(4) 对于由完全相同单元组成的 k/N 热备系统,假设表决器(切换环节)完全可靠,系统可靠度 R 的点估计 $\hat{R}$ 及其方差估计 $D(\hat{R})$ 的计算公式分别为

$$\hat{R} = \sum_{i=k}^{N} C_N^i \hat{R}_i^i (1-\hat{R}_i)^{N-i} \tag{12-50}$$

$$D(\hat{R}) = \left[NC_{N-1}^{k-1}\hat{R}_i^{k-1}(1-\hat{R}_i)^{N-k}\right]^2 D(\hat{R}_i) \tag{12-51}$$

3. 系统可靠度置信下限估计

(1) 当系统均由成败型单元组成时,按照下式计算系统等效成败型数据:

$$n^* = \frac{\hat{R}(1-\hat{R})}{D(\hat{R})}, \quad s^* = n^*\hat{R} \tag{12-52}$$

式中:n^*、s^* 分别为系统等效试验次数和等效成功次数。

那么,置信度为 γ 的系统可靠度单侧置信下限的计算公式为

$$R_L = \frac{s^*}{s^* + (n^*-s^*+1)\times F_\gamma(2(n^*-s^*)+2,2s^*)} \tag{12-53}$$

式中:$F_\gamma(df_1,df_2)$ 为 $F(df_1,df_2)$ 的 γ 分位点。

(2) 当系统均由指数型单元组成时,按照下式计算系统等效指数型数据:

$$H^* = -\frac{\hat{R}^2\ln\hat{R}}{D(\hat{R})}, \quad r^* = \frac{\hat{R}^2\ln^2\hat{R}}{D(\hat{R})} = -H^*\ln\hat{R} \tag{12-54}$$

式中:H^*、r^* 分别为系统等效任务数和等效失效数。

那么,置信度为 γ 的系统可靠度单侧置信下限的计算公式为

$$R_L = \exp\left(-\frac{\chi_\gamma^2(2r^*+2)}{2H^*}\right) \tag{12-55}$$

(3) 当系统由多种分布类型单元组成时,一般可按照以下原则进行处理:当系统组成单元仅包含寿命/退化型单元时,按照系统均由指数型单元组成的情况进行处理;当系统组成单元包含非寿命/退化型单元(成败型、正态分布型、应力—强度型等)时,按照系

统均由成败型单元组成的情况进行处理。

以下给出系统可靠性评估方法的应用实例。

某卫星数管计算机技术要求规定在轨工作温度为$-10\sim+50℃$,地面研制阶段开展了高温加速寿命试验和热真空/热循环试验等,在轨飞行时间累计677784h,地面试验及在轨飞行阶段失效数为零。该产品可靠性框图如图12-2所示,其中电源模块采用两个相同模块热备,控制模块采用两个相同模块冷备。电源模块和控制模块寿命采用指数分布描述,其可靠度分别为R_1和R_2,那么数管计算机的可靠性数学模型为

$$R = \left[1-\left(1-R_1 \right)^2 \right] R_2 \left(1-\ln R_2 \right)$$

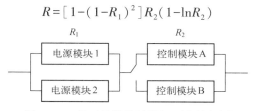

图 12-2　某卫星数管计算机可靠性框图

数管计算机可靠性评估过程如下:首先,根据数管计算机地面研制试验和在轨飞行数据,采用12.1节方法分别计算单个电源模块和控制模块的可靠度点估计及其方差;然后,根据12.2节方法,分别计算电源模块热备子系统和控制模块冷备子系统的可靠度点估计和方差,在此基础上得到数管计算机(串联系统)的可靠度点估计和方差,计算过程数据如表12-2所列;最后,根据式(12-54)将数管计算机系统等效为指数型单元,系统等效任务数和等效失效数分别为$H^* = 154.6622, r^* = 0.5193$,由式(12-55)计算数管计算机系统置信度$\gamma = 0.6$的可靠度置信下限为

$$R_L = \exp\left(-\frac{\chi_\gamma^2(2r^*+2)}{2H^*} \right) = \exp\left(-\frac{\chi_{0.6}^2(2\times0.5193+2)}{2\times154.6622} \right) = 0.99038$$

表 12-2　数管计算机可靠性评估过程数据

项　　目	等效累积试验时间 T_i/h	失效数 r_i	$\hat{R}_i$	$D(\hat{R}_i)$
DC/DC 模块热备子系统	—		0.99837795	1.00989E-05
DC/DC 模块	2215607.04	0	0.95972532	0.001556503
控制模块冷备子系统	—		0.99826703	1.1539E-05
控制模块	1516481.76	0	0.94170825	0.003198895
数管计算机	—		0.99664779	2.15655E-05

12.3　可靠性评估实例

以某陀螺为例,给出可靠性评估的过程。

1. 可靠性特征量确定

根据工程经验,某陀螺的主要失效部件为陀螺马达,电机轴严重变形,电磁特性差和润滑失效均能导致马达失效。电磁特性差和电机轴严重变形通过陀螺马达装配后的性能测试和跑合可以有效剔除,因此陀螺马达长期运行的失效模式主要为润滑失效。

润滑失效的主要原因是保持器磨损、保持器运转不稳定、轴承打滑导致接触异常或磨损和润滑油变质、流失。因此，在正常工作情况下，影响马达使用寿命、摩擦力矩和可靠性的重要因素是轴承的润滑。

该型陀螺的故障判据如下。

（1）工作电流和功率波动：工作电流及功率波动的变化，是判断马达运转情况的重要依据。在工作转速条件下，马达启动电流应不大于190mA，马达工作电流应不大于150mA，三相电流差应不大于5mA，功率波动应不大于80mW，超出上述范围视为故障。

（2）滑行时间：马达滑行时间 t 应满足 $120s \leq t \leq 240s$，超出该范围视为故障。

根据该型陀螺使用情况，寿命期大部分时间内工作电流和功率波动、滑行时间较为稳定，无明显退化规律可循，将可靠性特征量确定为累积工作时间。

2. 可靠性评估模型建立

根据工程经验和故障模式分析，该型陀螺故障集中在寿命期后期，具有明显的耗损特征，采用威布尔分布描述陀螺马达的失效分布。分布参数特征寿命 η 反映了产品的设计及工艺水平；形状参数 m 反映了产品寿命离散程度及生产质量一致性，生产、工艺质量越稳定，其形状参数越大。

该型陀螺整机由4个单轴陀螺组成，采用4:3热备份，单轴陀螺可靠性取决于陀螺马达的可靠性。陀螺整机可靠度 R_{sys} 可由下式给出，其中 R 为单轴陀螺马达的可靠度。

$$R_{sys} = 4R^3(1-R) + R^4 = 4R^3 - 3R^4$$

3. 可靠性数据收集及预处理

为了评估该型陀螺的可靠性，投入36个马达进行寿命试验，试验数据如表12-3所列。其中36#马达为早期失效，计为非关联故障；29#与35#马达失效均为电机卡死导致，经分析认为是35#马达电机失效前有多余物释出，29#马达电机受污染并卡死，属于从属故障，29#马达失效不计入故障次数（视为无失效数据）。根据上述分析，陀螺马达寿命试验有效数据的样本量为35，失效数为2，采用Weibayes方法进行分析。

表 12-3　陀螺马达寿命试验数据

编号	运行时数/h	是否故障	编号	运行时数/h	是否故障	编号	运行时数/h	是否故障
1	21480	否	13	21480	否	25	7728	否
2	21480	否	14	21480	否	26	7728	否
3	21480	否	15	9576	否	27	7728	否
4	21480	否	16	9576	否	28	10392	否
5	21480	否	17	9576	否	29	7812	否（从属故障）
6	21480	否	18	9576	否	30	7764	否
7	28920	否	19	12720	否	31	6768	否
8	28920	否	20	12552	否	32	6684	否
9	28920	否	21	12408	否	33	6672	否
10	28780	是	22	12408	否	34	6564	否
11	21480	否	23	11448	否	35	6468	是
12	21480	否	24	7728	否	36	3672	是（早期失效，剔除）

该型陀螺的基线产品(相似产品)曾开展寿命试验,试验数据如表 12-4 所列,共计 15 个子样,其中 3 个子样故障。两种陀螺马达相似度很高,故障机理相同,可认为形状参数相同。因此,可利用表 12-4 数据确定形状参数,并对威布尔分布假设进行检验。取显著性水平 $\alpha=0.1$ 进行威布尔分布的拟合优度检验,检验统计量为 $w=7.6$,$0.05 \leqslant w \leqslant 19$,接受威布尔分布假设;采用 MLE 方法得到形状参数的估计为 1.952。

表 12-4 陀螺历史寿命试验数据

编号	运行时数/h	是否失效	编号	运行时数/h	是否失效	编号	运行时数/h	是否失效
1	11144	是	6	15718	否	11	19696	否
2	13544	是	7	18728	否	12	16328	否
3	10568	是	8	25172	否	13	16328	否
4	25172	否	9	18392	否	14	16328	否
5	18464	否	10	18728	否	15	24932	否

4. 可靠性评估结果

采用 Weibayes 方法对表 12-4 数据进行分析,得到特征寿命估计为 72014.5h。陀螺工作时间为 5000h,单轴陀螺的可靠度点估计及置信下限估计(置信度 0.6)分别为 0.9945 和 0.9915。那么,陀螺整机的可靠度点估计和置信下限估计分别为

$$\hat{R}_{\text{sys}} = 4\hat{R}^3 - 3\hat{R}^4 = 4 \times 0.9945^3 - 3 \times 0.9945^4 = 0.99982$$

$$\hat{R}_{\text{sys,L}} = 4\hat{R}_{\text{L}}^3 - 3\hat{R}_{\text{L}}^4 = 4 \times 0.9915^3 - 3 \times 0.9915^4 = 0.99957$$

这里需要说明的是,本示例中的系统可靠性模型为单调函数,可以直接在可靠性模型中代入单轴陀螺(单元)的可靠度置信下限求解陀螺整机(系统)的可靠度置信下限。对于复杂系统可靠性模型,应按照 12.2 节方法根据系统可靠度点估计及其方差估计计算系统可靠度的置信下限。

本例中,单轴陀螺的可靠度点估计的方差估计为 1.485×10^{-5},陀螺整机的可靠度点估计的方差估计为 6.245×10^{-8}。按照系统均由指数型单元组成的情况处理,系统等效任务数和等效失效数分别为 2847.08 和 0.5064,陀螺整机的可靠度置信下限为 $\hat{R}_{\text{sys,L}}^{*} = \exp(-\mathcal{X}_{\gamma}^{2}(2r^{*}+2)/(2H^{*})) = \exp(-\mathcal{X}_{\gamma}^{2}(2 \times 0.54064 + 2)/(2 \times 2847.08)) = 0.99948$,与直接代入计算值接近。单轴陀螺为威布尔型单元,按照指数型单元处理,导致给出的可靠度置信下限偏保守。

参 考 文 献

[1] 茆诗松,汤银才,王玲玲. 可靠性统计[M]. 北京:高等教育出版社,2008.

[2] Nist/Sematech e-handbook of statistical methods[OL]. 2010-6-23. http://www.itl.nist.gov/div898/handbook.

[3] 朱炜,王伟,张晓军. 星上产品温度循环加速寿命试验模型及试验设计方法研究[J]. 质量与可靠性,2012,162:5-7.

第13章

卫星在轨故障检测与处置

为保证卫星在轨高可靠、高稳定运行,卫星从设计、生产到试验全过程,从元器件、原材料到单机、整星各层面工作,必须全面识别和有效控制薄弱环节,尽量避免卫星在轨出现故障。实际上,由于新技术应用、空间环境效应、研制质量问题等,在轨故障难以完全避免。因此,卫星必须应对可能的故障模式,设计相应的安全工作模式和自主故障处理功能,同时地面做好在轨卫星的异常问题及时检测和处置,以保证卫星在轨任务的连续性和卫星平台安全。

13.1 卫星在轨故障模式

1. 在轨故障分类

卫星在轨故障可按故障发生层次、故障影响程度、故障可修复性进行分类。在轨故障按照故障的影响程度可分为灾难性、严重性、一般性和轻微四级,如表 13-1 所列。灾难性和严重性故障影响了卫星系统任务的完成和卫星平台的安全工作;一般性和轻微故障多为单机级的故障,对卫星任务运行和卫星平台工作没有影响,仅影响到分系统和整星的可靠度指标。

表 13-1 故障等级规定

等 级	等级名称	说 明
I	灾难性	故障导致整星任务失败或出现不可接受的任务降级,工作寿命严重缩短(寿命减少 1/2 以上)。 例如:姿态失控、整星短路无法供电、指令不能发送等故障
II	严重性	故障导致分系统功能丧失或性能下降,影响有效载荷部分任务的完成,地面处理后可保障部分任务的完成,卫星寿命缩短 1/4 到 1/2。 例如:部分蓄电池组失效或部分太阳电池阵失效,导致整星供电能力不足,致使部分有效载荷不能开机
III	一般性	故障导致设备(或部组件)主要功能退化或失效,通过地面处置或系统内部重组后,仅失去备份设备(或部组件),不影响分系统功能性能。 例如:姿轨控系统出现某轴陀螺失效,采用其他陀螺顶替后,卫星恢复正常

（续）

等　级	等 级 名 称	说　　　明
IV	轻微性	故障相对独立,对分系统功能性能没有或几乎没有影响,经过星上自主处理或地面处置后可恢复 例如,单粒子翻转事件造成星上设备自主复位,或造成设备内电路异常后,由地面发送复位指令恢复正常

在轨故障按照故障的修复性可分为以下两种。

（1）常驻故障:造成设备（部组件）功能或部分功能、性能不可修复的永久性故障;

（2）非常驻故障:是指采取有效措施后,设备（部组件）功能、性能可以修复的故障,它又可分为偶发性故障和规律发生的故障。

2. 灾难性及严重性在轨故障模式

灾难及严重性在轨故障会造成卫星完全失效,或大部分载荷任务无法完成,或在轨寿命严重缩短。分析国内外近 10 年来的主要卫星在轨故障情况,主要有六类灾难性及严重性在轨故障模式,如表 13-2 所列。

表 13-2　主要灾难性及严重性在轨故障模式

序　　号	灾难性及严重性在轨故障模式
1	供电能力严重下降
2	卫星姿态失控
3	卫星无法测控
4	推进系统故障影响变轨或轨道维持
5	卫星有效载荷故障
6	卫星在轨解体

1）整星供电能力严重下降故障

电源是卫星在轨生存和卫星平台及有效载荷正常工作的前提。国内外卫星出现多起电源故障导致卫星失效或影响有效载荷全部开机工作的情况。卫星在轨供电故障模式较多,可概括为以下几种情况。

（1）太阳帆板驱动机构在轨出现内部短路,造成太阳阵电流无法输出,直接导致损失一侧太阳阵功率,影响部分有效载荷的开机工作。国内外多颗卫星出现因太阳帆板驱动机构短路而造成整星失效或整星功率大幅降低。

欧洲电信卫星组织 2019 年发射的 Eutelsat-5WB,入轨后南侧太阳翼驱动组件出现故障导致单侧太阳翼无法正常工作,从而降低卫星通信载荷功率,卫星通信能力损失过半。

泰勒兹公司研制的 Eutelsat W5 卫星,2008 年由于一个太阳帆板驱动机构故障,而导致整星功率损失一半。

另有一 GEO 卫星在太阳帆板驱动机构内部,由于正母线与结构地间存在多余物,诱发弧光放电,导致母线大电流短路,进而在电缆网内造成短路故障扩散,引发整星短路和失效。

（2）母线电缆短路或电源控制器内功率通路短路,导致整星电源无法正常输出。国内外有多颗卫星出现母线短路故障而造成整星失效。

某 GEO 卫星由于一次母线电缆内出现破损短路,或电源控制器输出汇流条由于多余物造成对卫星结构地短路,导致整星掉电。

(3)太阳电池阵内分阵故障或电源控制器部分模块故障,造成母线电流下降和整星功率输出能力下降,致使有效载荷不能全部开机。

劳拉空间系统公司研制的 Galaxy 27 卫星,由于电源控制器故障而导致整星功率损失一半。

某遥感卫星由于一侧太阳翼的充电阵电缆破损,造成充电阵短路,然后故障逐步扩散至该侧太阳翼所有充电阵和供电阵电缆,造成整个太阳翼短路,致使整星功率损失一半。

(4)太阳电池阵未完全展开,导致功率降低。

卫星发射过程中由于太阳翼自身原因或其他原因导致其不能正常展开,使得卫星功率损失。

劳拉太空系统公司研制的 Intelsat 19 卫星,在 2012 年发射中由于太阳阵卡滞而无法正常展开,最终采取措施使得两侧太阳翼都展开,但损失 25% 的功率。

劳拉太空系统公司研制的 Sul-2 卫星,2011 年发射过程中由于太阳翼与整流罩发生干涉,导致一侧太阳翼未展开,使得卫星输出功率下降一半。

(5)单机内部出现短路,造成整星功率瞬间大幅下降,使得多数有效载荷和平台设备出现欠压保护而关机,进而引发整星任务中断。

某 GEO 卫星由于一单机内出现短路故障,造成卫星母线电压由 100V 瞬间降到约 60V,使得有效载荷设备关机、姿轨控及测控单机欠压关机,卫星遥测丢失,整星任务中断。

2)卫星姿态失控故障

卫星姿态指向控制是正常执行卫星载荷任务的前提。由于姿轨控系统软硬件故障,或地面操作原因导致卫星角速度快速增大,超过卫星结构、大部件和设备的强度极限,导致卫星大部件损坏或失效。

洛克希德·马丁(简称马丁)公司发射的遥感卫星 WorldView-4,2019 年由于控制力矩陀螺故障造成卫星的一个稳定轴失去控制,导致卫星无法正常完成成像任务。

日本宇宙航空研究开发机构 ASTRO-H 卫星("瞳"卫星),2016 年由于上注的控制参数错误,在卫星转入对日安全模式时,推力器持续喷气,导致星体角速度快速增加到 69°/s,造成太阳帆板等大部件被甩出。

另有一遥感卫星由于姿态测量敏感器陀螺全部失效,导致卫星进入无控模式而失效。

3)卫星无法测控故障

由于测控系统或数管系统故障,导致卫星指令无法接收,使得卫星无法控制而失效。

Khrunichev Space Center 发射的 KazSat 1 卫星,2008 年由于星载计算机故障而失去控制。

另有一 MEO 轨道卫星由于遥控单元主备份均故障,上行指令无法接收,最终导致卫星无法控制而失效。

4）推进系统故障影响变轨或轨道维持

推进系统由于贮箱、气瓶泄漏，或变轨发动机故障等，而导致无法完成卫星变轨或轨道维持任务，造成卫星失效或缩短寿命。此类问题在轨发生多起。

泰勒兹公司研制的 RASCOM-QAF1 卫星，2008 年在完成第一次变轨任务后，出现氦气泄漏问题，改用推力器完成后续变轨任务，导致卫星损失 2 年寿命。

泰勒兹公司研制的通信卫星 Eutelsat-W3B，2010 年由于氧化剂贮箱泄漏而使卫星未进入预定轨道。

洛克希德·马丁公司研制的 AEHF 卫星，2010 年星箭分离后，由于变轨发动机故障，改用 22N 双组元化学推力器和霍尔电推力器通过 100 多天工作，才完成变轨任务，缩短了卫星寿命。

某卫星在变轨过程中由于发动机故障，改用推力器完成变轨任务，缩短卫星寿命。

5）卫星有效载荷故障

卫星有效载荷中存在诸多单点失效产品，如天线、相机等，如果此类载荷产品出现故障，将造成卫星失效或任务的严重降级。

例如，泰勒兹公司研制的 Eutesat W2A 卫星，2009 年 12m S 频段天线入轨后未完全展开，导致卫星的移动电视重要业务无法开展。

6）卫星在轨解体故障

由于推进剂泄漏爆炸或受到大尺寸空间碎片撞击造成卫星解体。

国际通信卫星组织运行的通信卫星 Intelsat 29e 在轨工作三年后，2019 年由于推进剂泄漏造成卫星解体，在 GEO 轨道产生大量空间碎片。

俄罗斯的遥感卫星宇宙 2491，2019 年发生在轨解体，外界分析认为可能是遭受了空间碎片撞击。

美国的军用气象卫星 DMSP-F13，2015 年由于蓄电池问题发生在轨解体。

2009 年，美国的铱星 33 与俄罗斯的通信卫星 Cosmos2251 发生在轨撞击而解体，在 GEO 轨道产生大量空间碎片。

3. 卫星主要部组件在轨故障模式

卫星在地面研制过程中，需经历从器件、设备到整星各类环境试验和可靠性试验，卫星入轨后多数故障模式的发生概率变得极低。但由于新技术地面验证不充分、工艺过程控制、空间环境影响等问题，卫星在轨故障不可能完全消除。对近 10 年来在轨主要卫星典型设备/部件的在轨故障进行分析提炼，形成了如表 13-3 所列的主要在轨故障模式。

表 13-3　卫星主要部组件在轨故障模式

序　号	设备/部件	在轨主要故障模式
1	天线	网状天线展开过程中，发生网面钩挂而无法展开
		可动天线转动过程中卡滞
		由于天线结构组件间的热匹配设计不合理，导致天线波束指向发生周期性移动

（续）

序　号	设备/部件	在轨主要故障模式
2	行波管放大器	行波管内微放电导致行波管放大器自动重启或关机
		行波管内打火导致行波管放大器螺流、阳压等参数异常
		螺旋线夹持杆表面充电导致行波管放大器螺流异常
		高压电源内部短路或器件失效导致行波管放大器关机
		电源内部逻辑器件受单粒子翻转影响发生自主关机保护
3	接收机/变频器	由于微波器件、分立器件故障，或接地、焊接、多余物等原因，导致接收机/变频器增益下降
4	扩频应答机	单机内 DSP/FPGA 器件发生单粒子翻转，导致上下行锁定异常或码组异常等
		单机内 ASIC 芯片由于硬件故障或地址位等错误，导致锁定时间延长等异常
		由于微波器件（如 VCO）、分立器件（如电容）故障，或接地、焊接、多余物等原因，导致扩频应答机输出功率下降或接收通道失锁
5	测控固放	因放大功率器件性能异常衰降，导致增益降低
6	太阳阵	由于环境温度较低，展开阻力矩增大，使得太阳翼驱动力矩不足以克服阻力矩，导致太阳翼迟滞锁定
		太阳电池串由于互联片问题或者电池片裂纹而开路，导致相应电池串的功率损失
		因导线与汇流条焊点开裂，或电流输出电缆短路，导致部分功率损失
7	蓄电池组	单体性能异常
8	电源控制器	充电模块受单粒子干扰造成充电倍率和充电电流跳变
		充电模块、放电调节模块、分流模块故障（内部短路、功率管和整流二极管等温度过高而失效等），造成充电电流下降或母线输出电流下降
9	电缆网	由于绝缘处理不到位而出现电缆短路，造成母线电压降低或整星供电无法输出
10	中心计算机	空间粒子导致计算机 SRAM 存储区双错，引起计算机自主复位或切机
11	测控单元/业务单元	单机内部存储区发生单粒子翻转，激发单比特错陷阱或计数器等发生单粒子翻转，导致设备复位
		指令电路抗干扰能力不足，导致相应指令无法执行。
12	姿轨控计算机	SRAM 发生多位单粒子翻转或锁定，而导致软件复位
		1553B 总线接口芯片 RAM 故障导致通信异常
		软件安全故障模式设计存在薄弱环节
13	陀螺	内部存在多余物使得轴承受损从而产生堵转，或多余物进入轴承工作间隙影响轴承运转，导致马达电流异常
		磨损造成的磨屑积累和润滑油损失使得马达轴承运转状态恶化、陀螺马达运转失稳，导致马达电流异常
		单粒子效应影响寄存器状态，导致数据输出异常
		光纤陀螺数字电路发生单粒子闩锁效应，导致角速度正负饱和输出

（续）

序　号	设备/部件	在轨主要故障模式
14	星敏感器	空间粒子打翻星敏的 SRAM（无 EDAC 纠错功能）中数据,导致软件出错,触发看门狗复位,星敏由正常的 MODE_C 模式进入 MODE_A 模式,可重启恢复
		空间粒子同时打翻星敏的 SRAM 和 PROM 中的数据,导致进入 BOOT 模式,无法加电恢复
		星敏 CPU 板 SRAM 发生单粒子锁定,进入并保持在安全模式
		星敏 TSC21020 发生堆栈溢出或是堆栈满故障,导致星敏进入并停留在 BOOT 模式
		由于时序生成 FPGA 异常复位或 SRAM 单粒子翻转,导致信号提取阈值变低,影响星点提取,星敏进入 MODE_A 模式
15	地球敏感器	地敏内部探测器、模拟通道或器件异常导致地敏故障
		外部杂散光或空间物体遮挡进入地敏视场造成状态跳变或切机
		空间环境干扰导致地球敏感器宽/窄扫描状态跳变
		地敏通道噪声变大影响姿态控制精度
16	反作用轮/CMG	飞轮轴承内部匹配性不佳,或轴承局部润滑油堆积,随着运转时间的延长而加剧,引起轴承摩擦力矩增大及转速异常
17	发动机/推力器	多余物引起推力器通道堵塞,导致燃烧异常,造成喷注器烧蚀,引起推力下降
		出现推进剂夹气现象,导致推力器效率下降且推力不稳定
		发动机燃烧温度过高导致喷管烧穿而失效
18	热控部组件	配电器内加热器开关驱动电路抗干扰能力不足,或加热器控制电路芯片因单粒子翻转导致加热器开关误动作
		单粒子翻转导致热控下位机发生自主复位
		热敏电阻虚焊或导线断开等问题导致温度测量故障
		热控多层因黏接固定不好,发射过程中被掀起,而进入敏感器或相机视场,影响其正常工作

4. 主要在轨故障原因

总结近些年来国内卫星在轨发生的相关故障,其主要原因可以归纳为以下 8 个方面。

（1）卫星新技术或新状态地面验证不充分导致在轨故障

对卫星采用的新技术或新状态,由于缺乏全面认识,在设计上存在薄弱环节,同时地面验证未完全覆盖卫星在轨所有工作模式和工作环境,导致卫星入轨后产品出现故障。在轨出现的诸多问题都属此类。主要案例如下。

某卫星的一小波束高增益滚降天线,由于反射面材料与极化栅板复合材料间热膨胀匹配性设计不合理,而热仿真建模因为有偏差未反映出热不匹配性,导致卫星入轨后,天线指向随太阳光照,一天内出现一定角度的东西偏转。

另外,由于对卫星高压裸露导体绝缘设计不合理,导致在轨出现短路故障;指令接口电路由于抗干扰能力设计不足导致在轨工作不稳定等。

（2）新工艺或复杂工艺不稳定导致在轨出现故障

由于产品工艺复杂,过程控制难度大,工艺稳定性不足,导致在轨暴露问题。主要案例如下。

有多颗卫星在轨出现动量轮摩擦力矩变大或控制力矩陀螺转速异常等问题,这是由于飞轮机构制造工艺复杂、精度要求高，如果轴承内部组件间匹配性不佳或轴承局部润滑油出现堆积，在轨随着运转时间的延长而加剧，即会引起阻力矩及转速异常。

某卫星电推力器电源中的高压屏栅电源模块由于变压器漆包线绕制工艺、高压灌封工艺存在薄弱环节，导致卫星入轨后，高压模块内存在低压环境，变压器线圈发生介质阻挡放电，导致漆包线损伤而短路失效。

（3）对新器件特性认识不充分导致在轨故障

由于对于器件的特性认识不充分，地面试验覆盖不全，导致在轨出现故障。主要案例有：

由于对砷化镓放大器件的氢中毒机理认识不透彻，某卫星收发信机的某射频 MCM 模块内一功率放大器由于氢效应作用导致夹断电压漂移，引起单机增益下降。

某卫星的 S 频段固放在轨工作后，由于 GaN 功率器件存在栅金属应力，器件阈值电压漂移，器件静态和工作电流变大，器件栅控能力持续减弱，达到一定程度后，器件工作电流超出单机的过流保护设计阈值，引起固放关机。

大功率行波管在轨出现多起微放电导致行波管放大器关机故障，根本原因在于对行波管内的电荷积累和微放电机理还未研究透彻，从设计和工艺上难以完全消除。

（4）元器件质量问题造成在轨故障

部分在轨问题定位于元器件本身的质量问题，如瓷介电容开裂、电阻开路、运放输出特性变化、微波放大器性能衰退等。主要案例如下。

某卫星的扩频应答机在轨出现输出功率下降问题，定位于功放电路前端的瓷介多层耦合电容开裂。

某卫星的扩频应答机出现在轨关机故障，定位于单机厚膜电源内部的某电阻阻值异常下降造成短路。

某卫星的控制分系统专用电源内某电源模块出现过流保护关机故障，定位于电源模块输出侧的滤波电容出现短路失效，导致过流关机。

（5）产品电装调试过程中的质量问题造成在轨故障

产品在电装调试过程中，由于虚焊、胶接不良、供电安全间距控制不到位、射频接地不良、存在多余物、射频参数调试临界等原因，造成在轨出现产品性能下降、短路等故障；整星电缆网绝缘处理不当时，在其他故障的诱发下会造成整星短路严重故障。

（6）空间辐射环境导致产品在轨不稳定或故障

随集成电路工艺的提升，元器件栅氧层厚度和节点寄生电容越来越小，因此空间辐射总剂量对电路的影响越来越小，而器件对空间高能粒子越来越敏感。近些年空间辐射环境引起在轨问题较多的效应主要有以下几个。

在单粒子翻转效应作用下，抗单粒子翻转能力低的 SRAM 等存储器、FPGA 易发生双位或多位错误，引起单机复位或失锁，如中心计算机、姿轨控计算机在轨复位问题，扩频应答机的在轨失锁问题等；单粒子翻转效应也会造成运放、锁存器等逻辑器件状态翻转，造成单机状态错误或误触发过流保护电路引起设备关机，如某卫星的动量轮在轨掉电问题以及固放在轨关机问题。

单粒子瞬态效应对单机内部的敏感电路（如偏置电路等）产生影响，例如，某变频器的电源模块采用 PWM 芯片 UC1825A，在轨遭受大约 $5\mathrm{MeV/cm^2 \cdot mg^{-1}}$ 的粒子照射时，单粒子瞬态效应使此芯片发生输出脉冲连续缺失情况,进而造成自持供电电压降低而使芯片功能关闭,最终引起产品关机。

高能粒子打入卫星内部,造成星内电缆等积累电荷形成内带电,当电荷积累到一定程度会发生放电,产生干扰脉冲,对弱信号通路或指令电路产生干扰造成产品状态变化或误动作。例如,在轨出现的地球敏感器状态跳变(由窄扫跳变为宽扫)、太阳帆板驱动机构状态跳变等问题,便是姿轨控计算机与地球敏感器和太阳帆板驱动机构之间的电缆受到空间辐射内带电干扰所致;某接收机由于内带电放电产生的干扰造成关机指令电路误动作,导致产品在轨异常关机。

(7) 软件算法逻辑设计不合理、健壮性设计不足造成卫星故障

近些年,在轨卫星的软件问题主要体现在故障安全模式的逻辑设计、状态切换设计不合理、软件健壮性不足等。例如:某卫星在由于星敏故障进入姿轨控故障安全模式后,由于推力器频繁喷气故障报警时间设计得过长,且没有设置卫星角速度底线,造成卫星快速旋转,导致星上大部件损伤;某卫星在出现单粒子翻转导致高精度广播频发时,由于软件健壮性设计不足,在一级总线上不断接收到异常广播数据,造成软件频繁中断,影响及时牵狗,导致遥测异常。

(8) 地面操作不当导致卫星故障

地面站在进行卫星操作过程中,如果指令发送错误,会导致卫星发生故障。

例如:某卫星在完成南北位保点火后,由于地面发送指令错误,导致卫星从位保模式转正常模式过程中,姿态发生超差,先后转入姿轨控计算机硬件故障安全模式和太阳捕获及对日定向安全模式,卫星遥测中断,影响了卫星正常通信业务;另有某卫星在进行在轨程序修改注入时,由于新增功能模块上注地址与原程序中其他功能模块的内存地址冲突,造成浮点计算 TRAP 并引发姿轨控计算机连续复位,最终导致卫星转入安全模式。

13.2　卫星遥测遥控及安全模式设计

1. 卫星遥测参数设计

1) 遥测参数分类

卫星遥测参数按照重要程度,一般分为两类:一类是直接遥测,是通过遥测单元直接采集和下传的遥测参数,直接遥测参数一般用来表示重要设备的开关状态等较为重要的遥测数据;另一类是间接遥测,是由业务单元采集、中心计算机负责组帧,再通过遥测单元下传的遥测参数。

根据遥测下传的周期,遥测参数可分为常规遥测、快采选路遥测、内存下传遥测等。其中,常规遥测按周期下传整星遥测数据,监视整星工作模式、姿态、电源、温度、设备状态和故障报警等。快采选路遥测可以选择部分遥测参数以帧周期快速下传至地面。内存下传遥测用于地面判断软件的内存信息。

根据遥测参数工程类别,可分为模拟量遥测参数、温度量遥测参数、状态量遥测参数、数字量遥测参数。模拟量遥测用于表示电压、电流等模拟量参数;温度量表示热敏电阻温度;状态量又称双电平量,主要表示各类开关状态;数字量主要指采用串行数字量传

输的数据,数据信号传输需要遥测采集设备发送路脉冲信号和码同步信号。对于采用大量微波开关的通信卫星等,为有效减少遥测电缆,常采用矩阵遥测体制采集开关状态。

2) 遥测参数设计要求

为保证对卫星的在轨状态进行全面监测,并提供足够的信息用于故障识别、定位和处置,应对星上设备的遥测进行统筹设计。遥测参数可观测性的一般设计要求如下。

(1) 卫星系统及各单机工作状态(包含开关机状态、电源输出状态、主备份工作状态、当班机状态等)均应有遥测参数进行监测。

(2) 所有指令(包括地面指令与星上自主指令)的接收和执行情况均应设置遥测进行确认。

(3) 应对保护设置的状态(使能或禁止)及保护状态(触发或未触发)设置遥测。

(4) 用于监测瞬态事件的所有遥测状态应维持一定时间,直到完成读取或者地面发出复位指令后才能清零。

(5) 为提高遥测采集和传输效能,应尽量采用总线采集和传输。

(6) 重要的遥测参数应设置较快的采集和下传频率。

(7) 遥测参数设置应直接反映产品工作状态,便于故障定位。

(8) 各总线的 RT 终端均应设置反映指令接收的遥测状态,如接收指令计数、错误指令计数或者接收指令码字。

(9) 对于新研复杂单机,应设置尽量多的遥测参数,用于在轨状态监测和异常问题定位及处置。

2. 卫星遥控参数设计

1) 遥控指令分类

卫星遥控指令根据指令的重要程度分为两类:一类为直接指令,由遥控单元直接输出指令脉冲到相关设备;另一类为间接指令,由遥控单元输出串行数据(不直接输出执行脉冲),经由综合电子系统的中心计算机处理和转发到业务单元,再由业务单元生成指令脉冲输出到相关设备。直接指令主要用于重要设备的状态切换或参数传输,例如火工品起爆指令、发动机开关机指令、中心计算机和姿轨控计算机开关机指令等。直接和间接指令根据指令数据格式,又分为离散指令(即脉冲指令)和串行指令。间接指令也可根据指令用户分为软件指令和硬件指令,软件指令是指用于改变软件运行状态、工作逻辑和工作参数的计算机指令;硬件指令是指发给硬件执行的指令。

直接指令原则上要采用大回路验证,其过程为:卫星遥控单元完成指令码的接收、译码后,通过遥测下传指令验证信息;地面根据遥测返回的指令验证信息,进行指令大回路比对,比对正确后,地面发送执行序列,卫星完成遥控指令的执行。紧急情况下,直接遥控指令可以进行指令盲发,不进行地面大回路比对验证。

间接指令发送过程为:遥控单元收到间接指令并译码后确定为间接指令,将指令串发送至中心计算机 SMU;SMU 进行指令有效性检查(主要包括指令类型、指令长度、校验和等信息),同时递增指令接收计数,作为地面进行遥测监视的依据;SMU 将指令再通过数据总线(如 1553B 总线)发给业务单元 ISU,对于硬件指令,形成指令脉冲发给指令用户设备;对于软件指令,则通过二级总线(RS422 总线等)将指令码发给指令用户设备。

直接指令(遥测)和间接指令(遥测)信息流的示意图如图 13-1 所示。

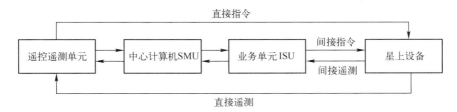

图 13-1　直接指令(遥测)和间接指令(遥测)信息流示意图

卫星指令根据指令码类型可分为脉冲指令、软件指令、数值指令。脉冲指令多为状态切换指令,如设备开关机指令、模块切换指令等;软件指令一般为有控制参数且指令码较长的指令,如天线转动(转动角度、角速度、方向等参数)的控制指令。

对于采用大量微波开关的通信卫星等,为减少指令电缆,常采用矩阵遥控体制驱动开关切换。

2) 遥控指令设计要求

指令参数的设计需要遵循以下原则。

(1) 除开关机指令由硬件提供离散指令控制外,其余状态的指令尽量采用总线形式实现。

(2) 可能导致卫星重要功能中断的指令应设置可检测的专用硬件遥测作为报警信号。

(3) 星载软件的每个自主功能应该能通过地面的遥控指令进行控制,卫星自主管理的所有参数,可由地面遥控指令设置;星上对平台和有效载荷相关功能进行配置的自主指令,应同时设置遥控指令。

(4) 对遥控注入数据应进行正确性检测,内存加载指令应该和相应的执行指令分开,且内存加载指令的执行结果应有对应的遥测。

(5) 任何遥控指令不能导致卫星遥控功能失效。

(6) 在卫星各任务阶段,每条遥控指令的功能应始终保持一致。

(7) 所有指令应可以重复发送而不降低或破坏功能的实现。

(8) 关键指令应有备份;无效的或没有定义的遥控指令不能被执行。

(9) 对于新研单机,应该设置尽量多的遥控指令,便于在轨出现故障时提供切换手段和必要处理措施。

(10) 对于重要的保护功能,应设置相应使能和禁止功能。

3. 卫星安全工作模式设计

为保证卫星在出现严重故障时,能维持卫星载荷业务的连续性或卫星安全性,需要设计卫星的故障安全工作模式,主要包括姿轨控安全模式、能源安全模式、测控信道安全模式和星务管理安全模式四个方面。

1) 姿轨控安全模式设计

对于通信、导航和对地遥感等卫星,根据卫星任务,卫星姿轨控系统主要设计三种故障安全模式:地球重捕及卫星对地定向安全模式、太阳捕获及卫星对日巡航安全模式、最小系统计算机模式(计算机安全模式)。

卫星对地定向安全模式：为尽量保证卫星载荷任务的连续性，在正常模式下出现姿态超差或地球姿态基准丢失时，卫星转入对地定向安全模式，重捕地球并维持对地定向。采用星敏感器测量三轴姿态时，如果姿态超差则直接转入对地定向安全模式；采用地球敏感器测量滚动、俯仰姿态时，如果姿态超差或地球信号丢失，备份地球敏感器不能切换或切机后仍不能正常控制姿态时，也转入对地定向安全模式。若成功建立对地指向姿态，则等待地面处置后转回正常模式；若不能维持对地姿态，则转入对日巡航安全模式。转入对地定向安全模式后，一般采用推力器作为姿控执行机构。

卫星对日巡航安全模式：当卫星因姿轨控敏感器、执行机构或计算机故障不能维持正常姿态时，转入对日巡航安全模式，捕获太阳，建立卫星-Z轴对日定向的巡航姿态，控制太阳帆板驱动机构转动，使安装在卫星±Y轴方向的太阳阵对日，确保卫星能源供应。太阳捕获模式下，采用推力器作为姿控执行机构。

卫星最小系统计算机模式（计算机安全模式）：卫星除设置主备份姿轨控计算机外，还设计一最小化计算机系统（如80C32计算机系统），作为应急控制计算机。当出现姿轨控主备份计算机软硬件均故障后，由容错电路切换至应急控制计算机，应急软件启动相关控制部件，搜索太阳并建立对日定向的巡航姿态，保证卫星能源供应和卫星安全。

2）能源安全模式设计

为避免蓄电池组过放电，保护蓄电池组安全，卫星需要设计最小功率消耗的能源故障安全模式。卫星软件对蓄电池组的荷电量持续进行监测，当蓄电池组的荷电量低于一定值（例如GEO卫星可以定为85%）时，则进入能源安全模式，生成蓄电池组放电故障报警标志，并自主发送以下指令。

（1）按顺序将有效载荷全部断电；接通尽量少的载荷舱替代加热器，维持卫星舱内必需的温度环境。

（2）卫星转入对日巡航模式，搜索捕获太阳，建立卫星-Z轴对日姿态，保证卫星能源供应和卫星安全。

3）测控信道安全模式设计

卫星测控系统有时设计有全向工作模式和定向工作模式，全向工作模式采用准全向测控天线，天线覆盖范围大；定向工作模式借用有效载荷信道和天线，天线覆盖范围小。

当卫星发生严重故障，无法保持对地指向姿态时，需要将测控通道切换到全向工作模式，以增大测控覆盖区，保持星地链路畅通。测控信道安全模式一般由地面遥控指令切换。

4）星务管理安全模式设计

为加强综合电子系统的可靠性，常设计星务管理安全工作模式。中心计算机除设计有主备份计算机模块外，还设计最小系统作为应急计算机。当主备份计算机模块因故障双机同时关机时，由容错电路控制应急计算机模块加电，运行应急软件。应急软件能够保证CPU最小系统正常工作，并保证星地测控数据正常通信，提供地面程序上注功能。

13.3   卫星在轨故障自主检测与处置

1. 故障检测、隔离和恢复技术

为保证卫星在轨可靠稳定运行,同时减少地面的卫星操作工作,卫星应设计尽量完备的自主健康管理能力,即在轨自主故障检测、隔离和恢复能力(Fault Detection,Isolation and Reconfiguration,FDIR)。FDIR 包括故障检测、故障隔离和故障恢复三个过程。故障检测指发现、确认和定位故障;故障隔离主要是把故障模块、部件或单机从系统中隔离出来;故障恢复是根据系统的需求,将发生故障的模块、部件或单机进行修复,或重组健康的模块、部件或单机,使系统恢复到可以接受的状态。FD2R 是卫星重要的故障容错设计方法。

1)故障检测

对可识别的在轨故障,设计相应的故障诊断算法,由中心计算机软件周期性采集星上各设备软硬件的数据,进行数据正常性分析,及时发现异常问题,并进行准确定位。根据故障判断逻辑检测出异常后,立即树立软件报警或硬件报警标志,并保存故障对应的相关参数,同时将检测到的故障或报警通过遥测下传到地面。

2)故障隔离

中心计算机软件根据故障检测模块定位的故障信息及树立的报警标志,按照预先设置的故障隔离逻辑和措施,对故障进行隔离,避免故障蔓延扩散。

3)故障恢复

中心计算机软件检测出系统故障时,根据预先设计好的故障恢复策略进行故障处理。卫星故障分为硬件故障和软件故障,当发生硬件故障时,采取备份切换或部组件重组策略;当发生软件故障时,采用相应的纠错算法,使软件数据得到纠正,保证系统正常工作而不降低系统性能。

我国新一代卫星多基于综合电子系统设计了 FDIR 系统,实现整星的自主健康管理。对于有些卫星,在综合电子系统的中心计算机外,还设置单独的姿轨控计算机。在此情况下,由姿轨控计算机实现姿态和轨道控制系统的 FDIR。另外,某些卫星还针对特殊的载荷设计了专门的 FDIR,实现对载荷部分的自主健康管理。

综合电子系统多采用 BIT(Built-in-Test)设计,即通过嵌入在系统内部的硬件电路和软件程序,对综合电子系统进行实时在线故障检测和隔离,如图 13-2 所示。各 ISU 由多个模块组成,各模块间通过双冗余的内部串行总线连接,每个模块都具有 BIT 测试电路,系统运行过程中,ISU 软件通过设计的测试激励,周期性对各模块的健康状况进行自检测,并把自检结果发至 SMU,SMU 软件收集和存储各 ISU 模块的测试结果,及时对故障进行定位,并根据预先设置的故障预案对故障进行隔离与处置。

2. 自主故障检测、隔离和恢复方法

1)故障检测方法

故障检测的方法主要有双冗余比对法、基于残差法和看门狗法等。

(1)双冗余比对法采用两个冗余的部件对相同输入进行处理,再对两个输出进行比对,通过检测输出是否一致来检测故障,但不能定位出具体故障部件。

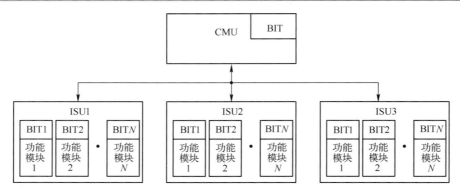

图 13-2　某卫星综合电子系统基本框架结构

（2）基于残差法需要建立实际系统的数学模型，利用模型处理值与观测值之间的残差表示数学模型与实际模型之间的不一致性（即故障），其检测精度取决于建立的模型。

（3）看门狗法是指通过监测不同的参数值及硬件的心跳信息等，检测部件参数是否超过阈值或部件是否在运行。

故障判读检测的数据主要有：各级总线协议和遥测遥控接口协议的符合性；各设备输出的数据及遥测状态正确性；业务数据的正确性。

2）故障隔离方法

故障隔离方法主要有多冗余表决法、因果网络、贝叶斯网络、专家系统法、基于模型法等。

（1）多冗余表决法可以诊断出故障具体构件，而且由于构件存在冗余，还能大大增强系统可靠性。

（2）因果网络法用于模拟由多个部分相互连接组成的系统，各个部分构成有向无环图，一个节点代表一个部分的输出，通过进行错误传播建模，能定性地诊断故障。

（3）贝叶斯网络法又称信度网络法，是目前不确定知识表达和推理领域最有效的理论模型之一。

（4）专家系统法只能诊断预先可知的故障，结合神经网络等可以解决识获取的瓶颈。

（5）基于模型法的诊断准确性取决于建立的模型，模型包括定量、定性和半定性三类模型。

3）故障恢复方法

故障恢复方法主要有检测点与重做、例外处理、系统重置、系统重构、模式切换等方法。

（1）检测点与重做方法在数据库中运用广泛，是指在一定时间内将系统状态、环境参数等进行备份，当某个部件或子系统出故障时，则将故障前检测点备份信息重新载入，使故障部件或子系统重做。

（2）例外处理方法是指中断正常的操作，去处理异常响应，是软件系统故障恢复最早开始应用的方法，包括接口例外处理、内部例外处理和失效例外处理。

（3）系统重置方法是在某个系统或构件出错时，将其初始化、重置后重新启动。

（4）系统重构方法则是在某个系统或构件出错时,将出错的系统或构件替换成冗余的系统或构件,并重新载入出错前的状态、参数等进行重做。

（5）模式切换方法主要用于高级别模式下无法通过重置来恢复的情况,可以通过模式切换、降级进行恢复。

3. FDIR 设计原则

由于卫星管理和控制任务的复杂化以及卫星故障的不确定性,FDIR 无法对所有在轨故障都能进行检测和处理,FDIR 设计应遵循以下原则。

（1）发生故障后首先能保证卫星生存,即保证卫星平台服务系统的安全。

（2）发生故障时,在保证卫星安全的前提下,应尽量保证卫星业务正常运行,尽量减少卫星任务中断时间。

（3）发生故障时,应尽量降低卫星推进剂消耗,保证卫星的寿命不受影响或少受影响。

（4）使卫星的系统配置及部组件的损失尽量最小化,尽量降低对卫星在轨可靠性的影响。

（5）所有故障检测、隔离与恢复策略间应相互兼容,避免由于故障恢复过程中的瞬时异常状态触发其他故障检测,导致伪警报;也不能由于故障恢复策略不完备导致故障升级。

（6）所有故障检测及恢复功能均可由地面遥控使能或禁止,避免在轨频发不可预知的伪故障或伪警报。

（7）只能在地面监视下才进行加电工作的设备一般不纳入 FDIR 管理。

（8）故障发生时,应及时向地面提供充足遥测数据,用于星上状态判断、故障排查和处置。

4. 故障等级划分

一般根据对系统的影响情况及恢复策略,将 FDIR 故障分为四级。

1）一级故障

一级故障指发生在主备份模块或主备份单机间的故障,其无法由单机自身实现自主恢复,需要由上位机软件实现故障的检测和恢复。一级故障通常是轻微性或一般性故障。一级故障发生后,系统根据 FDIR 策略进行自主故障隔离和恢复,若故障隔离及恢复正常,则对系统任务无影响。

2）二级故障

二级故障指卫星重要功能报警(如姿态轨道控制超差等)。二级故障通常是一般性故障。对于二级故障,由姿轨控计算机软件或中心计算机 SMU 软件执行恢复策略,重组相关部件。二级故障不影响载荷任务的正常工作。

当发生卫星姿态角超差,且控制计算机尝试自主恢复正常姿态控制模式失败,则将停留在某对地指向安全模式,等待地面进一步处理。此时可能由于卫星姿态超差导致载荷任务中断。

3）三级故障

三级故障是指轨控计算机主份模块出现故障,或中心计算机主份模块或总线通信出现故障。此时,由计算机里的容错电路(即故障监视电路)进行备份计算机切换。三级故障通常是一般性故障。

姿轨控计算机发生切机故障时,可能会导致卫星姿态出现一定超差,对卫星业务产生短时影响。中心计算机复位或切机会造成星务管理的短暂中断,但不影响载荷任务的正常工作。

4) 四级故障

四级故障指卫星主备份姿轨控计算机均故障或主备份中心计算机均故障,或出现蓄电池过放电报警。四级故障会对卫星的正常业务运行带来影响。四级故障通常是严重性或灾难性故障。

除上述四级故障外,还存在一类故障:卫星双冗余一级总线和二级总线出现主份或备份故障,关键单机(如测控应答机、中心计算机等)热备份电源的 DC/DC 模块主份或备份发生故障。这类故障通常为轻微性故障,发生这些故障时,系统自动采用热冗余的另一份工作,并将主备份工作状态情况遥测下传地面。

5. 故障处置策略

卫星各级主要故障如表 13-4 所列。

表 13-4　四级故障示例

故 障 等 级	序　　号	主要故障项目
一级故障	1	单机内冷备份 CPU 模块故障、冷备份电源 DC/DC 模块故障、其他冷备份模块或电路故障
	2	冷备份单机故障
二级故障	1	姿态角超差
三级故障	1	姿轨控计算机主份故障
	2	中心计算机主份故障,或总线通信故障
四级故障	1	姿轨控计算机主备份均故障
	2	中心计算机主备份均故障
	3	蓄电池过放电报警

1) 一级故障处理逻辑

主备份模块或单机出现一份故障时,由上位机软件(如中心计算机 SMU)根据当班机的状态进行故障判读,并识别非当班机模块的健康状态,如果非当班机健康则进行模块切换。进行备份切换后,系统软件根据故障前的运行状态,对重构后系统进行相关参数的重新设置,使其满足系统工作要求。自主故障处置后,将故障参数和切换状态通过遥测下传到地面,以便地面开展故障排查和定位。

2) 二级故障处理逻辑

对于姿态角故障,在卫星变轨模式、位置保持模式和正常模式下进行三轴姿态超差故障判断。判断出姿态超差故障后,在变轨模式、位置保持模式下,停止发动机和推力器点火,维持当前姿态;正常模式姿态超差时,转入卫星任务惯性指向模式(例如通信卫星、导航卫星的对地指向模式),保持任务指向,待地面进一步处置。

3) 三级故障 FDIR 设计

当姿轨控计算机硬件主份出现故障时,由容错硬件电路进行故障检测,如果非当班姿轨控计算机健康,则根据故障处理逻辑切换至备份计算机。切机前,主份计算机需自主发令禁止发动机、推力器和动量轮的输出。

当中心计算机 SMU 主份故障,或与所有下位机连续多个周期通信异常时,触发故障报警,容错硬件电路进行故障检测和切机。

备份姿轨控计算机和中心计算机切机上电后,首先从下位机读取关键数据,并根据读取的数据启动故障切机程控。

　　4) 四级故障 FDIR 设计

卫星正常工作时,如果姿轨控计算机主备份均故障,则由容错硬件电路自主切机进入最小化计算机系统,并自主转入太阳捕获安全模式,建立对日巡航姿态,控制太阳帆板对日定向。

如果中心计算机主备份均故障,则由容错硬件电路自主切机进入最小化计算机系统。

如果蓄电池放电深度超过限值,则启动四级故障自主处置逻辑:发令关断大功耗的平台设备(电推力器等)以及大功率载荷设备,设置相应的载荷替代电加热器;自主转入太阳捕获安全模式,建立对日巡航姿态,控制太阳帆板对日定向。

发生四级故障后,卫星自主转入相应安全工作模式,待地面进行故障定位分析和进一步的故障处置。

图 13-3 给出了综合电子的 FDIR 处理流程。

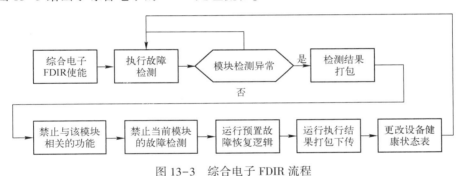

图 13-3　综合电子 FDIR 流程

13.4　卫星在轨故障地面诊断与处置

卫星的在轨自主健康管理能力是有限的,卫星主要的故障诊断和处置需由地面来完成。为此,地面需要建立在轨异常报警软件系统,根据在轨遥测参数的变化实时给出异常报警,地面卫星管理人员根据异常报警情况,对卫星遥测参数和工作状态及时开展分析,定位故障并及时进行处理,避免故障扩散和对卫星的正常业务运行带来影响。

1. 在轨异常问题报警

在轨异常问题的及时发现和报警是维持卫星稳定运行的关键。这需要首先研究确定卫星在轨异常的报警判据,同时建立基于遥测数据的自动化报警系统。卫星在轨异常自动化报警系统框图如图 13-4 所示。

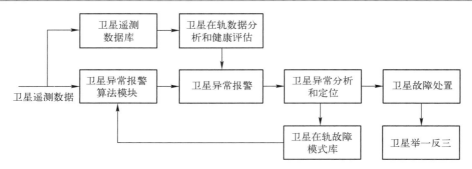

图 13-4 卫星在轨异常自动报警系统框图

常用的在轨异常判断和报警方法主要有遥测参数门限超差报警方法、遥测参数关联异常报警方法、基于在轨参数变化趋势的异常报警方法、基于人工智能方法和大数据挖掘技术的异常报警方法等。

1）遥测参数门限超差报警

从产品设计状态、地面测试试验、在轨历史运行数据中统计获得卫星各遥测参数的正常值范围，作为在轨异常报警的阈值。对于模拟量遥测参数，其工作正常值为一个范围；对于状态量遥测参数，其正常值为 0 或 1。

假设某参数 TM_i 的正常值范围为 $L_i < TM_i < H_i$，$i = 1, 2, \cdots, n$。其中，L_i、H_i 为第 i 个遥测参数的正常值上下限。

当遥测参数在此范围之外时，判断为遥测异常，进行报警。此方法简单易行，实用性强。

遥测参数阈值超差报警方法的问题是多数遥测参数的正常值上下限范围合理取值困难。有时为了涵盖产品的各种工况和状态，正常值范围取得较大，例如相关单机的工作温度正常值范围、电源输出电压遥测正常值等，不便于体现遥测参数的异常变化，不利于异常问题的及时报警。可以将相应参数的正常值范围，利用成功包络线进行适当压缩，或者将正常值范围分不同工作条件进行设定。

2）遥测参数关联异常报警

有些遥测参数的异常难以用正常值范围进行限定，例如，遥测参数在不同时段或不同工作模式下有不同的数值时，例如太阳电池阵输出电流、星外设备的温度在光照期和阴影期明显不同；地面正常测控期间，发令操作对卫星状态的变化属于正常情况，因此对异常判读报警时需要考虑正常的测控事件。

上述故障或参数状态的特点是多个参数同时变化，因此如果同时对多个参数或事件进行判断，就可以更好进行故障定位，便于做出准确报警。对两个参数进行关联判断的算法为

If　$TM_1 < L_1$　or　$TM_1 > H_1$；$TM_2 < L_2$ or $TM_2 > H_2$

Then A is abnormal，else B is abnormal。

其中，A、B 代表两个不同的故障。

关联诊断法在实际应用前，需要对故障进行关联知识整理，并输入到地面的在轨异常报警软件中，作为判断条件。关联诊断法是一种有效的异常报警和故障定位方法，它是较接近在轨故障智能处理的一种方法。

3）基于在轨参数变化趋势的异常报警

星上有些产品随着在轨工作时间的延长具有衰退特性,例如,太阳电池阵输出电流和蓄电池容量,会随着在轨时间的延长而衰退降低;OSR 散热片的发射率会随工作时间延长而降低,因此卫星舱内设备温度会逐渐升高;另外,飞轮等的摩擦力矩会随工作时间延长而逐渐增大,微波设备的输出功率会由于微波放大器件性能退化而降低。对于这些参数,可通过产品地面试验数据、仿真数据及类似产品的在轨数据分析,得到参数随时间变化的解析表达式,作为产品在轨性能衰退模型,提供参数在不同阶段的异常报警阈值。

4）基于人工智能方法和大数据挖掘技术的异常报警

随着人工神经网络等智能算法和大数据挖掘技术的发展,将智能算法和大数据挖掘技术相结合,可通过卫星正常工作下的各参数正常值来训练卫星在轨各状态(如位保操作、地球红外敏感器干扰等)对应的多参数正常范围,然后对各状态下的异常情况进行自动识别和报警。

2. 在轨故障诊断和处理

在卫星异常报警的基础上,对相关遥测数据变化情况进一步查询分析,对卫星故障进行定位和处置。对于影响卫星平台安全和卫星业务运行的灾难性及严重性故障,必须尽快做出故障定位和故障处置,尽量减小故障影响。故障处理时应遵循以下原则。

(1)首先应尽量维持卫星姿态稳定,保证卫星业务的正常运行,避免或降低对用户使用的影响。

(2)保电源、保推进剂、保测控上下行通道,维持测控、电源和推进分系统的正常工作,保证卫星安全,争取更多的时间研究和实施故障处置对策。因此,对于严重性或灾难性故障,对故障原因一时不能查明时,必须使控制系统处于对日定向的安全模式或者停控模式,转入能源安全模式和测控安全模式。

(3)在制定故障处置策略时,凡涉及卫星功能和性能损失的,应从卫星技术指标和使用要求出发,在保证基本要求的前提下,力争损失最小。

(4)故障处置策略必须经过实际试验或计算机仿真,证明合理可行后,方可实施。

对于复杂故障,多采用故障树方法,以报警故障作为顶事件,根据产品特点,建立故障树,并通过仿真和试验方法,逐步确定引起故障的底事件,进一步制定故障处置策略和指令序列。故障处置策略主要有以下几类。

(1)对于可恢复的硬件故障,如单粒子或内带电干扰引起的设备关机故障,可以发指令使设备开机恢复正常。

(2)对于设备故障失效的情况,发指令打开备份设备工作,使卫星恢复正常。

(3)对于硬件失效且没有备份的情况,需要进行设备重组,例如,某姿态测量敏感器失效时,需要采用其他敏感器进行重组。

(4)对于软件相关故障,如果具有在轨重构功能,需要研制替代软件模块,进行软件上注,替代升级相关模块。

(5)地面需要根据各关键产品的故障模式及相关型号在轨已发故障,建立故障预案,给出各故障的遥测参数判据、异常处理流程和指令序列,以支持地面故障的快速定位和处置。对于应急处置故障,也可将异常判据和处置指令序列做成自动程序,当地面报警软件判断确认异常后,自动发送故障恢复指令,避免故障带来进一步影响。

参考文献

［1］ 周志成. 通信卫星工程[M]. 北京:中国宇航出版社,2014.

［2］ 乐浪,李明峰,王君,等. 卫星综合电子系统的 FDIR 研究与设计[J]. 计算机工程与设计,2014(7):2607-2611.

［3］ 唐明圣,宁洪,李暾. 星上一体化电子系统的 FDIR 框架设计与研究[J]. 计算机应用与软件,2010(11):163-165.

［4］ 单长胜,李于衡,王荔斌. 在轨卫星异常报警和故障诊断方法研究[J]. 飞行器测控学报,2011(3):6-10.

第14章
卫星可靠性管理

卫星产品的可靠性是设计、生产出来的,也是管理出来的。可靠性工作贯穿于卫星方案论证、详细设计、产品研制、整星 AIT、发射及在轨运行全过程。卫星研制过程的可靠性管理,是从系统工程的观点出发,对研制各阶段的可靠性活动进行规划、组织、协调和监督,以保证用最少的资源实现产品的可靠性要求。

卫星可靠性管理的目的,是从卫星总体任务要求和项目管理要求出发,根据卫星方案特点和卫星研制流程,全面分析确定卫星各研制阶段、各层级产品的可靠性设计、分析、试验和评估工作项目,明确具体责任人和计划,并将各项可靠性工作纳入卫星总体及分系统和单机的研制技术流程和计划流程,组织协调和监督确认各项可靠性工作的完成。

可靠性管理在可靠性工作中发挥着极其重要的作用,是卫星质量管理的重要组成部分。随卫星产品保证工作实施的深入,卫星可靠性保证已成为卫星产品保证中的重要方面。

可靠性管理工作主要包括以下内容。

(1)建立可靠性工作队伍体系,包括设计师队伍和可靠性管理队伍,并明确相应职责。

(2)根据用户要求和型号特点,确立卫星主要可靠性指标及可靠性工作目标。

(3)组织识别型号可靠性薄弱环节,确立可靠性关键项目,编制可靠性工作计划。

(4)将可靠性工作计划纳入型号研制计划,下达各分系统及单机承制单位,纳入各级产品的研制工作计划。

(5)做好可靠性分析、设计、研制和试验全过程的可靠性工作执行情况及结果评审、检查和确认。

(6)检查确认各级、各类产品可靠性指标的符合情况。

(7)可靠性工作相关资源的计划、协调和保障。

可靠性管理工作包括以下基本要求。

(1)早期投入、预防为主:实践证明,用于卫星可靠性工作的人力、财力和时间投入越早,损失越少,卫星可靠性工作收效越大。

（2）源头抓起、全程控制：设计决定产品的固有可靠性，因此在型号研制初期，应做好可靠性关键项目识别、可靠性工作策划、可靠性队伍安排，在整星及产品的设计中做足可靠性设计和分析工作；可靠性指标的实现需要整个研制和试验过程来保证。

（3）顶层策划、计划落实：基于用户提出的卫星可靠性指标要求，结合卫星技术特点，编制卫星可靠性工作计划，并按产品功能逐级向下分解，形成各级产品的可靠性工作计划，纳入产品研制计划，严格执行，并做好工作闭环检查。

（4）可靠性工作与产品设计及研制工作有机结合：将卫星各级产品的可靠性指标与性能指标置于同等重要的地位，综合权衡，同步策划、同步设计。可靠性工作不是孤立的，所有的可靠性设计、分析、评估与试验工作都跟产品的相关设计、分析、试验测试及相关研制工作相结合、相统一，都是为了实现产品的功能性能指标要求，实现在轨可靠稳定工作。

（5）做好可靠性基础积累工作：卫星可靠性是由各级产品可靠性决定的，单机产品可靠性又取决于部组件、电路、元器件、工艺、软件等要素的可靠性。因此，应从电路、元器件、部组件、工艺、软件、单机等层面，做好可靠性的设计、分析、验证及可靠性增长工作；做好各类产品可靠性设计、分析及试验方法研究及应用。

14.1 卫星可靠性工作组织体系

卫星可靠性工作贯穿卫星从元器件、单机到整星全研制流程，涉及设计、仿真、试验及管理各岗位人员。为保证卫星可靠性工作有序开展，型号总体项目办应设置可靠性工作组织体系，组织做好可靠性工作策划、实施及全过程管理工作，充分发挥各级设计师的主体作用，做到全员参与、分级负责、层层落实、各尽其责。卫星可靠性工作组织体系主要包括三方面人员：型号指挥系统、设计师队伍、可靠性专业队伍、可靠性保证管理人员，具体如图 14-1 所示。

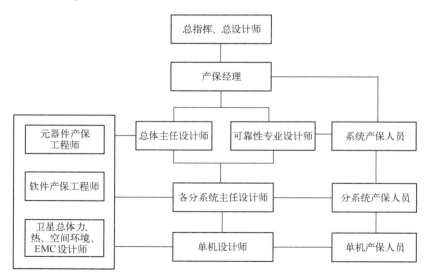

图 14-1　卫星可靠性工作组织体系

型号指挥系统是型号可靠性工作的领导、组织和质量管理主体,包含型号总指挥、总设计师、产保经理及各级产保管理人员,负责确定型号可靠性目标、确立型号可靠性工作顶层策划、制定型号可靠性工作计划并组织实施、组织解决各项可靠性问题、评审和评价各项可靠性工作、指挥调配资源保障等。

设计师队伍是开展型号可靠性工作的主体,涉及各级、各岗位设计师,包括总体系统设计师(主任设计师、副主任设计师)、分系统设计师(主任设计师、副主任设计师、主管设计师)、单机设计师、软件设计师,分别负责编制型号各级产品的可靠性工作计划,负责各级产品的可靠性设计和分析、实施各级产品的可靠性试验及试验结果分析,并向可靠性专业设计师及型号指挥系统提供翔实的可靠性工作过程及结果记录供分析和评审使用。

元器件、软件产保工程师及总体力学、热、空间环境、EMC 设计师,作为整星可靠性设计工作的主体,负责提出对分系统和单机产品的可靠性要求,对可靠性工作开展情况及结果进行检查和确认,同时提供相应专业技术支持。

可靠性专业人员是型号可靠性工作开展的重要人员,负责制定型号可靠性工作计划、指导和评价各级可靠性工作开展。具体负责根据型号特点,制定型号总体、分系统及关键设备各研制阶段的可靠性工作计划,确立各级产品需要开展的可靠性设计、分析、试验和评估工作项目;负责对分系统和关键单机的可靠性工作项目及计划进行审查确认,对可靠性工作实施情况及结果进行评价;负责研究各类产品的可靠性设计、分析、试验、评估方法,为各级设计师提供可靠性技术支持;负责相关专业的量化可靠性分析与计算工作;参加各项可靠性工作评审,对各项可靠性结果进行把关。

14.2　卫星可靠性工作策划

1. 可靠性工作计划

可靠性工作计划是可靠性管理的核心,是组织可靠性技术活动和管理活动的具体实施方案。型号研制初期,在充分分析型号特点基础上,必须从型号总体、分系统和单机各层级制定可靠性工作计划(或可靠性保证计划),全面确定各级产品在方案阶段、初样阶段和正样阶段的可靠性设计、分析和试验工作,分解可靠性要求,分配可靠性资源,设置系列工作检查和确认点,并纳入型号各级研制技术流程和计划流程。

卫星可靠性工作计划对规定的可靠性工作项目做出具体安排,以确保各项目得到切实贯彻。该计划属于执行性文件,对开展卫星研制各阶段的可靠性工作具有指令性作用。

卫星可靠性工作计划必须紧密结合型号特点,从型号任务目标、型号采用的新技术、新状态、新器件、新工艺和新环境等方面,充分识别型号的可靠性薄弱环节,全面确定可靠性工作项目,避免将单机可靠性问题带入整星 AIT 或发展为在轨问题。

卫星可靠性工作计划应包含以下具体内容。

(1) 卫星可靠性工作总目标及各研制阶段目标。

(2) 卫星可靠性工作组织体系及人员职责。

(3) 卫星可靠性工作要求和准则。

（4）卫星可靠性分析工作项目及计划。

（5）卫星可靠性试验与评估工作项目及计划。

（6）卫星可靠性工作文件要求。

（7）卫星对转承制方和供方可靠性工作的监控工作项目及计划。

（8）卫星可靠性工作保障条件等。

系统级的可靠性工作计划一般由可靠性专业设计师编制,分系统级和单机级的可靠性工作计划由相应设计师编制。

与型号研制阶段相对应,可靠性工作计划应该分阶段制定。方案初期,制订型号整个研制过程的可靠性工作计划,重点策划方案阶段的可靠性工作项目;初样阶段,细化初样阶段的可靠性工作计划;正样阶段,根据初样研制及正样状态更改情况,进一步制订专门的正样阶段可靠性工作计划。

2. 可靠性文件编制

需要编制的可靠性文件主要包括以下内容。

（1）策划类文件:卫星系统总体可靠性大纲;卫星系统总体、分系统、关键单机的可靠性工作计划(可靠性产保工作计划),各可靠性设计分析及试验专项工作策划等。

（2）过程类文件:卫星系统可靠性设计分析报告、卫星各分系统可靠性设计分析报告、各单机可靠性安全性设计分析报告,各类可靠性设计分析专项报告,可靠性试验方案报告等。

（3）总结类文件:卫星系统可靠性工作总结报告、卫星各分系统可靠性工作总结报告、各单机可靠性工作总结报告等。

3. 可靠性关键项目管理

可靠性关键项目管理是质量和可靠性管理的重要手段。在各级产品故障模式及影响分析(FMEA)和单点故障识别的基础上,并结合产品特点,确定型号研制过程中的可靠性关键项目(包括单机产品、部组件、软件等),并制定针对性的可靠性工作措施。

通常将以下产品确定为可靠性关键项目。

（1）故障发生后将直接导致系统失效,或者对研制进度有严重影响。

（2）故障严酷度为Ⅰ类或Ⅱ类的单点失效产品。

（3）采用未经飞行验证的新技术、新器件、新工艺、新状态,或在产品设计、工艺及器件上存在薄弱环节,且一旦故障发生将严重影响分系统或系统功能或性能。

（4）难以进行地面进行验证,且在飞行中一旦发生故障将严重影响系统相关任务的完成。

各分系统和单机研制单位根据卫星关键项目清单,对承制的关键项目产品,从导致故障发生的原因出发,确定具体的控制措施,分别在设计、研制、试验、测试、验收、使用等方面,制定全过程的可靠性控制要求和措施,并纳入产品工艺和试验等执行文件严格落实,并对落实情况进行记录。型号项目办组织对关键项目的过程控制情况进行跟踪检查,并通过产品强检和验收等环节进行审查确认。

14.3　卫星可靠性工作过程控制

1. 卫星可靠性工作内容

卫星各研制阶段的主要可靠性工作重点内容如表 14-1 所列。

表 14-1　卫星各研制阶段可靠性工作重点

研制阶段	可靠性工作重点
论证阶段	依据用户可靠性需求,进行卫星可靠性指标论证,确定卫星初步可靠性指标; 初步分析卫星可靠性薄弱环节,确定关键可靠性工作项目,作为可靠性关键技术攻关的依据
方案阶段	进行卫星任务剖面和功能分析; 分析用户可靠性需求,确定卫星可靠性指标; 编制卫星可靠性工作计划; 卫星总体开展系统可靠性设计与分析,开展总体可靠性预计和分配,确定满足可靠性指标要求的卫星总体方案; 分系统开展可靠性设计与分析,开展分系统可靠性预计和分配,确定满足可靠性指标要求的分系统方案
初样阶段	编制卫星初样阶段可靠性工作计划; 进行总体可靠性指标分配及预计,提出各分系统及各类产品的可靠性工作准则及要求; 提出各类产品可靠性试验要求; 分系统开展可靠性设计与分析,进行分系统可靠性指标分配及预计,进一步提出单机的可靠性设计和试验要求; 单机产品按照总体规范和可靠性要求,开展可靠性设计与分析,开展热、力学、电磁兼容性、静电放电、空间环境防护设计,开展可靠性试验; 分系统完成可靠性试验考核; 整星完成可靠性试验考核; 进行各级产品可靠性工作过程控制和确认; 开展可靠性质量问题的归零、举一反三
正样阶段	制订卫星正样阶段可靠性工作计划; 修订各级可靠性指标要求,修订各类可靠性工作准则及要求; 针对各级各类产品的状态更改情况,进行可靠性设计、分析及验证; 单机、分系统、整星逐级完成可靠性试验考核; 进行各级产品可靠性工作过程控制和确认; 开展可靠性质量问题的归零、举一反三
发射及在轨阶段	通过发射场健康检查测试,进一步验证确认卫星各级产品的可靠性; 在轨运行阶段,定期开展卫星在轨数据分析及产品可靠性评估; 进行在轨问题的归零及举一反三工作

2. 卫星可靠性工作监督要求

型号研制总体、分系统及单机单位必须根据可靠性工作计划和上级下达的技术要求,将各项可靠性工作纳入研制技术流程和计划流程,将各项可靠性设计、分析与试验工作与分系统和单机的设计、分析及试验工作相结合,对确立的专项可靠性分析及可靠性试验工作,制定专门的策划,对每项可靠性试验编制试验方案,对每项可靠性设计分析和试验结果进行自评审和自评价。

型号可靠性管理工作还包括对外协产品转承制方的可靠性管理。在对总体可靠性指标分解后,对转承制方及供应方提出外协产品的可靠性指标要求及可靠性工作要求,纳入产品研制任务书和技术要求中,具体应包括:可靠性定性、定量要求与相应的验证要求;可靠性工作项目和要求;产品数据包中可靠性相关文档资料的要求等。

在型号研制过程中,型号总体及可靠性专业人员应按可靠性工作计划,从可靠性工作项目的完整性和有效性角度,对各级产品开展的各可靠性工作项目进行监督检查,通过参加产品可靠性评审、数据包审查、强制检验点检查、可靠性试验见证、可靠性专项检查等关键点的把关和审查,对分系统、单机及外协供方的可靠性工作实施情况进行监控,确保可靠性工作按照既定计划及工作要求实施落实。

对于专项可靠性工作及专业的可靠性设计分析和试验工作,需组织开展针对性的可靠性工作方法培训,从而保证各级可靠性工作的正确和有效开展。

3. 卫星可靠性设计评审

通过可靠性评审对型号各级产品的可靠性工作完成情况进行监督,评审检查重点是可靠性设计措施的有效性,可靠性分析和试验验证的充分性,是否符合可靠性工作计划要求和产品研制技术要求。

可靠性评审项目主要包括整星、分系统及新研关键单机的可靠性保证计划、可靠性设计分析报告、FMEA 报告、可靠性试验报告、可靠性工作总结报告等。

可靠性评审的主要工作要求如下。

(1)系统和分系统应按要求开展转阶段可靠性评审,上级机构负责下级的型号可靠性评审。

(2)方案设计阶段转初样研制阶段评审:主要评审方案设计阶段的可靠性工作完成情况,初样研制阶段的可靠性工作计划是否满足要求,方案设计阶段转初样研制阶段的可靠性待办事项完成情况。特别是对首飞型号,应加强方案设计阶段的可靠性评审工作。

(3)初样研制阶段转正样研制阶段评审:主要评审初样研制阶段的可靠性工作计划完成情况、存在问题或薄弱环节及纠正措施情况、初样研制阶段转正样研制阶段的可靠性待办事项完成情况。

(4)型号出厂可靠性专项评审:主要评审可靠性工作计划完成情况、可靠性关键项目落实情况、初样研制阶段转正样研制阶段的可靠性待办事项落实情况、各级产品的可靠性指标满足要求情况、型号举一反三中有关可靠性措施的落实情况等。

可靠性评审的数据包主要包含:研制任务书(或合同)对可靠性的要求;总体和各分系统可靠性分配预计报告;FMEA、FTA 报告;关键项目清单;元器件清单;裕度设计及降额设计报告;最坏情况分析报告;环境应力筛选报告;可靠性增长试验报告;可靠性评估报告;归零报告等。

14.4 卫星可靠性质量问题及信息管理

应建立型号产品质量与可靠性数据库及管理系统,对型号各级产品各阶段产生的可靠性设计与试验数据、可靠性质量问题数据、可靠性经验教训数据、可靠性标准规范等进行统一管理,实现数据共享,为提高型号产品的可靠性和成熟度提供依据。

1. 可靠性质量问题管理

1)FRACAS

我国于 1990 年发布了标准《故障报告、分析和纠正措施系统》(简称 FRACAS),明确要求承制单位在军工产品的研制和生产阶段建立 FRACAS,并规定了该系统建立及运行的程序、方法和要求。

　　建立 FRACAS 的目的是要及时报告产品的故障,分析故障原因,制定和实施有效的纠正措施,以防止故障重复发生,改善其可靠性和维修性。图 14-2 为 FRACAS 的工作流程,它反映了故障报告、故障分析、制定纠正措施、对措施进行验证反馈,最终实现故障闭环的全过程。

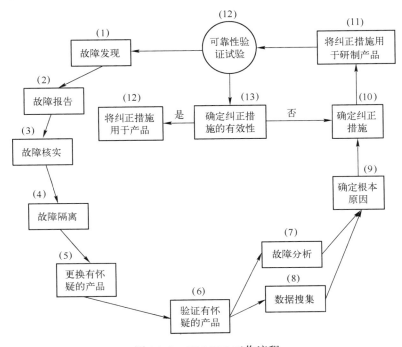

图 14-2　FRACAS 工作流程

　　根据 FRACAS 的工作流程及其特点,其作用可归纳为以下几个。

　　(1)及时报告产品的故障,分析其故障原因,制定和实施有效的纠正措施,防止故障再次发生,提高产品的可靠性。

　　(2)积累大量的故障及其处理经验,提高设计、生产水平,实现产品的可靠性增长,提高产品质量。

　　(3)通过建立故障信息数据库,积累大量的可靠性数据及故障处理经验,为可靠性设计和分析提供数据支持。

　　FRACAS 是对单机设备、部组件进行质量和可靠性管理的一种技术方法。FRACAS 通过系统、全面地对设备及部组件的故障及时报告,查清原因,采取有效纠正措施,举一反三,防止问题再现,来达到对设备及部组件故障的控制,从而实现产品可靠性增长,满足产品的可靠性要求。

　　FRACAS 的建立与运行是开展可靠性工程活动的重要组成部分。可靠性工程的主要任务在于纠正已发生的故障,防止相似故障的再次发生,控制和减少故障发生的概率。而 FRACAS 正是利用"信息反馈、闭环控制"的原理,记录和追踪产品的故障信息,通过一套规范化的管理程序,对工作流程进行有效控制及管理,实现对故障的有效闭环管理,同时使分散发生的产品故障,得到及时地解决,并防止故障的重复发生。建立FRACAS是实现产品可靠性增长、提高产品质量的重要手段,它既有纠正已发故障的现实意义,又能对未来新研产品类似的故障起到有效预防的作用。通过FRACAS的运行,可积累大量处理故障的实践经验,对类似产品的设计和改进提供参考,起到举一反三作用。

2)质量问题归零

1995—1997年,原航天工业总公司在FRACAS基础上,深刻总结航天型号重大质量问题,逐渐提出并明确了技术问题和管理问题归零的双五条标准。要求对发生的产品可靠性质量问题,严格按照技术和管理双五条归零要求进行质量问题的闭环处理。

技术归零的五条要求是:定位准确、机理清楚、问题复现、措施有效、举一反三。管理归零的五条要求是:过程清楚、责任明确、措施落实、严肃处理、完善规章。

2012年,《航天产品质量问题归零实施要求》(GB/T 29076—2012)发布,将航天产品质量问题归零要求上升为国家标准;2017年,"双五条归零"成为武器装备研制的通用要求。

质量问题"双五条归零"方法对航天型号质量问题的彻底归零和举一反三发挥了重要作用,对航天技术能力提升和质量管理水平提升起到了重要作用。

FRACAS和"双五条归零"为卫星质量问题管理提供了科学有效的方法,但目前在型号质量问题归零成果有力促进产品可靠性增长方面还需进一步加强。在质量问题收集、发布上,需要加强产品问题归类分析、质量问题故障模式提炼,将质量问题改进措施固化到产品设计规范中。

需要加强对质量问题归零工作的集中管理,质量问题归零除要面向具体型号外,还应面向组织,加强质量问题在其他型号上的举一反三,不仅实现归零对问题产品的改进,重点应实现对同类产品的改进和可靠性提升。

2. 可靠性信息管理

1)可靠性信息来源

为实现对可靠性工作的有效监督和评价,需要做好可靠性信息管理工作。从卫星总体到分系统分别制定可靠性工作数据包策划和要求,作为产品数据包收集的依据。卫星产品可靠性信息是产品可靠性工作计划、可靠性指标要求、可靠性设计分析和评估相关文件资料、失效(故障)模式、可靠性试验相关文件资料等可靠性相关数据、报告和资料的总称。它可以反映产品不同寿命阶段的可靠性状况以及各种有关因素对产品可靠性的影响及其变化规律。

卫星可靠性信息管理是深入开展可靠性管理工作的重要环节,是实施可靠性工程的基础。可靠性信息贯穿于卫星各级产品的设计、生产、试验和使用维护等全寿命周期的各个阶段,对监测、评价可靠性过程控制和可靠性水平具有重要作用。可靠性信息是改进和评价产品可靠性的最直接资料和依据,也是正确认识影响产品可靠性特性因素、掌握产品可靠性规律的基本依据。

可靠性信息存在于产品生命周期的各个阶段,产生于卫星各承制单位的具体研制过程。可靠性信息种类众多、来源广泛,从时间维度上,可靠性信息来源于卫星产品的研制和使用过程的全生命周期;从产品维度上,可靠性信息分布于元器件、部组件、单机、分系统到整星各层级上;从组织维度上,可靠性信息来自于技术、管理、资源、市场等不同职能机构;从信息源维度上,可靠性信息来源于设计分析资料、测试试验数据、相关信息系统等。

2)可靠性信息工作流程

可靠性信息工作流程包括可靠性信息的收集与提交、分析与处理、存储、输出。信息的价值和作用只有通过信息流程才能得以实现,因此对信息流程的每一环节都要实施科学管理,保证信息流的畅通和信息的有效利用。可靠性信息采集过程如图 14-3 所示。

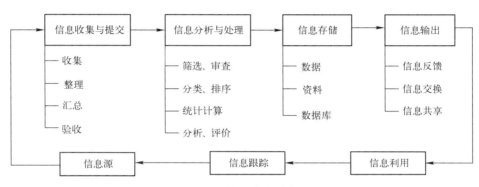

图 14-3　可靠性信息采集过程

3)可靠性信息系统建立

在卫星研制中,应建立有效的可靠性信息系统,对可靠性信息及时进行收集、分析、处理和反馈,实行可靠性信息的网络化管理及共享共用,并使之在型号研制与质量体系建设中发挥重要作用。

建立可靠性信息系统,首先应制定与完善可靠性信息管理制度,明确信息管理责任与权限,规范信息收集与传递过程,健全信息管理机制,做到有据可依、有章可循;其次,要提高可靠性信息管理意识,可靠性信息系统是一个涉及多个部门、多方合作的系统工程,它的客观规律性要求进行各部门的统筹和协调。

要更好实现对可靠性信息的收集、整理、存储、分析、反馈,单靠个体行为是无法完成的,必须依靠组织,有制度有计划地进行推进,而且对可靠性信息的收集和处理应分层次、分等级进行。

应建立开放、动态的可靠性信息管理数据库,实现对可靠性数据信息的收集和分析。可靠性信息管理数据库不应局限于按一定数据结构对信息进行收录,更应注重对可靠性特征量的提取、对批次产品可靠性状况的合理评价、对典型案例的分析、对生产现场所形成的关键可靠性特性数据的过程控制分析与预报。

参 考 文 献

[1]　许达哲. 航天型号可靠性守则[M]. 北京:中国宇航出版社,2013.

［2］ 王栩,任立明．航天器研制可靠性管理研究［C］．第 7 届国际可靠性、维修性、安全性学术会议，北京,2007:1-4.

［3］ 孙华,李瑞,郭丽霞．装备研制过程中可靠性管理探析［J］．装备学院学报,2012(5):109-112.

［4］ 代为群,姚文增．故障报告、分析和纠正措施系统［J］．飞机设计,2003(3):76-80.

［5］ 谭松林,施琼,马良．质量与可靠性信息管理探析［J］．军民两用技术与产品,2002(11):28-29.

［6］ 张文,王连军,张衍．浅谈质量与可靠性信息管理［J］．质量与可靠性,2008(增刊):725-727.

［7］ 周正伐．航天可靠性工程［M］．北京:中国宇航出版社,2007.